突然変異主導進化論

進化論の歴史と新たな枠組み

根井正利 著・監訳・改訂
鈴木善幸・野澤昌文 共訳

Mutation-Driven Evolution
Masatoshi Nei

丸善出版

Mutation-Driven Evolution

First Edition

by

Masatoshi Nei

Copyright © Masatoshi Nei 2013.

All rights reserved. No part of this book may be reproduced or transmitted in any form or by any means, electronic or mechanical, including photocopying, recording or by any information storage retrieval system, without the prior written permission of the copyright owner.

Mutation-Driven Evolution, First Edition was originally published in English in 2013. This translation is published by arrangement with Oxford University Press. Maruzen Publishing Co., Ltd. is solely responsible for this translation from the original work and Oxford University Press shall have no liability for any errors, omissions or inaccuracies or ambiguities in such translation or for any losses caused by reliance thereon.
Japanese Copyright © 2019 by Maruzen Publishing Co., Ltd.

本書は Oxford University Press の正式翻訳許可を得たものである.

Printed in Japan

日本語版への序文

現在，私たちの地球上には数え切れないほどの異なる種が生存し，ドメイン，界，門，綱，目，科，属，そして種に分類されている．これらの生物の形態的，生理的多様性は膨大なものである．この多様性がひとつの原始生物からどのようにして生まれたのか．この質問に対する答えは，現在のところ，かなり限られている．動物や植物が，なぜ，またどのようにして異なった進化を遂げてきたのかについてはほとんどわかっていない．ヒトとチンパンジーの分化機構さえ，謎に包まれたままである．将来，これらの疑問は，間違いなく分子レベルで研究されるであろうが，このときには，進化機構の仮説を打ち立て，可能な限りのデータを使って仮説を検証することが重要である．これまでの進化生物学は想像的議論にあふれ，その議論が受け入れられるかどうかは，あいまいな場合があった．近年の分子技術によって，進化生物学は仮説検証を伴う科学的学問に変貌を遂げた．しかし，この種の研究はまだ始まったばかりであり，多くの疑問に答えられるまでには，膨大な労力と時間が必要である．たとえば，人間の眼とハエの眼は同じ祖先から分化したという証拠はあるが，これがどうしてこんな違いをもたらしたかはわかっていない．進化の数理モデルを開発しようと思うなら，仮定が生物学的観点から現実的であるかどうかを知る必要がある．

これらの研究においては，科学的定説を疑い，どのような定説であっても科学的手法によって批判的に検証することが大切である．進化生物学は非常に幅広く，複雑であるがゆえに，ひとつの見解や理論ですべての進化現象を説明できるとは限らない．異なる進化現象を説明するために異なるメカニズムを考えなければならないかもしれない．しかし，進化生物学の未来は明るいといえる．ゲノミクスや発生生物学とともに発展してきた分子技術を使えば，進化のさまざまな問題を解決していけると思う．

本書は，2013 年にオックスフォード大学出版局から上梓した“Mutation-Driven Evolution”の日本語版である．英語版が出てから本書が出るまでにすでに約 5 年の歳月が過ぎたが，この間私の考えはほとんど変わっていない．というのも，本書の内容が，進化学の本質をダーウィンの進化論から説き起こし，現在の進化学の原理を理解するには，突然変異の起こり方を分子レベルで理解することが必要であると強調したものだからである．進化の中立理論や他の理論については，多少説明を変えたところもあるが，本質は少しも変わっていない．さらに，本書が私の考えをよく知っている以前のポスドク鈴木善幸氏および野澤昌文氏によって翻訳されたのも幸いである．この二人の努力に対しては深い感謝の意を表したい．私としては，本書が日本人の進化の理解と研究において少しでも役立つことを願ってやまない．

2019 年 3 月

根 井　正 利

序　文

私は1950年代に量的遺伝に関する野外調査研究に短期間たずさわったのち，1960年代に理論集団遺伝学の研究を始めた．当時の生物進化の研究では，種内や種間で表現型の比較が行われていた．しかし，表現型を決定する遺伝的な基盤がよくわかっていなかったために，それらの研究から進化のメカニズムについての理解が得られることはなかった．

集団遺伝学では，少数の遺伝子座のそれぞれに複数の対立遺伝子が存在するときに，突然変異，自然淘汰，遺伝的浮動によって遺伝子型の頻度がどのように変化するかについて理論的な研究がなされる．このような研究からは集団が進化しうる方向をいくつか示すことしかできないが，それでも直観的に推論することに比べればはるかに科学的である．そのため進化の数学理論の膨大な体系が構築されるに至った．数学理論を構築するためには，繁殖様式，集団構造，淘汰係数，遺伝子間相互作用などの多くの要素について単純な仮定を設定する必要があり，仮定が変わると進化の予測結果も大きく変わってしまうことがしばしばだった．このことが何度も論争の原因となったが，実験による検証ができなかったために決着をつけることは容易ではなかった．当時の集団遺伝学の分野では，自然淘汰は普遍的にはたらいていると主張する新ダーウィン主義が主流で，私もその考え方に従って研究していた．また異種間で相同な遺伝子を同定することが困難だったために，集団遺伝学の研究の対象は，もっぱら種内での遺伝子頻度の変動に関するものだった．

一方，1960年代初頭には，分子生物学者の中で遺伝子やタンパク質の分子レベルでの進化に関する研究を始めたものがいた．そしてこれらの研究は1960年代後半から1970年代にかけて集団遺伝理論と統合され，進化研究は大きく変貌をとげることとなった．第1に，異種間で相同な遺伝子を同定できるようになり，それらの塩基配列やアミノ酸配列の比較から遺伝子の長期的な進化の研究ができるようになった．第2に，遺伝子の分子データ解析からただちに，進化における突然変異の重要性が明らかになった．第3に，異種間でのゲノムDNAの比較から，進化の過程で遺伝子重複やゲノム重複が頻繁に起こったことがわかった．ここで遺伝子重複やゲノム重複も突然変異の一種であることから，私は突然変異こそが進化の原動力であると考えるようになった．しかしながらこの考え方は，新ダーウィン主義が主流だった当時には異端とみなされた．だがそうしている間に，遺伝子やタンパク質の進化機構として分子進化の中立説が提唱された．中立説によって，塩基配列の進化はおもに中立な突然変異が集団に偶然に固定して起こることが明確に示された．だが，新ダーウィン主義を信じていた人々の大部分はこの発見をあまり気にとめなかった．なぜなら，多くの進化学者にとっての最大の興味は表現型の進化であるが，それに中立進化は関係ないと考えられたからである．事実，分子進化の中立説の提唱者でさえ，表現型の進化はおもに自然淘汰によって起こると考えていた．

1970 年代初頭までには，私は表現型の進化の原理と分子の進化の原理は同じに違いないと信じるようになっていた．なぜならどちらの進化も，究極的には DNA の塩基配列に生じる突然変異が集団に固定するプロセスだからである．私はこの考え方を 1975 年に出版した自著“*Molecular Population Genetics and Evolution*（分子集団遺伝学と分子進化学）”で提唱したが，ほとんど注目されなかった．そこで私は 1980 年代，なかでも 1987 年に出版した自著『分子進化遺伝学（*Molecular Evolutionary Genetics*）』（培風館，1990）でこの考え方をさらに詳細に議論したが，やはりあまり大きな反響は得られなかった．これは，当時は形態形成の分子生物学的な基盤がまだあまりよくわかっておらず，表現型進化における突然変異の役割を説得力のある形で示すことが難しかったためと思われる．

しかしながらここ 20〜30 年の間に状況は大きく変わり，現在では表現型進化における突然変異と自然淘汰の役割を，分子データを用いて評価できるようになった．1980 年代に私は脊椎動物における獲得免疫の進化を理解するため，免疫グロブリン，主要組織適合遺伝子複合体，T 細胞受容体などについての進化研究を行った．その後も，体節の形成を支配する遺伝子（HOX），植物の開花を調節する遺伝子（MADS ボックス），感覚受容体，マイクロ RNA などの進化研究を大学院生やポスドクとともに行ってきた．これらの研究を通じ，私の中では，進化の原動力は突然変異であって自然淘汰には二次的な役割しかないという考え方ができあがっていった．この考え方は，ユーゴー・ド・フリース（Hugo de Vries）の突然変異説とは異なるものである．私は以前，自分の考え方を進化の新突然変異説とか新突然変異主義とよんだが，本書では自然淘汰の役割を無視しているわけではないという意味を込めて，「突然変異主導進化論」とよぶことにする．

また私は研究を進めるうちに，分子生物学の知識の上に進化生物学を再構築する必要があると感じるようになっていった．生物の代謝や生殖に関与するいかなるプロセスも，究極的にはDNAやRNAによって制御されている．環境の影響も，エピジェネティクスのメカニズムを解明することで理解できるはずである．自然淘汰や遺伝的浮動は遺伝子型の異なる個体間での出生率や死亡率の違いに帰着されるが，そもそも出生率も死亡率も代謝や生殖によって決定される．集団遺伝学や生態学は，集団の長期的な変化を予測したり，集団サイズの変動や生物種間での競争や協調がもたらす効果を理解したりするためには役に立つ．だが集団遺伝学では抽象的な議論しかできないため，たとえば哺乳類の性決定機構や脊椎動物の脳などの特定の形質がどのように進化したかといった問題を解決するためには何の役にも立たない．このような問題を解決するためには分子生物学的なアプローチが必要である．そのため，私は特定の形質の進化に焦点をあて，過去にチャールズ・ダーウィン（Charles Darwin）らが提示した問題のいくつかを分子レベルで解明しようと試みてきた．

進化学は，分子生物学，遺伝学，生態学，社会生物学，古生物学などの多くの生物学領域を包含する大きな学問分野である．しかしながら本書では，おもに遺伝子や分子のレベルでの進化機構に焦点をあてながら議論を展開する．これは，進化機構こそが進化生物学の最重要課題であり，ダーウィンが『種の起原（*Origin of Species*）』を出版して以来ずっと論争の的となってきた問題だからである．私はこの問題について議論しながら，過去150年間に提唱されたさまざまな進化論を振り返り，それらと突然変異主導進化論との関係を明らかにしていく．本書で述べる歴史的見解は，エルンスト・マイヤー（Ernst Mayr）の“*Growth of Biological Thoughts*（生物学思想の発展）”といった一般によく知られている本に書かれている見解とは必ずしも一致しない．というのも，私がこれらの本で引用されている原著論文を読んでみたところ，いくつか誤解されている箇所があることがわかったからである．私は本書ではできる限り原著者の考え方をそのまま示すように努めた．

本書のおもな目的は，分子進化と表現型進化に関する最新の情報を総括し，突然変異主導進化論を提唱することである．表現形質には種内や種間で多くの変異がみられるが，たとえ表現形質が環境の影響を受ける場合でも，それらの変異は究極的にはDNAやRNAの構造の違いに帰着されるはずである．したがって表現型の進化は分子生物学の観点から理解する必要がある．そのため私はまず分子，遺伝子，ゲノムの進化について議論し，ついで表現型進化の分子的基盤について解説する．

もちろん表現型進化の分子的基盤に関する我々の知識はまだきわめて限定的で，たとえばヒトの脳，ゾウの鼻，クジラの身体構造がどのように進化してきたのかについてはほとんどわかっていない．しかしながら分子的基盤が明らかにされつつある複雑な表現形質も数多くあり，表現型の進化研究の未来は明るいといえる．ただしそれを完遂するためには，新しい研究手法や新しい進化学的な概念が必要である．

本書の中で，私は進化生物学におけるこれらの発展も取りあげながら，これまでに発表されてきた研究成果を吟味し，進化の一般的原理を提唱する．私の考えでは，進化とは個体や集団の適応度を増大させることではなく，細胞の種類数のような表現型の複雑さを増大（または減少）させることである．このような私の考え方は，進化生物学における現在の一般的な考え方とは相容れないかもしれないが，本書を読むことで突然変異主導進化論の合理性を理解していただけることを願う．

本書は教科書というよりは総説として書かれているので，内容は必ずしも網羅的というわけではない．読者は遺伝学や分子生物学についての基礎知識があるものと想定してはいるものの，内容を理解するために必要な基本事項についてもひととおり説明してある．進化において突然変異が重要であることを示す事例を数多く紹介しているが，その中には私の研究室の研究成果も少なからず含まれている．これは私がそれらの研究内容になじみがあるため，間違った記述をする可能性が低いと考えたためにほかならない．いずれにしても，本書は過去数十年にわたる多くの研究者によって積み重ねられてきた知識に基づいて書かれたものであることはいうまでもない．

第1章では進化の科学史，すなわちダーウィンの研究から突然変異主導進化論の構築に至るまでの経緯を簡潔にまとめる．第2章と第3章では新ダーウィン主義の構築とその進化学における意義と限界について，第4章と第5章では遺伝子やゲノム構造の進化とそれらの表現型進化との関係について述べる．第6章では表現型進化の分子的基盤，とくに表現形質の発生過程における遺伝子発現の制御機構や遺伝子と環境因子との相互作用について解説する．第7章では雑種不稔性や雑種致死を引き起こす遺伝子レベル・ゲノムレベルでのさまざまなメカニズムを，種分化に関連づけながら紹介する．ここでは新たな種分化機構も提唱する．第8章では性決定機構や昆虫でみられるカースト制といったいくつかの重要な表現形質の進化について議論する．第9章では突然変異主導進化論の概要とその進化学的意義を述べ，第10章で全体を総括する．

私はここで，過去30年間にともに統計的なデータ解析法の開発やデータ解析を行った同僚や学生に深い感謝の意を表する．なかでもとくに，五條堀 孝，Austin Hughes，大 田 竜 也，田 村 浩 一 郎，Sudhir Kumar，George Zhang，Alex Rooney，鈴 木 善 幸，Helen Piontkivska，Jongmin Nam，新 村 芳 人，Nikolas Nikolaidis，Dimitra Chalkia，Zhenguo Lin，野澤 昌文，Sabyasachi Das の諸氏に感謝する．Hie Lim Kim，Zhenguo Zhang，三浦 明香子の諸氏には本書のいくつかの図を作成していただいた．Jan Klein，Pekka Pamilo，Wojtek Makalowski，大田 竜也，Alex Rooney の諸氏は本書の原稿の全体を読んで建設的なコメントをくださった．Tina Kushner は細心の注意を払って本書の最終稿を完成させ，参考文献のリストを作成してくださった．この場を借りて心から感謝申し上げる．

本書の中で紹介されている私の研究室の研究成果は，米国国立衛生研究所ならびに米国国立科学財団からの長期間にわたる研究助成金を受けることによって得られたものである．また本書の一部は，私が東京工業大学に客員教授として滞在していた間に執筆したものである．滞在期間中お世話になった岡田 典弘氏に感謝申し上げる．

ペンシルバニア州立大学
Masatoshi Nei（根井 正利）

目　次

図 6.7, 図 6.8, 図 6.11, 図 8.1, 図 8.2 について, 各図横の QR コードよりカラーの原図をご覧いただけます. また, 弊社サポートページ https://www.maruzen-publishing.co.jp/info/n19458.html からも同様の原図をご覧いただけます（パスワード：mutation）.

1　自然淘汰主義と突然変異主義

1.1　ダーウィンの進化論

19 世紀なかばにチャールズ・ダーウィン（Charles Darwin）は，後に『種の起原』として広く知られることになる著書を出版した（Darwin 1859）．これは科学史上最も偉大な本の 1 つに数えられている．この本を通じてダーウィンは，あらゆる生物種は神が個別に創造したのではなく，共通の祖先から変異と遺伝を繰り返すことによって形成されたという考え方を世界中に浸透させた．この本の中では，生物学や地質学のさまざまな分野から集められた膨大な量の進化にまつわるデータをもとに，進化のメカニズムがどのようなものであるかについて唯物論的に議論されている．ダーウィンがこのような功績を残せたのは，何より自然淘汰を発見できたためと考えられている．

じつはダーウィンの本の正式なタイトルは，『自然淘汰すなわち生存競争において有利な系統が維持されることによる種の起原について（*On the Origin of Species by Means of Natural Selection or the Preservation of Favoured Races in the Struggle for Life*）』である（Darwin 1859）．興味深いことに，ダーウィンは自然淘汰という当時の新しい用語の定義を本のタイトルの中に含めている．これはおそらく自然淘汰の意味を誤解されたくなかったからだろう．上の定義によると，自然淘汰は生存競争において有利な個体を次世代に多く残すというメカニズムであって，そこには新しい形質や変異を形成するというような意味合いは含まれていない．当時は遺伝的変異が形成されるしくみがまだわかっていなかったために，ダーウィンは自然淘汰を進化の原動力と位置づけはしたが，自然淘汰に創造性があるとは一度も言っていない．たとえばダーウィンは『種の起原』第 6 版（Darwin 1872, p. 63）で次のように述べている．「自然淘汰という用語は，誤解されたり拒絶されたりすることもある．ときには自然淘汰が変異を誘導すると勘違いされることもある．だが自然淘汰とは，ある環境で個体に有益な変異が生じたときにそれを維持することにほかならない．」

ダーウィンの進化論は，現代の生物学用語を用いて以下のようにまとめることができる.

(1)自然界の大部分の生物集団には，自然淘汰の対象となるような表現型の変異が大量に含まれている.

(2)表現型は不連続的ではなく連続的に変異し，それらの変異の中には遺伝性のものもある.

(3)ダーウィンは表現型の変異源を知らなかったが，用不用（ある形質が，それをよく用いるか用いないかによって変化すること），気候変動，成長相関（ある形質が他の形質にはたらいた自然淘汰によって変化すること），偶発性（ランダムな変化）を考えていた.

(4)進化は自然淘汰によって漸進的に起こり，その過程で必然的に，有益な変異があまり生じなかった生物の系統が絶滅する.

(5)自然淘汰が繰り返し起こることにより，しだいに集団間の形態形質*1 や生理形質*2 の相違が大きくなっていき，ついには異なる種，属，科などに分類されるまでに至る.

(6)地球上のすべての生物は共通の原始生物に由来し，変異と遺伝というゆっくりとしたプロセスを経てつくりあげられてきた.

(7)地球上の異なる場所で似たような生物が観察されることがあるが，それは最近その生物が移住したことに起因する.

(8)地質年代に沿って観察される古生物学データが不連続的なのは，進化が不連続的に起こったためではなく，化石データが不完全で空白の期間が多く存在するためである.

以上がダーウィンの進化論の要約であるが，実際にはそんなに単純ではない.ダーウィンは謙虚で用心深く，できる限り独断的にならないように気を使っていた.そのためダーウィンの進化論は多くの生物学者に受け入れられたのだが，同時にあいまいになってしまったところもある.たとえばダーウィンの進化論では，変異源の作用と自然淘汰の作用が区別されていないところがある.これはとりもなおさずダーウィンが獲得形質の遺伝（Lamarck 1809）を多少なりとも受け入れていたことに起因する.すなわち，ラマルク（Jean-Baptiste de Lamarck）の進化論では変異源が用不用であるが，用不用が作用しても自然淘汰が作用しても，環境が変化すれ

---

*1 形態形質：形，大きさ，色などの形態学的な表現型のこと.
*2 生理形質：生存温度，飢餓耐性などの生理学的な表現型のこと.

ば新たな遺伝性の形質が進化し，環境がもとの状態に戻れば形質ももとの状態に戻ると考えられる．これは変異源が気候変動であっても同様である．この問題は，ダーウィンも認めていた融合遺伝様式のもとでいっそう顕著になる（1.2 節を参照）．ダーウィンは跳躍的な変異の存在も認めていたが，それが進化に重要だとは考えていなかった（Darwin 1859）．

おおまかにいうとダーウィンの進化論は，(1)変異の発生，(2)生存競争において有利な変異が維持される自然淘汰，という 2 つのプロセスからなっている．この意味では，ダーウィンの考え方は現代の進化学者の考え方に似ている．ただしダーウィンは，(2)のプロセスがはたらくことを強く主張（証明ではない）したものの，(1)のプロセスについては十分に説明することができなかった．すなわち，変異については生物集団中でつねに豊富に存在していると仮定するにとどまり，それがどのように生じるかについてはあまり触れなかった．これが，たとえばトーマス・ハクスリー（Thomas H. Huxley）やフランシス・ゴルトン（Francis Galton）といった多くの生物学者の反感を買い，のちにさまざまな進化論が提唱されることになる．事実，のちの進化学上の論争はほとんどが新たな変異，現在でいう突然変異の発生機構や，変異と自然淘汰との関係についてである．1910 年頃によく言われていたダーウィンの進化論に対する批判として次のようなものがある（de Vries 1912, p. 827）．「自然淘汰は最適者がどのように生き残るのかを説明するためには役立つかもしれないが，そもそも最適者がどのように発生するのかを説明するためには役立たない．」同様の批判は過去に何度も繰り返され（Morgan 1903, 1932），最近さらに強まってきている（たとえば Ohno 1970; Nei 1987; Kirschner and Gerhart 2005; Stoltzfus 2006）．

1.2　ダーウィンの進化論に対する批判

ダーウィンの進化論は，アウグスト・ヴァイスマン（August Weismann）やアルフレッド・ウォレス（Alfred R. Wallace）といった著名な生物学者から熱烈な支持を受けたものの，他の生物学者や古生物学者の中には自然淘汰による漸進的な進化に異議を唱え，異なる進化論を提唱するものも多くいた．たとえばハーバート・スペンサー（Herbert Spencer）やエルンスト・ヘッケル（Ernst Haeckel）は，進化機構として自然淘汰以上に獲得形質の遺伝が重要だと考えていた（Bowler 1983）．事実，ラマルク主義は『種の起原』の出版後も有力とみなされ，遺伝学が確固たる学問として確立された1910年代から1920年代以降も信じられ続けた．ラマルク主義がようやく否定されたのは，ルリア（Salvador E. Luria）とデルブリュック（Max Delbruck）によって細菌がバクテリオファージに対する耐性を獲得するのは自発的に生じる突然変異によるのであって，バクテリオファージとの接触によって誘導されるのではないことが示されたときである（Luria and Delbruck 1943）．その後レダーバーグ夫妻（Joshua Lederberg と Esther Lederberg）は大腸菌を用いた間接的な同胞淘汰実験により，薬剤耐性の進化は薬剤に接触する以前に生じた前適応的[*3]な突然変異によって起こることを明らかにした（Lederberg and Lederberg 1952）．ここで同胞淘汰実験とは，大腸菌のあるコロニーが薬剤耐性かどうかを判定するために，レプリカプレート法で複製した同胞のコロニーについて検査することであり，もとのコロニーは薬剤にさらされることはない．同様の結果はキイロショウジョウバエにおける DDT 耐性の進化についても観察されている（Crow 1957）．当時流行したその他の進化論としては，新たな種や亜種は短期間で形成されるという跳躍進化論や，それぞれの生物種は内なる力によって定められた方向に進化するように運命づけられているという定向進化論などが挙げられる．しかしながらこれらの進化論は，当時まだわかっていなかった遺伝や進化の法則について前時代的で非常識的な想定をすることによって構築されていたため，しだいに衰退していった．さらに地理的隔離[*4]や種間交雑[*5]が種分化に重要であるという主張もなされたが（Mayr 1982; Bowler 1983 を参照），これらはいずれも短期的な進化のメカニズムに関するものであり，長期的な進化のメカニズムに関するダーウィン主義を否定するものではなかった．1900 年にメンデルの遺伝の法則が再発見されると，地理的隔離や種間交雑は進化の理解にあまり役立たないことが明らかになった．

ダーウィンの進化論が最も激しく批判を受けた点の 1 つが，連続的な変異の分布に自然淘汰がはたらくことで新種が形成されるという主張である．この主張はハクスリーやゴルトンといったダーウィンの進化論の強力な支持者にすら疑問視された．19 世紀なかばには，ダーウィンを含む多くの生物学者は，子の形質は両親の形質の中間体になる（2 色のインクが混ざったようになる）という融合遺伝様式を信じていたが，エジンバラ大学の工学教授だったフリーミング・ジェンキン（Fleeming

---

*3　前適応：将来，環境が変化したときに適応的になる変異が，環境が変化する前から生じていること．

*4　地理的隔離：地理的な要因によって分集団間での生殖が妨げられること．

*5　種間交雑：異種とみなされていた種間で起こる生殖のこと．

Jenkin）は，融合遺伝様式のもとでは集団中の変異量が毎世代減少していくため，ダーウィンの進化論には自然淘汰の有効性という観点からさまざまな問題があることを指摘した（Jenkin 1867）．ジェンキンによると，融合遺伝様式のもとでは跳躍的で不連続的な変異も集団には出現しえず，新種も形成されえない．この融合遺伝様式という概念は，メンデルの遺伝の法則が再発見されることでようやく否定されることになる（Morgan 1925, pp. 139–140; Fisher 1930, pp. 1–7）．ジェンキンは他にも，ダーウィンの自然淘汰説には推論が多すぎるため実験による検証が必要だと述べている．ダーウィンは1869年に友人であるJ・D・フッカー（Joseph D. Hooker）に宛てた手紙の中で次のように記している（Mayr 1982, p. 512）．「ジェンキンにはおおいに悩まされたが，他のどんな論説文や書評よりも有益だった．」こうしてダーウィンは，自然淘汰の有効性や不連続的な変異に関する主張を弱めていった（皮肉なことに，進化論の発展におけるジェンキンの論文の重要性に関しては歴史学者や哲学者の間でいまだに論争となっている（たとえばGayon 1998; Bulmer 2004）が，本書ではこれ以上触れないことにする）．

融合遺伝様式のもとでは世代を重ねるごとに生物集団中の変異量が減少してしまうという問題を解決するためには，新たな変異をつくりだすメカニズムをみいだす必要があった．そのようなメカニズムとして，ダーウィンはパンゲネシスという仮説を提唱した．この仮説では，ジェミュールまたはパンゲンという遺伝性の物質が個体のあらゆる臓器から放出され，血流などに乗って生殖細胞に運ばれると考える．各臓器から放出されるジェミュールの量は均等でなく，量が多かった臓器は次世代で他の臓器よりも発達する．このようにして次世代で新たな変異が導入されることにより，融合遺伝様式で消失してしまう変異量が補填される（Darwin 1868）．パンゲネシスは当初，ラマルクによって獲得形質が遺伝するメカニズムを説明するために用いられた（Lamarck 1809）が，ゴルトンが品種の異なるウサギの間で輸血実験を行った結果，この仮説を支持する証拠は得られなかった（Provine 1971を参照）．そのため，ハクスリー，ゴルトン，ウィリアム・ベイトソン（William Bateson）は，世代を経ても消失しないような不連続変異に基づく進化論を構築すべきだと考えるに至った．

19世紀のおわりにはダーウィンの自然淘汰説の支持者は大幅に減ってしまっていて，おもな支持者はヴァイスマン，ウォレス，ウォルター・ウェルドン（Walter Weldon），カール・ピアソン（Karl Pearson）くらいしかいなくなっていた．またこの頃にウェルドンとピアソンはダーウィン進化論の生物測定学的研究を開始したが，この研究は不連続変異による進化を支持していたベイトソンに激しく批判された．さらにメンデルの遺伝の法則が1900年に再発見されると，ベイトソンはそれが不連続進化論を支持するとして生物測定学者を批判し，ダーウィン主義を失墜させた（Bowler 1983; Gayon 1998）．ちなみにベイトソンは「遺伝学 genetics」という用語の産みの親としても知られている．

1.3　不連続変異による進化

ハクスリーやゴルトンらは，連続的な変異に自然淘汰がはたらくことで種間にみられるような大きな形態的な相違や生理的な相違が形成されるとは思っていなかった．そこでベイトソンやユーゴー・ド・フリース（Hugo de Vries）をはじめとする多くの進化学者は，不連続変異による進化論を提唱し，進化には新たに生じる不連続変異（現在でいう突然変異）が重要であることを強く主張した．この考え方を裏づけるために，ベイトソンは動物界におけるさまざまな形態的な異常や離散的な変異を収集し，598ページにわたる著書“*Materials for the Study of Variation*（変異研究のための資料）”を出版した（Bateson 1894）．そこには触角が脚に変化したマルハナバチ，翅の眼状紋が通常より多いチョウ，脊椎骨が通常より多いカエル，乳頭が通常より多いヒトなどの例が多数記載されている（全886例）．とくにベイトソンは，体のある部分が他の部分に転換される異常をホメオティックな形質転換と名づけた．ベイトソンはこの本を通じて，動物の種内には多くの不連続変異が生じ新種形成のもとになることを示そうとした．これは，進化に寄与する変異をとらえるためにはダーウィンが注目していたような自然集団内で維持されている連続的な変異ではなく，新しく生じてくる変異を研究しなければならないという信念に基づくものだった．ベイトソンはまたラマルク遺伝も否定した．しかしながらその後，ベイトソンが収集した形態的な異常の大部分は遺伝せず進化に寄与しないことが示され，ベイトソンの不連続変異による進化論は受け入れられなかった．ただしベイトソンが名づけたホメオティックな形質転換という現象は，のちに多くの動物で観察されることになる．そしてこのような異常な動物の発生メカニズムが近年になって遺伝学的・分子生物学的に研究されることによって，現在の発生生物学分野の急速な発展がもたらされたのである．

19世紀に入るとさまざまな種類の種内変異について，それらが進化に及ぼす影響が議論されるようになった．だがまだメンデルの遺伝の法則が知られておらず遺伝性・非遺伝性の変異という考え方も確立していなかったことから，議論はつねにあいまいだった．またダーウィンは新たな変異がどのように生じるかを知らなかったため，進化に関する議論はおもに自然淘汰に関するものだった．ベイトソンはダーウィンと対立し自然集団に生じる突然変異の研究をしていたが，じつは新たに生じた突然変異が集団に定着する際には自然淘汰が重要であることを十分に理解していた．ベイトソンは次のように述べている（Bateson 1894, p. 80）．「ここで説明する変異にまつわる現象においては，自然淘汰説に反するようなことは何ひとつない．」ベイトソンは進化における不連続変異の重要性を強調し，当時一般的だった淘汰万能主義に批判的だっただけである．ただしベイトソンも変異が生じるメカニズムについて明確な答えを得ることはできなかった．ベイトソンいわく「自分自身で判断するに，変異源に関する研究は未成熟だ．」数年後ド・フリースは，形態形質や生理形質にはランダムに突然変異が生じること，そしてそれらの突然変異は不連続変異をもたらすことを提唱した（de Vries 1901–1903, 1909, 1910）．しかしながら，これでもまだ表現型の不連続変異がいかにしてできるかというベイトソンの問いに対する答えとしては不十分である．生物学者がこの問いに答えられるようになったのはそれから約 100 年後のことである．いまから数十年前にようやく発生生物学者や進化生物学者はこの重要な問いについて研究できるようになった．この話題については第 5 章から第 9 章で述べることにする．

20 世紀のはじめにド・フリースは 2 巻からなる大作“*The Mutation Theory*（突然変異説）”（de Vries 1901–1903）を出版し，新たな種（ド・フリースは発端種 elementary species とよんだ）や亜種は突然変異によって形成されると提唱した（ド・フリースはメンデルの遺伝の法則の再発見者のひとりでもある）．ド・フリースはまず新たに生じる変異を(1)個体変異と(2)突然変異の 2 種類に分類した．個体変異はダーウィンのいう連続的な変異に相当する．一方，突然変異は表現型の不連続変異であり，それが 1 回生じるだけで発端種をつくりだすことができる．ド・フリースは，個体変異は種内における新たな亜種や品種の形成に寄与するが新種の形成に寄与することはなく，新種の形成には突然変異が必要であると主張した．この主張は，ド・フリース自身がさまざまな植物を用いて行った大規模な交配や人為淘汰の実験結果，ならびに他の研究者の同様の実験結果を精査することによって導きだされたものである．ド・フリースの個体変異に関する主張を支持する代表的な例として，過去 1 万年にわたる人為淘汰によってつくりだされた数多くのイヌの品種が挙げられる．イヌの品種間では形態的な相違が非常に大きいので，もしもそれらが自然界で発見されたとしたら多くは別種とみなされるだろう．ド・フリースによると，個体変異による種内での形質の相違は，種間での形質の相違よりも大きくなりうる．イヌの場合にも品種間の交配により正常な子が生まれるので，それらはすべて同種とみなされる．なぜ形態的に大きく異なるイヌの品種間で正常な子が生まれるのかについてはよくわかっていないが，最近の発生生物学の発展により解明されつつある．これについてもまたのちほど述べる．

ド・フリースは突然変異に関する主張を証明するために，“*The Mutation Theory*”の中で発端種の例を数多くまとめている．身近な例としては，ヤセイカンランに由来するカリフラワー，芒(のぎ)のないエンバク，走出枝のないイチゴが挙げられている．これらは最近起こった突然変異によってつくりだされた発端種と考えられ，異系交配[*6]を阻害することで表現型を遺伝させることができる．ただし，ド・フリースによるとこれらの発端種はつねに純系のまま維持できるわけではなく，毎世代一定の頻度で変異体が分離する．

発端種の中でも最も有名な例は，ド・フリースがアムステルダム近郊のジャガイモ畑跡地で発見した，アメリカ大陸原産のオオマツヨイグサ *Oenothera lamarckiana* に由来するものである．ド・フリースはまず，オランダのオオマツヨイグサの自然集団には顕著に形態の異なる個体が含まれていることを発見した．ド・フリースはその後 14 年間におよぶ栽培実験を行い，オオマツヨイグサが低頻度ながら変異型を産生し続けることや，変異型の子の表現型は親と同じになるか野生型と新たな変異型に分離することを示した．変異型の中には形態的に野生型と大きく異なるものがあり，それらには新たな（発端）種名がつけられた．とくに *O. gigas* と名づけられた発端種は野生型の親よりも大きく頑強で，ド・フリースが 14 年間にわたる研究中に観察したおよそ 50000 個体の中で一度しか現れなかった表現型である．ド・フリースの実験結果は非常に説得力があったため，突然変異説は出版当初から多くの生物学者に受け入れられた（Allen 1969）．だが新種は 1 回の突然変異で生じるというド・フリースの主張はのちに疑問視されることになる．デーヴィス（Davis 1912），レナー（Renner 1917），クレランド（Cleland 1923）は，ド・フリースが研究対象としたオオマツヨイグサの系統が 2 種類の染色体複合体の定常的なヘテロ接合体であって，ド・フリースが観察した突然変異体の大部分はこの特殊な遺伝子型からの分離体であると主張し，ド・フリースの突然変異説の信頼性を大きくゆ

---

*6 異系交配：遺伝的に異なる個体間での交配のこと．

るがした（詳細は Cleland 1972 を参照）．歴史学者の中には，ド・フリースの説は時の試練に耐えられなかったとか（Allen 1969），完膚なきまでに論破されたとまでいったものもいた（Provine 1980, p. 55）．20 世紀を代表する植物進化学者ジョージ・ステビンス（George L. Stebbins）は，「ド・フリースの発端種は空想の賜物か，自家受粉し細胞学的に特殊な状態にある植物種に特有の現象だろう」と述べている（Stebbins 1950, p. 102）．ただしここで忘れてはならないのは，ド・フリースは実験研究に基づいて進化論を構築した最初の人物だということである．

ド・フリースが示したかったのはオオマツヨイグサが遺伝的に不安定だということではなく，突然変異によって新たな変異体が生まれるということだった．のちの研究により，ド・フリースがみいだした突然変異体の大部分は染色体の変化によってもたらされたもので，倍数化，異数化，転座，逆位，単一遺伝子突然変異などを起こしていることがわかった．とりわけ *O. gigas* は四倍体で（Lutz 1907; Gates 1908），表現型は遺伝した．いまではこれらの染色体変異は植物でしばしば新種を形成することがよく知られていて，のちにセウォル・ライト（Sewall Wright）も述べたとおり，ド・フリースの主張はさほど間違っていなかったと考えられる（Wright 1977, pp. 411–412）．テオドシウス・ドブジャンスキー（Theodosius Dobzhansky）もまた倍数化が新種の形成に重要なメカニズムであることを認識していたが（Dobzhansky 1951, pp. 287–294），20 世紀なかばには一般に倍数化で種分化が起こることはまれだと考えられていたし，実際に動物ではまれである．そんなわけで，ド・フリースの突然変異進化論を信じる人は減っていった．ただし近年ゲノムレベルでの進化研究が進むにつれて，このような考え方は大幅に見直されてきている（Doyle et al. 2008; Velasco et al. 2010）．いまでは多くの新種が染色体の倍数化によって生じたことが知られている．この話題についてはまたあとで議論する（第 7 章を参照）．

ド・フリースはすぐれた洞察力の持ち主であり，進化研究に実験を導入した最初の科学者だった．ド・フリースは 1901 年の著書（英語版では de Vries 1909）の序文で，次のように述べている．「突然変異の法則がわかれば，遅かれ早かれ望みどおりに突然変異を導入し，まったく新しい形質をもった動物や植物を創造できるようになるに違いない．人為淘汰によって有用性や優美性を向上させる品種改良ができるように，突然変異を自在に操ることによって動物や植物を安定的に品種改良できるようになるだろう．」遺伝学者なら誰もが知るところだが，この予言は 20 世紀後半に現実のものとなった．

ド・フリースもまた，新しい変異型が自然集団に定着するためには自然淘汰が必要だということを十分に理解していた（de Vries 1909, p. 212）．突然変異はランダムに起こると考えられるので，有害な突然変異は当然排除されなければならず，野生型との生存競争に勝てる変異型だけが生き残ることができる．ド・フリースはただ，ダーウィン（Darwin 1859）がうまく説明できなかった進化の最初の過程（新しい形質の生成）のメカニズムを理解することの重要性を強調していたにすぎない．ド・フリースが自然淘汰を受け入れていたことは，ライトやガイヨン（Jean Gayon）によっても記されている（Wright 1960; Gayon 1998）．

1.4　突然変異主義

ド・フリースのいう突然変異は，遺伝性の表現型変異のすべてを指す．現在の知識でいえば，塩基置換，塩基配列の挿入/欠失，遺伝子の重複/消失，遺伝子転移，遺伝子間相互作用の変化，さまざまな染色体変異，ゲノム重複などを含んだ遺伝物質の変化のすべてである．しかしながらド・フリースの時代にはこのような遺伝的変異の詳細は知られておらず，研究に用いることができたのは形態形質や生理形質に関する遺伝性の変異だけだった．

メンデル遺伝学が進歩すると，遺伝の単位は遺伝子であって，突然変異は遺伝子に生じる遺伝性の変化であると考えられるようになった．その一方で染色体変異も発見され形態形質に影響を与えることが示されたものの，染色体変異は多様だったため本格的に研究されることはなかった．倍数化もまた新たな遺伝的変異を生じることが示されたが，表現型の進化にはさほど影響を与えないと考えられた（Stebbins 1950）．

このようにして，突然変異は染色体の変化ではなくタンパク質をコードする遺伝子の変化を意味するようになっていった．この傾向は，トーマス・モーガン（Thomas H. Morgan）とその学派が行った研究においてとくに顕著だった（Morgan 1916, 1925, 1932）．この遺伝子中心主義ともいえる時代には，新種は1回の突然変異で生まれるというド・フリースの考え方は無視された．そしてそれにかわって，遺伝子に突然変異が生じることにより進化が起こると主張する新しい学派が台頭し，その中心人物がモーガンだった．モーガンの考え方はしばしば突然変異主義とよばれるが，これはいささか不適切である．

メンデルの遺伝の法則が再発見された1900年からの15年間で，遺伝学は飛躍的に進歩した．第1に，融合遺伝様式が否定され，植物や動物の多くの形質はメンデル遺伝に従うことが示された．これにより有性生殖後も遺伝的な多様性は減衰せず，集団中に維持されると考えられるようになった（Castle 1903; Hardy 1908; Weinberg 1908, 1963）．第2に，ヨハンセン（Wilhelm L. Johannsen）の純系説（Johannsen 1909）により，ダーウィンのいう連続的変異には遺伝性の変異と非遺伝性の変異が含まれ，非遺伝性の変異に自然淘汰がはたらいても進化に影響を与えないことが示された．第3に，ニルソン-エーレ（Nilsson-Ehre 1909），イースト（East 1910），エメルソンとイースト（Emerson and East 1913）の研究によって，量的形質[*7]の遺伝様式はその形質に関与する複数の遺伝子座で対立遺伝子が独立に分離すると考えることで説明できることが示された．ワインバーグ（Wilhelm Weinberg）やR・A・フィッシャー（Ronald A. Fisher）もまた，ゴルトン，ウェルドン，ピアソンといった生物測定学者らによって観察された近縁個体間における量的形質の相関関係がメンデル遺伝で説明できることを明らかにした（Weinberg 1910, 1984; Fisher 1918）．これらの発見により，生物測定学者とメンデル遺伝学者との間で繰り広げられた激しい論争に終止符が打たれた．第4に，モーガン，スターティヴァント，マラー，ブリッジズの研究（Morgan et al. 1915）やマラーとアルテンバーグの研究（Muller and Altenberg 1919）によって，突然変異は非常に低頻度ではあるものの自発的に生じメンデル遺伝することが示された．突然変異は大部分が有害だが，なかには事実上中立なものや，やや有益なものも含まれると考えられた．

モーガンの進化論はこれらの遺伝学的な知見に基づいて構築された（Morgan 1916, 1932）．モーガンはベイトソンやド・フリースと同様に，新たな形質をつくる過程とそれらの形質を維持する過程を区別して考えた．モーガンによると新たな形質は，それが連続的であれ不連続的であれ，それぞれの遺伝子座でランダムに生じる突然変異によってつくられる．そして突然変異の維持には自然淘汰や遺伝的浮動がはたらく．この考え方は，「生存競争において有利な系統が維持される」ように自然淘汰がはたらくというダーウィンの考え方とはいくらか異なるものである．ダーウィンの考え方は，集団中にはつねに「有利な系統と不利な系統」が存在することを前提として構築された．しかしながらダーウィンの時代にはまだ遺伝の様式がわかっていなかったために，生存競争のプロセスを遺伝的に説明できなかった．それに対しモーガンはより進んだ遺伝学的知識を背景に，自然淘汰を定式化するう

*7 量的形質：実数値で表される形質のこと．

えで明らかにダーウィンよりも恵まれた立場にあった．モーガンは若い頃には自然淘汰の有効性を疑問視しややそれが目的論的であるとさえ考えていたが（Morgan 1903），1916 年と 1932 年に出版した著書の中で突然変異-自然淘汰説を確立するに至った．

研究者の中には，モーガンのことを類型学者で集団という概念をもちあわせていなかったというものもいる（たとえば Allen 1978; Mayr 1982）．だがモーガンは著書“*The Scientific Basis of Evolution*（進化の科学的基礎）”（Morgan 1932）の中で，集団遺伝学と量的遺伝学についてかなり鋭い議論を展開している．この本の 132 ページでモーガンは次のように述べている．「突然変異形質が優性ならば……野生型との交配によって生じる次世代の子の半分にふたたびその形質が現れる．もしその形質が有利，すなわち個体の生存確率を上昇させるならば，系統の中で徐々に広まっていくだろう．もしその形質が野生型に対して有利でも不利でもないならば，野生型にとってかわるかもしれないしそうでないかもしれず，それはある程度偶然によって支配される．ただし同じ突然変異が何度も繰り返し生じれば，ほぼ間違いなく野生型にとってかわるだろう．そしてもしその形質が不利ならば，迅速に排除されるだろう．」この記述から，モーガンは集団遺伝学をよく理解していたことがうかがえる．

モーガンの突然変異主義は 20 世紀の最初の四半世紀にはかなり人気があったが，実際には当時の進化遺伝学者の大部分はもとから同じような考え方をもっていたので，モーガンはいわゆるその時代の代表者のような存在にすぎなかった（Wright 1960）．突然変異主義または突然変異-自然淘汰説の中心人物としてはハーマン・マラー（Hermann J. Muller）もいた（Muller 1929）．マラーはモーガンよりも数学に堪能だった．突然変異-自然淘汰説によっていかなる表現型の進化も遺伝子の変異を調べることで理解できることが示され，進化の概念は一変した．しかしながら突然変異や遺伝子多型の研究が進むにつれ，突然変異主義に不都合な現象も多く観察された．第 1 に，実験室で観察される突然変異の大部分は進化にまったく寄与しない有害なものだった．第 2 に，形態形質はほとんどが量的形質であり，それらの変異は多くの遺伝子や環境要因の相互作用によって生じるため，突然変異と自然淘汰との関係が不明瞭だった．第 3 に，なかにはメンデル遺伝のようなふるまいを示す不連続的な形質もあったが，それらはしばしばいくつかの遺伝子の制御を受けていた．たとえばテンジクネズミの毛色の模様の発現には，複雑に相互作用する多くの遺伝子が関与していた（Wright 1927）．

これらの現象を説明するには，モーガンの突然変異主義は単純すぎた．モーガンは実験研究者としては集団の概念をよく理解していたが，数学にあまり堪能でなかったために1920年代から1930年代にかけて進歩した集団遺伝学の数学理論から少しずつ取り残されていった．そしてこの進歩によって新ダーウィン主義という新時代の幕が開き（1.5節を参照），その後新ダーウィン主義が台頭するにつれてモーガンの突然変異主義はしだいに衰退していった．現在，モーガンの考え方は「突然変異主義」とよばれることが多いが，モーガンも自然淘汰が非適応的な遺伝子型を排除するというダーウィンの考え方を受け入れていたという意味では，この名称は必ずしも適切とはいえない．とはいえこの名称は広く使用されているし，モーガンはたしかに突然変異を進化の原動力と考えていたので，本書でもモーガンの考え方を突然変異主義とよぶことにする．

1.5　新ダーウィン主義

新ダーウィン主義（ネオダーウィニズムともいう）という用語は，19世紀末からダーウィン主義がさまざまな形に改変されるたびにそれを表す名称として使用されてきた．現在，新ダーウィン主義は通常，フィッシャー，ライト，J・B・S・ホールデン（John B. S. Haldane）によって定式化された進化論のことを指す（Fisher 1930; Wright 1931, 1932; Haldane 1932）．進化は生物の集団や種において長期間かけて生じる遺伝的な変化なので，実験的に研究することが難しい．しかしながらメンデル遺伝学の確立により，集団の進化を単純なモデルのもとで予測できるようになった．この予測は非常におおざっぱだが，直観的に推測するよりもずっと科学的である．フィッシャー，ライト，ホールデンという3人の集団遺伝学の創始者たちは，1920年代から1930年代にかけて精力的に数学的な研究を行い，生物の進化には突然変異よりも自然淘汰のほうがはるかに重要だと結論づけた．これは突然変異主義の考え方とは逆である．そしてこの頃には多くの実験遺伝学者も自然淘汰の研究を始めていて，対立遺伝子対にはたらく自然淘汰はそれまでに考えられていたよりもずっと強いという結果を得ていた．

そのため，数学的研究の結論は主要な実験遺伝学者の多くにすんなり受け入れられた．その中には，進化学における非常に重要な本『遺伝学と種の起原（*Genetics and the Origin of Species*）』の著者であるドブジャンスキーも含まれる（Dobzhansky 1937, 1951）．この本を通じて新ダーウィン主義はしだいに生物学者の間に浸透していき，さらに多くの研究者（Huxley 1942; Mayr 1942; Simpson 1944, 1953; Stebbins 1950; Ford 1964）によって改良を加えられていった．そして新ダーウィン主義は1960年までにはほとんどの進化学者に受け入れられた．新ダーウィン主義はダーウィン主義とメンデル主義を融合することによって構築されたため，進化総合説ともよばれる（Huxley 1942）．しかしながら実際には，新ダーウィン主義は従来のダーウィン主義よりも淘汰万能主義を推し進めたものだった．新ダーウィン主義については第2章で詳細に述べる．

突然変異主義と新ダーウィン主義のおもな違いは，生物の進化において突然変異と自然淘汰のどちらがより重要と考えるかである．突然変異主義では，新たに生じる突然変異は，有益なもの，中立なもの，有害なものに分類される．有益または中立な突然変異は進化に寄与する可能性があるが，有害な突然変異は集団から排除される．ただし，進化の過程で環境が変化することによって突然変異の適応度が変化する可能性も考慮する必要がある．突然変異主義においては進化の原動力は突然変異であり，自然淘汰は有益な突然変異を維持して有害な突然変異を排除するためのふるいでしかない（Morgan 1916, 1932）．もちろんこれは遺伝子間相互作用や遺伝子型と環境の相互作用の重要性を否定するものではない．

新ダーウィン主義においても，突然変異が遺伝的変異の根源であることには変わりない．しかしながら突然変異は遺伝子頻度をほとんど変化させないため，進化においては大して重要な役割を果たさないと考える．また，過去に生じた大量の突然変異によって，自然集団にはたいていの自然淘汰に対応できるだけの遺伝的変異が含まれていると考える．すると，進化はおもに環境の変動と自然淘汰によって規定されることになる．集団にはつねに十分な量の遺伝的変異が含まれているため，環境の変動に対応して進化するときには新たな突然変異の出現は必要とされない．また突然変異は繰り返し生じるために，有益な突然変異の大部分はすでに集団中に固定しているか最適頻度に達している．そのため集団の遺伝的構成は，生息する環境において最適かそれに近い状態になっている．生物の進化は環境の変化に伴って漸進的に起こる．

もちろんこれは新ダーウィン主義の共通原理であり，フィッシャー，ライト，ホールデンの間にも考え方には大きな違いがあった．フィッシャーは筋金入りの淘汰万能主義者で，進化はほぼ例外なく自然淘汰によって起こると信じていた（Fisher 1930, 1958）．ライトはフィッシャーとは大きく異なり，遺伝子間相互作用や遺伝的浮動による対立遺伝子頻度のランダムな変化の重要性を主張した（Wright

1931, 1932). ホールデンはフィッシャーとライトの中間的な立場で，おもに大集団における対立遺伝子頻度の変化を研究の対象としていた (Haldane 1932). ホールデンは合理主義者であり，常識にのっとった比較的単純な数学的方法を用いてさまざまな進化学上の問題についての研究を行った.

突然変異主義から新ダーウィン主義への進化論の移行は，エルンスト・マイヤー (Ernst Mayr) によると急速に起こったということであるが (Mayr 1963, 1982)，実際には徐々に起こったようである (Wright 1960, 1977). 実験進化学者の間では，1937年に出版されたドブジャンスキーの著書『遺伝学と種の起原』が新ダーウィン主義に関する最初の本とみなされることが多い. たしかにこの本では自然集団において新ダーウィン主義が示唆されるような観察データが数多く紹介され，ライトの平衡推移説も支持されている. しかしながら，全体としてみるとこの本の見解はモーガンの考え方 (Morgan 1932) にきわめて近い. たとえばドブジャンスキーは，ダーウィン (Darwin 1859) やモーガン (Morgan 1932) にならって染色体逆位を含む遺伝的多型の大部分は事実上中立と記している. ドブジャンスキーがフィッシャー (Fisher 1930) のような強烈な自然淘汰論者としての考え方を示したのは，1951年改訂版の『遺伝学と種の起原』においてである. ハクスリーやマイヤーの著書は，突然変異主義と自然淘汰主義が複雑に入り混じったものになっている (Huxley 1942; Mayr 1942). いずれにしろ1960年頃までには，多くの実験進化学者は自然淘汰論者となっていた.

1.6 新突然変異主義または突然変異主導進化論

突然変異主義や新ダーウィン主義の時代には遺伝子の分子構造が知られていなかったため，遺伝的変異の研究には形態形質や生理形質が用いられた. メンデル遺伝する対立遺伝子対は1回の突然変異でつくられると考えられていたが，突然変異の実体についてもまったくわかっていなかった. 遺伝子の分子構造やタンパク質の合成機構が解明されることによって初めて，生物学者は進化のメカニズムを科学的に研究できるようになった. また当時でも遺伝子重複や染色体突然変異という現象があることは知られていたが，ゲノム配列データが蓄積するまでそれらの進化学的な意義は不明だった.

1960年代から1970年代にかけて，イングラム (Vernon M. Ingram)，ツッカーカンドル (Emile Zuckerkandl)，ポーリング (Linus Pauling)，マルゴリアシュ (Emanuel

Margoliash）といった分子生物学者はタンパク質の進化研究を開始し，アミノ酸置換速度は時間に対してほぼ一定であることを発見した（Ingram 1961; Zuckerkandl and Pauling 1962; Margoliash 1963）．この発見がきっかけとなって，木村 資生やジャック・キング（Jack L. King），トム・ジュークス（Thomas H. Jukes）は分子進化の中立説を提唱することになる（Kimura 1968b; King and Jukes 1969；詳細は第4章を参照）．しかしながら，木村やキングでさえも，表現型はおもに自然淘汰によって進化すると考えていた．一方，根井 正利は，表現型も究極的にはDNAやRNAの塩基配列に支配されるため，分子と同様におもに突然変異によって進化するはずだと主張した（Nei 1975, 1987, 2007）．根井のこの主張は，分子進化学や発生生物学の新知見に基づくものである．根井はあらゆるDNAの変化（塩基置換，遺伝子重複，倍数化，エピジェネティック変異など）を突然変異ととらえ，いかなる表現型の進化も自然淘汰でなく突然変異が原動力であると主張した．

以前，根井はこの考え方を新突然変異主義（Nei 1983, 1984），新古典説（Nei 1987），新突然変異説（Nei 2007）とよんだが，本書では「突然変異主導進化論」または「新突然変異主義」とよぶことにする．突然変異は遺伝物質すなわち塩基配列，遺伝子，染色体，ゲノムのあらゆる変化として定義される．過去50年間のうちに突然変異は分子レベルで精力的に研究され，それに関する知識は飛躍的に増大した．DNAレベルでの突然変異の基本的なプロセスは，あるヌクレオチドの塩基（たとえばA）が他の3種（T，C，G）のうちのどれかに置き換わったり，ヌクレオチドが挿入・欠失したりすることである．この発見によって，DNAのタンパク質コード領域や非コード領域における突然変異のパターンやその影響を研究できるようになり，1970年代には分子進化学という新たな研究分野が誕生した．いまでは塩基置換だけでなく遺伝子の重複・消失によって大量の遺伝的変異が生成されることや，遺伝子のコピー数変異によって新しい表現型が形成されうることも知られている．突然変異と表現型進化の関係を理解することは進化生物学における主要な課題であるが，表現型は多くの遺伝子の相互作用によって発現制御されるため，それらの関係はきわめて複雑である．しかしながら発生生物学の基本原理が解明された現在，進化生物学者は突然変異と自然淘汰の過程を分子レベルで研究することによって表現型の進化を理解できるようになった．これまでに得られた結果から，表現型進化の原動力は突然変異であることが示されている（詳細は第6章から第9章を参照）．突然変異主導進化論はすでに，進化学研究における方法論や生物学者の進化機構に対する考え方を変えてきている．

1.7 最適者生存とニッチ獲得変異体生存

ダーウィンの自然淘汰説は，スペンサーによる「最適者生存」という表現で象徴される．この表現は同語反復の可能性があるとして批判されているものの，自然淘汰説の本質をとらえている（Gayon 1998）．事実，新ダーウィン主義の時代にはこの考え方が理論集団遺伝学の根幹をなしていた．理論集団遺伝学では通常，集団内のすべての遺伝子型に異なる適応度の値（個体あたりの子の数）が割りあてられ，集団の平均適応度（$\overline{w}$）がどのように進化するかが調べられる．環境が一定の場合には，集団内に有益な突然変異が分離している限り $\overline{w}$ は増大し続ける．フィッシャーの自然淘汰の基本定理（第3章を参照）によると，平均適応度の増大速度は個体間での適応度の相加的遺伝分散[*8]（V_A）に等しい（Fisher 1930）．V_A は非負の量なので，$\overline{w}$ はつねに増大し続けるというわけである．

ただしフィッシャーの定理は特定の条件のもとでの短期的進化にしか適用できず，長期的進化における意義は不明である（詳細は第3章を参照）．わかりやすい例として，細菌における薬剤耐性株（集団）の進化について考えよう．第二次世界大戦後に医療や畜産の現場でペニシリンやストレプトマイシンなどの抗生物質が多用された結果，細菌には多くの薬剤耐性変異がみられるようになった．図1.1Aは，4つの遺伝子座において野生型の対立遺伝子が薬剤耐性の対立遺伝子によって次々と置換されていく様子を表している．置換が蓄積されていくにつれて集団の平均適応度は徐々に上昇し，すべての遺伝子座で置換が起こった集団の適応度が最も高くなる．これがダーウィンの進化の考え方である．

しかしながら，環境はつねに変動するし多くの異なるニッチ[*9]や局所的な領域にはそれぞれ異なる菌株が適応するため，進化はつねに図1.1Aで示されたような道筋をたどるわけではない．たとえばサルモネラ菌 *Salmonella enterica* や大腸菌 *Escherichia coli* は世界中に分布し，多くの異なった菌株から構成されている（たとえば Tindall et al. 2005; Sims and Kim 2011）．薬剤耐性変異をまったくもたないか，1つか2つの変異しかもたない菌株も，多様なニッチのいずれかでは問題なく生存できるだろう．事実，薬剤耐性は細菌の生存を左右する多くの形質のうちの1つにすぎないし，多様なニッチのそれぞれに適応して生存しているサルモネラ菌株も観察

---

*8 相加的遺伝分散：量的形質に対して独立で相加的に寄与する遺伝子によって生じる分散のこと．
*9 ニッチ：生物集団が占める生態的地位のこと．

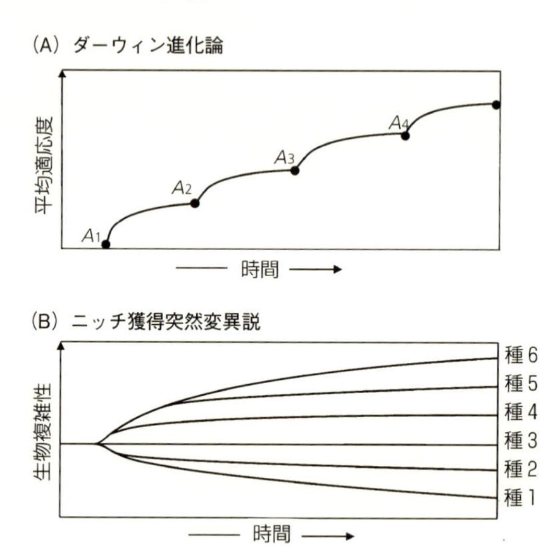

図 1.1　(A)ダーウィン進化論の概念図．薬剤耐性変異が自然淘汰によって蓄積していく様子を示す．A_1，A_2，A_3，A_4 は薬剤耐性変異を表す．ここでは集団に固定した変異のみが考慮されている．(B)突然変異主導進化論（ニッチ獲得突然変異説）の概念図．ここでは形態的に顕著な違いのある生物種または生物種群（たとえば哺乳類の異なる属）のみが考慮されている．生物複雑性は洞窟動物のように減少することもある．ニッチ獲得進化により生物多様性は増大すると考えられる．

されている．この考え方は，種内における異なる系統の進化や，異なる種，属，科などの進化にも容易に拡張することができる．

このように，生物は必ずしも生存競争によって進化しているわけではない．また，環境が変動する場合にはフィッシャーの定理はあてはまらない（詳細は第 3 章を参照）．平均適応度は異なる種間では比較できないので，進化の程度を測るために適した量ではない．それでは長期的進化を定義するための有効な方法はあるのだろうか？　根井は他の多くの生物学者と同様に，進化は生物複雑性の増加の過程ととらえるべきだと考えた．ただし厳密にはこの定義も万能ではなく，特定の環境に適応するために複雑性を減少させている生物もいる．したがって，進化は生物複雑性の増減と定義するのがよいだろう．しかしながら，生物複雑性の程度はどのように測ればよいのだろうか？　これも難しい問題ではあるが，1 つのおおまかな指標として細胞の種類数が挙げられる（Vogel and Chothia 2006）．この尺度は多細胞生物を研究対象とする進化学者によく用いられている（第 5 章を参照）．ただし細胞の種類数を数えること自体もそんなに簡単ではない．

この議論に付随して，「ニッチ獲得変異体生存」という新たな進化のメカニズムを考えることができる．これは，新たな突然変異体が新たなニッチを獲得して繁殖するという考え方である（図 1.1B）．新たなニッチではもとのニッチよりも残せる子の数は減少するかもしれないが，環境が変化するために生物複雑性を増減させて新たな進化系統を形成できるかもしれない．クジラやアシカといった海棲哺乳類の多くはこのようにして形成されたのではないだろうか．ダーウィン進化論や新ダーウィン進化論では最適者生存という表現で象徴される適応度の上昇が重要視されるが，突然変異主導進化論では生物複雑性の増減が重要視される．そして進化における突然変異の重要性が，ニッチ獲得変異体生存という表現で象徴される．これは最適者生存ほど魅力的な表現ではないかもしれないが，突然変異主導進化論の基本原理をよく表している．もちろんダーウィン進化論や新ダーウィン進化論でも新しいニッチの獲得による進化は起こりうるが（Darwin 1859），ニッチ獲得変異体生存という表現は，生存競争を必要としない突然変異主導進化論に対して用いられるほうがよりふさわしい．ただし注意すべきなのは，ニッチを厳密に定義できないためにここではニッチという用語がかなり漠然と用いられているということである．突然変異主導進化論においては，進化とは適応度を増大させることではなく，生物複雑性の多様性すなわち生物多様性を増大させることである．これについては第 9 章で再度触れることにする．

2 新ダーウィン主義と自然淘汰万能主義

2.1 はじめに

新ダーウィン主義の理論的基盤は3人の理論集団遺伝学の先駆者，R・A・フィッシャー（Ronald A. Fisher），セウォル・ライト（Sewall Wright），J・B・S・ホールデン（John B.S. Haldane）によって構築された（第1章）．これらの研究者は1920年代から1930年代にかけて，突然変異，自然淘汰，遺伝的浮動による対立遺伝子頻度や遺伝子型頻度の変化についての詳細な数学的研究を行い，進化には突然変異よりも自然淘汰のほうがはるかに重要であると結論づけた．この結論は1960年までの間にテオドシウス・ドブジャンスキー（Theodosius Dobzhansky），G・G・シンプソン（George G. Simpson），エルンスト・マイヤー（Ernst Mayr），ジュリアン・ハクスリー（Julian S. Huxley），E・B・フォード（Edmund B. Ford）といったおもだった実験進化学者にしだいに受け入れられていった．

1900年にグレゴール・メンデル（Gregor Mendel）の遺伝の法則が再発見されると，それはチャールズ・ダーウィン（Charles Darwin）が主張していた連続的な変異による進化ではなく，トーマス・ハクスリー（Thomas Huxley）とフランシス・ゴルトン（Francis Galton）が主張していた不連続的な変異による進化を支持すると解釈された．ウィリアム・ベイトソン（William Bateson）はメンデル主義の支持者として，ダーウィンの漸進的進化を支持していたウォルター・ウェルドン（Walter Weldon）やカール・ピアソン（Karl Pearson）といった生物測定学者を激しく批判した（Bateson 1902）．メンデル主義では形質は離散型と考えられるため，当時は不連続的進化を主張する研究者が生物測定学者との争いを制したかのように思われた．

その後，ヨハンセン（Wilhelm Johannsen）によって量的形質の遺伝的性質が明らかにされた（Johannsen 1909）．ヨハンセンは自殖性植物であるインゲンマメ *Phaseolus vulgaris* の純系を単離し，純系における変異は環境要因に由来し遺伝しないことを示した．複数の異なる純系を混ぜあわせて単一の集団とすると，変異の部分的な遺伝が観察された．ちなみにヨハンセンは，「遺伝子 gene」，「表現型 phenotype」，「遺伝子型 genotype」という用語の考案者でもある．さらに重要な知見として，量的形質は通常，環境要因とともに複数の遺伝子座によって制御されていることが実験的に示された（Nilsson-Ehle 1909; East 1910; Emerson and East 1913）．またこれらの遺伝子座では対立遺伝子がメンデル遺伝することも証明された．以上の結果から，離散的な形質の遺伝も連続的な形質の遺伝もメンデル主義で説明できることが明らかになった．これによってメンデル主義者と生物測定学者の論争に終止符が打たれ，不連続的な形質と連続的な形質の進化を研究するための手法が統一化された．さらにワインバーグ（Wilhelm Weinberg）やフィッシャーは，ゴルトンとピアソンによって発見された近親（たとえば両親と子や同胞）の間の相関関係がメンデル遺伝で説明できることを示した（Weinberg 1910; Fisher 1918）．じつはワインバーグの研究成果は，スターン（Curt Stern）が英語で論評を書くまでの長い間（Stern 1962），英語圏の研究者には知られていなかった．これはおそらくワインバーグの論文が，ドイツ語を読めたとしても理解できないくらい難しかったためと思われる（Crow 1999）．いまではこの論文は英語に翻訳されている（Weinberg 1984）．

ほぼすべての形質がメンデル遺伝する遺伝子によって制御されていることがわかり，不連続的（質的）な形質の進化も連続的（量的）な形質の進化も対立遺伝子頻度の変化という共通の指標を用いて研究できるようになった．ただし進化の遺伝学的研究の対象は種内進化に限られた．なぜなら種間の遺伝的差異の程度を計測するためにはオルソロガスな遺伝子（オルソログ）*1 を同定する必要があるが，メンデル主義の方法論ではそれができなかったからである．そのためこの時代の進化遺伝学的研究は，ほとんど例外なく種内での対立遺伝子頻度の変化を対象とするものだった．ただし実際には種内でも形態的な変異や生理的な変異の原因となる対立遺伝子の相違をみいだすことは難しく，集団進化はおもに，遺伝子効果，集団構造，環境変動，生態系変化などに関するさまざまな仮定のもとで構築された数理モデルを用いて数学的に研究された．数学的研究は多くの単純な仮定に基づくものだったが，メンデル主義以前になされていた推量による予測よりも客観的だった．こうして新ダーウィン主義はこれまでの70年間，進化生物学の分野で中心的な考え方となった．実験研究者は独自には遺伝子の長期的進化を研究することができず，理論研究者の指導に従って研究するよりほかなかった．

---

*1 オルソロガスな遺伝子（オルソログ）：種分岐によって形成された相同遺伝子のこと．

新ダーウィン主義の特徴は，自然淘汰の重要性を強調するところにある．細かい点に関しては研究者の間で考え方に違いはあるものの，新ダーウィン主義はおおよそ以下のようにまとめられる．

(1)突然変異は遺伝的変異の根源だが，遺伝子頻度の変化に及ぼす影響が非常に小さいため進化にはあまり重要でない．

(2)過去に生じた突然変異により，自然集団にはたいていの自然淘汰に適応可能な量の遺伝的変異が含まれている．

(3)進化はおもに環境の変動とそれに伴う自然淘汰で起こる．生物集団にはつねに十分な量の遺伝的変異が含まれているので，環境の変動に適応して進化する際には新たな突然変異の出現は必要とされない．また，突然変異の速度と進化の速度の間に相関関係はない．

(4)自然淘汰は，突然変異の蓄積によって形成された遺伝的変異を原材料として革新的な形質を創造することができる．

(5)進化はほとんど例外なく自然淘汰によって起こり，形質が中立に進化することは事実上ない．ヒトの体毛の数や顔のつくりさえも環境への適応の結果である．

(6)一般に自然界では生物集団のサイズは非常に大きいので，対立遺伝子頻度の変化は機会的変動を考慮しない決定論的モデルによって記述できる．非常に小さな集団における対立遺伝子頻度の変化を考えるときにのみ，機会的変動を考慮に入れる必要がある．

このように，新ダーウィン主義では極端な自然淘汰万能主義の考え方が形成された．

2.2　進化の基礎過程としての遺伝子頻度の変化

20 世紀初頭にはメンデル遺伝学により，あらゆる遺伝的変異は究極的には特定の遺伝子座における対立遺伝子の違いに帰着できることが確立され，集団の進化も対立遺伝子頻度の経時的な変化として理解できると考えられるようになった．こうして対立遺伝子頻度の変化についての数学的研究が始まった（Fisher 1930, 1958; Wright 1931, 1969; Haldane 1932; Crow and Kimura 1970）．ただしこれらの研究では，1つの遺伝子座につき対立遺伝子は2種類しかないと仮定された．その理由は，当時は多くの遺伝子座で2種類しか対立遺伝子が同定されていなかったこと，3種類以上の対立遺伝子がある場合の数学的な取り扱いがきわめて困難だったことなどである．さらに数学的な取り扱いを簡単にするために，集団サイズは無限大で集団内の対立遺伝子頻度は決定論的に変化すると仮定されることが多かった．しかしながら実際にはすべての自然集団で個体数は有限であり，生殖時には対立遺伝子頻度の機会的変動がみられる．なお，対立遺伝子頻度の機会的変動を考慮に入れた数理モデルは確率論的モデルとよばれ，対立遺伝子頻度の機会的変動は遺伝的浮動とよばれる．以下では，まず決定論的モデルのもとで集団遺伝学の基本的な考え方を紹介する．自然淘汰がはたらかないときに，突然変異によって対立遺伝子頻度が変化する様子からみていくことにしよう．

突然変異

集団遺伝学の研究が始まるとすぐに，突然変異による対立遺伝子頻度の変化は自然淘汰による変化よりもはるかに小さいことが明らかにされた．いま大集団を考え，ある遺伝子座に対立遺伝子 A_1，A_2 がそれぞれ相対頻度 x，$1-x$ で存在しているとする．A_1 は世代あたり速度 u で A_2 に変異し，A_2 は世代あたり速度 v で A_1 に変異し，自然淘汰ははたらいていないと仮定する．すると次世代における A_1 の頻度 x' は

$$x' = x(1-u) + (1-x)v \tag{2.1}$$

と表せる．よって A_1 の頻度の世代あたりの変化量（$\Delta x = x' - x$）は

$$\Delta x = v - (u+v)x \tag{2.2}$$

となる．この式から，v が $(u+v)x$ よりも大きければ，Δx は正となり x は増加することがわかる．x が増加するにつれて Δx は減少し，最終的に 0 となって対立遺伝子頻度はそれ以上変化しなくなる．そのときの x は

$$\hat{x} = \frac{v}{u+v} \tag{2.3}$$

で与えられる．$\hat{x}$ は平衡対立遺伝子頻度とよばれる．

古典遺伝学では，突然変異速度は多くの生物において一般的に遺伝子座あたり世代あたり 10^{-5} のオーダーと考えられていた．簡略化するために突然変異は一方向にしか起こらず，$v = 10^{-5}$，$u = 0$ としよう．すると式（2.2）は $\Delta x = v(1-x)$

となる．これから世代あたりの対立遺伝子頻度の最大変化量は，$x=0$ のときで $\Delta x = v = 10^{-5}$ であることがわかる．このように突然変異による対立遺伝子頻度の変化は非常に小さいため，初期の集団遺伝学者は進化において突然変異は重要な要因ではないと結論づけたのである．

現在では，それぞれの遺伝子座においては突然変異によって多くの対立遺伝子（塩基配列）が生じうることが知られており，たった2種類の対立遺伝子について数式化したところであまり意味がないと考えられている．1920年代や1930年代には遺伝子の分子構造がわかっていなかったために，対立遺伝子頻度の現実的な数理モデルを構築することができなかった．1つの遺伝子座に多数の対立遺伝子が存在しうることも知られてはいたものの，それを考慮して数理モデルを構築した集団遺伝学者もほとんどいなかった．ただしライトは例外で，1つの遺伝子座に異なる対立遺伝子が無限に産生されうるという仮定のもと，突然変異，自然淘汰，遺伝的浮動によって規定される対立遺伝子の頻度分布に関する理論を構築した（Wright 1939, 1948a）．ライトがこの理論を思いついたのは，マツヨイグサなどの植物では比較的小集団であっても自家不和合性*2を制御する遺伝子座に多数の対立遺伝子が存在しうることを知ったことがきっかけだった（Wright 1939）．ライトは1つの遺伝子座に多数の対立遺伝子が産生されることを想定した数理モデルを構築したが，当時このモデルは特殊な場合にしか適用できないと考えられ，遺伝子の分子構造が明らかにされるまでごくわずかの集団遺伝学者にしか知られていなかった．ライトのこのモデルは現在では無限対立遺伝子モデル（Kimura 1983）とよばれ，分子進化遺伝学の分野で広汎に用いられている（2.6節を参照）．

適応度一定のもとでの自然淘汰

自然淘汰による世代あたりの対立遺伝子頻度の変化量は，突然変異による変化量よりもはるかに大きくなる．自然淘汰が対立遺伝子頻度の変化に及ぼす影響を集団遺伝学的に研究するためには，遺伝子型の相対適応度を考える．二倍体の任意交配集団で，ある遺伝子座に対立遺伝子が A_1，A_2 の2種類ある場合，遺伝子型は A_1A_1，A_1A_2，A_2A_2 の3種類ある．遺伝子型の適応度は，その遺伝子型の個体から産生されて成熟する子の相対数として定義される．いま遺伝子型 A_1A_1，A_1A_2，A_2A_2 の適応度をそれぞれ w_{11}，w_{12}，w_{22} とする．A_1 は A_2 より有利で，適応度は

*2 自家不和合性：被子植物で自家受精が妨げられること．

他の遺伝子座の影響を受けないと仮定すると，対立遺伝子 A_1 の頻度（x）の変化量は次式で与えられる．

$$\Delta x = \frac{xy[x(w_{11} - w_{12}) + y(w_{12} - w_{22})]}{\overline{w}} \tag{2.4}$$

ただし，$y = 1 - x$，$\overline{w}$ は $x^2w_{11} + 2xyw_{12} + y^2w_{22}$ で集団の平均適応度を表す．

ここで，$w_1 = xw_{11} + yw_{12}$，$w_2 = xw_{12} + yw_{22}$ とおくと，式（2.4）は

$$\Delta x = \frac{xy(w_1 - w_2)}{\overline{w}} \tag{2.5}$$

と表せる．実際の生物集団で適応度を定義し測定することは非常に困難だが，適応度という考え方自体は自然淘汰によって特定の対立遺伝子の相対頻度がどのように変化するかを理解するうえで便利である．最も単純な自然淘汰は遺伝子淘汰で，遺伝子の効果は相加的（半優性）と仮定される．この場合には，遺伝子型 A_1A_1，A_1A_2，A_2A_2 の適応度はそれぞれ $w_{11} = 1$，$w_{12} = 1 - s$，$w_{22} = 1 - 2s$ と表せる．ここで s は淘汰係数とよばれ，不利な対立遺伝子 A_2 による適応度の低下の程度を表す．有利な対立遺伝子 A_1 の頻度は増加し，その世代あたりの変化量は

$$\Delta x = \frac{sxy}{1 - 2sy} \tag{2.6}$$

で与えられる（付録Aを参照）．

優性淘汰，劣性淘汰，超優性淘汰（ヘテロ接合体が有利）の場合の Δx の式を付録Aに示す．式（2.6）では，s が大きく x が0.5に近いときに Δx は大きくなる．たとえば，$s = 0.1$，$x = 0.5$ のとき Δx はおよそ0.028であるのに対し，$s = 0.001$，$x = 0.5$ のとき Δx はおよそ0.00025である．これらの値はいずれも突然変異による変化量（$\Delta x \approx v = 0.00001$）よりもはるかに大きい．有利な対立遺伝子頻度の変化のしかたは，それが半優性（遺伝子淘汰）か，優性か，劣性かによって大きく異なる．だが s が非常に小さくない限り，Δx は一般に突然変異による変化量よりもはるかに大きくなる．図2.1には半優性で有利な対立遺伝子の頻度の変化の仕方を，いろいろな s の値の場合について示してある．s が非常に小さくない限り，頻度の変化はきわめて大きいことがわかる．古典集団遺伝学では，s の値は最低でも0.01でしばしば0.1より大きいと想定されたため，突然変異よりも自然

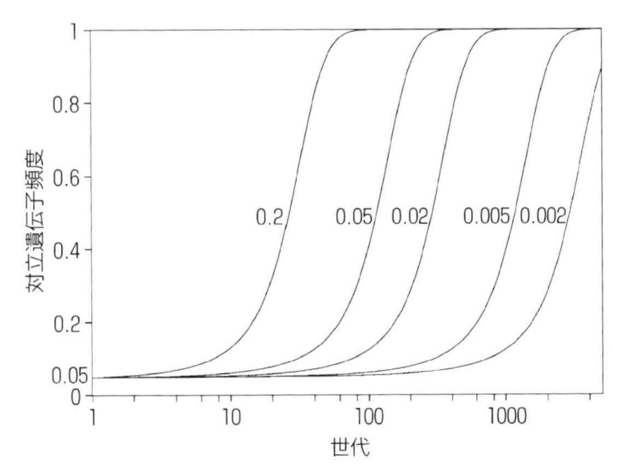

図 2.1　半優性（遺伝子淘汰）の有利な対立遺伝子の頻度変化．それぞれの曲線に付された数値は有利な対立遺伝子の淘汰係数（s）を表す．有利な対立遺伝子の初期頻度は 0.05 としてある．s は進化の過程を通じて一定と仮定されているが実際にはこの仮定は成り立たず，s は世代ごとに変化する．その場合には頻度の変化の曲線は，とくに s が小さい場合にはこの図とはかなり異なるものになると考えられる（本文と図 2.2 を参照）．

淘汰のほうが進化に対してはるかに重大な影響を与えると考えられた．しかしながら淘汰係数が大きいという考え方は，形態形質を制御する遺伝子を対象とした数少ない研究の結果に基づくものである．形態形質に関しては小さい淘汰係数の値を計測することが非常に困難なため，淘汰係数が大きいという考え方は，淘汰係数を計測可能な偏った遺伝子を研究に用いたために得られたアーティファクトと考えられる．

ここで注意すべきことは，進化における突然変異と自然淘汰の役割は根本的に異なるということである．突然変異による対立遺伝子頻度の変化を考えていたときには，すべての突然変異は中立と仮定されていた．これは実際には正しくなく，突然変異の大部分は有害である．まれに有利な対立遺伝子が産生され，適応進化に重要な役割を果たすこともある．一方，自然淘汰の役割は集団内の対立遺伝子頻度を変化させることであり，新たな対立遺伝子をつくりだすことはない．この問題をより明確に理解するためには突然変異と自然淘汰の分子基盤を知る必要があるが，それについては第 3 章から第 9 章で述べることにする．

さらに注意すべきことは，図 2.1 でみた対立遺伝子頻度の変化は，進化の過程を通じて淘汰係数（s）が一定という仮定に基づいているということである．現実の

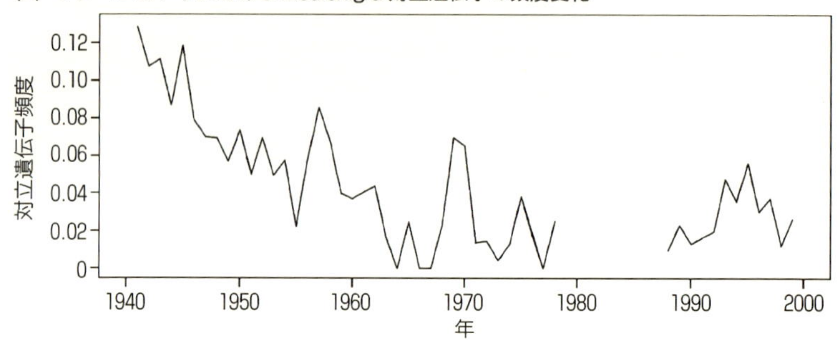

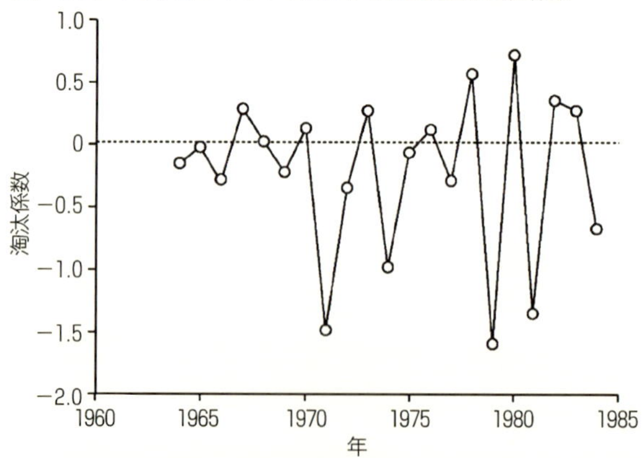

図 2.2　対立遺伝子頻度と淘汰係数のランダムな変化．(A)蛾の一種シタベニヒトリ *Panaxia dominula* における *medionigra* 対立遺伝子の頻度変化．1979 年から 1987 年までは観察が行われなかった．O'Hara（2005）より，英国王立協会の許可を得て掲載．(B)カタツムリの一種モリノオウシュウマイマイ *Cepaea nemoralis* における褐色型の淘汰係数（s）の推定値の 21 世代にわたるゆらぎ．このゆらぎには対立遺伝子頻度の機会的変動の影響も含まれるため，淘汰係数（s）のゆらぎはこれよりも小さいと考えられる．Bell（2010）より．

世界では，環境の変動や他の遺伝子座における対立遺伝子頻度の変動の影響によってこの仮定は決して成り立つことはなく，s の値は時間とともにゆらぐ．実際，s は世代ごとにほぼランダムに変動する（Fisher and Ford 1947; Bell 2010）．この場合には，対立遺伝子頻度の変化は図 2.1 とはかなり異なったものになると考えられる．

図 2.2A に，蛾の一種シタベニヒトリ *Panaxia dominula* のイングランド・オックスフォード近郊における隔離集団での *medionigra* 対立遺伝子の頻度変化を示

す．*medionigra* は黒色型の蛾を形成する優性の対立遺伝子であり，その頻度変化の研究はフィッシャーとフォードによって開始され（Fisher and Ford 1947），その後多くの研究者（Sheppard and Cook 1962; Clarke et al. 1991; Cook and Jones 1996; O'Hara 2005）によって50年以上続けられてきた．*medionigra*（黒色型）対立遺伝子の頻度は最初ゆっくりと減少して，その後平衡に達したようにみえる．しかしながら頻度の変化は決してなめらかでなく，大集団にもかかわらず世代ごとにゆらいでいる．このように対立遺伝子頻度がゆらぐのは，環境や遺伝的背景がほぼ毎世代変化するからである．最終的に平衡頻度に達しているようにみえる理由はよくわからないが，この頻度周辺で頻度依存淘汰がはたらいている可能性や（O'Hara 2005），隣接する集団から遺伝子流入が起こっている可能性が考えられる．この進化過程全体での淘汰係数の平均値は $s = -0.103$ と推定された（Bell 2010）．

図2.2Bに，カタツムリの一種モリノオウシュウマイマイ *Cepaea nemoralis* における褐色型の淘汰係数を示すが，世代ごとに大きくゆらいでいることがわかる（Cain et al. 1990; Bell 2010）．このゆらぎの生物学的意義については2.4節で述べる．

突然変異と自然淘汰の平衡

1930年代から1950年代までの間に，突然変異は大部分が有害であること，また繰り返し生じることが明らかになった．そのため自然集団には多くの有害な対立遺伝子が突然変異と自然淘汰の平衡状態にあって低頻度で含まれていると考えられるようになった．また有害な対立遺伝子も環境が変われば有益になるかもしれないので，それらさえも進化の重要な原材料と考えられた（Muller 1950; Dobzhansky 1951; Haldane 1957）．例としてオオシモフリエダシャク *Biston betularia* の黒色型が挙げられるが，これについては2.3節で述べる．したがって，集団における変異型対立遺伝子の平衡頻度を知ることは重要である．

いま，有益な対立遺伝子 A_1 と有害な対立遺伝子 A_2 があり，A_1 は世代あたり u の速度で A_2 に変異するとしよう．遺伝子型 A_1A_1，A_1A_2，A_2A_2 の相対適応度をそれぞれ1，$1-h$，$1-s$ とすると，淘汰係数が大きく $s \gg h \gg 0$ の関係にある場合は，A_2A_2 の頻度が無視できるほど小さくなり，対立遺伝子 A_2 の平衡頻度はおよそ次式で与えられる（付録Aを参照）．

$$\hat{y} = \frac{u}{h} \tag{2.7}$$

また，A_2 が A_1 に対して完全劣性，すなわち $h = 0$ の場合は，$\hat{y}$ は次式で与えられる．

$$\hat{y} = \sqrt{\frac{u}{s}} \tag{2.8}$$

したがって，A_2 の平衡頻度は，$u = 10^{-5}$，$h = 0.1$，$s = 0.5$ の共優性対立遺伝子のときには 0.0001 となり，$h = 0$，$s = 0.1$ の完全劣性対立遺伝子のときには 0.01 となる．初期のメンデル主義者によって，低頻度で存在する有害な突然変異が数多く同定された．たとえばヒトにおけるアルビノの頻度は 20000 分の 1 であり，アルビノ化を制御する劣性対立遺伝子の頻度はおよそ 0.007 である．またヒトには多くの有害な対立遺伝子が 0.0001 から 0.02 の頻度で存在している．頻度は集団や遺伝子によって異なるが（Haldane 1957; McKusick 1986），いずれも世代あたり 10^{-5} という平均の突然変異速度よりも大きい．

平衡多型

生物種内にはしばしば形態的，生理的に異なるタイプ（多型）が存在することは古くから知られていた．ダーウィンも多型的な形質の存在には気づいていて，それらは有利でも不利でもなく中立な形質として集団内で浮動していると考えていた（Darwin 1859）．20 世紀はじめに多型的な形質に関する遺伝学的な研究が進むと，多型的な形質の多くは単独の遺伝子または超遺伝子（強く連鎖した遺伝子の一群）によって制御されていることが明らかになった．現在では，多型の成因として以下の 3 通りのメカニズムが考えられている．第 1 は，多型は事実上中立な対立遺伝子によって生じるというものである．第 2 は，多型は自然淘汰によって不利な対立遺伝子が有利な対立遺伝子に置き換えられる過程だというものである．このような多型は一時多型とよばれる．第 3 は，多型はヘテロ接合体（A_1A_2）が 2 種類のホモ接合体（A_1A_1 と A_2A_2）よりも適応度が高い（超優性淘汰）ために生じるというものである．このような多型は長期間集団に維持される可能性があり，平衡多型とよばれる．平衡多型は頻度依存淘汰によっても生じる可能性があるが（たとえば Wright and Dobzhansky 1946），一般には超優性淘汰によって生じると考えられている．

平衡多型はフィッシャーによって提唱された（Fisher 1922）．フィッシャーは，ヘテロ接合体 A_1A_2 が 2 種類のホモ接合体（A_1A_1 と A_2A_2）よりも適応度が高いときには，環境の変動などによってこれらの遺伝子型の適応度が変化しない限り，大集団では対立遺伝子 A_1 と A_2 の頻度はいずれ平衡に達していつまでもそこにとどまることを数学的に証明した．遺伝子型の適応度が $w_{11}=1-s$，$w_{12}=1$，$w_{22}=1-t$ のとき，対立遺伝子 A_1 の平衡頻度は次式で与えられる（付録Aを参照）．

$$\hat{x}=\frac{t}{s+t} \tag{2.9}$$

したがって，s と t がほぼ等しければ $\hat{x}$ はおよそ0.5となり，対立遺伝子 A_1 と A_2 はともに高頻度で存在することになる．このような数学的な性質が発見されて以降，多くの生物学者が形態形質に関連した超優性淘汰の例を報告した．しかしながら原因遺伝子が特定されることはなかったため，論争は絶えなかった（Dobzhansky 1951; Ford 1964; Lewontin 1974）．近年になってようやく分子生物学的な研究から超優性淘汰がはたらいている遺伝子が発見され報告されるようになった（第4章を参照）．平衡多型の中には，5000万年近く維持されてきたと考えられるものもみつかっている．

複数遺伝子座における自然淘汰

自然淘汰が同一の染色体上に存在する複数の遺伝子座に同時にはたらく場合には，それぞれの遺伝子座ごとの対立遺伝子頻度の変化で集団の遺伝的変化を表すことは適切でない．いま，2つの遺伝子座にそれぞれ2種類の対立遺伝子 A_1，A_2 と B_1，B_2 があり，遺伝子座間の組換え価を r とする．このとき染色体としては A_1B_1，A_1B_2，A_2B_1，A_2B_2 の4種類が考えられるが，それらの頻度をそれぞれ X_1，X_2，X_3，X_4 とすると，対立遺伝子 A_1，A_2，B_1，B_2 の頻度はそれぞれ，$x=X_1+X_2$，$(1-x)=X_3+X_4$，$y=X_1+X_3$，$(1-y)=X_2+X_4$ となる．染色体の頻度は必ずしもそれに含まれる対立遺伝子の頻度の単純な積で与えられるわけではなく，$X_1=xy+D$，$X_2=x(1-y)-D$，$X_3=(1-x)y-D$，$X_4=(1-x)(1-y)+D$ と表せる．ここでDは

$$D=X_1X_4-X_2X_3 \tag{2.10}$$

であり，連鎖不平衡とよばれる．したがって，染色体の頻度は $D=0$ のときに限り対立遺伝子頻度の単純な積となる．

表 2.1　2つの遺伝子座のそれぞれに2種類の対立遺伝子がある場合における9種類の染色体型の頻度と適応度.

		A_1A_1	A_1A_2	A_2A_2
B_1B_1	頻度	X_1^2	$2X_1X_3$	X_3^2
	適応度	w_{11}	w_{13}	w_{33}
B_1B_2	頻度	$2X_1X_2$	$2(X_1X_4+X_2X_3)$*	$2X_3X_4$
	適応度	w_{12}	$w_{14}=w_{23}$	w_{34}
B_2B_2	頻度	X_2^2	$2X_2X_4$	X_4^2
	適応度	w_{22}	w_{24}	w_{44}

*二重ヘテロ接合体には，相引染色体型（A_1B_1/A_2B_2）と相反染色体型（A_1B_2/A_2B_1）が含まれる．A_1B_1/A_2B_2，A_1B_2/A_2B_1 の頻度はそれぞれ $2X_1X_4$，$2X_2X_3$ である．

任意交配している集団においては，染色体型の頻度は $(X_1+X_2+X_3+X_4)^2$ を展開することで求められる．表 2.1 にすべての染色体型についての頻度と相対適応度を示す．この表から，染色体頻度の変化量（ΔX_i）が次のように計算される (Lewontin and Kojima 1960; Nei 1975, pp. 44-47 も参照)．

$$\Delta X_1 = \frac{X_1(w_1-\overline{w})-rw_{14}D}{\overline{w}} \tag{2.11a}$$

$$\Delta X_2 = \frac{X_2(w_2-\overline{w})-rw_{14}D}{\overline{w}} \tag{2.11b}$$

$$\Delta X_3 = \frac{X_3(w_3-\overline{w})-rw_{14}D}{\overline{w}} \tag{2.11c}$$

$$\Delta X_4 = \frac{X_4(w_4-\overline{w})-rw_{14}D}{\overline{w}} \tag{2.11d}$$

ただし，$w_1=X_1w_{11}+X_2w_{12}+X_3w_{13}+X_4w_{14}$，$w_2=X_1w_{12}+X_2w_{22}+X_3w_{23}+X_4w_{24}$，$w_3=X_1w_{13}+X_2w_{23}+X_3w_{33}+X_4w_{34}$，$w_4=X_1w_{14}+X_2w_{24}+X_3w_{34}+X_4w_{44}$，$\overline{w}=X_1^2w_{11}+2X_1X_2w_{12}+2X_1X_3w_{13}+2(X_1X_4+X_2X_3)w_{14}+X_2^2w_{22}+2X_2X_4w_{24}+X_3^2w_{33}+2X_3X_4w_{34}+X_4^2w_{44}$ である．

このように，染色体頻度の変化量は染色体型の適応度だけでなく組換え価（r）や連鎖不平衡（D）にも依存する．また，対立遺伝子 A_1 と B_1 の頻度の変化量は

$$\Delta x = \Delta X_1 + \Delta X_2 \tag{2.12a}$$

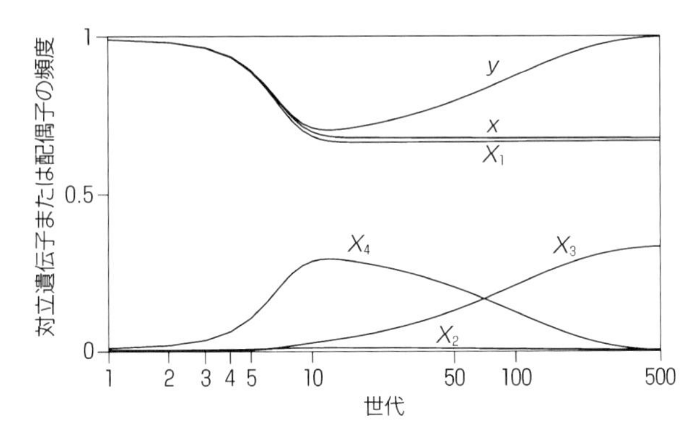

図 2.3 2つの超優性致死遺伝子座が連鎖している場合の対立遺伝子頻度と配偶子頻度の変化．$w_{11} = w_{12} = 1$，$w_{13} = w_{14} = w_{23} = 2$，$w_{22} = w_{24} = w_{33} = w_{34} = w_{44} = 0$，$r = 0.01$．$X_1$，$X_2$，$X_3$，$X_4$ の初期頻度はそれぞれ 0.99，0.0，0.0，0.01 と仮定してある．Nei（1964）より．

$$\Delta y = \Delta X_1 + \Delta X_3 \tag{2.12b}$$

である．ΔX_1，ΔX_2，ΔX_3 はそれぞれ式（2.11a），式（2.11b），式（2.11c）で与えられる．

したがって，ある遺伝子座での対立遺伝子頻度の変化の予測においては，その遺伝子座の適応度が他の遺伝子座の影響を受ける場合には計算がとたんに複雑になる．たとえば3つの遺伝子座それぞれに2種類の対立遺伝子があるとき染色体は8種類となり，染色体型の数は $3^3 = 27$ となる．ある遺伝子座が他の多くの遺伝子座と相互作用している場合には，その遺伝子座の対立遺伝子頻度の変化は相互作用しているすべての遺伝子座の影響を受ける．

新ダーウィン主義の時代には詳細に研究されなかった問題だが，ΔX_1 と ΔX_2 はそれぞれ染色体型の適応度と染色体の頻度の複雑な関数として表され，それらの和として式（2.12a）で Δx が求められるという点には注意を要する．相互作用する遺伝子の数が増えると，Δx はより多くの因子の影響を受けることになる．その結果，Δx の符号はつねに一定というわけではなく，対立遺伝子が固定または消失するまでの間に正にも負にもなりうる．図 2.3 は，2つの超優性致死遺伝子が複雑に相互作用するときの配偶子頻度と対立遺伝子頻度の変化の様子を決定論的なコンピュータ・シミュレーションによって調べた結果である．超優性致死遺伝子の存在は 1960 年ごろにはよく知られており（たとえば Mukai and Burdick 1959），キイロショウジョウバエの飼育箱集団を用いた数多くの実験研究で対立遺伝子頻度の変化が調べられた．図2.3より，対立遺伝子の頻度（たとえば y）や配偶子の頻度（たとえば X_4）は，配偶子の初期頻度，相対適応度，2つの遺伝子座間の組換え価（$r = 0.01$）に依存してきわめて複雑に変化することがわかる．たとえば対立遺伝子の頻度（y）は，最初に減少したあとで上昇し始め，ついには固定する．

自然集団では，メンデル遺伝する対立遺伝子対によって制御されているようにみえる表現型の多型がしばしば観察される．典型的な例として，オオシモフリエダシャク *Biston betularia* における色素多型が挙げられるが，詳細は2.3節で述べる．多型的な形質を制御する遺伝子座における対立遺伝子の頻度の変化は，その遺伝子座と強く連鎖した他の遺伝子座の影響も受ける．そのため有利な対立遺伝子であっても図2.3の対立遺伝子 y のように，固定に至る過程で一時的に頻度が減少することもありうる．したがって，一時的に対立遺伝子の頻度が減少したからといって，必ずしもその対立遺伝子が不利だとは限らない．

2.3　淘汰係数の定義と推定の難しさ

自然淘汰の数学理論を構築することはできても，自然集団で遺伝子型の適応度や淘汰係数を推定することはきわめて難しい．多世代にわたる遺伝子型頻度の観察データが利用可能であれば，遺伝子型頻度の変化に関する数理モデルを用いて淘汰係数を推定することが理論上可能である．だがそのようなデータは取得するために莫大な労力が必要とされるため，実際にはほとんど存在しない．また，遺伝子型の適応度は環境の変動や遺伝的背景の変化によって世代ごとに変わってしまうと考えられる．以下では，実際に淘汰係数が推定された例をいくつか紹介し，問題点について議論する．

淘汰係数の推定とその信頼性

自然淘汰の威力を示すためにしばしば用いられるのが，19世紀後半にイングランドの工業地帯で観察されたオオシモフリエダシャク *Biston betularia* の黒色型の頻度の増加に関するデータである．黒色型は野生型である淡色型に対して優性で，1850年頃にはほとんどみられなかったが，1900年頃にはその頻度はおよそ98%にまで達した．この頻度の上昇は，産業革命で石炭を燃やしてススが排出されるようになり，環境が暗化したために起きたと考えられた．これらの情報をもとに，ホールデンはこの期間における野生型の淘汰係数をおよそ50%と推定した（Haldane 1924; Clarke and Sheppard 1966も参照）．この推定は憶測の域を出ないものだったが，初めて得られた推定値ということもあって集団遺伝学者と進化学者に強烈な衝撃を与えた．イングランドでは1960年頃に大気汚染防止政策が施行されてから黒色型の頻度は減ってきており，この減少も環境からススによる汚染が排除されたためと考えられている．グラント（Bruce S. Grant）らは1959年から1995年にかけて毎年イングランドのリバプール近郊の汚染されていない地域で黒色型の頻度を調べ，黒色型の淘汰係数を $s = 0.153$ と推定した（Grant et al. 1996）．この推定値はホールデンが推定した汚染地域における淡色型の淘汰係数よりもかなり小さい．

じつは上の研究においては，解析に用いられた集団が他の集団から隔離されていないため，淡色野生型の移住が黒色型の頻度変化に影響を与えた可能性を排除できない．とくに，オオシモフリエダシャクのオスはひと晩でおよそ2マイル飛ぶこと（Ford 1975, p. 317），黒色型，淡色型はそれぞれ暗色の地域，明色の地域に移住する傾向があることが知られており（Kettlewell 1955），$s = 0.153$ さえも過大推定である可能性がある．なお現在では，黒色型と淡色型を決定する変異は，第17染色体上の200 kbの領域にまで絞り込まれており，体色の進化を分子レベルで研究できる段階にきている（Van't Hof et al. 2011）．

他にも野生集団で自然淘汰が観察された例はたくさんあるものの（Ford 1975; Endler 1986），野生集団の分布域は広く，自然淘汰と移住の影響を切り離して考えることが困難なため，適応度や淘汰係数を推定することは非常に難しい．環境が継時的に変化することも適応度の推定を困難にしている．

このような理由から自然淘汰の研究には多くの場合，連続培養装置内の細菌の集団や飼育箱内のショウジョウバエの集団といった，人為的に制御可能な集団が用いられる．最も有名な例が，ドブジャンスキーらによるショウジョウバエの逆位多型*3に関する研究である．スターティヴァント（Alfred H. Sturtevant）とドブジャンスキーは，ウスグロショウジョウバエ *Drosophila pseudoobscura* を用いて初めて染色体逆位による多型を発見し，ダーウィン（Darwin 1859）にならってそれは中立な多型であると主張した（Sturtevant and Dobzhansky 1936）．しかしながらその後，ライトとドブジャンスキーはウスグロショウジョウバエの飼育箱集団において逆位染色体対（*ST*，*CH*）の頻度の変化を調べ，多型は超優性淘汰によって維持されて

*3 逆位多型：逆位を含んだ染色体による多型のこと．

いると考えた（Wright and Dobzhansky 1946）．淘汰係数すなわち式（2.9）における s，t の値はそれぞれ 0.3，0.4 と推定され，染色体 ST の頻度は平衡頻度に近い 0.7 だった．さらにドブジャンスキーらはウスグロショウジョウバエとその同胞種 *D. persimilis* で新たな染色体逆位をいくつか発見し，染色体多型は地域や年によってばらつきがあることを示した．これらの結果からドブジャンスキーは，逆位多型は一般に強い超優性淘汰によって維持されていると結論づけた（Dobzhansky 1951）．

これらの研究もまた，自然淘汰は生物集団において急速な遺伝的変化をもたらすという強い印象を進化学者に与えた．しかしながら，当時はほとんど知られていなかったのだが，逆位領域に複数の遺伝子座があり，それぞれの遺伝子座には優性で正の自然淘汰を受けている対立遺伝子と劣性で負の自然淘汰を受けている対立遺伝子があり，さらに遺伝子座間で正の自然淘汰を受けている対立遺伝子と負の自然淘汰を受けている対立遺伝子が連鎖しているときには，ヘテロ接合体がホモ接合体よりも適応度が高くなる（偽超優性）（Haldane 1957; Ohta 1971; Yamazaki 1971; Lewontin 1974）．ただし優性な対立遺伝子から劣性の対立遺伝子への突然変異が多世代にわたって繰り返し生じると，偽超優性によるヘテロ接合体の有利性はしだいに失われ最終的にはなくなってしまう（Nei et al. 1967）．ウスグロショウジョウバエにおける逆位の大部分は 50 万年前から 150 万年前に誕生したと考えられており，逆位多型はそれほど長い期間維持されてきたわけではないようである（Wallace et al. 2011）．したがってライトとドブジャンスキーによって得られた大きな淘汰係数の値は，偽超優性に起因するものと考えられる（Yamazaki 1971）．

遺伝的多型のその他の例としては，フォードを中心とする生態遺伝学派によって精力的に研究された，モリノオウシュウマイマイにおける殻の色と縞模様が挙げられる．このカタツムリはイギリスやフランスといった西欧が原産で，殻の色と縞模様によっていくつかのタイプに分類される．ラモット（Maxime Lamotte）は，フランスでは多型的な表現型が環境に関係なくランダムに分布しているようにみえることから，多型は実質的に中立であると結論づけた（Lamotte 1951, 1959; Ford 1975 も参照）．しかしながら，ケイン（Arthur J. Cain）とシェパード（Philip M. Sheppard）はさまざまな生息地におけるカタツムリの色と縞模様のタイプの頻度を調べ，それらの頻度は生息地の生態的条件と相関関係があり，それぞれの生息地で最も多くみられる表現型は，その環境中で最も目立たないものであると主張した（Cain and Sheppard 1950, 1954）．さらにこの相関関係は，鳥類の中でもとくに視覚的に識別しやすいカタツムリを襲うツグミの一種 *Turdus ericetorum* による捕食に起因するという仮説を提唱した．そしてこの仮説を支持する証拠をいくつか提示したが，同時に視覚とは関係のない自然淘汰もはたらいていることを示した．

淘汰係数の変動

野生集団における対立遺伝子頻度の変化の研究から自然淘汰が明確に示されることはあまりない．これは1つには，たとえ隔離された集団であっても集団サイズを知ることが困難なためである．ダウズウェル（Wilfrid H. Dowdeswell）らはこの問題を解決するために，集団サイズを推定する方法として捕獲再捕獲法を考案した（Dowdeswell et al. 1940）．この方法では，最初にある決められた数の個体を集団から抽出し，非侵襲的に標識後もとの集団に戻す．標識された個体が集団の他の個体とよく混ざりあったと考えられたら再び決められた数の個体を抽出し，そこに含まれる標識された個体の割合から集団のサイズを推定する．実際には，動物が定住性でよく混ざりあわなかったり標識した個体と他の個体で死亡率が異なったりするため推定値の信頼性は必ずしも高いとはいえないが，おおざっぱな推定値でも有用であるため，この方法は生態遺伝学の分野でしばしば使用されている．

フィッシャーとフォードはこの方法を用いて，イングランド・オックスフォード近郊で隔離集団を形成していると考えられたシタベニヒトリにおいて翅の色模様を制御する対立遺伝子対の頻度変化を調べた（Fisher and Ford 1947; Ford 1975）．集団サイズは毎年200から18000の間で変化していると推定された．この集団では翅の色に関して，*dominula*（野生型対立遺伝子のホモ接合体），*medionigra*（野生型対立遺伝子と *medionigra* 対立遺伝子のヘテロ接合体），*bimacula*（*medionigra* 対立遺伝子のホモ接合体）という3種類のタイプが識別される．*medionigra* 対立遺伝子の頻度は34年間（1939年から1972年）すなわち34世代にわたって，年あたり117〜986の個体を標本抽出することによって調べられ，年によってかなり大きくゆらぐことが明らかにされた（1962年から1967年に関しては標本数が少なすぎたため解析から除かれた）．

この結果からフィッシャーとフォード（Fisher and Ford 1947, 1950）は，*medionigra* 対立遺伝子の頻度のゆらぎは遺伝的浮動によるのではなく，*medionigra* 対立遺伝子の淘汰係数が年ごとにばらつくことによると主張した．フィッシャー（Fisher 1930, p. 10）は集団サイズが100を超える限り遺伝的浮動はあまりはたらかないと考えていたが，集団サイズの推定値は100を大きく超えていた．そのためフィッシャーとフォードは，遺伝的浮動が重要な役割を演じるというライトの平衡推移説

(Wright 1932) では *medionigra* 対立遺伝子の頻度のゆらぎを説明できないと考えたのである．しかしながらライトは *medionigra* 対立遺伝子頻度の変化を再解析して有効集団サイズを推定し，ゆらぎのかなりの割合が遺伝的浮動によることを明らかにした (Wright 1948a, 1951 ; 2.4 節も参照)．そしてライトは，観察された *medionigra* 対立遺伝子頻度のゆらぎは淘汰係数のばらつきと遺伝的浮動の両方によってもたらされたと結論づけた．同様の結論はオハラ (O'Hara 2005) によっても得られている．

自然淘汰の全体的考察

集団サイズが大きく環境が一定のときには，遺伝子型頻度の経時的な変化から遺伝子型の適応度や淘汰係数を推定することができる．だが実際には野生集団で淘汰係数を推定することは難しい (Lewontin 1974; Endler 1986)．その理由をまとめると以下のようになる．

(1)ヒトの寿命は世代時間が長い大型動物や多年生植物の多世代にわたる対立遺伝子頻度の変化を観察するには短すぎる．

(2)細菌や菌類といった微生物は世代時間が短いが，自然界でこれらの生物の集団を定義することは非常に難しい．たとえ定義したとしても環境の変化によって個体数が急激に増減するし，移住も非常に頻繁に生じるため調査対象が単一の集団であることが保証されない．前述のフィッシャーとフォードが研究に用いたシタベニヒトリの集団は「隔離集団を形成していると考えられた」と述べたが，実際にはこの生物種はイギリスやヨーロッパに広く分布し長距離の移住をするため隔離集団ではなかった．

(3)自然集団においてある形態形質の変異が離散的でその主要な原因となる対立遺伝子が同定されている場合でも，形質の発現はしばしば多数の遺伝子による調節を受けるため，主要な対立遺伝子のみにはたらく自然淘汰を研究することは容易ではない．

(4)自然界における遺伝子型の適応度は，天候，食物の有無，捕食といった多くの環境要因の影響を受け，進化の過程で一定ということはありえない．降水量の多い年や少ない年に生存しやすい遺伝子型があったとしても，降水量そのものが毎年異なる．植物では菌類の感染に抵抗性を示す遺伝子型があるが，菌類の感染も毎年同じように起こるわけではない．自然淘汰はそもそも特定の遺伝子座の遺伝子型にはたらくのではなく，個体にはたらくことにも注意を要する．

以上の理由により，淘汰係数を定義し測定することは非常に難しい．

リチャード・ルウィントン（Richard C. Lewontin）は野生集団で遺伝子型の適応度を推定するためのさまざまな方法を再検討し，カタツムリ（Lamotte 1951; Cain and Sheppard 1954），ヒト（Levene 1953），ショウジョウバエ（Dobzhansky 1970; Ayala et al. 1971），胎生魚の一種 *Zoarces viviparus*（Christiansen and Frydenberg 1973）などにおいて得られていた対立遺伝子の適応度の推定値を再評価した（Lewontin 1974，第5章を参照）．そして，たとえ自然淘汰が本当にはたらいている場合でも，遺伝子型の適応度を推定することはきわめて困難であると結論づけた．ルウィントンは次のように述べている（Lewontin 1974, p. 236）．「適応度を推定することは理論的には簡単だが，実際には困難で事実上不可能である．現在までに，自然界のいかなる環境に生息するいかなる生物種のいかなる遺伝子座についても，適応度を正確に測定できた人などいない．」

このように，集団遺伝学の理論を進化研究に応用しようとしても，たった1つの遺伝子座に存在する対立遺伝子対が構成する遺伝子型の相対適応度を推定することすら困難なのである．実際にはさらに，複数の遺伝子座間の相互作用やエピジェネティックな作用（環境の影響）といった問題も考慮に入れなければならない．遺伝子の相互作用が形態形質の発現に重要であることは，20世紀のメンデル遺伝学初期の時代からよく知られていた．たとえばライトは，テンジクネズミの毛色が多数の遺伝子の相互作用で決定されることを明らかにしている（Wright 1916）．遺伝子間相互作用を考慮に入れた遺伝子型の相対適応度の研究の例としては，以下のルウィントンとホワイト（Lewontin and White 1960）によるバッタの一種 *Moraba scurra* での2本の染色体における逆位多型に関するものが挙げられる．ただし，これらの逆位染色体がどのような表現形質に関与しているのかは不明である．

表2.2は，2本の染色体における逆位多型によって形成される9種類の接合子型の相対適応度を示す（Lewontin and White 1960; Lewontin 1974）．逆位多型は，染色体 *EF* における *ST*，*TD* 逆位型，染色体 *CD* における *ST*，*BL* 逆位型から構成される．このデータの大きな特徴は，一方の染色体における3種類の染色体型，たとえば *ST*/*ST*，*ST*/*TD*，*TD*/*TD* の相対適応度は，もう一方の染色体における染色体型によって変化するということである．すなわち，染色体 *CD* の染色体型が *BL*/*BL* のときにはヘテロ接合体が有利（超優性）だが，染色体 *CD* の染色体型が *ST*/*BL* のときには *ST*/*TD* よりも *ST*/*ST* のほうが適応度は高くなる．これらの適応度の推定値は誤差が大きいものの，一方の染色体における染色体型の適応度が

表 2.2　*Moraba scurra* における染色体 *CD* の逆位多型 *Blundell*（*BL*）/*Standard*（*ST*）と染色体 *EF* の逆位多型 *Tidbinbilla*（*TD*）/*Standard*（*ST*）によって形成される 9 種類の接合子型の相対適応度の推定値．オーストラリア・ウォンバット地域に生息する集団についてのデータを示す．染色体 *CD* が *ST/BL*，染色体 *EF* が *ST/ST* である接合子型の適応度を 1 としている．Lewontin and White（1960）より．

年	染色体 *CD*	染色体 *EF*		
		ST/ST	*ST/TD*	*TD/TD*
1956	*ST/ST*	0.789	0.801	0.000
1958	*ST/ST*	1.353	0.000	0.000
1959	*ST/ST*	0.970	1.282	0.000
1956	*ST/BL*	1.000	0.876	1.308
1958	*ST/BL*	1.000	0.919	0.272
1959	*ST/BL*	1.000	0.672	1.506
1956	*BL/BL*	0.922	1.004	0.645
1958	*BL/BL*	0.924	1.113	0.564
1959	*BL/BL*	0.917	1.029	0.645

他方の染色体における染色体型の影響を受けることは明らかである（Lewontin and White 1960）．これらの結果から，対立遺伝子頻度の変化に関する現在の数学理論は現実的でないことがわかる．遺伝子型の適応度は時間とともに大きく変化することにも注意する必要がある．

表 2.2 は 2 つの多型的な染色体による接合子型のデータであるが，2 つの多型的な遺伝子座に関する表 2.2 のようなデータは存在しない．しかしながら，形態形質を制御する遺伝子においては，遺伝子間相互作用によって適応度が変化することは長い間知られていたことである．ライトは遺伝子の相互作用を考慮に入れた進化の平衡推移説を構築した（Wright 1932）．だが一般には遺伝子間相互作用を考慮に入れた数学理論を構築することは困難なため，自然淘汰に関する集団遺伝学の理論の大部分は遺伝子間相互作用のない単一の遺伝子座を対象としたものだった．

この状況を打破するために，1950 年代から 1970 年代にかけて遺伝子間相互作用を考慮に入れる試みがなされたが（Kimura 1956; Lewontin and Kojima 1960; Franklin and Lewontin 1970; Lewontin 1974），それらはおもに数学的な興味に基づいた研究だったため，自然淘汰の性質の一般的な理解には至らなかった．発生生物学における最近の研究により，形態形質の構築には遺伝子発現を制御する多くの遺伝子が関与することが明らかになった（第 6 章を参照）．遺伝子が複雑に相互作用するときには，ある遺伝子座に存在する対立遺伝子の淘汰係数は他の遺伝子座に存在する対立遺伝子との組合せに依存して時系列的にゆらぎ，平均の適応度は対立遺伝子間ではほとんど差がなくなると考えられる（Wagner 2008）.

2.4 遺伝子頻度の確率論的変化

1950年代から1960年代には，自然集団は非常に大きく大量の遺伝的変異を含むため，進化は基本的に自然淘汰によって集団中に存在する対立遺伝子の頻度が変化することで起こると信じられていた．しかしながら，フィッシャー，ホールデン，ライトらは，突然変異によって新たな遺伝的変異が集団に導入される過程に関する詳細な数学的研究から，対立遺伝子の頻度が小さいときには遺伝的浮動が強くはたらくことを明らかにした．すなわち，集団において突然変異によって新たに生じた変異型対立遺伝子が生き残れるかどうかは，頻度が小さいうちにはそれが有利か不利か，集団サイズが大きいか小さいかによらず偶然に大きく左右され，高い確率で数世代のうちに消失してしまうのである（Nei 1987, pp. 352–353 を参照）.

しかしながら，個体数がたとえば 10^9 のような大集団では，有利な変異型対立遺伝子の頻度が5％くらいにまで達すると，淘汰係数がよほど小さくない限り変異型対立遺伝子はほぼ確実に固定する．この場合には，変異型対立遺伝子の頻度の変化は式（2.4）で近似でき，淘汰係数が一定であればランダムな頻度の変化は無視できるほど小さくなる．だが実際にはいかなる自然集団のサイズも有限で環境もつねに変化するため，対立遺伝子の頻度の変化を記述するには決定論的モデルよりも確率論的モデルを用いるほうが適切である．本節では確率論的モデルについて，数式の導出過程にはなるべく触れることなく議論する．まずは単一の遺伝子座において新たに生じた変異型対立遺伝子が固定する確率について考えよう．

遺伝子の固定確率

上で述べたとおり，有利な突然変異であっても最初の数世代で集団から消失してしまうこともあり，新たに生じた変異型対立遺伝子が集団に固定する確率はきわめて低い．この問題はまずホールデンによって研究され（Haldane 1927），その後フィッシャーによってより一般的な式が導出された（Fisher 1930）．だが最も一般的な式はマレコー（Malecot 1948, 1969）と木村 資生（Kimura 1957）の研究によって得られた．遺伝子型 A_1A_1，A_1A_2，A_2A_2 の適応度がそれぞれ 1，$1+s$，$1+2s$ のとき，有利な対立遺伝子 A_2 が固定する確率は次式で与えられる．

$$U = \frac{1 - e^{-4Nsp}}{1 - e^{-4Ns}} \tag{2.13}$$

ただし，Nは有効集団サイズ，p は A_2 の初期頻度を表す.

ここで有効集団サイズとは，それぞれの世代で生殖に寄与する個体の数を意味し，生殖期でない個体はカウントされない. このようにNを定義すると，新たに生じた変異型対立遺伝子（A_2）の初期頻度は $p = \frac{1}{2N}$ で与えられ，Uは $\frac{2s}{1 - e^{-4Ns}}$ となる. またこれは s が小さく $4Ns$ が大きい（$\gg 1$）場合には $2s$ で近似される (Haldane 1927; Fisher 1930). したがって変異型対立遺伝子は $1 - 2s$ の確率で集団から排除されることになり，これはたとえば s の値が 0.02 であっても非常に大きい. 突然変異が中立で $s = 0$ の場合には，式（2.13）はpすなわち $\frac{1}{2N}$ となる (Fisher 1930).

フィッシャーは，$p = \frac{1}{2N}$ の頻度で新たに生じた突然変異の固定確率の式 $U = \frac{2s}{1 - e^{-4Ns}}$ において，Nsの値を -1 から $+1$ にするとUの値はおよそ 50 倍になることから，s が小さくてもUは大きな影響を受けると主張した (Fisher 1930, p. 94). たとえば $N = 10^9$ のときには $s = \pm 10^{-9}$ であるような変異型対立遺伝子も中立とはみなされないということである. フィッシャーは，生物種の集団サイズはおおむね非常に大きい（10^4〜10^{12}）と考えていたため，自然集団で遺伝的浮動はほとんど起こらないと考えていた (フィッシャーには有効集団サイズという概念がなかった). こうしてフィッシャーは淘汰万能主義者となり，フィッシャーにとって中立な突然変異は考える必要のないものとなった. ただしここで紹介したフィッシャーの議論は，生物学的な見地からはあまり意味がない. なぜなら，$Ns = \pm 1$ でNが非常に大きいときにはUの値が非常に小さくなるからである. たとえば $N = 10^9$ のとき，Uは $Ns = +1$ で 2.04×10^{-9}，$Ns = -1$ で 3.73×10^{-11} となる. たしかにUの値は $Ns = +1$ のときに $Ns = -1$ のときの 54.6 倍になるが，これらの非常に小さな固定確率の比を考えることに意味があるだろうか？　とくに淘汰係数は毎世代変化することを考えると，これらの値を比較することに生物学的な意味はない.

式（2.13）は現在広く用いられているが，この式は対立遺伝子の置換の過程で淘

汰係数 s が一定に保たれるという仮定のもとで導きだされているため，遺伝子間相互作用や環境のゆらぎがある自然界では成り立たないと考えられる．この問題に対処するには，注目している遺伝子座に存在する対立遺伝子対の淘汰係数が毎世代ランダムにゆらぐと仮定して変異型対立遺伝子の固定確率を計算すればよい．ここでは環境によって淘汰係数はランダムにゆらぐと考える．また，他の遺伝子座における遺伝子プール（対立遺伝子頻度）も時間とともに変動するため，淘汰係数に対する遺伝子間相互作用の影響も変化するはずである．しかしながら，たとえそれぞれの遺伝子座で遺伝子プールの変動に方向性があったとしても，多数の遺伝子座が全体として注目している遺伝子座の淘汰係数にどのような影響を与えるかを予測することはできない．したがって，遺伝子間相互作用による淘汰係数のゆらぎもランダムと考える．これについては本節の後半で定式化する．

遺伝子頻度の平衡分布

2.2 節では，集団サイズが無限大という仮定のもとで変異型対立遺伝子の平衡頻度を求めたが，集団サイズが有限の場合には，平衡状態における頻度は特定の値としてではなく確率分布として求められる．たとえば対立遺伝子 A_1 が世代あたり速度 u で A_2 に変異し，A_2 が世代あたり速度 v で A_1 に変異し，超優性淘汰がはたらいているとする．このとき，A_1 の頻度（x）の平衡分布は次式で与えられる．

$$f(x) = ce^{-2N(s+t)(x-\hat{x})^2}x^{4Nv-1}(1-x)^{4Nu-1} \tag{2.14}$$

ただし，N は有効集団サイズ，s と t はそれぞれ遺伝子型 A_1A_1 と A_2A_2 の淘汰係数を表し，遺伝子型 A_1A_1，A_1A_2，A_2A_2 の相対適応度はそれぞれ $1-s$，1，$1-t$ で $\hat{x} = \dfrac{t}{s+t}$ である．また c は $\int_0^1 f(x)dx = 1$ をみたすための定数である (Wright 1937)．

図 2.4 に有効サイズ $N = 1000$ の集団における超優性対立遺伝子 A_1 の平衡分布を示す．ここでは突然変異速度 u と v はともに 10^{-6} と設定してある．図 2.4A は超優性淘汰が対称的な場合で，たとえば $s = 0.1$ は，s も t も 0.1 であることを意味する．このとき x の平衡分布は期待値が 0.5 で決定論的モデルにおける平衡頻度 $\hat{x} = \dfrac{0.1}{0.1+0.1} = 0.5$ と一致するが，統計的なばらつきをもつ．ばらつきは淘汰係数が小さいほど大きい．たとえば s，t が 0.003 や 0.001 のときには，対立遺

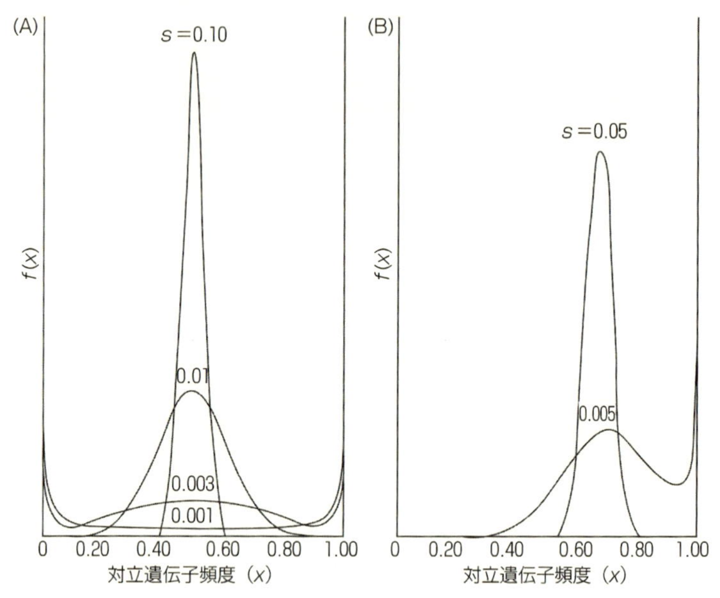

図 2.4　$N = 1000$ の集団における超優性対立遺伝子（A_1）の平衡分布．突然変異速度は $u = v = 10^{-6}$ と設定してある．Ⓐ淘汰が対称的にはたらく場合（$s = t = 0.001$，0.003，0.01，0.1）．Ⓑ淘汰が非対称的にはたらく場合（$s = 0.005$，$t = 0.01$ と $s = 0.05$，$t = 0.1$）．$\hat{x} = t/(s+t)$ の値は 0.66 である．Wright（1948a）より．

伝子 A_1 は一定の確率で偶然に固定（$x = 1$）または消失（$x = 0$）する．超優性淘汰が非対称的で，たとえば $\hat{x} = 0.66$ のときには x の平衡分布はゆがむが（図 2.4B），その他の性質は図 2.4A と同様である．

有限集団における対立遺伝子頻度の平衡分布を研究することによって，集団中で遺伝的変異を維持するための理論上可能なメカニズムを考えることはできるが，実際のデータが理論分布に従うことを証明したり反証したりすることはできない．集団サイズ（N）も世代ごとに大きく変動するため推定することは困難である．このように，集団遺伝学で得られる数学的な分布の大部分は利用されることがない．対立遺伝子頻度の確率論的な変化は小集団においてしか起こらないと考えられたため，フィッシャー，ホールデン，マイヤー，フォードといった著名な進化学者たちはその可能性を無視していた（Fisher 1930; Haldane 1932; Mayr 1963; Ford 1964）．進化の平衡推移説を提唱したライトでさえも，遺伝的浮動は分集団でははたらくものの，種全体の進化はおもに自然淘汰によって起こると考えていた．新ダーウィン主義の時代には進化学者の大部分は基本的に淘汰万能主義者で，表現形質のほとんどは自然淘汰によって進化すると考えていた．この考え方は，1960年代に分子レベルで進化が研究されるようになってようやく疑問視されることになる（第4章を参照）．分子データによって，進化においては対立遺伝子頻度の確率論的な変化が重要であることが明確に示されたのである．

ただし対立遺伝子頻度の平衡分布の中には，分子データから自然淘汰を検出するために役立つものもある．その1つが，突然変異は不可逆的に起こるという仮定のもとで構築された変異型対立遺伝子の平衡分布である（Wright 1938a）．いま塩基配列を考え，それぞれの座位において野生型対立遺伝子をA，変異型対立遺伝子をaと表すことにする．突然変異はAからaにしか起こらないという仮定のもとで，aの頻度の平衡分布を求める．それぞれの座位における多型は遺伝的浮動によっていずれ消失してしまうが，毎世代単型的な座位に突然変異が導入されると仮定することにより，多型的な座位におけるaの平衡分布が得られる．

真核生物などでは，それぞれの塩基座位における突然変異の速度が非常に小さいので（10^{-9}のオーダー），突然変異が不可逆的に起こると仮定しても差支えない．そのため，理論分布と観察分布を比較することにより自然淘汰を検出できる．突然変異が野生型対立遺伝子の単型的な座位に不可逆的に生じるという進化モデルは，現在では無限座位モデルとよばれている（Kimura 1983）．ライトは無限座位モデルのもとで，突然変異にさまざまな自然淘汰がはたらく場合の理論分布を導きだした（Wright 1938a, 1968）．ここでは超優性淘汰がはたらく場合の分布に注目する．実際，新ダーウィン主義者の多くが，多型は超優性淘汰によって維持されていると考えていた（2.6節を参照）．

図2.5には，遺伝子型AA，Aa，aaの適応度がそれぞれ$w_{\mathrm{AA}} = 1 - s$，$w_{\mathrm{Aa}} = 1$，$w_{\mathrm{aa}} = 1 - s$で与えられ，$2Ns$としてさまざまな値が設定されたときの超優性変異型対立遺伝子aの理論分布が示されている．理論分布の作成方法は付録Bのとおりである．図中でそれぞれの曲線に付された数値は$2Ns$の値であり，$2Ns = 0$が中立な場合を表す．超優性淘汰がはたらく場合には，$2Ns = 5$すなわちsが$\dfrac{5}{2N}$という小さな値のときでさえも，中立な場合と比較して中間的な対立遺伝子頻度をもつ座位の数が明らかに増加している．w_{Aa}がw_{AA}やw_{aa}よりも小さい場合（反超優性淘汰）には，予想どおり多型的な座位の数は減少するものの，減少の程度はそれほど大きくない（$2Ns = -4$の場合を参照）．

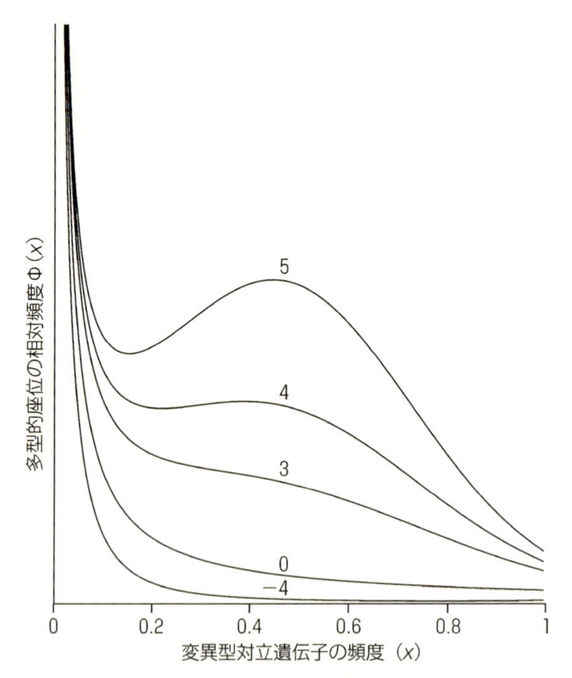

図 2.5　無限座位モデルのもとでの超優性突然変異の平衡分布．それぞれの曲線には $2Ns$ の値が付してある．$2Ns = -4$ は，ヘテロ接合体の適応度が 2 種類のホモ接合体の適応度よりも低い反超優性淘汰を表す．

$w_{AA} = 1$，$w_{Aa} = 1 + s$，$w_{aa} = 1 + 2s$ のときには，x の値が 1 に近い多型的な座位の数が増加するが，増加の程度は超優性突然変異のときほど大きくならない (Wright 1968)．したがって，超優性突然変異は対立遺伝子頻度の分布から比較的容易に検出できると考えられる．

集団の有効な大きさと遺伝子頻度の機会的変動

本節の前半で，有効集団サイズは各世代で生殖に寄与する個体数と述べた．これは，成熟個体数 N の雌雄異体二倍体生物がいっせいに任意交配するような状況を考えるとわかりやすい．ある遺伝子座に対立遺伝子 A，a がそれぞれ頻度 p，$1-p$ で存在しているとする．すべての個体が任意交配するとき，次世代の成熟個体集団における A の頻度 (x) は，N が有限である限り必ずしも p になるわけではなく二項分布に従うと考えられる．このとき x の分散 (V_x) は次式で与えられる．

$$V_x = \frac{x(1-x)}{2N} \tag{2.15}$$

ここで，$2N$ は二倍体集団における対立遺伝子数（集団に存在するその遺伝子の総数）である．

しかしながら，実際の生物集団では上で述べたような理想的な生殖はほとんど行われず，V_x は式（2.15）で得られる値よりも大きくなる．たとえば，成熟集団におけるオス，メスの個体数がそれぞれ N_{m}，N_{f} のとき

$$V_x = \frac{x(1-x)}{2N_{\mathrm{e}}} \tag{2.16}$$

ただし

$$N_{\mathrm{e}} = \frac{4N_{\mathrm{m}}N_{\mathrm{f}}}{N_{\mathrm{m}}+N_{\mathrm{f}}} \tag{2.17}$$

である（Wright 1931; Hedrick 2000）．ここでは，N_{e} が有効集団サイズを表す．

性比が 1：1 すなわち $N_{\mathrm{m}} = N_{\mathrm{f}}$ のときには $N_{\mathrm{e}} = N_{\mathrm{m}} + N_{\mathrm{f}}$ となり，有効集団サイズは全集団サイズに等しい．この場合には，雌雄異体集団の有効サイズは雌雄同体集団の有効サイズと等しくなる．しかしながら，たとえば集団がオス 1 個体（$N_{\mathrm{m}} = 1$），メス 19 個体（$N_{\mathrm{f}} = 19$）から構成される場合には，N_{e} は $\frac{4 \times 1 \times 19}{20} = 3.8 \approx 4$ で全成熟個体数（20）よりもずっと小さくなる．このとき V_x は非常に大きくなり，対立遺伝子 A は次世代に確率 $p^{2N_{\mathrm{e}}}$ で固定する．この確率は $p = 0.9$，$N_{\mathrm{e}} = 4$ のときには $0.9^8 = 0.43$ にもなり，$p = 0.5$ のときでさえも $0.5^8 = 0.004$ になる．したがって，このような異常な性比が続けば対立遺伝子 A と a のいずれかは集団に固定すると考えられる．実際にこのような現象が小型哺乳類で観察されているが，詳細は第 8 章で述べる．

集団サイズが周期的に季節性変動するような場合にも，有効集団サイズは実際の集団サイズよりずっと小さくなる．昆虫の中には 1 年間に複数の世代を経る種があり（たとえばショウジョウバエ），集団サイズ（N）はしばしば季節とともに変動する．たとえば 1 年間に 6 世代を経ると仮定し，それぞれの世代で N が（春から冬にかけて）$N_1 = 10^4$，$N_2 = 10^6$，$N_3 = 10^8$，$N_4 = 10^6$，$N_5 = 10^4$，$N_6 = 10^2$ と変動する場合，N_{e} は次式のように調和平均として与えられる．

$$N_e = \frac{n}{\sum_{i=1}^{n} \frac{1}{N_i}} = 594$$

ここで，n は年あたりの世代数を表す（Wright 1938b）．N は夏に非常に大きかったが冬に非常に小さくなったため，年間の N_e は算術平均（17003350）よりもはるかに小さくなっている．

さらに N_e は，集団が多くのコロニーに分かれていてそれぞれのコロニーが拡大と縮小を繰り返しているような場合にも，全体の集団サイズよりずっと小さくなる．このような状況はしばしば微生物で観察され，たとえば大腸菌の有効集団サイズは兆（10^{12}）のオーダーに満たずたかだか10億（10^9）のオーダー程度しかない（Maruyama and Kimura 1980; Nei and Graur 1984）．

以上が，有効集団サイズが実際の集団サイズよりもずっと小さくなるおもな場合であるが，その他にも世代が重複している場合や子の数のばらつきが大きい場合などが挙げられる．このように，新ダーウィン主義の時代に集団遺伝学の理論研究で用いられた決定論的モデルは現実をおおまかにしか近似できないため，誤った結論が導かれかねない．以下に，対立遺伝子頻度の確率的変動を引き起こす他の要因について述べる．

淘汰係数の変動による遺伝子頻度の変化

2.2節では，シタベニヒトリの *medionigra* 対立遺伝子にはたらく自然淘汰の強さは進化の過程でランダムにゆらいでいるようにみえた．事実，さまざまな生物種において対立遺伝子頻度や遺伝子型頻度のゆらぎが観察されている（Bell 2010）．図2.2Bにはモリノオウシュウマイマイにおける褐色型の淘汰係数（s）の21世代にわたる推定値を示してある．s はランダムにばらついているようにみえるが，このような場合には遺伝的多様性は減少すると考えられる．

自然淘汰のゆらぎは，ライト（Wright 1948a, 1951）や木村（Kimura 1954）によって数式化された．拡散方程式を用いることにより，淘汰係数のランダムなゆらぎは基本的に遺伝的変異を減少させること，その効果は対立遺伝子頻度の機会的変動である遺伝的浮動よりも大きくなりうることが示された．

ライトと木村によるこれらの研究では，淘汰係数が0を平均としてゆらぐ場合に対立遺伝子頻度がどのように変化するかについて考察された．太田 朋子はより現実的に，淘汰係数 s が平均 $\bar{s}$，分散 V_s でゆらぎ，さらに集団サイズ（N）が有限なために対立遺伝子頻度が機会的変動もする場合について定式化した（Ohta 1972）．拡散方程式を用いることにより（付録Bを参照），世代あたりの対立遺伝子頻度の変化量の期待値（$M_{\delta x}$）と分散（$V_{\delta x}$）について以下の式が得られた．

$$M_{\delta x} = \bar{s}x(1-x) \tag{2.18}$$

$$V_{\delta x} = V_s x^2(1-x)^2 + \frac{x(1-x)}{2N} \tag{2.19}$$

これらの式は，ガレスピー（John H. Gillespie）など多くの理論集団遺伝学者に批判されたが（Gillespie 1973, 1991; Jensen 1973; Avery 1977; Ewens 2000），批判は数学上のささいなものだった（付録Cを参照）．式（2.18）や式（2.19）は，ガレスピーの安定化淘汰モデルでなく集団サイズの一定性を仮定した競争淘汰モデルに基づいて導出されたものであり（Mather 1969; Nei 1971），むしろ生物学的に現実的な式と考えることができる．また，ヒト集団における変異型対立遺伝子の頻度分布に関する最近の研究からも，ガレスピーらの批判は重要でないことが示されている（図2.9を参照）．

集団遺伝学における重要な量の1つが，先に述べた変異型対立遺伝子の固定確率（U）である．Uは，$M_{\delta x}$と$V_{\delta x}$がわかればコルモゴロフ（Kolmogorov）の後退方程式により求めることができる（Kimura 1962）．ただし，上の場合にはUの解析解は単純な式にならないため，太田は数値計算を行い図2.6の結果を得た（Ohta 1972）．図2.6では対立遺伝子頻度の初期頻度が$p = 0.001$と設定されており，固定確率がNV_sの関数として表されている．また，それぞれの曲線に付された数値は$N\bar{s}$を表す．sのゆらぎすなわちV_sやNV_sの値が無視できるほど小さいときには，Uは式（2.13）で与えられる．図2.6ではそれぞれの曲線について，$NV_s = 0$のときのUの値がa，b，c，d，eで示されている．いずれの場合もNV_sが増加するにつれてUの値は0.001，すなわち対立遺伝子が中立な場合のUの値に収束していく．このことから，sのランダムなゆらぎは遺伝的浮動と同様の効果があり，対立遺伝子頻度を中立な場合と同じように変化させることがわかる．

ベル（Bell 2010）は，シタベニヒトリの*medionigra*対立遺伝子について，$\bar{s} = -0.103$，$V_s = 0.0075$と推定した（図2.2A）．したがっておおよそ$N\bar{s} \approx -0.1N$，$NV_s \approx 0.008N$であり，図2.6からNが100より大きければ*medionigra*対立遺伝子は高い確率で消失すると考えられる．ちなみにもしも$\bar{s} =$

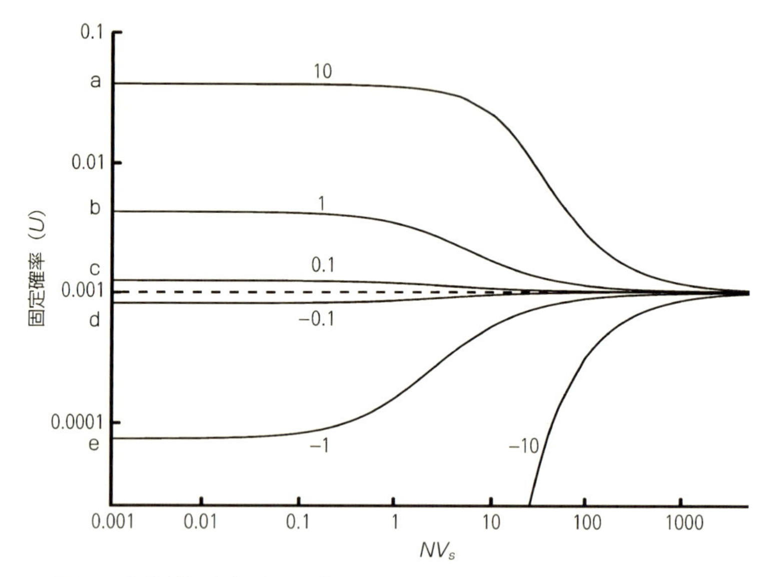

図 2.6　淘汰係数（s）がランダムにゆらぐ場合の変異型対立遺伝子の固定確率（U）．Nは有効集団サイズ，$\bar{s}$ と V_s はそれぞれ淘汰係数 s の期待値と分散，曲線に付された数値は $N\bar{s}$ を表す．変異型対立遺伝子の初期頻度は 0.001 とし，a，b，c，d，e はそれぞれ $V_s = 0$ のときの固定確率である．破線は変異型対立遺伝子が中立な場合を表す．Uと NV_s の目盛はそれぞれ対数表示してある．

−0.0001，$V_s = 0.008$，$N = 10^5$ だったならば，中立のようにふるまい 0.001 の確率で集団に固定するだろう．ベルは他にも淘汰がゆらいだ例を多数示し，さまざまな V_s の値を得た．リンチ（Michael Lynch）はミジンコの大集団を用いて多くのアイソザイム遺伝子について s の期待値と分散を推定したところ，期待値はおおむね 0，分散は 0.01 から 0.05 だった（Lynch 1987）．

根井 正利と横山 竦三（しょうぞう）は，無限対立遺伝子モデルにおいて突然変異速度を $v = 10^{-5}$，$\bar{s} = 0$ と設定し，式（2.18）と式（2.19）を用いてヘテロ接合度の期待値（H）を求めた（Nei and Yokoyama 1976）．図 2.7 には，さまざまな有効集団サイズ（N）のもとでのHと NV_s の関係を示す．集団サイズが一定であれば，V_s や NV_s が増加するに従ってHは減少する．すなわち NV_s が 0.1 より小さい場合には，H は s にゆらぎがない $NV_s = 0$ の場合とほとんど変わらない．だが NV_s が 1 を超えると，Hはとくに大集団で大きく減少する．これらの結果から，淘汰がはたらいている対立遺伝子も，s がランダムにゆらぐ場合には中立であるかのようにふるま

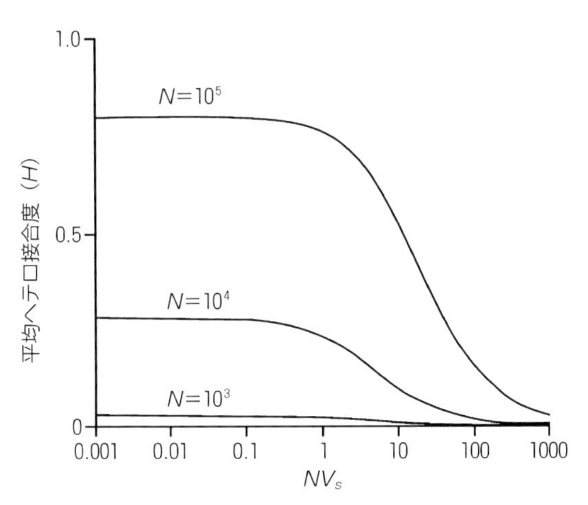

図 2.7 遺伝子座あたりのヘテロ接合度の期待値（H）と NV_s の関係．遺伝子座あたり世代あたりの突然変異速度は 10^{-5} と設定されている．NV_s の目盛は対数表示してある．Nei and Yokoyama（1976）より．

うことが予想される．タンパク質の電気泳動から得られるヘテロ接合度は，ほとんどの場合で集団サイズと突然変異速度から得られる期待値よりも低くなるが，これには s のランダムなゆらぎもその一因をなすと考えられる（Nei and Graur 1984）．高畑 尚之（なおゆき）と木村も同様の数理モデルを用いてほぼ同じ結果を得ている（Takahata and Kimura 1979）．

近年，ヒト集団における 1 塩基多型（single nucleotide polymorphism: SNP）の研究がさかんである（International HapMap Consortium 2005, 2007, 2010）．SNP データは何百人ものゲノムを解読することによって得られるため，そこから変異型塩基の頻度分布を作成して自然淘汰の研究に用いることができる．三浦 明香子（さやか）らは，淘汰のゆらぎが頻度分布に与える影響について検討した（Miura et al. 2013）．競争淘汰モデル［$M_{\delta x} = \bar{s}x(1-x)$］と安定化淘汰モデル［$M_{\delta x} = \bar{s}x(1-x) + V_s x(1-x)(1-2x)$］のもとで淘汰がゆらぐ場合（付録Cを参照），さらに中立突然変異モデルを仮定した場合の変異型対立遺伝子頻度 x の理論分布を図 2.8 に示す．中立突然変異モデル（$NV_s = 0$）の場合を除いて，それぞれの曲線には NV_s の値が付してある．多型的な塩基座位の数は，中立突然変異モデルと比較して競争淘汰モデルでは減少するのに対し安定化淘汰モデルでは増加することがわかる．

三浦らは，3 種類のモデルから得られた理論分布のうちどれが実際の観察分布に最もよくあてはまるかを検討するため，中央アフリカ人 689 人のゲノム配列データ

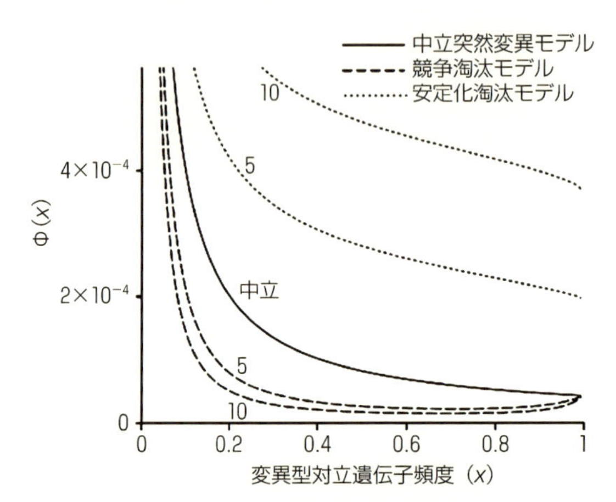

図 2.8　中立突然変異モデル，淘汰がゆらぐ場合の競争淘汰モデル，淘汰がゆらぐ場合の安定化淘汰モデルのもとでの変異型対立遺伝子頻度の平衡分布．それぞれの曲線に NV_s の値を付す．$Nv = 10^{-5}$ と設定されている．$\Phi(x)$ は変異型対立遺伝子頻度が x の座位の相対頻度を表す．Miura et al.（2013）より．

を解析した．ただし，SNP 座位においては 2 種類の対立遺伝子（塩基）の間で祖先型・変異型の区別がつかないため，チンパンジーとマカクのゲノム配列データも解析に加えられた．SNP 座位に存在する 2 種類の塩基のうち，チンパンジーやマカクのゲノムの相同な座位に存在する塩基と同じほうを祖先型，違うほうを変異型とみなすのである．こうしてヒト集団における変異型対立遺伝子頻度（x）の観察分布を作成することができるが，それでもなお SNP データには低頻度や高頻度の対立遺伝子が含まれにくいという技術的な問題が残される．しかしながら，$0.2 \leq x \leq 0.8$ の範囲であれば観察分布の信頼性は十分に高いと考えられる．

図 2.9 には観察された頻度分布と，中立突然変異モデルと淘汰がゆらぐ場合の競争淘汰モデルのそれぞれを最小二乗法で観察分布に適合させることによって得られた理論分布が示されている．どちらのモデルも観察分布にきわめてよく適合させることができ，NV_s の推定値もほぼ 0 になった．淘汰がゆらぐ場合の安定化淘汰モデルも NV_s を非常に小さくすることで観察分布によく適合させることができた．観察分布を作成するためにタンパク質コード領域における SNP を用いた場合でも遺伝子間領域における SNP を用いた場合でも結果は同じであり，三浦らは，SNP における変異型対立遺伝子は中立であり淘汰も淘汰のゆらぎも考える必要がないと結論づけた．同様の結果はアフリカ系アメリカ人 4000 人のゲノム配列データの解

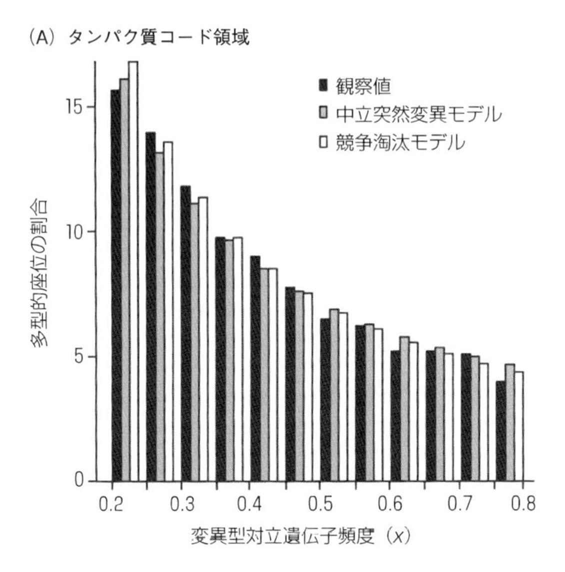

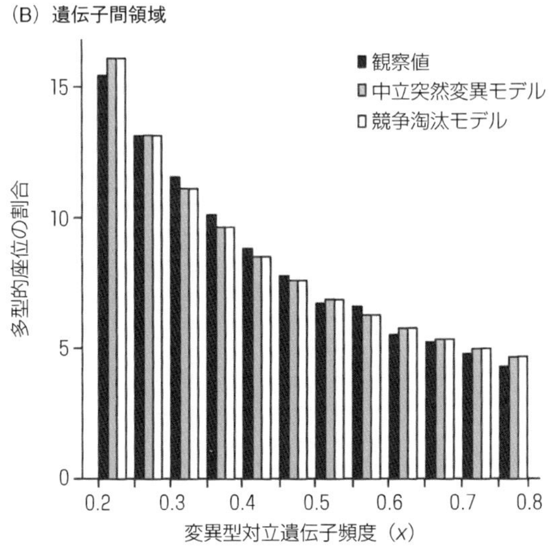

図 2.9　中央アフリカ人における変異型対立遺伝子頻度の観察分布と理論分布．淘汰がゆらぐ場合の安定化淘汰モデルのもとでの理論分布は，淘汰がゆらぐ場合の競争淘汰モデルのもとでの理論分布とほぼ同じになった．解析に用いられたゲノム配列の数は 689 であり，SNP の数はタンパク質コード領域（A）で 6924，遺伝子間領域（B）で 269323 である．最小二乗法における残差は 3 種類のモデルの間でほとんど同じだった．Miura et al.（2013）より．

析からも得られた（Miura et al. 2013）.

20 世紀には，上に挙げた 2 種類の淘汰がゆらぐモデルのどちらがより適切であるかを検証するための実際のデータがなかったために，それぞれのモデルの支持者の間で激しい論争が繰り広げられた（Nei and Yokoyama 1976; Takahata and Kimura 1979; Gillespie 1980, 1991; Nei 1980a）．しかしながら，長く続いた論争も実際のデータがあるといとも簡単に解決してしまうものである．この話題に関しては第 4 章でふたたび触れることにする．

2.5　突然変異と集団内多型変異

量的形質における人為淘汰と自然淘汰

ダーウィンが自然淘汰の考え方を構築するうえで，量的形質には効率よく人為淘汰がはたらくという現象が重要な役割を果たしたことは有名である．量的形質がメンデル遺伝で説明できることが明らかになると，さまざまな生物でいろいろな量的形質について人為淘汰が実施された．最も有名な例は，ショウジョウバエの腹胸側剛毛数や腹部剛毛数を増減させる人為淘汰である（たとえば Macdowell 1917; Payne 1918; Mather 1948; Falconer 1960）．まもなく人為淘汰ははじめのうちは効果的だが，効果は徐々に減衰することがわかった．ショウジョウバエで剛毛数を増加させる方向に人為淘汰をはたらかせ剛毛数が横ばいになったところで淘汰をやめると，増加した剛毛数はたいてい世代を重ねるうちに減少していく．このことから，剛毛数が横ばいになるのは遺伝的変異が使い果たされたためではなく，人為淘汰とそれに反するなんらかの淘汰がつり合った状態になったためと考えられた（Mather 1948; Falconer 1960; Lynch and Walsh 1998）.

同様の結果はさまざまな生物種のさまざまな表現型についても観察された（Dobzhansky 1970）．事実，どんな量的形質に人為淘汰をはたらかせてもほとんどの場合で応答を観察することができる．このことは，自然集団にはほぼいかなる遺伝的変異（集団内多型変異）も含まれているため進化には新たな突然変異は必要なく，自然淘汰は環境の変動によってもたらされることを表しているようにみえる（たとえば海洋性トゲウオのゲノムに観察される集団内多型変異の例について，Jones et al. 2012 を参照）．しかしながらこの考え方は必ずしも正しくなく，長期にわたって人為淘汰に応答し続けるためには新たな突然変異が生じる必要があることを示す実験

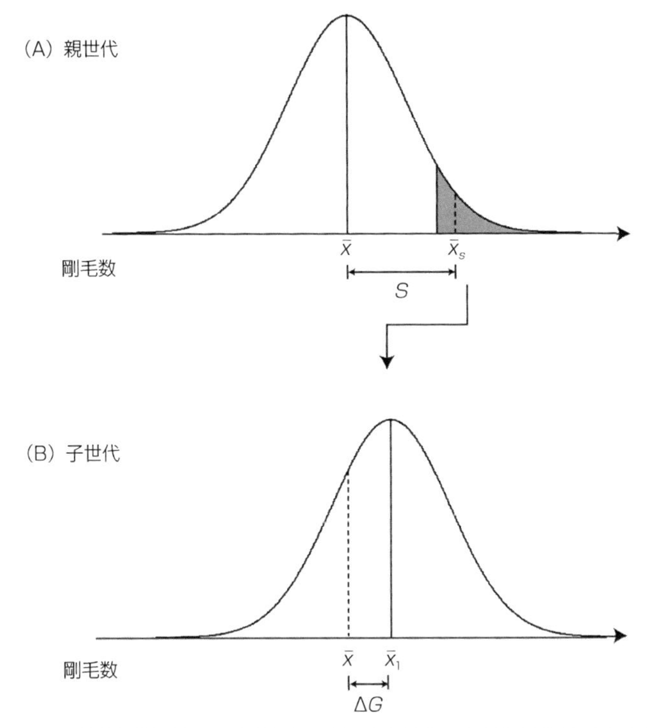

図 2.10　量的形質にはたらく人為淘汰とその次世代への効果の関係を表した概略図．量的形質の集団全体での平均値（$\bar{x}$）と選抜された個体での平均値（$\bar{x}_S$）の差を選抜差といい，S で表す．次世代の子での平均値（$\bar{x}_1$）は親での平均値（$\bar{x}$）よりも大きくなると期待される．$\bar{x}_1$ と $\bar{x}$ の差（ΔG）は遺伝獲得量とよばれ，$\Delta G = Sh^2$ と表す．ここで，h^2 を形質の遺伝率という．h^2 が大きければ ΔG も大きくなる．

の結果もいくつか報告されている（Clayton and Robertson 1955; Hill 1982; Mackay 2010）．

ここで，人為淘汰と自然淘汰では，量的形質へのはたらき方が大きく異なることに注意する必要がある．人為淘汰では，たとえばショウジョウバエの腹部剛毛数などの形質を成体の段階で計測し，剛毛数が多い上位数パーセントのオスとメスを選抜して交配させ次世代を形成する．形質の変異に占める遺伝性の成分の割合が大きければ，淘汰に対する応答すなわち遺伝獲得量（ΔG）は大きくなる（付録Dと図2.10）．変異に占める遺伝性の成分の割合は遺伝率（h^2）とよばれる．初期のメンデル遺伝学者による人為交配では，環境が一定のもとで人為淘汰を続けると，最初に集団内にあった遺伝的な変異は徐々に消耗していき新たに突然変異が生じない限り遺伝獲得量は0に近づいていくようにみえた．これらの結果は，ダーウィン主義や新ダーウィン主義を支持する証拠の1つとされた．

一方，自然淘汰の量的形質へのはたらき方は人為淘汰とはきわめて異なる．すなわち，自然淘汰は成体の段階だけでなく，卵から成体になるまでのすべての発生段階ではたらく．したがって，とくに生存力のように多くの遺伝子が関与する形質については，その進化に対する個々の遺伝子の寄与は非常に小さく，ほぼ独立にはたらくと考えてよいだろう．したがって，形質を特定の方向に変化させる効率は，人為淘汰に比べて自然淘汰のほうが低い．

形質にはたらく淘汰が弱く突然変異が比較的高頻度で生じる場合には，集団に大量の遺伝的変異が蓄積されると考えられる．たとえばヒトの指紋は遺伝率がほぼ100%であり，この形質の変異は事実上中立である（Cavalli-Sforza and Bodmer 1971）．そのため指紋の遺伝的変異は非常に大きく，個人の特定に利用される．上の考え方が正しいとすると，ある形質が人為淘汰にすばやく応答するときにはその形質にはあまり自然淘汰がはたらいていないと考えられ，反対に人為淘汰に対する応答が遅いまたは弱いときにはその形質に強い純化淘汰*4がはたらいていると考えられる．この考え方は，自然淘汰はおおむね人為淘汰と似たようなものであるというダーウィンの考え方に反する．

近年では多くの研究者が，ショウジョウバエを用いて腹胸側剛毛数，腹部剛毛数，翅の長さなどを指標として突然変異の蓄積実験を行い，毎世代多数の突然変異が新たに生じることを明らかにした（Santiago et al. 1992; Mackay et al. 2005; Mackay 2010）．これらの結果から，人為淘汰でさまざまな量的形質の平均値を上下させる際には集団内多型変異だけでなく新たに生じる突然変異も重要な役割を担うことがわかった．ただし量的形質は数百，数千もの遺伝子によって制御されるので，それぞれの遺伝子座における突然変異速度を知ることは難しい．また上の実験から，1つの形質ですら大規模な遺伝子間相互作用によって制御されていることが明らかになった．

薬剤耐性の進化

新ダーウィン主義を支持する最も強力な証拠の1つとしてよく用いられるのが，

---

*4 純化淘汰：生物集団で新たに生じた突然変異が有害なために集団から排除されること．

昆虫や細菌が殺虫剤や抗生物質に対してすばやく薬剤耐性を進化させるという現象である．第2次世界大戦中から大戦後にかけて，さまざまな殺虫剤（たとえばDDT）や抗生物質（たとえばペニシリン）が害虫の駆除や細菌性疾患の治療のために使用されるようになった．これらの薬剤は使用され始めた当初は非常に効果的だったが，のちにさまざまな耐性株が現れあまり効果的でなくなった．

細菌でペニシリンなどの薬剤に対する耐性株が発生するメカニズムとしては，耐性遺伝子をのせたプラスミドが水平伝播によって非耐性株に導入されることもあるが（Watanabe 1963），薬剤耐性変異が生じて自然淘汰を受けるほうが一般的である．新ダーウィン主義では，薬剤耐性変異は抗生物質が使用される以前からすでに集団に低頻度で存在していて，非耐性株が薬剤によってすばやく集団から排除されるために耐性株が顕在化すると考える．この考え方は，上で述べた量的形質に人為淘汰がはたらくメカニズムの考え方に似ている．

1940年代に抗生物質耐性株が顕在化すると，耐性変異は抗生物質を使用する以前から集団に存在していたのではなく，抗生物質を使用したために誘発された（後適応またはラマルク主義）と主張する研究者が現れた．ルリアとデルブリュック（Luria and Delbruck 1943）やレダーバーグ夫妻（Lederberg and Lederberg 1952）など多くの研究者がこの問題に取り組んだ．なかでもレダーバーグ夫妻はレプリカプレート法（第1章を参照）を用いて，抗生物質耐性は後適応でなく抗生物質を使用する以前に生じた変異株によるものであることを証明した．自然集団では抗生物質を使用する以前からさまざまな種類の薬剤耐性変異株が産生され低頻度で維持されており，集団が抗生物質に暴露されると急速に頻度を上昇させて顕在化する．ここまでは新ダーウィン主義の考え方と同じである．しかしながら，近年ではペニシリンやストレプトマイシンといった多くの抗生物質に対する薬剤耐性の分子的基盤が解明され，薬剤耐性はおもに抗生物質の分解に関与する酵素に突然変異が生じることによって獲得されたことがわかってきた（たとえばFuruya and Lowy 2006; Morar and Wright 2010; Sykes 2010）．したがって，薬剤耐性の獲得は突然変異によるものであるといえる．細菌は無数の多様なニッチに隔離された状態で生息しており，いずれかのニッチでは必ず薬剤耐性変異株も生息できるため，集団に薬剤耐性遺伝子が維持されると考えられる．

2.6　遺伝的変異に関する古典説と平衡説

新ダーウィン主義者は，種内での遺伝的変異の維持機構の解明にも取り組んだ．この問題を解明し種内における小進化のメカニズムを理解することは，長期的な進化を予測するために重要と考えられた．またこの問題を解明することは，動物や植物における新たな品種改良法の開発や遺伝性疾患の遺伝メカニズムの理解に役立つと考えられた．

ドブジャンスキーは，遺伝的変異の維持機構に関する仮説を古典説と平衡説に分類した（Dobzhansky 1955）．古典説では，種内の遺伝的変異はそれぞれの遺伝子座において突然変異と自然淘汰の平衡によって維持される多型と有利な変異型対立遺伝子が野生型対立遺伝子を置き換える過程で一過性に生じる多型に起因すると考える（Morgan 1932; Muller 1950）．突然変異の大部分は有害だとすると，このメカニズムによって維持される遺伝的変異は比較的少ないのではないかと危惧されたが，遺伝子座が多数あって遺伝子置換による一時的な多型もたまに生じるならば，実際に観察される程度の遺伝的変異は古典説で十分に説明できると考えられた．ここで遺伝子置換とは，低頻度で存在していた対立遺伝子が高頻度で存在していた対立遺伝子を置き換えることであり，環境の変動で引き起こされると考えられた．一方，平衡説では，遺伝的変異の大部分は超優性淘汰または頻度依存淘汰（平衡淘汰）によって維持されると考える．当時は遺伝的多型の例が多く知られていたが，平衡多型が高頻度で生じると仮定することにより，大集団には大量の遺伝的変異が含まれることを説明できた．

1950年代から1960年代にかけて，集団遺伝学者は古典説を支持する学派と平衡説を支持する学派に二極化した．古典説を支持した主要人物はハーマン・マラー（Hermann J. Muller），ジェームズ・クロー（James F. Crow），木村 資生であり，平衡説を支持した主要人物はドブジャンスキー，ブルース・ウォレス（Bruce Wallace），フォードである．これらの2学派はしばしば敵対し，きわめて激しい論争を繰り広げた．そしてその論争は，DNA多型が分子レベルで研究されるようになるまで続いた（第4章を参照）．

遺伝的荷重

古典説と平衡説の論争に関連する重要な問題の1つが，遺伝的多型を維持するために必要とされる遺伝的荷重である．淘汰によって多型が維持されるためには，遺伝子型の中で他の遺伝子型より多くの子を産生し，個体あたりの生殖力の平均値が1を越えるものがなくてはならない．この余剰生殖力の必要量を求めるには，自然淘汰によってもたらされる生殖力の不足量を集団遺伝学の標準的な数学理論を用いて計算すればよい．そうすることで，生殖力の不足量すなわち遺伝的荷重を補填するための余剰生殖力の必要量を求めることができる．集団遺伝学における遺伝的荷重は以下の式で定義される．

$$L = \frac{w_{\max} - \overline{w}}{w_{\max}} \tag{2.20}$$

ここで，$w_{\max}$ は遺伝子型の適応度の中で最大のもの，$\overline{w}$ は集団の平均適応度を表す．

古典説では，遺伝的多型は変異-淘汰平衡によって維持されると考える．変異型対立遺伝子が野生型対立遺伝子よりも適応度が低い場合には，突然変異が非常に有害ならば集団からすみやかに排除されるため平衡頻度は低くなるが，突然変異が劣性で有害の度合いが低ければ平衡頻度は比較的高くなりうる（式（2.8）を参照）．そして遺伝的荷重すなわち突然変異による荷重は，突然変異速度 u とおおよそ等しくなる（付録Eを参照）．突然変異速度が遺伝子座あたり世代あたり 10^{-5} くらいだとすると，有害な対立遺伝子はきわめて頻度は低いものの，多くの遺伝子座において遺伝的多型として維持されると考えられる．

たとえば，ある集団において突然変異速度が $u = 10^{-5}$ で変異-淘汰平衡によって10000遺伝子座で多型が維持されているとすると，遺伝的荷重の合計は $L = 0.1$，集団の平均適応度は $\overline{w} = (1-u)^{10000} \approx e^{-0.1} = e^{-L} = 0.90$，必要とされる平均生殖力（$\overline{F}$）は $\dfrac{1}{\overline{w}} = 1.11$ となる．哺乳類は生殖力がこの値より大きいので（Haldane 1957），問題なく集団を存続できると考えられる．実際のところ，遺伝的荷重はあまり大きくはなれない．たとえば哺乳類のゲノムはおよそ 3×10^9 塩基対からなるが，1960年頃には，遺伝子は平均1000塩基対でコードされているとしてヒトゲノムには約300万遺伝子がコードされていると見積もられていた．突然変異による荷重が遺伝子座あたり 10^{-5} とすると，300万遺伝子全体の荷重は $L = 30$ にもなり，$\overline{w}$ は $e^{-30} = 9 \times 10^{-14}$ で，個体あたり必要とされる生殖力は平均 $\overline{F} = 1.1 \times 10^{13}$ というとてつもなく大きな値になってしまう．マラーは，ヒトの遺伝子

は $L=3$, $\overline{w}=0.72$, $\overline{F}=1.39$ となる 30000 を超えることはないだろうと見積もった（Muller 1950, 1967）．ヒトゲノムが完全に解読されると，マラーによる遺伝子数の推定値はおおよそ正しいことが明らかになった（International Human Genome Sequencing Consortium 2004）．

超優性遺伝子座によってもたらされる遺伝的荷重は分離による荷重とよばれ，きわめて大きな値になりうる．遺伝子型 A_1A_1, A_1A_2, A_2A_2 の適応度をそれぞれ $1-s$, 1, $1-t$ とすると，遺伝的荷重は次式で表される（付録Eを参照）．

$$L=\frac{st}{s+t} \tag{2.21}$$

$s=0.3$, $t=0.7$のとき，遺伝的荷重は 0.21 となる．このような遺伝子座が 50 あれば $L=10.5$, $\overline{w}=2.8\times10^{-5}$ となり，必要とされる余剰生殖力はとてつもなく大きな値になってしまう．そのためそれぞれの多型遺伝子座に存在する対立遺伝子数が少ないときには，あまり多くの遺伝子座で超優性淘汰によって多型を維持することができない．これは，s や t が上で仮定された値よりも 1 桁小さい場合でも同様である．

新ダーウィン主義の時代に平衡説の支持者は，殻の多型，染色体逆位，血液型などに関与する多くの多型遺伝子座に超優性淘汰がはたらいていると考えたが，自然集団における s や t の値がわからなかったために他の研究者を納得させることは難しかった．たとえば，ルウィントンとハビー（John L. Hubby）は電気泳動法によりタンパク質の多型を分析し，ウスグロショウジョウバエ *Drosophila pseudoobscura* ではタンパク質をコードする遺伝子座のおよそ 30% が多型であると主張した（Lewontin and Hubby 1966）．したがって，この生物種が全部でおよそ 15000 のタンパク質をコードしているとすると，約 5000 の遺伝子座が多型ということになる．ルウィントンとハビーは，これらの遺伝子座で多型が超優性淘汰によって維持されているとすると必要とされる余剰生殖力がとてつもなく大きな値になってしまうことについてさまざまな説明を試みたが，明確な結論を得ることはできなかった．

スヴェドら（Sved et al. 1967），キング（King 1967），ミルクマン（Milkman 1967）は，遺伝的荷重の理論においては異なる遺伝子が独立に作用すると仮定されていることに疑問を呈し，集団サイズはおおよそ一定であるため自然淘汰は競争的であり，また競争力は多くの遺伝子座によって制御されるという仮定のもと，競争力がある閾値を越える個体のみが成体になるまで生き残るという切断淘汰モデルを構築した．これは人為淘汰モデルをそのまま適用したものである（図 2.10）．しかしながら，人為淘汰の場合には淘汰を受ける形質は完全に発生し終わってから計測され上位数パーセントの個体が選抜されて次世代の形成に寄与するのに対し（付録Dを参照），自然淘汰は発生のあらゆる段階ではたらくため遺伝子が独立に作用するというモデルのほうが切断淘汰モデルよりも現実的である．またジョゼフ・フェルセンスタイン（Joseph Felsenstein）や根井によって，競争淘汰のもとで必要とされる余剰生殖力は，生存淘汰の標準的なモデルのもとで必要とされる余剰生殖力とほとんど変わらないことが示された（Felsenstein 1971; Nei 1971）．

ここで，超優性淘汰による遺伝的荷重は，主要組織適合遺伝子複合体（MHC）の遺伝子座のように対立遺伝子数が多い場合には小さくなることに注意する必要がある．大集団で対立遺伝子数が m である超優性遺伝子座による遺伝的荷重は次式で与えられる．

$$L = \frac{\tilde{s}}{m} \tag{2.22}$$

ただし，$\tilde{s}$ は淘汰係数の調和平均である（Crow and Kimura 1970）．ヒトの MHC であるヒト白血球抗原（human leukocyte antigen: HLA）の多型は超優性淘汰によって維持されていると考えられており，$\tilde{s}$ の値は 0.01 と推定されている（Satta et al. 1994）．たとえば *HLA-B* 遺伝子座では，それぞれの集団におよそ 25 の対立遺伝子があるため（Roychoudhury and Nei 1988），多型を維持するために必要とされる遺伝的荷重は $\frac{0.01}{25} = 0.0004$ である．この遺伝子座では大部分の個体がヘテロ接合であるため，遺伝的荷重は小さくなるのだ．ちなみにすべての個体がヘテロ接合で淘汰係数も等しければ，遺伝的荷重は 0 になる．たとえばエメルソン（Sterling Emerson）は，植物の *Oenothera organensis* で自家不和合性をつかさどる *S* 遺伝子座について，およそ 500 個体の集団中に 37 の対立遺伝子をみいだした（Emerson 1939）．*S* 遺伝子座のホモ接合体は産生されないので，500 個体はすべてヘテロ接合体である．この場合，ホモ接合体は実際には生存不能であるにもかかわらず，この遺伝子座による遺伝的荷重はない．

有限集団において維持可能な対立遺伝子の数

古典説と平衡説の論争の最中に，木村とクローは有名な論文を発表した（Kimura

and Crow 1964)．この論文では，まずそれぞれの遺伝子座では多数（理論的には無限大）の対立遺伝子が産生されうると考える．ただし実際には対立遺伝子は塩基配列に対応するため，対立遺伝子の最大数はランダムな塩基置換によって生成されうる塩基配列数である．それぞれの塩基座位は 4 種類の塩基（A，T，C，G）になりうるので，100 塩基座位からなる遺伝子座における対立遺伝子の最大数は $4^{100} = 1.6 \times 10^{60}$ だが，これは実質的に無限大とみなしてよいだろう．たとえこれらの大部分が機能的制約により生存不能だったとしても，生存可能な対立遺伝子数はまだ相当大きいと考えられる．このモデルはいまでは無限対立遺伝子モデルとよばれている（Kimura 1983）．じつはこのモデルはライトによってすでに考案されていたのだが（Wright 1939, 1948b），そのことは対立遺伝子の分子的な実体が明らかにされるまで気づかれなかった．

無限対立遺伝子モデルにおいては，集団で新たに生じる突然変異はつねにそれまでに存在しなかった対立遺伝子を生成するため，新たな突然変異が生じるときには必ず対立遺伝子数は増加する．しかしながら，集団サイズが有限であることに起因する遺伝的浮動や自然淘汰によって対立遺伝子数は減少し，とくに自然淘汰がはたらかない場合には，ある遺伝子座における対立遺伝子数はその遺伝子座における突然変異速度（v）と有効集団サイズ（N）によって決定される．

木村とクローは，無限対立遺伝子モデルを用いてそれぞれの遺伝子座で期待される対立遺伝子数ではなく有効対立遺伝子数（m_e）を求めた．ここで m_e は，ホモ接合度の期待値 J を用いて $\dfrac{1}{J}$ と定義される．J は自然淘汰がはたらかないときには $J = \dfrac{1}{4Nv+1}$ で与えられる．したがって Nv が大きいときには m_e は非常に大きくなりうるが，自然淘汰がはたらかなければ遺伝的荷重は 0 である．ちなみに多型の程度を表すためにしばしば用いられるヘテロ接合度の期待値は次式で与えられる．

$$H = 1 - J = \frac{4Nv}{1+4Nv} \tag{2.23}$$

実際の解析では，ヘテロ接合度は $1 - \sum_i x_i^2$ で求められる．ただし，x_i は i 番目の対立遺伝子の頻度，$\sum_i$ はすべての対立遺伝子についての和を表す．

木村とクローはさらに，すべてのホモ接合体の適応度が 1，すべてのヘテロ接合

体の適応度が $1 + s$ であるような超優性対立遺伝子座におけるヘテロ接合度を求めた．突然変異は遺伝子座あたり世代あたり v の速度でつねに新しい対立遺伝子を産生すると仮定する．ヘテロ接合度は，$s > 0.001$ で中立遺伝子座よりはるかに大きくなった．たとえば $Nv = 0.1$ のとき，$s = 0.1$ の超優性遺伝子座では $H = 0.9$ になるが，$s = 0$ の中立遺伝子座では $H = 0.285$ にしかならない．このように，超優性淘汰は非常に強力に遺伝的変異を増大させる．ただし同時に，超優性淘汰による遺伝的荷重も大きくなりうる．

ここで注意しなければならないのは，遺伝的荷重の理論は非常におおざっぱで，自然淘汰に関する仮説をおおまかに評価するためにしか用いることができないということである．すなわち，遺伝的荷重が非常に大きくなる場合には仮説は疑わしいといえるが，余剰生殖力の必要量が生物学的に想定可能な値である場合には明確な結論を導くことができない．また，メスが産む子の数についても注意が必要である．無脊椎動物のメスは哺乳類のメスよりずっと多くの子を産むため，一見すると無脊椎動物は哺乳類よりもはるかに大きな遺伝的荷重を許容できるように思われる．しかしながら実際には，無脊椎動物の幼生の大部分は悪天候，食糧不足，捕食といった非遺伝性の要因によって死んでしまい，交配対の間に生まれ成体まで生き残る個体数は，特定の季節に集団サイズが増大するようなことがない限り，平均およそ2である．したがって，無脊椎動物が許容できる遺伝的荷重もあまり大きくない．

さらに注意すべきなのは，遺伝的荷重はもともと無限集団の仮定のもとで決定論的に定義された量だということである．有限集団の場合には，無限集団の場合と淘汰モデルが同じであっても，遺伝的浮動によってそれぞれの遺伝子座における多型的な対立遺伝子数が減少するため，遺伝的荷重も大きく減少すると考えられる．実際の生物集団で遺伝的荷重を考える際には，以上のことを考慮に入れなければならない．

2.7　創造的変異形成機構としての自然淘汰

新ダーウィン主義者は，突然変異は進化の原材料を提供するだけで自然淘汰こそが革新的な形質を創造するという考え方を構築した（2.1 節を参照）．マイヤーは，自然淘汰は非適応的な遺伝子型を排除するというよりむしろ集団の生殖力を向上させる進化機構であると考え次のように述べた（Mayr 1963, pp. 201-202）．「彫刻家は大理石のかけらを廃棄してしまうが創造的である．淘汰を生殖力の違いと定義したとたんに，その創造性は明白になる．形質は多くの遺伝子が発生の過程で複雑に相互作用することによって形成される．淘汰は遺伝子座間でより優れた相互作用をする対立遺伝子の組合せを創造することができる．この考え方は，マラー（Muller 1929），シンプソン（Simpson 1949），フィッシャー（Fisher 1958），ドブジャンスキー（Dobzhansky 1951），その他の集団遺伝学に精通した研究者によってみごとに説明されている．」

同様に，ドブジャンスキーも次のように述べている（Dobzhansky 1970）．「進化は創造的である．それは詩を書いたり，交響曲を作曲したり，彫刻を彫ったり，絵を描いたりすることが創造的であることとまったく同じである．芸術作品は新規的，独創的，非反復的である．進化はすべての系統において，それまで存在しなかった新規的な形質を創出する．」自然淘汰の創造性に関するこのたぐいの記述は，ダーウィンの考え方とは相反するものの，いまだにきわめて一般的にみられる（Strickberger 1996; Gould 2002; Futuyma 2005）（ただしマイヤーは晩年考え方を改め，自然淘汰は排除の過程であると述べている；Mayr 1997, p. 2093）．

これらの修辞的な記述は印象的ではあるが，メンデル遺伝学でそれらの論理的根拠を証明することは容易ではない．自然淘汰の創造性に関してしばしば引合いに出される議論として第1に挙げられるのが，フィッシャー，ホールデン，マラーによる次のようなものである（Fisher 1930; Haldane 1932; Muller 1932）．自然淘汰はそれぞれの遺伝子座で有利な対立遺伝子の頻度を急激に上昇させるため，複数の遺伝子座にある有利な対立遺伝子を組換えによって同一の染色体上に連鎖させることを容易にする．そのため，自然淘汰が複数の遺伝子座で同時にはたらく場合には，それぞれの遺伝子座で順番にはたらく場合よりも迅速に新しい形質が産生される．これはたしかにそのとおりなのだが，組換えは自然淘汰ではなく，新しいハプロタイプ*5を生成するための分子メカニズムである．よって新しく生成されたハプロタイプは「突然変異体」である．しかしながらこの議論のもっと深刻な問題は，それを支持する実際のデータがないことである．たとえば動物における*HOX*遺伝子クラスターのようなゲノム領域では遺伝子座間に複雑な相互作用があるため，それらの遺伝子座で同時に対立遺伝子の置換が起こることもあるかもしれない．だが，だからといって対立遺伝子の置換はそれぞれの遺伝子座で順番に起こるよりも複数の

＊5 ハプロタイプ：一倍体のゲノムや1本の染色体に同時に存在する対立遺伝子や変異の組合せのこと．

遺伝子座で同時に起こるほうが一般的なわけではない．進化はゆっくりとしたプロセスであり，高速進化が低速進化よりも有利と考える根拠はない．

自然淘汰の創造性に関する第2の議論として，ライトの平衡推移説が挙げられる（Wright 1932；第3章を参照）．この説では，生物種は移住を伴う多数の分集団から構成されていて，遺伝子座間で対立遺伝子が相互作用すると仮定する．生物種の平均適応度は対立遺伝子頻度の超次元空間において多数の頂をもつ適応度地形を形成すると考え，進化は生物種の平均適応度が淘汰と遺伝的浮動によって頂から頂へと推移していく過程ととらえる．環境が変化すれば適応度地形も変化し，新たな環境に適応した遺伝子組成が淘汰と遺伝的浮動によって創造される（Dobzhansky 1951, 1970; Simpson 1953）．だがこれも修辞的な議論であり，この説を支持する実際のデータは存在しない．さらに平衡推移説には第3章で述べる多くの論理的な問題がある．このように，多くの研究者や教科書によって自然淘汰の創造性がうたわれているが，その根拠は薄弱である．

自然淘汰の創造性に関する第3の議論は，複数の多型的な遺伝子で構成される超遺伝子すなわち遺伝子複合体が多数存在するというものである（たとえばヒトRh血液型，サクラソウの異型花柱性，カタツムリの殻型の超遺伝子など；Ford 1975）．これらの遺伝子複合体の分子構造がまだわかっていなかった頃には，遺伝子複合体は自然淘汰によって形成されたと考えられていた．そして遺伝子複合体は多数の修飾遺伝子によって発現制御されていると一般に信じられていた．フィッシャーは，多くの交配実験で観察された優性や劣性という現象でさえも，修飾遺伝子に自然淘汰がはたらくことによって進化したと考えた（Fisher 1928）．この問題については第3章で詳細に述べる．

2.8 ま と め

新ダーウィン主義の考え方が構築されたきっかけは，新たに生じる突然変異の大部分は有害で進化に大きく寄与することはないことがメンデル遺伝学者によって明らかにされたことである．有害な突然変異も環境が変われば有益になることもあり，とくにそのときには遺伝子座間で組換えが起こっていることが観察された．これらのことから，自然集団には過去に生じた突然変異によって大量の遺伝的変異が含まれており，環境が変化したり遺伝子座間で組換えが起こったりすることによって特定の対立遺伝子が有利になると考えられるようになった．この考え方のもとでは，突然変異は進化のための遺伝的な原材料を提供するにすぎず，進化の原動力はあくまでも与えられた環境で有利な対立遺伝子を選抜し固定させる自然淘汰であった．

新ダーウィン主義の時代には，集団における対立遺伝子頻度の変化に関するさまざまな数学理論が構築された．これらの理論は，遺伝的集団構造の進化を理解するために非常に有用だった．当時は，進化はおもに自然淘汰で起こると考えられていたため，多くの理論は集団サイズが無限大という仮定のもとで構築された決定論的なものだった．だがこの仮定は生物学的に現実的でないため，理論の大部分は実際の研究には利用されていない．

新ダーウィン主義の時代の重要な課題の1つが，自然淘汰が実際にはたらいた証拠をみいだし，進化の原動力であることを示すことだった．これは，ダーウィンが自然淘汰の証拠をまったく示さなかったことに端を発していた．ダーウィンは，家畜や栽培植物で人為淘汰が有効であること，集団サイズがマルサスの法則に従って急速に成長するときには淘汰がはたらくことが演繹的に論証されることから自然淘汰を提唱するに至った．しかしながら，自然淘汰は設計者がいないという点で人為淘汰とまったく異なるし，マルサスの法則に基づく自然淘汰の議論もただの推論である．また，そもそも実際に自然集団で自然淘汰を証明すること自体が困難である．その理由としては，自然集団は分布域が広く，周辺の集団との間で遺伝子流動がない隔離集団をみいだすことが難しいこと，対立遺伝子頻度の変化はしばしば環境の変動や他の遺伝子座における対立遺伝子頻度の変化に強く影響されるため，選択係数を正確に推定することが難しいことなどが挙げられる．したがって，自然淘汰についてはつねに非常におおまかな議論しかできない．

理論研究者の中には，自然集団のサイズは有限できわめて小さい場合もあることや，有限集団において対立遺伝子頻度は確率論的な変化をすることをよく理解しているものもいた．そのため，20 世紀なかばには対立遺伝子頻度の確率論的な変化に関する理論も多数構築された．だがそれらのほとんどは実験研究者の役に立たなかった．そのおもな理由は，この問題を実験的に検証するためのデータを収集することが困難だったこと，生物集団が多数に分集団化している場合でもその集団サイズは十分に大きいと考えられていたことである．最近になってようやく，分子多型データを用いることによりこの問題についての研究ができるようになった．

新ダーウィン主義の時代に激しく論争された問題に，集団における遺伝的変異の維持機構として古典説と平衡説のどちらが適当かというものがある．この問題は，遺伝的変異が分子レベルで研究されるようになるまで解決されなかった．分子データが用いられるようになって初めて，ごく一部の遺伝子座のみで多型が非常に高いことが明らかになった．

新ダーウィン主義では，大部分の自然集団には大量の遺伝的変異が含まれ，それらは将来進化のために利用される可能性があると考える．この考え方は量的形質の進化にあてはまるように思われたが，最近の研究により，量的形質についてもかなりの頻度で新しい突然変異が生じ人為淘汰に対する応答に重要な役割を担うことが示唆された．同様に，細菌の抗生物質に対する耐性も自発的突然変異に起因する．細菌は多様なニッチにそれぞれの集団が隔離された状態で生息しているので，さまざまな耐性変異株もいずれかのニッチで生息し抗生物質が使用されたときにのみ顕在化すると考えられる．

3　新ダーウィン主義の時代における進化論

新ダーウィン主義者は，対立遺伝子頻度や遺伝子型頻度の進化を予測し有性生殖や利他主義といった複雑な形質の進化を理解するために，高度な数学理論を構築した（第2章を参照）．これらの理論は長期的進化の過程を概観するのに非常に有用で，進化研究の指針を与えた．だがこれらの理論は，集団サイズが大きい，進化過程を通じて淘汰係数が一定，遺伝子型と環境の間に相互作用がないなどの多くの単純な仮定に基づいて構築されていたため，うまく進化を予測できないことが多かった．またヒトの寿命は長期にわたる集団の遺伝的変化を追跡するにはあまりにも短く，予測を実験的に検証することもきわめて困難だった．

生物学者の多くは数学理論を理解できず直観に頼って受容または拒絶したが，なかには数学的な予測を検証するために実験やデータ解析をしたものもいた．有名な例として，テオドシウス・ドブジャンスキー（Theodosius Dobzhansky）とセウォル・ライト（Sewall Wright）の共同研究（Dobzhansky 1951, 1970）やE・B・フォード（Edmund B. Ford）とR・A・フィッシャー（Ronald A. Fisher）の共同研究（Ford 1964, 1975）が挙げられる．ただしこれらの共同研究も，実験研究者が産生した実験データを理論研究者が解釈することで進められており，総じて20世紀の進化研究は理論研究者に支配されていたといえる．しかしながら，数学理論に批判的な生物学者もいた．批判はおもに，数学理論は抽象的すぎて，たとえばトリの翼や哺乳類の脳といった具体的な形質の進化については何ひとつ説明できなかったことに対するものだった．また数理集団遺伝学者の間でもしばしば理論に関して意見が一致せず，この不一致によって進化生物学は発展したり停滞したりした．

本章では，新ダーウィン主義者によって構築されたさまざまな進化理論について議論する．ただしすべての理論を網羅することはできないので，本書の内容に直接関係のあるものだけに焦点をあて，最近の分子生物学の知見と照らしあわせながらそれらを再評価する．とくに新ダーウィン主義の主要人物によって構築された理論を中心に，多くの新ダーウィン主義者に受け入れられた事柄について批判的に考察する．血縁淘汰説（Hamilton 1964）や利己的遺伝子説（Williams 1966; Dawkins 1976）などの特殊な理論については，分子進化学の知識が必要となるので，第8章で述べることにする．

3.1 修飾遺伝子

新ダーウィン主義では，自然集団にはさまざまな種類の遺伝的変異が含まれ，新しい環境に適応したり新しい表現形質を創造したりするための原材料として使用されると考える．そのため，突然変異速度，組換え価，優性度などでさえも自然淘汰によって最適値に調整されているという仮定のもと，これらの遺伝学的なパラメータの進化を予測するための数学理論が構築された．以下では，新ダーウィン主義の時代に研究された2つの例について考察する．

優性度の進化

最初の例は，フィッシャーによる優性度の進化理論である（Fisher 1928）．この例はもはや古くなってしまった感があるが，新ダーウィン進化論を理解するのに役に立つ（Ewens 2004, pp. 221-224 を参照）．グレゴール・メンデル（Gregor Mendel）は，エンドウの交配実験から遺伝の3法則を発見した．その1つが優性の法則で，F_1 雑種は優性対立遺伝子のホモ接合体と同じ表現型を示すというものである．この法則は当初普遍的なものと思われたが，他の生物を用いたその後の実験からたくさんの例外があることが明らかになった．フィッシャーは，新たに生じる変異型対立遺伝子（a）は野生型対立遺伝子（A）に対して一般に部分劣性で有害であること，またそのような劣性突然変異は繰り返し生じることを発見した．この現象を説明するために，フィッシャーは対立遺伝子Aの優性度が他の遺伝子座の対立遺伝子Mとmによって調節されていると考えた．MはmよりもAの優性度を高めるとすると，Aの優性度が高いほうがヘテロ接合体 Aa の適応度が高くなるため，Mはmよりも有利になる．したがって $A \to a$ の突然変異が何世代にもわたって繰り返し生じれば，Mとmにはたらく自然淘汰によって変異型対立遺伝子aは完全劣性になるだろうと主張した．

これは典型的な新ダーウィン主義の考え方である．なぜなら新ダーウィン主義ではほぼいかなる遺伝的変異も自然集団に存在すると仮定され，対立遺伝子Aとaの優性度でさえも，それを調節するような対立遺伝子Mとmが存在して自然淘汰によって進化すると考えるからである．Aとaの優性度は修飾遺伝子（Mとmの多型）によって調節されると考えられたが，実際のところ当時には修飾遺伝子の存在を示唆するデータは存在しなかった．ライトは以下の3つの理由により，フィッシャーのこの理論を批判した（Wright 1929a）．第1に，たとえ集団中に修飾遺伝子が存在したとしても，優性度を進化させる自然淘汰の効果には疑問の余地がある．フィッシャーは，Aの優性度は修飾遺伝子座に自然淘汰がはたらいてMの頻度が上昇することで高くなると考えたが，ライトによると，Mに対する淘汰係数は最大でも世代あたりの$A \to a$の突然変異速度と同程度にしかならない．そのため，ライトはMにはたらく自然淘汰の効果を疑問視したのである．この問題はのちにワーレン・エウェンス（Warren J. Ewens）によって詳細に検討され，ライトの結論は基本的に正しいことが確かめられた（Ewens 1967）．さらにライトは，どんな突然変異も多くの形質に同時に影響を与えるため，Mがmより有利と考えることの生物学的な妥当性についても疑問を呈した．

第2に，ライトは対立遺伝子Mとmの適応度の違いが非常に小さくなるため，遺伝的浮動によりMが集団に固定しない可能性があることを指摘した（Wright 1929b）．この議論の中でライトは，突然変異，自然淘汰，遺伝的浮動の影響のもとでの対立遺伝子頻度の平衡分布の式を導出した（Wright 1931を参照）．ライトはさらに，遺伝子座における対立遺伝子の最大数は2ではなくおそらく無限大なので，Mの固定確率はさらに小さくなると主張した（ちなみに分子進化学の研究でよく用いられる無限対立遺伝子モデルは，この論文で初めて導入された）．第3に，対立遺伝子の優性度は遺伝子発現に関する生化学的知見に基づいて考える必要がある．ヘテロ接合体AaにおけるAの発現量がホモ接合体AAにおけるAの2コピー分の発現量と同等であればAは完全優性であるし，半分程度であれば半優性である．そのためライトは，優性度を数学的に研究することにはあまり意味がないと考えていた．

しかしながらフィッシャーは，ライトに批判されても決して自分の理論をあきらめることなく論文を書き続けた（Fisher 1931）．フィッシャーとライトのこの論争についてはProvine（1986）に詳細が記されている．現在では遺伝子の発現量を調節するメカニズムが進化しうることも知られているので（第6章を参照），そこにはたらく自然淘汰を研究することは必ずしも無意味なわけではないだろう．ただし，そのようなメカニズムは進化の初期の段階で確立され強い純化淘汰によって維持されてきたはずなので，優性度を容易に調節できるかどうかは不明である（第9章を参照）．

遺伝子の連鎖強度

進化の過程で修飾遺伝子によって調節されると考えられた遺伝学的な量としてはさらに，遺伝子座間の連鎖強度または組換え価がある．連鎖強度が遺伝子の制御下にあることを支持する証拠は数多く報告されている（Bodmer and Parsons 1962を参照）．たとえば森脇 大五郎は，アナナスショウジョウバエ *Drosophila ananassae* の第2染色体右腕にある *En-2* という優性対立遺伝子が，オスでの第2染色体上のほとんどすべての遺伝子座間における組換えを促進することを発見した（Moriwaki 1940）．また吉川 秀男は，第3染色体上にもオスでの組換えを促進する遺伝子があることを発見した（通常ショウジョウバエのオスでは組換えはまったく起こらない；Kikkawa 1937）．さらに最近では，原核生物や真核生物のゲノムには *RecA/RAD* 遺伝子（Lin et al. 2006）やDNAミスマッチ修復遺伝子（Lin et al. 2007）といった組換えを制御する遺伝子が多く含まれることが明らかにされている．

フィッシャーは，遺伝子座間の組換え価は自然淘汰によって減少しうると主張したものの数学的な証明はしなかった（Fisher 1930）．そこで根井 正利は，修飾遺伝子座における対立遺伝子頻度の変化によって組換え価が進化することを数学的に証明した（Nei 1967）．単純な場合として，一倍体生物で連鎖している遺伝子座AとBにそれぞれ2種類の対立遺伝子A_1，A_2とB_1，B_2があると考える．ハプロタイプは図3.1に示すようにA_1B_1，A_1B_2，A_2B_1，A_2B_2の4種類あり，それぞれの相対適応度をw_1，w_2，w_3，w_4とする．すると，遺伝子間相互作用またはエピスタシス*1の強さは$E = w_1 - w_2 - w_3 + w_4$と表せる．$E$は遺伝子の作用が相加的であれば0，そうでなければ正または負の値になる．また，ハプロタイプA_1B_1，A_1B_2，A_2B_1，A_2B_2の頻度をそれぞれP_1，P_2，P_3，P_4とすると，連鎖不平衡は$D = P_1P_4 - P_2P_3$で与えられる（式(2.10)を参照）．ここで，組換え調節遺伝子座に対立遺伝子M，mがそれぞれ頻度x，$1 - x$で存在すると考える．遺伝子座AとBの間の平均組換え価は，Mの存在下でr_{M}，mの存在下でr_{m}とする．根井は，世代あたりのxの変化量が次式で表されることを示した．

$$\Delta x = \frac{x(1-x)(r_{\mathrm{m}} - r_{\mathrm{M}})DE}{\overline{w}} \tag{3.1}$$

ここで，$\overline{w}$は遺伝子座AとBで決定される平均適応度である．

---

*1　エピスタシス：形質の発現に寄与する複数の遺伝子の間で効果が相加的でないこと．

	ハプロタイプ	頻度	相対適応度	ケース1 エピスタシスなし	ケース2 エピスタシスあり
非組換え体	A_1 — B_1	P_1	w_1	1	1
組換え体	A_1 — B_2	P_2	w_2	0.8	0.8
組換え体	A_2 — B_1	P_3	w_3	0.8	0.8
非組換え体	A_2 — B_2	P_4	w_4	0.6	1

図3.1　エピスタシスによって組換え価が減少することを示す図．遺伝子座AとBは連鎖していて，それぞれには対立遺伝子A_1，A_2とB_1，B_2が存在し，4種類のハプロタイプを形成する．w_1，w_2，w_3，w_4は4種類のハプロタイプの相対適応度を表す．遺伝子間相互作用またはエピスタシスの強さを表すパラメータとして，$E = w_1 - w_2 - w_3 + w_4$を定義する．$E = 0$はエピスタシスがないことを表す．ケース1では$E = 0$で，組換え価の減少は有利にならない．ケース2では$E = 0.4$で，ハプロタイプ$A_1B_2$，$A_2B_1$は$A_1B_1$，$A_2B_2$よりも適応度が低いので，組換え価の減少は有利になる．この一倍体モデルにおいては，淘汰のあとすべてのハプロタイプが任意交配し，減数分裂と組換えを経て子のハプロタイプが産生される．組換え価は，遺伝子座AとBとは別の多型的な組換え修飾遺伝子座によって制御される．

根井は，Eが正のときにはDも正，Eが負のときにはDも負になる傾向があることを示した．したがって，Mが組換え価を減少させるような新しい変異型対立遺伝子だとすると，エピスタシスがはたらいている場合には式（3.1）よりMの頻度はつねに増加して集団に固定すると考えられる．すなわち，遺伝子座AとBの間にエピスタシスがあるときには，組換え価は自然淘汰によって必ず減少する．根井は，二倍体生物でも同じような式が成り立つことを示した．同様の結論はフェルドマン（Marcus W. Feldman）による詳細な研究からも得られている（Feldman 1972）．単独の修飾遺伝子が多数の遺伝子座間の組換え価を調節する場合には，修飾遺伝子にはたらく自然淘汰は非常に強くなりうる．

その後根井は，さまざまな生物種のゲノムにおける平均組換え価の比較から，総じて複雑な多細胞生物では単細胞生物よりもDNAの単位長あたりの組換え価が低いことをみいだし，それは自然淘汰によると主張した（Nei 1968）．現在この主張は，ゲノムサイズと組換え価に関する大規模なデータによって支持されている

(Lynch 2007, p. 87). さらにゲノムデータから, 機能的に相互作用する遺伝子はしばしば同一の染色体上に近接して存在することが明らかになった. たとえば主要組織適合遺伝子複合体 (major histocompatibility complex: MHC) を構成する20〜100の機能遺伝子は, 脊椎動物の大部分の生物綱で同一の染色体領域に強く連鎖して存在する (Kulski et al. 2002). また進化の過程で染色体再編成が頻繁に起こるはずであるにもかかわらず, *HOX* 遺伝子クラスターでは多様な機能をもつ遺伝子がさまざまな動物で同じならびで保存されている. ヒストン遺伝子群やグロビン遺伝子群もクラスターとして維持されている.

パル (Csaba Pal) とハースト (Laurence D. Hurst) は, 出芽酵母 *Saccharomyces cerevisiae* のゲノムを用いて生存に必須な遺伝子のクラスターにおける組換え価についての研究を行った (Pal and Hurst 2003). 出芽酵母のゲノムを, 連続した10遺伝子が重なりなく含まれるような多数のブロックに分割し, それぞれのブロックにおける必須遺伝子数と減数分裂期DNAの二重鎖切断数として計測される組換え価の関係を調べた. すると, ブロックに含まれる必須遺伝子数が多いときにはつねに組換え価が低く, この負の相関関係は統計学的に高度に有意だった. Eの値は自然淘汰があまりはたらかない遺伝子よりも必須遺伝子のほうが大きいはずなので, この結果は連鎖強度が調節されていることを示唆する.

機能的に関連のある遺伝子のクラスターが形成されるときには, 最初はおそらく縦列遺伝子重複が繰り返し起こり, それらの遺伝子間で強い相互作用が構築され全体として保存されるようになると考えられる. 相互作用を構築しなかった遺伝子は他の染色体に転座し異なる機能をもった遺伝子に進化したりするだろう. いずれにしろ, 強い相互作用を構築した遺伝子群のみが同一クラスター内に維持されるのである.

3.2　フィッシャーの自然淘汰の基本定理

新ダーウィン主義の時代の初期には集団における対立遺伝子頻度の変化がおもな研究対象だったが, 種内変異と種間変異の関係を解明することも重要な課題だった. 当時, 集団遺伝学者は古典説学派と平衡説学派に分かれていたが, 長期的な進化に関する考え方は両学派の間でほとんど同じだった. すなわち, 突然変異は遺伝的な原材料を提供するだけで, 自然淘汰がそれを利用して革新的な形質を創造すると考えられていた. したがって, 突然変異の産生は遺伝子置換の最初の段階とはみなされなかった（図1.1Aを参照）．突然変異はほとんどすべて有害なため集団に低頻度で維持されているだけで，環境の変化によってそれらの中で有利になるものが現れると考えられた（Muller 1950; Haldane 1957）．環境の変化は規則的には起こらないため表現型の進化と時間との間には相関関係はないと考えられ，新ダーウィン主義者で表現型の長期的な進化を数学的に研究したものはほとんどいなかった．

新ダーウィン主義では，集団の進化の程度は平均適応度の上昇の度合いとして定量化された．フィッシャーは，集団の平均適応度の上昇率は適応度の遺伝分散に等しいという自然淘汰の基本定理を提唱したものの，数学的な証明は行わなかった（Fisher 1930, 1941）．分散は非負の量なので，この定理によると集団の平均適応度は自然淘汰によってつねに上昇し続けることになる．この定理は直観的に思い描かれる自然淘汰の姿をよく表していたし，熱力学第2法則におけるエントロピーの上昇にも似ていたので，数学者を惹きつけた．そしてのちに多くの研究者がさまざまな仮定のもとでこの定理の数学的な証明を行った（たとえば Kimura 1958; Price 1972; Ewens 1989, 2004; Lessard 1997）．

ただし，この定理は数学的には証明されたものの，生物学的には問題があった．第1に，この定理は対立遺伝子頻度が世代を超えて変わろうともすべての遺伝子型の適応度は変わらないという仮定のもとで構築されているが，遺伝子型の適応度は環境に依存して変化しその環境は世代ごとに変化するため，この仮定は明らかに成り立たない．世代ごとに変化する遺伝子型の適応度がわからなければ集団の平均適応度の上昇率を計算することも不可能である．第2に，この定理は短期的な進化を説明するには役立つが，たとえ上の仮定が成り立っていたとしても，長期的な進化を説明するには役立たない．なぜなら長期的な進化の過程では，地質学的・気象学的な要因による環境の激変が必ず起こるからである．たとえば小惑星が地球に衝突すると，白亜紀の大量絶滅のように多くの生物種が死滅し，生き残った生物種もまったく異なる環境で生息しなければならなくなる．このように，生物種が存続できるかどうかは多くの予測不能な事象に左右されるため，フィッシャーの基本定理は生物学的に意味がない．

第3に，フィッシャーの基本定理に従うと，ある環境（たとえば隔離された島）で在来種が有益な突然変異を蓄積させながら適応しているような場合にはそこに外来種は侵入できないと予想されるが，実際にはしばしば侵入が起こる．大陸から島や他の大陸に外来種が侵入すると，しばしば急速に増殖して多くの在来種を絶滅させることがよく知られている．このことから，集団の平均適応度は遺伝子型と環境の複雑な関数であって，進化を予測することは非常に困難であることがわかる．

そもそもフィッシャーの基本定理は環境が一定であるような場合を想定して構築されており，また実用的というより観念的な定理であるため，上のような批判は見当違いだと考える人がいるかもしれない．だが以下に述べる，自然淘汰のコストに関連してジョゼフ・フェルセンスタイン（Joseph Felsenstein）が示した適応度の分散に関する性質（Felsenstein 1971）を考えれば，見当違いではすまされない．フェルセンスタインは，相対適応度の分散は集団サイズが増加していようが減少していようが変化していなかろうが理論上計算できることを示した．ここで集団サイズが減少している場合でも分散は正になることを考えると，フィッシャーの基本定理は意味がないことがわかる．またフィッシャーの基本定理は決定論的モデルに基づいて構築されており，遺伝的浮動や突然変異の影響は無視されているので，小集団には適用できないことにも注意が必要である．

第4に，生物学者は一般にゾウの鼻やクジラの体の構造といった特定の形質の進化を理解することに関心があるが，集団の平均適応度の進化を研究しても特定の形質の進化については何もわからないため，フィッシャーの基本定理は特定の形質の進化を理解するうえでまったくの無力である．事実，フィッシャーの基本定理は適者生存の原理に基づいて構築された抽象的な概念であり，特定の形質の進化を理解したり特定の集団が繁栄することを予測したりするために役立ったことは一度もない．現実の世界では，遺伝的変異の少ない小集団であっても特定の地域や広大な領域を占有することがある．多くの生物学者にとっては集団の適応度が上昇することよりも，単純な生物から複雑な生物が進化することのほうが重要なのである．

進化の研究で重要なのは，集団の適応度が上昇するしくみを数学的に理解することでなく，表現型が進化するしくみを分子生物学的に理解することである．

3.3　自然淘汰のコストと余剰生殖力

J・B・S・ホールデン（John B. S. Haldane）の自然淘汰のコストは，フィッシャーの基本定理よりも実用的な理論である（Haldane 1957）．ホールデンはまず，動物や植物の育種で人為淘汰をする際には，個体数の小さな群よりも大きな群から（決められた数）選抜するほうが効果的であることを示し，自然淘汰も親あたりの子の数が少ないときよりも多いときのほうが効果的だと考えた．ホールデンは次に，集団で同時に置換できる遺伝子の数は生物種の生殖力に依存すると主張した．遺伝子置換の過程では，適応度の低い対立遺伝子は平均適応度を減少させる．多くの遺伝子置換が起こるとすると，適応度の減少の総量は集団が存続できなくなるほど大きくなるかもしれない．遺伝子置換の過程で生じる適応度の減少すなわち遺伝的死*2の総量を，自然淘汰のコストという．

話を簡単にするため，一倍体の生物集団で対立遺伝子 A_1，A_2 がそれぞれ x，$y = 1 - x$ の頻度で存在していて，それらの適応度はそれぞれ $w_1 = 1$，$w_2 = 1 - s$ とする．このとき集団の平均適応度 $\overline{w}$ は $x + (1 - x)(1 - s) = 1 - sy$ となり，対立遺伝子頻度 x の世代あたりの変化量は次式で与えられる．

$$\Delta x = \frac{dx}{dt} = \frac{sxy}{1 - sy} \tag{3.2}$$

世代あたりの自然淘汰のコストは，平均適応度（$1 - sy$）に対する対立遺伝子 A_2 による遺伝的死（sy）の相対量 $\dfrac{sy}{1 - sy}$ と定義される．集団サイズを維持または増大させるためには，集団の平均生殖力は1より少なくともこれだけの量は大きくなければならない．平均生殖力が十分に大きくなければ集団サイズは縮小する．つまりホールデンの自然淘汰のコストとは，自然淘汰がはたらくために必要とされる余剰生殖力である（Crow 1970; Felsenstein 1971; Nei 1971）．ただし，上で求められる余剰生殖力は1世代あたり必要とされる量であり，対立遺伝子 A_1 の頻度 x が初期頻度 x_0 から1まで変化する遺伝子置換の過程全体で必要とされる余剰生殖力すなわち自然淘汰のコストの総量は次式で表される．

$$C = \int_0^\infty \frac{sy}{1 - sy} dt \tag{3.3}$$

式（3.2）より，$dt = \dfrac{1 - sy}{sxy} dx$ なので

$$C = \int_{x_0}^1 \frac{dx}{x} = -\log_e x_0 \tag{3.4}$$

ただし，x_0 は初期対立遺伝子頻度を表す．興味深いことに，C は s に依存せず x_0 のみで決定される．C は $x_0 = 10^{-6}$ のとき14，$x_0 = 10^{-5}$ のとき9になる．これは，遺伝子置換の過程全体で必要とされる遺伝的死または余剰生殖力の総量は，

*2 遺伝的死：ある遺伝子が集団の遺伝子プールから除去されること．

$x_0 = 10^{-6}$ のときには集団サイズの 14 倍，$x_0 = 10^{-5}$ のときには集団サイズの 9 倍ということである．

上の例では簡単な一倍体生物の場合を考えたが，二倍体生物の場合には，自然淘汰のコストは有利な対立遺伝子の優性度にも依存するため，Cの計算も複雑になる（Haldane 1957）．ホールデンは優性度や初期対立遺伝子頻度としてさまざまな値を想定してCを計算し，二倍体生物の 1 回の遺伝子置換における自然淘汰のコストは平均しておよそ $C = 30$ と結論づけた．すなわち 1 回の遺伝子置換における遺伝的死の総量は，集団サイズのおよそ 30 倍ということである．ホールデンは哺乳類における余剰生殖力を，災害による死や不慮の死を考慮して集団サイズのおよそ 10% と見積もった．したがって，哺乳類における遺伝子置換数の上限値（n）は，300 世代あたり 1 回と推定された $\left(n = \frac{0.1}{30} = \frac{1}{300}\right)$.

自然淘汰のコストに関するホールデンの最初の論文は多くの研究者に誤解された．たとえばブルース（Alice M. Brues）は，遺伝子置換は集団が新たな環境に適応するときに起こるので，自然淘汰は有益でいかなるコストも生じないと述べている（Brues 1969）．だがジェームズ・クロー（James F. Crow）が言うように，「自然淘汰のコストは集団サイズをほぼ一定に保ちながら特定の速度で遺伝子置換するために，有利な遺伝子型が備えていなければならない余剰な生存力と生殖力である」（Crow 1970）．根井は，集団サイズが制御されている場合の自然淘汰の数理モデルを構築し，必要とされる余剰生殖力がホールデンの自然淘汰のコストと同じになることを示した（Nei 1971）．根井はさらに，世代あたりの遺伝子置換の上限値が次式で与えられることを示した．

$$n = \log_e \frac{k}{C} \tag{3.5}$$

ここで，k は集団の平均生殖力を表し，Cは二倍体生物ではおよそ 30 である．フェルセンスタインも，わずかに異なるモデルを用いて同様の式を独立に導出している（Felsenstein 1971）．式（3.5）によると，$k = 1.1$，$C = 30$ のとき n はおよそ $\frac{k-1}{C} = \frac{0.1}{30} = \frac{1}{300}$ となり，ホールデンによって得られた数値とよく合う．

エウェンスは，遺伝子型の適応度の平均値でなく標準偏差を用いて n を求め，個体間の適応度の標準偏差は小さく，最も高い適応度といえども平均適応度からほんの少し高いだけなので，自然淘汰のコストはホールデンが得た値ほど大きくはならないと結論づけた（Ewens 1970, 1972）．しかしながら，エウェンスは絶対適応度でなく相対適応度を用いて標準偏差を求めたため，得られた結論にはあまり意味がなかった．事実，エウェンスの結論は集団サイズが増大する場合でも減少する場合でも同じになり，フェルセンスタインによると集団が絶滅する場合でさえも変わらない（Felsenstein 1971）．自然淘汰のコストを計算する際には個体の絶対適応度を用いなければならない．このことは，一倍体集団ですべての個体が1個体以上の子を残せないような場合を考えれば直観的に明らかである．この場合，子をまったく残さない個体がいれば自然淘汰ははたらくものの，毎世代集団サイズは減少して最終的に集団は絶滅してしまう．

自然淘汰のコストの議論を明確化するため，例として一倍体集団で10遺伝子座のそれぞれに有利な対立遺伝子（A_1）と不利な対立遺伝子（A_2）が両方とも0.5の頻度で存在しており，A_1，A_2の絶対適応度がそれぞれ1，$1-s$で$s=0.01$の場合を考える．適応度が遺伝子座間で相乗的だとすると，平均適応度は$\overline{w}=(1-0.5s)^{10}=0.995^{10}=0.95$となり，集団サイズは世代ごとに5％ずつ減少する．これが何世代も続くと，集団は最終的に絶滅してしまう．集団が絶滅を回避するためには，各個体は平均して1個体以上の子を産生しなければならない．つまり集団サイズの減少を補填するための余剰生殖力が必要である．

上の例は人為的だが，非遺伝的な要因でも個体が死ぬ場合が多くあることを考慮に入れると，哺乳類の余剰生殖力はホールデンが述べたように10％くらいかもしれない．そういう意味では，ホールデンが示した自然淘汰のコストはおおまかな近似としては悪くないだろう．よく知られているように，木村 資生は自然淘汰のコストに基づいて分子進化の中立説を提唱した（Kimura 1968a）．エウェンスは適応度の標準偏差から得られたnの推定値を用いて木村の主張を批判したが（Ewens 1993, 2004），エウェンスのnは間違った仮定に基づいて推定されているため，批判も正当なものとはいえない．

自然淘汰のコストは集団サイズを無限大と仮定した決定論的モデルのもとで定式化された．もちろん実際には集団サイズはつねに有限で，有効集団サイズがきわめて小さい場合もある．そのような場合には自然淘汰と遺伝的浮動の両方が対立遺伝子頻度の変化に影響を与える．遺伝的浮動で対立遺伝子頻度が変化する際には遺伝的死を伴わないため，小集団では自然淘汰のコストは大幅に小さくなることが木村と丸山 毅夫（たけお）によって数学的に証明されている（Kimura and Maruyama 1969）．自然集団のサイズはつねに有限なので，世代あたりの遺伝子置換数の上限値はホールデンの上限値よりもずっと大きくなる可能性があるが，それでもなおホールデンの上限値は自然淘汰によって起こりうることを知るうえで有用である．また次章で述べるように，自然淘汰がはたらかないときには世代あたりの遺伝子置換数に上限値がなくなることにも注意が必要である．

以上から明らかなように，自然淘汰のコストに関する議論にはいくつかあいまいな点がある．第1に，余剰生殖力は10%しかないという仮定は恣意的である．たとえば日本人のある集団では，産児制限（避妊や堕胎などにより出生を制限すること）が一般的でなかった1900年ごろの平均生殖力（夫婦あたりの成人した子の数の半分）は2.5で（Imaizumi et al. 1970），余剰生殖力（2.5 − 1 = 1.5）はきわめて大きかった．しかしながら，*Homo sapiens*が出現する前のヒトの系統では，疾患，自然災害，戦争などのために平均生殖力や余剰生殖力はあまり大きくなかったと考えられる．そのため，ホールデンが用いた余剰生殖力の値も非常におおざっぱな推定値ではあるものの，それほど非現実的な値ではないだろう．

第2に，ホールデンは有利な対立遺伝子はもともと不利だった対立遺伝子が環境の変化によって有利になったと考え，その初期頻度（x_0）をおよそ0.001と仮定した．しかしながら，突然変異の中には生じたときから有利なものもあるはずで，その場合には x_0 はNを有効集団サイズとすると $\dfrac{1}{2N}$ であり，自然淘汰のコストは大きくなる．ただし，対立遺伝子の頻度が低いときにはその運命はおおむね偶然によって支配され（第2章を参照），淘汰は頻度がある閾値に到達したときに初めて効果的になる．閾値はNと s によって決まるが，それらに関する情報がないときには $x_0 = 0.001$ としておいてもよいだろう．

以上のように，自然淘汰のコストはおおざっぱな値ではあるものの，それによって遺伝子置換数のおおよその上限値を知ることができ，実際に起こった遺伝子置換の原因を特定するために役に立つ（第4章を参照）．ただし自然淘汰のコストは定義があいまいなため，最近の自然淘汰の研究では考慮されなくなってきている．たとえばホークス（John Hawks）らは，ヒトゲノムにおける360万にのぼる1塩基多型（single nucleotide polymorphism: SNP）座位間での連鎖不平衡のパターンから，塩基置換速度は過去40000年間に自然淘汰のため大幅に加速し，現在のゲノムあたりの塩基置換速度は世代あたり13.25，年あたり0.53と推定した（Hawks et al. 2007）．この推定値はホールデンの上限値よりもはるかに大きく，設定された仮定が非現実的だったと考えられる（Nei et al. 2010）.

3.4　進化の平衡推移説

ライトは集団遺伝学者であると同時に生理遺伝学者でもあった．ライトは数理集団遺伝学者になる前は，テンジクネズミの形態形質の遺伝について研究していた．おそらくそういう理由でライトの進化に対する考え方はフィッシャーやホールデンとはいくぶん異なるため，ライトの数学理論はいまだに集団遺伝学の研究で広く使われているのだろう．ライトが構築した進化理論の中で最も有名なのが平衡推移説である（Wright 1931, 1932）．この説は，自然淘汰，遺伝子間相互作用，遺伝的浮動によって表現形質がどのように進化するかを抽象的に表したものである．この説は以下の3つの前提に基づいて構築されている（Nei 1987, pp. 419-422を参照）.

(1)集団は多数の分集団またはディーム（任意交配している局所集団）に分割されていて，分集団間では遺伝子の流動が一定の頻度で起こる．集団構造は長い進化の過程で変化しない．

(2)遺伝子座の大部分は多型的であり，進化は遺伝子置換でなくおもに対立遺伝子頻度の変化によって起こる．遺伝的多型はなんらかの平衡淘汰（超優性淘汰または頻度依存淘汰）で維持される（ライトは同質対立遺伝子座（単型遺伝子座）による適応度地形も考えたが，この場合には進化速度はおもに突然変異速度に依存する；Wright 1977, pp. 455-460）.

(3)多くの遺伝子座ではエピスタティックな相互作用や多面作用がある．どの遺伝子座においても特定の対立遺伝子は有利でも不利でもなく，遺伝子座間の対立遺伝子の組合せが適応度を決定する．

ライトは，これら3つの前提のもとでは分集団構造をもつ大集団のほうが，小集団や分集団構造をもたない大集団よりも進化速度が格段に速くなると主張した．ライトの主張をまとめると以下のとおりである．多くの遺伝子座で相互作用や多面作用があるとき，集団の平均適応度（$\overline{w}$）は各遺伝子座における対立遺伝子頻度を成分とする超次元空間において無数の頂を形成する（図3.2）．集団の進化は，平均適応度 $\overline{w}_{\rm p}$ が $\overline{w}$ の適応度地形においてある頂（A）からより高い頂（B）へ移動する過程ととらえることができる（図3.2）．小集団では $\overline{w}_{\rm p}$ は遺伝的浮動の影響で簡単には頂に到達できないか，到達できたとしてもそこに長期間とどまることができない．一方，大集団では $\overline{w}_{\rm p}$ は比較的低い頂に到達すると半永久的にそこにとど

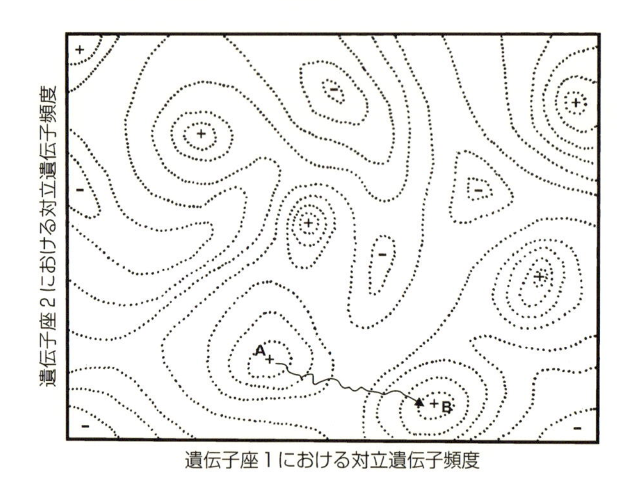

図3.2　適応度地形（$\overline{w}$）を多次元空間のかわりに2次元空間に表した図．点線は適応度の等高線，「+」と「−」はそれぞれ適応度地形の頂と底を表す．進化は，集団の平均適応度 $\overline{w}_p$ がある頂（A）からより高い頂（B）に移動する過程とみなされる．Wright（1932）を改変．

まってしまう．大集団で $\overline{w}_\mathrm{p}$ がより高い頂に到達することが困難なのは，遺伝的浮動で対立遺伝子頻度が変化できる幅が小さいため，$\overline{w}_\mathrm{p}$ が現在の頂のまわりをほとんど移動できないからである．集団が新たな頂に登っていくためには，$\overline{w}_\mathrm{p}$ は遺伝的浮動で適応度地形上の「谷」や「鞍」を横切らなければならない．だが，集団が多くの分集団に分割されている場合には事情が異なる．分集団の有効サイズは小さいので，集団全体が局所的な頂に到達してもそれぞれの分集団は遺伝的浮動を続け，いずれかの分集団は $\overline{w}$ の適応度地形上で「谷」や「鞍」を横切ってより高い頂に到達する．するとこの分集団における対立遺伝子頻度の組合せは隣接する分集団に拡散し，ついには集団全体に広がる．このようにして分集団構造をもつ大集団の平均適応度 $\overline{w}_\mathrm{p}$ はしだいに上昇していく．そのため，分集団化した大集団は形態形質の進化に適していると考えられる．

根井は，以下の理由でライトの平衡推移説を批判した（Nei 1980b, 1987, pp. 419-422）．まず，自然界では集団構造はつねに一時的なものであり，ライトの1番目の前提はほとんど成立しない．たとえば北アメリカやヨーロッパの植物集団の多くは氷河期に南下し，南部地域でかろうじて断片化した集団として生き残り，氷河期が終わるとふたたび北上する．この現象はほぼ10万年ごとに繰り返し起こる．また，多くの自然集団では世代ごとに集団構造が変化する（Nei and Graur 1984）．たとえばクラムパッカーとウィリアムズ（Crumpacker and Williams 1973）の研究やジョーンズ（Jones 1981）の研究はウスグロショウジョウバエ *Drosophila pseudoobscura* について，毎年集団構造が大きく変化することや，コロラドやカリフォルニアの集団は特定の年や季節に新たな地域にコロニーを急速に形成するもののすぐに消滅させてしまうために年や季節によって集団サイズが非常に大きくゆらぐことを示している．

ライトの2番目の前提にも疑問の余地がある．イントロンなどの機能的に重要でない領域における塩基多型も考慮に入れれば遺伝子座はしばしば多型的といえるが，表現型に影響を与える塩基座位が必ずしも多型的というわけではない．ライトの3番目の前提についても，遺伝子間相互作用はたしかに多く観察されるが，最近の発生生物学的研究により，遺伝子間相互作用に関与する遺伝子座はほとんどが単型的であることがわかり，適応度地形を考える必要などないことが示唆される．この場合，進化に必要とされるのは自然淘汰でなく突然変異である．また，遺伝子間相互作用のパターンや遺伝子発現のメカニズムはとても複雑で（第6章を参照），ライトの抽象的な多次元空間において自然淘汰や遺伝的浮動がどのようにはたらくのか不明である．遺伝子間相互作用の重要性を理解するためには，現在の発生生物学でなされているように，分子間相互作用の1つひとつについて詳細に研究しなければならない（Carroll et al. 2005; Davidson 2006; Gilbert 2006）．

ライトは，集団が高速に進化するために最適な集団構造を追究した結果として平衡推移説を提唱するに至った．だが，そもそもいかなる集団も高速に進化する必要などない．生物の進化は，環境により適したゲノム構造が生成されたときに，その結果として自動的に起こるものである．あるゲノム構造がいま空いているニッチに対して最適のゲノム構造でなくても，より優れたゲノム構造をもった個体が他にいなければ，そのゲノム構造をもった個体が繁栄する．進化は目的論的には起こらないのである．

平衡推移説は，ドブジャンスキーやG・G・シンプソン（George G. Simpson）によって新ダーウィン進化論の指針と考えられたが（Dobzhansky 1951, 1970; Simpson 1949, 1953），それを支持する実際のデータはほとんどない．たとえば，ライトによれば進化は分集団化された大集団でより速く起こるはずだが，それが数学的に証明されたことはないし，むしろ実際のデータからは，形態形質の進化は分集団化された大集団よりも小集団で速く起こることが示唆されている（Mayr 1942, 1970）．たとえば霊長目や食肉目といった高度に進化した生物の多くは，魚類や無脊椎動物と比較して集団サイズが小さい．

平衡推移説に対する根井の批判が発表されると，ウェード（Michael J. Wade）とグッドナイト（Charles J. Goodnight）はコクヌストモドキ *Tribolium castaneum* における人為的なディーム間淘汰の実験の結果を用いて平衡推移説を擁護した（Wade and Goodnight 1991）．しかしながらこの実験では平衡推移説の一側面にしか着目しておらず，抽象的で非常に複雑な概念である平衡推移説が支持されたとは言いがたい．ちなみにウェードとグッドナイトの実験は，ジェリー・コイン（Jerry A. Coyne）らによって詳細に批判されている（Coyne et al. 1997, 2000）．コインらは集団遺伝学の立場から，平衡推移説の多くの側面に対して批判的だった．

3.5　非機能突然変異と有害突然変異の蓄積

Y染色体

トーマス・モーガン（Thomas H. Morgan）らのショウジョウバエを用いた実験から，突然変異は大部分が有害またはホモ接合致死であることが明らかにされた．また，X染色体には多くの機能遺伝子があるが，Y染色体ではそれらの大部分がなくなっていることも知られていた．ハーマン・マラー（Harmann J. Muller）は，Y染色体が進化の過程で不活性化した理由を次のように説明した（Muller 1914, 1932）．すなわち，Y染色体上の遺伝子座はつねにヘテロ接合の状態にあるため，Y染色体に生じるホモ接合致死突然変異はX染色体上にある野生型対立遺伝子によってその効果が遮蔽され，Y染色体集団に固定することがある．一方，X染色体上に生じるホモ接合致死突然変異は，X染色体が（メスで）ホモ接合になることで排除される．マラーのこの説明は直観的なもので，数学的に証明されたわけではなかった．そこでフィッシャーは，無限集団でY染色体上に致死遺伝子が固定する確率を求めた（Fisher 1935）．すると確率はほぼ0となってマラーの説明は否定されてしまった．フィッシャーがこのような結果を得たのは，大集団ではメスで致死遺伝子のヘテロ接合体の頻度が高くなり，オスでX染色体とY染色体の両方に致死遺伝子があるためにY染色体上の致死遺伝子が排除される場合が増加したためである（表3.1の X^aY^a）．

だが実際には集団サイズはつねに有限で，非常に小さくなることもある．そこで根井は有限集団を仮定して，遺伝的浮動の影響のもとでY染色体上の致死遺伝子が

表 3.1　オスとメスにおける遺伝子型の頻度と適応度.

オス			
遺伝子型	X^AY^A	X^AY^a	X^aY^a
頻度	$(1-x_f)(1-y)$	$(1-x_f)y+x_f(1-y)$	x_fy
適応度	1	$1-h$	$1-s$
メス			
遺伝子型	X^AX^A	X^AX^a	X^aX^a
頻度	$(1-x_f)(1-x_m)$	$(1-x_f)x_m+x_f(1-x_m)$	x_fx_m
適応度	1	$1-h$	$1-s$

A：野生型対立遺伝子. a：変異型対立遺伝子. x_f：メスのX染色体における変異型対立遺伝子頻度. x_m：オスのX染色体における変異型対立遺伝子頻度. h, s：淘汰係数.

固定する確率（P）を再検討した（Nei 1970）. すると，集団サイズが無限大のときにはたしかにフィッシャーが示したようにPはほぼ0になったが，有効集団サイズ（N）が10000未満のときには，とくに劣性致死遺伝子のPは比較的高くなった. ここでは，Nは生物種全体の集団サイズではなく，分集団のサイズを表す. 多くの致死突然変異はかなりの頻度で繰り返し生じるので（Crow and Temin 1964），同じ致死遺伝子が異なる分集団で独立に蓄積し集団全体のY染色体に固定することもあるだろう. 洞窟魚ブラインドケーブ・カラシン *Astyanax mexicanus* では隔離された洞窟集団のほとんどで白色突然変異が固定しているが（Avise and Selander 1972），これは上の理論で説明できる.

ブライアン・チャールズワース（Brian Charlesworth）は，以下の3つの理由で根井の理論を批判した（Charlesworth 1978）. 第1に，生物種の集団サイズは一般に10000よりも大きいので，根井の理論は非現実的である. 第2に，向井輝美（てるみ）らによると，実験室では致死遺伝子がヘテロ接合のときには適応度が平均1～2％以上低下する（Mukai et al. 1972）. これが自然集団にもあてはまるとすると，Pの値はかなり低くなると考えられる. 第3に，根井の理論（Nei 1970）では多くの生物種で観察されるX染色体連鎖遺伝子における遺伝子量補償[*3]の進化を説明できない.

しかしながら，これらはいずれも批判の理由として正当なものではない. チャールズワースの第1の理由では，致死突然変異は同一の遺伝子座で多数生じることから，その集団内動態は中立突然変異とは異なるという事実が無視されている. また，新種はしばしば有効サイズがきわめて小さい分集団から進化することも知られ

＊3　遺伝子量補償：性染色体にコードされた遺伝子がオスとメスで等量発現されること.

ている．チャールズワースの第２の理由は，向井らの実験室での観察結果が自然集団にもあてはまるという前提に基づいているが，はたしてこの前提は正しいだろうか？

たしかにクローとテミンの研究（Crow and Temin 1964）も，致死突然変異は完全劣性ではなく，ヘテロ接合体は野生型対立遺伝子のホモ接合体よりも適応度が平均１～２％低くなると報告している．しかしながら一方で，ウォレス（Wallace 1966），ドブジャンスキーとスパスキー（Dobzhansky and Spassky 1968），丸山とクロー（Maruyama and Crow 1975）の研究によると，致死突然変異のヘテロ接合体は野生型対立遺伝子のホモ接合体よりもわずかに有利だった．また根井は，致死突然変異がヘテロ接合体の適応度を上昇させる場合には，Pの値は著しく上昇することを示していた（Nei 1970）．遺伝子型の淘汰係数（s）は環境や遺伝的背景によって大幅に変化するため（第２章を参照），sは世代ごとにランダムに変化すると考えると，X染色体によって遮蔽されたY染色体上に生じる致死突然変異は比較的集団サイズが大きい場合でも中立突然変異のようにふるまうだろう．さらに性淘汰がはたらいて一部のオスが他のオスよりもはるかに多くの子を産生するような場合には，Y染色体の有効集団サイズがずっと小さくなるため（Charlesworth and Charlesworth 2000），Y染色体上の致死突然変異が固定する確率も高くなると考えられる．チャールズワースの第３の理由については議論がすこし複雑になるため，第８章で述べることにする．

Y染色体進化の最初の段階は，原始Y染色体で組換えが起こらなくなり，性決定遺伝子と性関連遺伝子の連鎖が確立することである．性が単独の遺伝子によって決定され性染色体をもたない生物種が多く存在することが知られているが（Schartl 2004），そもそも性が単独の遺伝子によって決定される場合には，X染色体とY染色体という二型を形成する必要がない．ただし，性決定遺伝子と性関連形質を制御する遺伝子（たとえば稔性遺伝子）が連鎖して遺伝する場合には，これらの遺伝子が独立に遺伝する場合よりも有利になる．根井は数学的アプローチにより，すべての機能的に関連した遺伝子が連鎖すると原始X染色体と原始Y染色体の間の組換え価が減少することをみいだした（Nei 1969b）．組換え価の減少は，修飾遺伝子に自然淘汰がはたらくか，ショウジョウバエの場合のようにオスでの組換えを完全に抑制するようなシステムが進化することでもたらされる．硬骨魚であるメダカの性決定機構は原始的で，組換え抑制の初期段階にあると考えられる（Schartl 2004）．

Y染色体の不活性化の進化において，Y染色体に非機能遺伝子が蓄積し始めるのは，あくまでもX染色体とY染色体の間の組換え価が減少した後である（Nei 1969a, 1969b）．性関連遺伝子の原始Y染色体への集積は，転座によるものと考えられる．

重複遺伝子の非機能突然変異

ホールデンは，倍数化や遺伝子重複などによって遺伝子数が増加したときには，2つの遺伝子コピーのうちのどちらかは有害な突然変異の固定によって機能を失う可能性があることを示した（Haldane 1933）．根井は原核生物と真核生物におけるゲノムサイズの増加のパターンを解析し，複雑性の高い生物種のゲノムには遺伝子コピーが複数あることにより劣性致死突然変異が実質的に無害となり中立であるかのように蓄積するため，多くの非機能遺伝子（偽遺伝子）が存在すると予測した（Nei 1969a）．

しかしながらフィッシャーによると，大集団ではそのような致死突然変異は固定しない（Fisher 1935）．そこで根井とロイチョウドリー（Nei and Roychoudhury 1973）は，2つの重複遺伝子座のいずれか一方で劣性致死突然変異が固定する確率を求めた．そして固定確率は $N \leq 4000$ のときにはかなり高くなることをみいだし，非機能突然変異の蓄積に関する根井の予測（Nei 1969b）を支持した．最近ではゲノム配列が決定されるようになり，哺乳類のゲノムには想像を上まわる大量の重複遺伝子や非機能遺伝子（偽遺伝子）が含まれることが明らかになった．トレンツら（Torrents et al. 2003）によると，ヒトゲノムには20000を超える偽遺伝子が存在する．これは，重複遺伝子のコピー数がしばしば非常に大きいために，偽遺伝子が中立であるかのように蓄積することに起因する．この問題については，第5章と第6章でふたたび述べる．

有害突然変異とマラーのラチェット

マラーは，有害突然変異は復帰突然変異がないときには有性生物よりも無性生物で速く蓄積することを示した（Muller 1964）．無性生物では組換えが起こらないため，ゲノム上の有害突然変異はすべて連鎖して親から子へと遺伝し，その数が減少することはない．一方，有性生物でも有害突然変異は蓄積するが，ゲノム（個体）間で組換えが起こることでいくらかは排除されるので，無性生物と比較して有害突然変異が蓄積する速度は遅い．このように無性生物で有害突然変異が蓄積する現象をラチェット効果またはマラーのラチェットという．

マラーのラチェットが起こることは，コンピュータ・シミュレーション（たとえば Felsenstein 1974; Haigh 1978; Takahata 1982）や解析的研究（Pamilo et al. 1987）によって確かめられ，無性生殖よりも有性生殖のほうが有利であることの理論的基盤となった．フェルセンスタインは，ラチェット効果はヒル（William G. Hill）とロバートソン（Alan Robertson）によって提唱されたヒル-ロバートソン効果（Hill and Robertson 1966）によって形成される連鎖不平衡に起因すると主張した（Felsenstein 1974）．しかしながらのちにパミーロ（Pekka Pamilo）らは，ラチェット効果は連鎖不平衡なしでも生じることを示した（Pamilo et al. 1987）．ラチェット効果は組換えがないときには有害な突然変異を排除することが困難になることを表すにすぎない．その過程で連鎖不平衡が形成されることがあるかもしれないが，それは突然変異が蓄積した結果であって原因ではない．パミーロらはまた，ラチェット効果は有害突然変異に対する淘汰係数（s）が 0.01 よりも大きい場合には生じないこと，有害突然変異の蓄積は v を突然変異速度として平衡頻度 $\frac{v}{s}$ に到達すると止まること，ラチェット効果は自殖性生物でも生じるがその程度は無性生物より小さくなることを明らかにした（Pamilo et al. 1987）．

ゲノムが遮蔽されている動物のミトコンドリア（Lynch 1996）やアブラムシの寄生性細菌ブクネラ（たとえば Moran 1996; Clark et al. 1999）では，コードされるタンパク質のアミノ酸置換速度が速いことが知られている．多くの研究者が，この現象は弱有害突然変異が有性生物の大集団よりも無性生物の小集団でより高い確率で固定するため，すなわちラチェット効果に起因すると主張している．たしかに大集団では排除されるような弱有害突然変異が小集団では固定することもあるかもしれないが，有害突然変異が蓄積し続ければ集団サイズに関係なく遺伝子の機能は崩壊する（図 4.1B を参照）．ブクネラとアブラムシの共生は約 2 億年前に始まり（Moran et al. 1993），真核生物のミトコンドリアは約 15 億年前に感染したアルファプロテオバクテリアが起源と考えられている（Javaux et al. 2001）．これらのことから，ブクネラやミトコンドリアのゲノムに現存している機能遺伝子は，まれに弱有害突然変異や復帰突然変異によって進化したこともあったかもしれないが，強い純化淘汰によって維持されてきたと考えられる．したがって，ブクネラでアミノ酸置換速度が速いのはラチェット効果によるものではない．また，たとえラチェット効果がはたらいたとしても，アミノ酸置換速度はつねに突然変異速度よりも遅くなることには注意しておく必要がある（Pamilo et al. 1987）．

伊藤 剛(たけし)らは，ブクネラとそれに近縁な自由生活性細菌の間でアミノ酸置換速度を比較し，ブクネラで進化速度が速いのは突然変異速度の上昇または機能的制約の緩和によると結論づけた（Itoh et al. 2002）．１番目の仮説である突然変異速度の上昇は，ブクネラゲノムがDNA修復酵素をいくつか欠損させていることによって支持され，２番目の仮説である機能的制約の緩和は，共生細菌では代謝経路が変化していることによって支持される．これらの仮説はマラーのラチェットよりも妥当と考えられる．ブクネラゲノムが遺伝子の多くを欠損させているのは，それらの遺伝子が共生という条件下では必要とされないため，または宿主の核ゲノムに移行したためである（Martin et al. 2002）．

3.6 びん首効果と遺伝的変異

ダーウィンによると，新種はある個体群が突然変異と自然淘汰によって既存の表現型をもつ個体群よりも競争力が強くなり，ついにはそれらを絶滅に追いやることによって確立する（Darwin 1859；図1.1A）．ダーウィンはこの過程が徐々にゆっくり進むと考えた．それに対しエルンスト・マイヤー（Ernst Mayr）は，新種はしばしば少数の個体が隔離された場所に移住することによって進化すると提唱した（Mayr 1942）．マイヤーのこの考え方は，主要な生息地域（たとえば大陸）の集団はほぼ一様であるのに対し，周辺地域（たとえば小島）の集団はしばしば際立って異なるという観察事実に基づいたものである．マイヤーはラケットカワセミ *Tanysiptera galatea* について，ニューギニア全体に生息している集団は形態的に一様なのに対して近隣の小さな島々に生息している集団はそれぞれ形態的に異なることをみいだし，これは小島の集団がニューギニア集団の少数の個体に由来するためだと考えた（Mayr 1942, 1963）．

マイヤーはこのように，種分化はしばしばびん首効果または創始者効果によってもたらされると提唱した．隔離集団では遺伝的構成が親集団から大きく変化するために遺伝的革新が起こると考えるのである．マイヤーは次のように記述している（Mayr 1963, p. 538）．「隔離集団に起こる遺伝的な変化は多様な結果をもたらす．隔離集団は，親集団の遺伝子プールとのつながりがなくなることによって新たな方向に進化できるようになる．その方向は，たとえ自然淘汰がはたらいていても，配偶子，接合体，発生，行動，環境などの多くの場面で偶然が作用するために，遺伝子型はもとよりいかなる表現型についても予測不能である．びん首を通過する集団で

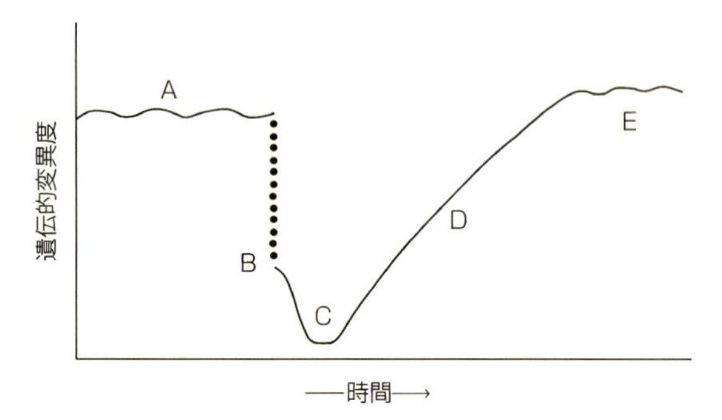

図 3.3　創始者集団における遺伝的変異の喪失とゆるやかな回復．親集団（A）における遺伝的変異のうちのほんの一部しか創始者集団（B）には含まれず，遺伝的革新が起こることによってさらに変異は失われる（BからC）．集団がニッチをみつけると変異はゆるやかに回復して（D）新たな水準（E）に到達する．Mayr（1954）を改変．

は，大陸に高度に適応し保存的な親集団では許されないような劇的な変化が許されるのである.」

マイヤーは，集団はびん首を通過することによって遺伝的な構成を急速に変化させ革新的な形態形質を進化させるという仮説を提唱した．マイヤーはこれを遺伝的革新や創始者効果とよんだ．この考え方は多くの生物学者に受け入れられたが，集団遺伝学者の中にはきわめて批判的なものもいた．マイヤーの仮説に対する批判の理由の１つが，集団に生じる有益な突然変異の数は小集団より大集団のほうが多く，また自然淘汰の有効性も小集団より大集団のほうが高いというものだった（たとえばBarton and Charlesworth 1984）．すなわち，劇的な進化が小集団で起こるとするならば，同じ進化が大集団で起こらないはずがないということである（Coyne and Orr 2004）．

このようなマイヤーの創始者効果に関する論争の多くは，創始者効果の定義のあいまいさに起因していた．たとえば，親集団の遺伝子プールとのつながりとは何か？　遺伝的革新とは何か？　びん首効果によってどれくらいの遺伝的変異が失われることが期待されるのか？　マイヤーは，遺伝的変異に対するびん首効果を図3.3のように予想した．縦軸の遺伝的変異度や横軸の時間が具体的に何なのかは不明である．当時は遺伝的変異を定量化するための標準的な指標がなかったので，図3.3の縦軸は変異度を直観的に表したものと思われ，現在でいう量的形質の分散，遺伝子座あたりの対立遺伝子数，遺伝子座あたりの平均ヘテロ接合度などに相当すると考えられる．このようなあいまいさのため，研究者はマイヤーの創始者効果を同じ基準で議論することができず混乱が生じた．この問題はとくに，びん首効果による種分化についての議論の際に顕著となった．

そこで，根井ら（Nei et al. 1975）やチャクラボルティーと根井（Chakraborty and Nei 1977）の研究では，集団内の遺伝的変異や集団間の遺伝的分化に対するびん首効果について数学的な検討がなされた．これらの研究では中立突然変異を仮定した単純な無限対立遺伝子モデルが用いられたが，びん首効果に関する基本的な情報が得られた．のちに根井らは，生殖隔離が確立する速度におよぼす集団サイズの影響についての研究も行ったが（Nei et al. 1983），それについては第7章で述べることにする．上の研究の結果をまとめると以下のようになる．

遺伝的変異度は，一般に遺伝的多様度または平均ヘテロ接合度として表すことができる（第2章を参照）．遺伝的多様度は，次式で表される個々の遺伝子座についてのヘテロ接合度（h）を，すべての遺伝子座について平均したものとして定義される．

$$h = 1 - \sum_i x_i^2 \tag{3.6}$$

ここで，x_i は i 番目の対立遺伝子の頻度を表す．無限対立遺伝子モデルを仮定し，集団が中立突然変異-遺伝的浮動の平衡状態にあるとすると，平均ヘテロ接合度（H）の期待値は，式（2.12）より $\dfrac{4Nv}{1+4Nv}$ で与えられる．ただし，Nは有効集団サイズ，vは遺伝子座あたり世代あたりの突然変異速度を表す．したがって，びん首によってNが突然減少すると，平均ヘテロ接合度の期待値も急激に減少する．

極端な例として，受精したメス1個体が親集団から移住して新たな集団を形成する場合を考える．カーソン（Hampton L. Carson）は，ハワイのショウジョウバエが島から島へ移住によって新種を形成していった際にはしばしばこのような状況だったことを示している（Carson 1971）．受精したメスは交配したオスのゲノムももつためにびん首サイズは2で，集団サイズはしだいに親集団のサイズへ増加していくと考える．根井らは，集団サイズがシグモイド曲線に従って世代あたりの成長速度rで増加していくという仮定のもとで，親集団での平均ヘテロ接合度が $H_0 = 0.138$ であるようなアロザイム[*4]におけるHの変化を解析した（Nei 1975）．

*4　アロザイム：単一の遺伝子座に存在する対立遺伝子によってコードされたアミノ酸配列に違いのある酵素分子群のこと．

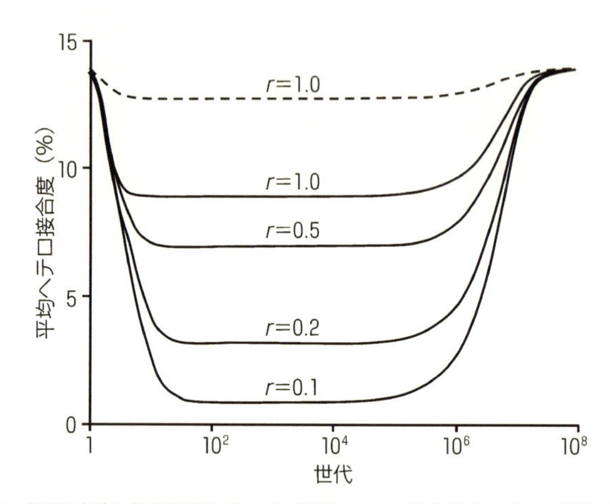

図 3.4　集団がびん首を通過するときの平均ヘテロ接合度の変化．実線はびん首サイズ（N_b）が 2 の場合，破線は $N_b = 10$ の場合を表す．集団サイズはロジスティック曲線に従って増加すると仮定されており，r は内的自然増加速度を表す．最初と最後の平均ヘテロ接合度は 0.138 に設定されている．世代は対数表示されており，世代 1 が親集団である．詳細は本文を参照．Nei et al.（1975）より．

図 3.4 に結果を示す．マイヤーの予想（Mayr 1963）どおり，びん首サイズ（N_b）や r が小さいときには平均ヘテロ接合度（H）はびん首効果によって急激に減少するが，マイヤーの予想に反して，びん首後の H の増加は非常に遅い．とくに図 3.4 では，時間は世代の絶対数ではなく対数で表されていることに注意を要する．Hの増加が遅いのはおもに突然変異によって新たな変異が産生される必要があるためで，Hがもとのレベルに戻るにはおよそ $\dfrac{1}{v}$ 世代かかる．これは，移住した集団がびん首後に遺伝的革新を起こすことの障壁となりうる．rが大きいかびん首サイズが 10 くらいあるときにはHの減少はあまり顕著でないものの，Hがもとのレベルに回復するまでにはやはり長い時間がかかる．これらの場合には，集団サイズNはもとのサイズ N_0 にすばやく回復するのだが，Hの回復は突然変異速度に依存するため長い時間がかかるのである．

びん首が影響する重要な量としては他に，びん首集団と親集団との間の遺伝的相違度がある．遺伝的相違度は，次式で与えられる根井の遺伝距離で定量化できる（Nei 1972）．

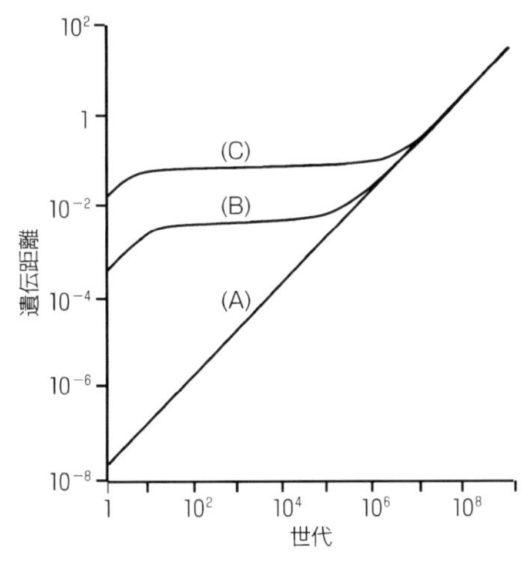

図 3.5　びん首後の経時的な遺伝距離の増加．(A)びん首がない場合．(B)N_b = 100 の場合．(C)N_b = 10 の場合．ただし，N_b はびん首サイズを表す．Chakraborty and Nei（1977）より．

$$D = -\log_e \frac{J_{XY}}{\sqrt{J_X J_Y}} \tag{3.7}$$

ここで，$J_X = \sum_i x_i^2$，$J_Y = \sum_i y_i^2$，$J_{XY} = \sum_i x_i y_i$ である．x_i，y_i はそれぞれ注目する遺伝子座における i 番目の対立遺伝子の集団 X，Y での頻度を表す．集団XとYが t 世代前に分岐し集団サイズが等しいときには $D = 2vt$ となり（Nei 1972），遺伝距離Dは t に比例して増加する（図 3.5A）．

集団XとYのいずれかがびん首を通過すると，その直後に遺伝距離は遺伝的浮動によって $D = 2vt$ から期待されるよりもはるかに大きくなる（図 3.5B，C）．だがこの遺伝距離の超過分はびん首集団のサイズが親集団のサイズ N_0 に回復していくにつれて徐々に失われ，遺伝距離は最終的に $D = 2vt$ に収束する．ただしびん首集団のサイズが小さいままであれば，遺伝距離は最初の超過分を維持したまま時間に比例して増加する（Chakraborty and Nei 1977）．N_b が小さいほどびん首効果は大きい．これらの結果は，遺伝子に淘汰がはたらいている場合でもあまり変わらない．

以上ではヘテロ接合度と遺伝距離について考えたが，遺伝的変異の指標として遺伝子座あたりの対立遺伝子数を考えるといくぶん様子が変わる．すなわち，遺伝子座あたりの対立遺伝子数はびん首により鋭敏なため，びん首直後により鋭く減少するが，もとのレベルにもよりすばやく回復する（Nei et al. 1975）.

図3.3と図3.4の比較から，遺伝的変異に対するびん首効果についてのマイヤーの予想は，数学的研究から得られた結果と定性的には似ていることがわかる．ただし，図3.3は単位が示されていないためどのようにでも解釈できるが，図3.4は単純な仮定に基づいて作成されてはいるものの，びん首効果に関してはるかに具体的な知見を与える．図3.4と図3.5から，マイヤーの予想のいくつかが支持される．第1に，びん首集団の遺伝的構成は多様で，新しい方向に進化する可能性がある．第2に，生物種は和合性*5を維持する必要があるが（第7章を参照），集団サイズが小さいときにはそれが容易になるので，びん首効果によって新種形成の確率が上がると考えられる．遺伝的革新はあいまいな用語だが，遺伝的構成が大きく異なる個体群が形成されることと解釈すればマイヤーも間違っているとはいえず，今後はそれを遺伝学的に証明することが重要である．

3.7　お手玉遺伝学と進化

集団遺伝学は，近親間での量的形質の相関関係を研究するためにメンデル遺伝学を発展させたことから始まった．そして集団内の対立遺伝子頻度がさまざまな自然淘汰のもとでどのように進化するかについての研究が行われた．これらの研究によって構築された数学理論は生物種や集団の長期にわたる遺伝的変化を推測するための理論的基盤となったが，集団サイズが大きい，淘汰係数が一定，遺伝子間相互作用がない，環境による影響がないなど実際の自然集団では成り立たないような多くの単純な仮定に基づいていた．

多くの生物学者はこれらの非現実的な仮定に不満をいだき，とくにマイヤーは発生過程における遺伝子間相互作用が考慮されていないとして集団遺伝学を批判した（Mayr 1959, 1963）．マイヤーは次のように述べている（Mayr 1963, p. 263）．「メンデル遺伝学者は集団の遺伝的構成を，色のついた豆が詰まったお手玉のように考えている．突然変異は1つの豆を他の色の豆にとりかえることに相当する．このような考え方を“お手玉遺伝学”という．……集団遺伝学や発生遺伝学の研究から，お手玉遺伝学の考え方が多くの意味できわめて誤解を招きやすいことは明らかである．

*5 和合性：正常に受精，発生し，生殖を行えること．

遺伝子を独立した単位と考えることは，生理的な見地からも進化的な見地からも無意味である.」マイヤーはまた次のようにも述べている（Mayr 1959).「フィッシャー，ライト，ホールデンは遺伝的変異や進化についてのすばらしい数学理論を完成させた．しかしながらこれらの数学者は実際のところ，進化学に対してどのような貢献をしたというのだろうか？」

ホールデンはこれらの批判を読むとすぐに，「お手玉遺伝学者の弁明」というタイトルの熱のこもった反論を書いた（Haldane 1964)．多くの集団遺伝学者がこの反論に勇気づけられたものである．その後もおもに集団遺伝学者によって，問題の本質を理解するためには単純な仮定をおくことが重要だという趣旨でホールデンの弁明を支持する論文が出版された（たとえばDe Winter 1997; Borges 2008; Crow 2008)．しかしながら，マイヤーは決して考え方を変えなかった（Provine 2004)．実際のところホールデンは，対立遺伝子頻度の変化をいくら研究してもトリの翼やゾウの鼻といった重要な形態形質や生理形質の進化を説明できないというマイヤーの指摘から逃げていただけなのだ．集団遺伝学は種内の短期的な進化を研究の対象とするため，何千万年にもわたる長期的な進化を説明するにはそもそも役に立たないが，ヒトの皮膚色の地理的分化やアフリカのヴィクトリア湖におけるシクリッドの急速な種分化といった比較的短期的な進化を説明することすらできない．そのためマイヤーは集団遺伝学の有用性に懐疑的だったのだ（Mayr 1963)．それにもかかわらず集団遺伝学者は，さまざまな単純な仮定のもとでより高度な数学理論を構築することに執着し続けた．

ホールデンは「お手玉遺伝学者の弁明」の中で，イギリスの工業地域における蛾の一種オオシモフリエダシャク *Biston betularia* の暗色型の淘汰係数を推定したり，ヒト血友病遺伝子の突然変異速度を推定したりするために集団遺伝学がいかに有用であるかを説いた．これらはたしかに集団遺伝学によるすばらしい業績である．ホールデンは自身によるウマの化石を用いた形態形質の進化速度の推定についても言及したが，これはお手玉遺伝学とはまったく関係のない話だった．ホールデンはさらにお手玉遺伝学から得られた興味深い知見をいくつか示したものの，どれもマイヤーの疑問に対する回答として十分ではなかった．ホールデンは次のように述べている.「お手玉遺伝学は，遺伝子の生理的な相互作用や遺伝子型と環境の相互作用については何も言及しない．もし言及したら，それはもはや生物学の一部門ではなくなり生物学そのものになってしまう．お手玉遺伝学者は，特定の遺伝子がどのように作用して小麦がサビキンに抵抗性を持ったり，マウスが水頭症になったりするのかといったことを知る必要はない……」ここに，ホールデンとマイヤーの進化生物学に対する明確な立場の違いをみてとることができる．ホールデンは，進化にまつわる事象をメンデルの法則を用いて集団遺伝学的に説明することに関心があり，複雑な形態形質や生理形質の進化を説明することには無関心だったのだ．一方，マイヤーは個々の表現形質の進化メカニズムに興味があったのである．

マイヤーは自然淘汰のコストについても，ホールデンによって得られた遺伝子置換数の上限値（300 世代ごとに 1 置換）は自然集団で実際に観察される置換数と比較して小さすぎるという理由で批判した（Mayr 1963, pp. 259-261）．当時は自然集団における遺伝子置換数を正確に計算する方法はなかったが，マイヤーは進化速度が速いことを示唆するいくつかの例を示した．その 1 つがジンマーマン（Elwood C. Zimmerman）によって観察された，ハワイにおける *Hedylepta* 属の 5 種のノメイガの急速な種分化である（Zimmerman 1960）．5 種はほんの 1000 年ほど前にポリネシア人によってハワイに持ち込まれたバナナの木に限定して異所的に生息する．ジンマーマンは，5 種はヤシの木に生息していた特定の種から進化したと主張した．5 種は形態的に大きく異なるため，マイヤーはそれぞれの種で多数の遺伝子置換が生じたと考えたのである．マイヤーは他にも少数の個体からなる創始者集団から新種が生じたと考えられるいくつかの例を示し，それらの集団では多数の遺伝子置換が起きたと主張した．

ただし，マイヤーの上の批判には問題がある．それは，ホールデンの自然淘汰のコストは集団サイズが大きいという仮定のもとで計算されたことを，おそらくマイヤーは知らなかったということである．びん首小集団では自然淘汰の有無にかかわらず遺伝子置換が多数起こると考えられるが，そのこと自体は，安定した大集団で自然淘汰によって起こる遺伝子置換数の上限値を求めることを目的としたホールデンの理論を否定しない．だが，それでもなおマイヤーの批判が重要だと考えられるのは，とくに種分化時におけるびん首効果を考慮に入れると，自然集団の有効サイズは新ダーウィン主義者の多くが想定していた値よりもかなり小さいと考えられるためである．この問題については第 7 章でふたたび触れることにする．

集団遺伝学の数学理論は，そのもととなる仮定が生物学的に正しい場合には集団の進化を予測するために非常に役に立つ（第 2 章を参照）．事実，数学理論による予測は直観に基づく推測よりもはるかに有用であり，メンデル以前の時代から続いていた進化学上の論争の多くを解決した．しかしながら，集団遺伝学理論は形態形質の長期的な進化を説明できないこともまた事実である．マイヤーやドブジャンスキーといったいわゆる自然主義者はこの点について批判的だったが，自然主義者もまた，形態形質の長期的な進化を説明できたわけではない．これを説明するためには，発生や形態形成の分子基盤が解明されるのを待たなければならなかった（第6章を参照）．20世紀にはおびただしい数の数学理論が構築されたが，それらの大部分は非現実的で役に立たなかった．今後は確かな生物学的原理に基づいた理論を構築することが重要である．ただし，そもそも複雑な形態形質の進化を理解するためには数理モデルなど必要なく，以下の章で述べるように分子生物学的な研究だけで十分である．

3.8 まとめ

新ダーウィン主義の時代には多くの理論研究者，なかでもとくに3人の理論集団遺伝学の創始者によって多くの進化理論が構築され，そのうちのいくつかは現在の進化学でも最重要視されている．だがそれらの理論はどれも抽象的で，集団サイズが実質的に無限大という仮定に基づいたものである．本章ではそれらの理論の妥当性と有用性を，近年の分子生物学の見地から検証した．

新ダーウィン主義では，ほぼいかなる遺伝的変異も過去に突然変異として生成され集団に維持されてきたと仮定される．たとえば突然変異速度や組換え価といった多くの遺伝学的なパラメータでさえも自然淘汰によって調節されると考えられた．遺伝学的なパラメータの調節に関しては多くの理論が構築されたが，本章では優性度と連鎖強度について考察した．優性度の調節に関する研究はフィッシャーによって始められた．フィッシャーの理論はまもなくライトによって批判されたが，フィッシャーは決して自分の理論をあきらめなかった．ただし最近の分子データからは，優性度は遺伝子発現のパターンで決定され自然淘汰の効果は無視できるほど小さいことが示唆されている．遺伝子座間の組換え価が自然淘汰で調節されるという考え方もフィッシャーによって提唱された．この場合には，組換え価が遺伝的な制御下にあることを示すかなりの量の分子データが存在することから，フィッシャーは正しかったと考えられる．

フィッシャーが提唱した理論の中で最も有名なのは，集団の適応度の上昇に関する自然淘汰の基本定理である．この定理は特定の仮定のもとでは数学的に正しいことが証明されているが，生物学的な意義が不明瞭できわめて誤解を招きやすい．フィッシャーの定理は以下の仮定に基づいて定式化されている．

⑴集団サイズは無限に大きい.

⑵対立遺伝子頻度は自然淘汰によってのみ変化する.

⑶世代によって遺伝子型の相対適応度は変化しない.

これらの仮定は自然界では成り立たないため，この定理の生物学的な意義が不明瞭なのである．またこの定理は集団の適応度に関する抽象的な理論であり，多くの生物学者が関心のある特定の表現型の進化を説明することができない．同様に，ライトの平衡推移説も抽象的な理論であり，特定の形質の進化を理解するためには役に立たない．一方，ホールデンの自然淘汰のコストはより実用的な理論であり，大集団で自然淘汰によって起こりうる対立遺伝子置換数のおおまかな上限値を知るために有用である.

新ダーウィン主義の時代には数学的アプローチが支配的だったが，数学的研究では実験進化学者が関心のある問題を解決できなかったため，実験進化学者の中には数学的研究に批判的な者もいた．とくにマイヤーは集団遺伝学にお手玉遺伝学というレッテルを貼り，集団遺伝学では形態進化や種分化といった具体的な現象を説明できないことを批判した．同時にマイヤーは，創始者効果や種分化機構といった進化学的に重要な概念を確立した．とくに創始者効果は，島集団から新種が頻繁に産生されることや，集団サイズが大きいときよりも小さいときのほうが新種が産生されやすいことを説明するための重要な概念である.

4　分　子　進　化

DNA（または RNA）が遺伝物質であることが発見され分子生物学が発展したことにより，進化学の分野ではメンデルの遺伝の法則が再発見されたときを上回る規模の革命が起こった．分子を用いた進化の研究は大きく 2 種類に分けられる．1 つは，タンパク質，DNA，RNA といった高分子の進化の研究であり，もう 1 つは，表現型の進化の分子基盤を理解するための研究である．表現型の進化の研究は高分子の進化の研究よりも難しく，まだ始まったばかりである．本章では高分子の進化の研究について述べ，表現型の進化の研究については次章以降で述べることにする．

4.1　分子進化の初期研究

1950 年代後半に分子を用いた研究が始まる以前は，進化のメカニズムの研究はおもにメンデル遺伝学的な手法によって行われていた．しかしながらこの手法では，相同な遺伝子を同定するために交配実験をしなくてはならなかったため，種内の遺伝的変異を研究することしかできなかった．そのため，当時はおもに種内における対立遺伝子頻度の変化が進化の研究の対象だった．

進化の研究に分子が用いられるようになると，いかなる生物種であっても相同な遺伝子を同定できる限り研究の対象にできるようになった．このように種の壁が取り除かれたことによって，遺伝子の長期的進化に関する新たな知見が得られるようになった．タンパク質は遺伝子の塩基配列情報が転写と翻訳を介してアミノ酸配列情報に変換されたものであるため，アミノ酸配列を解析することによって遺伝子の進化を研究することができる．そのため分子進化学の初期には，幅広い生物種に存在するヘモグロビン，チトクロム c，フィブリノペプチドなどのアミノ酸配列の比較解析が行われた．

チャールズ・ダーウィン（Charles Darwin）による『種の起原』の出版から 100 周

年目に，アンフィンセン（Christian B. Anfinsen）は分子進化学に関する最初の包括的な本を出版した（Anfinsen 1959）．この本の中でアンフィンセンは，多様な動物種間でリボヌクレアーゼ，インスリン，チトクロム c，ヘモグロビンといったタンパク質のアミノ酸配列を比較し，タンパク質の異なる領域間でアミノ酸置換速度が大きく異なること，活性中心のようなタンパク質にとって重要な領域は機能的に重要でない領域よりも進化速度が遅いことを明らかにした．アンフィンセンはこれらの結果から，タンパク質にとって重要な領域に起こる突然変異は致死か有害になりやすいのに対し，重要でない領域に起こる突然変異は有害になりにくいためにより高い確率で集団に固定すると考えた．ただしアンフィンセンは，突然変異の固定はおもに自然淘汰によって起こると考えていた．タンパク質化学者だったアンフィンセンは，突然変異が遺伝的浮動のみによって固定しうることを知らなかったようである．のちにイングラム（Vernon M. Ingram）も，ヒトのミオグロビンと 4 種類のヘモグロビン（ヘモグロビン α，β，δ，ε 鎖）のアミノ酸配列の比較から，突然変異は有益である場合に固定すると主張した（Ingram 1961）．

一方，フリース（Ernst Freese）や末岡 登によって，塩基組成は突然変異と遺伝的浮動によって進化することが提唱された（Freese 1962; Sueoka 1962）．これらの研究者は，ゲノム配列中のグアニン（G）とシトシン（C）の頻度（GC 含量）やアデニン（A）とチミン（T）の頻度（AT 含量）が細菌の種間で大きく異なることをみいだし，GC 含量の変化は表現形質にほとんど影響を及ぼさないことから，GC 含量は突然変異と遺伝的浮動によって進化すると主張したのである．この主張のもとでは，u を AT 対から GC 対への突然変異速度，v を GC 対から AT 対への突然変異速度とすると，ゲノム配列中の GC 含量の平衡頻度は式 (2.3) すなわち $\frac{u}{u+v}$ で与えられる．そのため細菌の種間で観察される GC 含量の違いは，u や v の値の違いに起因すると考えられる．事実，コックス（Edward C. Cox）とヤノフスキー（Charles Yanofsky）は，大腸菌のゲノムに突然変異誘発遺伝子を導入することによって GC 含量を劇的に増加させられることを示した（Cox and Yanofsky 1967）．

さらにフリースは，タンパク質のアミノ酸配列の種間比較で観察される相違のうち機能に影響を与えるものはほんの一部だけで，残りは機能にまったく影響を与えないことを示した（Freese 1962, p. 85）．これはアミノ酸置換の大部分が中立であることを示唆し，アンフィンセン（Anfinsen 1959）やイングラム（Ingram 1961）の考え方を否定するものだった．しかしながらフリースの研究は，使用された生物種やタンパク質の数が少なかったためにほとんど注目されなかった．

まもなく多くの研究者がアミノ酸置換の特徴を理解するためにより詳細な研究を行い，それらの結果はブライソン（Vernon Bryson）とフォーゲル（Henry J. Vogel）がシンポジウムを記念して編集した本“*Evolving Genes and Proteins*（遺伝子とタンパク質の進化）”（Bryson and Vogel 1965）にまとめられた．ここには分子進化に関するいくつかの重要な知見が収められている．第1に，生物種間でタンパク質のアミノ酸配列を比較したときに観察される置換数は，生物種の分岐年代におおよそ比例する（Zuckerkandl and Pauling 1962, 1965; Margoliash 1963; Doolittle and Blombaeck 1964）．第2に，アミノ酸置換は機能的に重要なタンパク質やその部分領域よりも重要でないタンパク質やその部分領域でより頻繁に起こる（Margoliash and Smith 1965; Zuckerkandl and Pauling 1965）．すなわちアミノ酸置換はヘモグロビンやチトクロムcといった必須タンパク質よりも重要でないフィブリノペプチドでずっと速く起こり，ヘモグロビンやチトクロムcの分子内では活性中心よりも他の領域でずっと速く起こる．これらの結果を無理なく理解するためには，タンパク質の保存性の低い領域で観察されるアミノ酸置換はほぼ中立か弱有益なのに対して，機能性領域ではアミノ酸配列が重要で容易には変化できないと考えればよい（Freese and Yoshida 1965; Margoliash and Smith 1965; Zuckerkandl and Pauling 1965, pp. 148–149）．第3に，GC含量の進化は出生死滅過程という確率過程で近似できる．これらの知見から，分子進化においては偶然が重要な役割を担うことが示唆される．

4.2　タンパク質レベルでの中立進化

自然淘汰のコストと中立説

そしてついに，木村 資生，ジャック・キング（Jack L. King），トム・ジュークス（Thomas H. Jukes）によって正式に分子進化の中立説が提唱された（Kimura 1968b; King and Jukes 1969）．木村は，哺乳類におけるヘモグロビンなどのタンパク質のアミノ酸置換データからゲノムあたりの平均塩基置換速度をおよそ2年に1回と推定した．この速度は，J・B・S・ホールデン（John B. S. Haldane）が推定した自然淘汰による遺伝子置換速度の上限値（300世代に1回，哺乳類の平均世代時間を4年とすると1200年に1回；Haldane 1957）よりもはるかに速い．ホールデンの上限値は，平均的な生殖能力をもつ哺乳類で許容される自然淘汰のコストに基づいて算出されたものである（第3章を参照）．ホールデンの上限値が正しいとすると，2年に1回という塩基置換速度は自然淘汰だけでは説明できないことになる．一方で，塩基置換の大部分が中立またはほぼ中立で遺伝的浮動によって固定する場合には，塩基置換速度はいかなる値にもなりうる．そのため木村は，塩基置換の大部分は中立またはほぼ中立であるはずだと結論づけた．

木村の論文は，発表されるとすぐにメイナード-スミス（John Maynard Smith）やスヴェド（John A. Sved）によって批判された（Maynard Smith 1968; Sved 1968）．これらの研究者は，量的形質の人為淘汰のように切断型淘汰*1がはたらく場合には，自然淘汰のコストはホールデンが想定した値よりもはるかに小さくなることを示し（図2.6を参照），哺乳類における塩基置換速度は自然淘汰で説明できると主張した．しかしながら実際には自然界で切断型淘汰が起こることはまずないので，メイナード-スミスやスヴェドの主張には正当性がない．すなわち，切断型淘汰が起こるにはそれぞれの個体がもつ有益な遺伝子の総数が特定され，それが最も多い個体群だけが生殖することで次世代が形成される必要があるが，実際には自然淘汰は発生のさまざまな段階でいろいろな形質にはたらくため，それぞれの遺伝子に独立にはたらくと考えられる（第3章を参照；Nei 1971）．そういう意味ではホールデンの自然淘汰のコストは妥当であり，木村の分子進化の中立説も支持される．ワーレン・エウェンス（Warren J. Ewens）も最近ホールデンの理論を批判しているが（Ewens 2004），これは誤解に基づくものである（第3章を参照）．

ただし木村の論文にもいくつか問題がある．第1に，木村は自然淘汰のコストを計算するにあたってゲノムのすべての塩基座位に自然淘汰がはたらくと仮定したが，タンパク質非コード領域は制御領域を除いて個体やタンパク質の進化にほとんど寄与せず，自然淘汰はおもにタンパク質コード領域にはたらく．ハーマン・マラー（Hermann J. Muller）は哺乳類で許容される突然変異による荷重の値から，ヒトゲノムに含まれる遺伝子の数は30000を超えないと予想したが（Muller 1967；第2章を参照），この数は木村が計算に用いた塩基座位数（3.3×10^9）よりもはるかに少ない．ホールデンのように自然淘汰は遺伝子にはたらくと考え，哺乳類ゲノムが30000遺伝子をコードすると仮定すると，平均遺伝子置換速度は220000

*1 切断型淘汰：生物集団においてある形質に基づいて個体がランク付けされ，ある順位より上または下の個体のみの交配により次世代が生成されるような淘汰のこと．

$\left(= \dfrac{2}{\dfrac{3 \times 10^4}{3.3 \times 10^9}}\right)$ 年に1回となり（ここではゲノムあたり2年に1回塩基置換が起こると仮定してある），ホールデンの上限値（1200年に1回）よりもはるかに遅くなる．一方，自然淘汰はアミノ酸残基にはたらくと考え，タンパク質は平均450アミノ酸残基からなると仮定すると（Zhang 2000），平均アミノ酸置換速度は489 $\left(= \dfrac{2.2 \times 10^5}{450}\right)$ 年に1回となり，ホールデンの上限値の約2.5倍の速度となる．

上の計算では集団サイズが無限大と仮定されていたが，集団サイズが有限の場合には遺伝的浮動により自然淘汰のコストはかなり小さくなることが知られており（Kimura and Maruyama 1969），木村の議論はさらに弱められる．ただし，それぞれの遺伝子座では毎世代有害な突然変異が生じるため，突然変異による荷重も考慮に入れなければならない．自然淘汰のコストと突然変異による荷重の両方を考慮すると，木村の結果はそれほどおかしいともいえないかもしれない．いずれにしろ重要なのは，木村はすぐに中立突然変異の集団動態に関する研究をはじめ，のちに中立説の最も強力な支持者として数多くの証拠を提示したということである．

中立突然変異の定義

木村が中立説を提唱した論文の第2の問題は，中立性の定義が厳しすぎたことである．木村によると，Nを有効集団サイズ，sを変異型対立遺伝子のヘテロ接合体 A_1A_2 の，野生型対立遺伝子のホモ接合体 A_1A_1 に対する選択係数として，$2N|s| < 1$ すなわち $|s| < \dfrac{1}{2N}$ のときに突然変異は中立と定義される．ただしここでは，野生型対立遺伝子のホモ接合体 A_1A_1，変異型対立遺伝子のヘテロ接合体 A_1A_2，変異型対立遺伝子のホモ接合体 A_2A_2 の適応度はそれぞれ1，$1+s$，$1+2s$ としてある．木村の中立性の定義は多くの研究者に用いられたが，木村自身はどのようにその定義を導きだしたのか一度も説明していない（木村はフィッシャーと同様の方法を用いた可能性はある；2.4節を参照）．ただし，木村の中立性の定義はあまり生物学的な意味がない．たとえば $N = 10^6$ の集団で $s = 0.0001$ の弱有益な突然変異が起こったとすると，s は $\dfrac{1}{2N} = 5 \times 10^{-7}$ よりもずっと大きいためこの突然変異は「中立」とはみなされないが，A_2A_2 の適応度は A_1A_1 の適応度と0.0002しか違わない．はたして こんなに小さな適応度の違いに生物学的な意味

表 4.1　野生型集団 A_1A_1 と変異型集団 A_2A_2 における適応度の相違と中立突然変異の定義.

	野生型集団		変異型対立遺伝子 A_2 が固定した集団
遺伝子型	A_1A_1		A_2A_2
平均適応度（w）	1		$1+2s$
wの標準誤差	$1/\sqrt{N}$		$1/\sqrt{N}$
適応度の差		$2s$	
適応度の差（$2s$）の SE		$\sqrt{2/N}$	
差の正規偏差（Z）		$s\sqrt{2N}$	
中立性の定義			
$Z=2$ の場合		$s<\sqrt{2/N}$	
$Z=1$ の場合		$s<1/\sqrt{2N}$	

Nは有効集団サイズを表す．個体あたりの子孫数はポアソン分布に従い集団サイズは一定という仮定のもとでは，子孫数の期待値と分散はともに 1 になる．集団の平均適応度の標準誤差（SE）は $1/\sqrt{N}$，適応度の差の SE は $(1/N+1/N)^{\frac{1}{2}}=\sqrt{2/N}$ である（Nei 2005 を参照）.

があるだろうか？　子の数が偶然に変動することはよく知られているが，そのような変動で 0.0002 程度の適応度の違いは簡単に打ち消されてしまうので，A_2A_2 や A_1A_2 の生存能力や生殖能力は A_1A_1 とほとんど変わらないといっていいだろう．事実，メスの個体が産む子の数（子孫数）はおおよそポアソン分布に従うことが知られており（Imaizumi et al. 1970），集団サイズが一定の場合には個体あたりの子孫数の期待値と分散はともに 1 になる（ショウジョウバエでは分散は期待値よりも数倍大きくなることが示されている；Crow and Morton 1955）.

そこで根井 正利は，より実質的な中立性の定義を考案した（Nei 2005）．根井の定義は，A_1A_1 からなる集団の平均適応度（1）と A_2A_2 からなる集団の平均適応度（$1+2s$）の比較から得られる．それぞれの集団では個体あたりの子の数は期待値 1 のポアソン分布に従うと仮定すると，集団間の平均適応度の差は期待値が $2s$，標準誤差が $\sqrt{\dfrac{2}{N}}$ となり，差の正規偏差（Z）は $s\sqrt{2N}$ となる（表 4.1）．変異型集団の平均適応度が野生型集団の平均適応度よりも統計学的に有意水準 5 %で大きいと結論づけられるためには，Z（$=s\sqrt{2N}$）がおよそ 2 以上，すなわち s が $\sqrt{\dfrac{2}{N}}$ 以上でなければならない．したがってたとえば $N=10^6$ の場合には，s は $\sqrt{\dfrac{2}{N}}=0.0014$ 以上でなければならない．この値は，木村の定義から得られる値（5×10^{-7}）よりもはるかに大きい.

根井の定義のもとでは，s が $\frac{1}{2N}$ よりはるかに大きい変異型対立遺伝子も中立とみなされる．これは $Z = 1$（有意水準 30%）を閾値としても同様で，$s < \frac{1}{\sqrt{2N}}$ の変異型対立遺伝子が中立とみなされることになるが，$N = 10^6$ の場合には $s < 0.0007$ が中立ということになる．このように，閾値を緩くしても変異型対立遺伝子の多くは中立とみなされる．ただし実際には淘汰係数（s）は世代ごとに変化するため，上の定義でさえも十分ではない．第 2 章では環境の変動で s が世代ごとに変動する場合には，$\bar{s} = 0.001$ の変異型対立遺伝子さえも，s の分散（V_s）がおよそ 0.01 で N が 10^4 以上ならば中立とみなされることが示された（図 2.6）．単細胞生物ではさらに，細胞間での遺伝子の発現量のゆらぎも適応度の種内変異の要因になりうることが知られている（Wang and Zhang 2011）．これらの結果から，実質的に中立な突然変異の割合は以前に考えられていたよりもずっと大きいことがわかる．

そもそも中立性は，新たに生じた突然変異がタンパク質の機能に大きな影響を与えないこととして定義されるのが理想的である．図 4.1A には一連の突然変異による適応度の変化が示してある．進化の過程で多くの突然変異が生じるが，それらはタンパク質の機能に大きな影響を与えない限り中立とみなしてよい．事実，分子生物学者は中立性に関して寛容で，突然変異が遺伝子の機能に大きな影響を与えない限りは実質的に中立と考えている（Freese 1962; Wilson et al. 1977; Perutz 1983）．機能の違いを適応度の違いに関連づけることは容易ではないが，根井の定義に従うと，哺乳類における中立突然変異の $|s|$ の閾値は最低でも 0.001 くらいにはなりそうである（第 6 章を参照）．この定義を用いれば対立遺伝子間の小さな適応度の違いを気にする必要はなくなり，自然淘汰に関する不毛な論争を回避することができる．

それでもなお，木村らによって開発されたさまざまな統計的方法は，中立性という帰無仮説*2 を検定するために有用であることに変わりない．それらの方法で中立仮説が棄却されなければ，根井の定義に基づく新中立仮説も棄却されない．だが逆に中立仮説が棄却されたとしても，より寛容である新中立仮説が棄却されるとは限らない．また，木村の中立説では有害な変異や少量の有益な変異が存在することも許容されているので，特定のデータで中立性が棄却されたとしても中立説そのものが否定されるわけではない．いずれにしても進化の研究において，中立な対立遺

*2 帰無仮説：統計検定において棄却される対象となる仮説のこと．

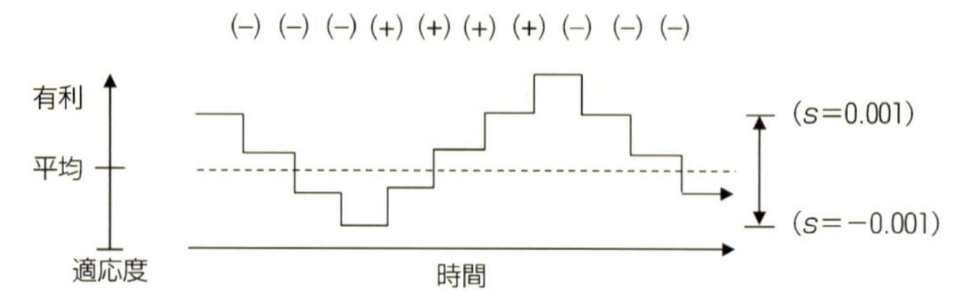

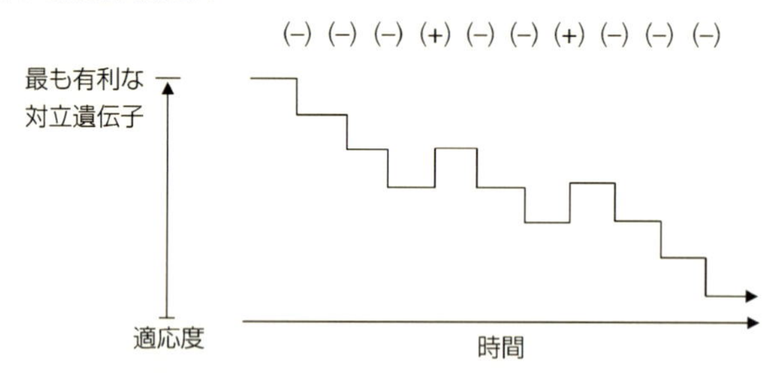

図 4.1　平均中立突然変異(A)と弱有害突然変異(B)による進化過程．中立領域の s の値は仮のものである．＋と－はそれぞれ有益な突然変異と有害な突然変異を表す．Nei (2005) より．

伝子は数学的に定義されるよりも生物学的に定義されるほうが適切であり，突然変異の中立性は最終的には実験で確認されるべきである．

キングとジュークスの考え方

キングとジュークスは，木村とは異なるアプローチで中立進化の考え方に到達した (King and Jukes 1969)．キングとジュークスは，タンパク質の進化と多型に関する膨大な量の分子データを解析し，タンパク質におけるアミノ酸置換の大部分は中立またはほぼ中立な突然変異が偶然に固定したものであること，進化の原動力は突然変異であることを提唱した．この考え方は，当時主流だった，進化速度が速くなるのは自然淘汰がはたらくときだけだという新ダーウィン主義の考え方に反していた (Simpson 1964; Mayr 1965)．キングとジュークスによると，機能的制約や構造的制約の強いタンパク質（たとえばヒストンやチトクロム c）は制約の弱いタンパク質（たとえばフィブリノペプチド）よりも強い純化淘汰を受け，アミノ酸置換速度が遅くなる．さらにキングとジュークスは，ツッカーカンドルとポーリング（Zuckerkandl and Pauling 1965）やマルゴリアシュ（Margoliash 1963）の研究を進展させ，タンパク質において機能的に重要な領域（たとえばチトクロム c の活性中心）は重要でない領域よりも進化速度が遅いと主張した．この主張はのちに，ディカーソン（Richard E. Dickerson）によるより多くのデータの解析でも確認された（Dickerson 1971）．ディカーソンはまた，哺乳類のさまざまな種から得られたチトクロム c について，ミトコンドリアのチトクロム酸化酵素（COX）との相互作用を試験管内で再現することにより，チトクロム c は異種間で完全に互換性があるということを明らかにした（Jacobs and Sanadi 1960）．多くの生物学者にとってはこれらのデータのほうが，木村による自然淘汰のコストの計算結果よりも中立説を支持する根拠として説得力があった．

キングとジュークスは単純な数式を用いて分子進化の中立説を表した（King and Jukes 1969）．たとえば，遺伝子座あたり年あたりのアミノ酸置換速度（r）は次式で表された．

$$r = v \tag{4.1}$$

ただし，v は遺伝子座あたり年あたりの突然変異の速度である．有効サイズ N の集団に生じる中立突然変異の固定確率が $1/2N$，その集団で遺伝子座あたり年あたり産生される突然変異の総数が $2Nv$ であることから，遺伝子座あたり年あたりのアミノ酸置換速度（r）は $r = 2Nv \times \dfrac{1}{2N} = v$ として求められる．式（4.1）はしばしば木村の業績（Kimura 1968b）として紹介されるがそれは誤りで，木村が示したのは初期頻度 p の変異の固定確率 $U(p)$ は，淘汰係数が 0 に近づくに従い p に収束するということだけである．この問題は歴史的にはセウォル・ライト（Sewall Wright）にまでさかのぼることができる（Wright 1938b）．ライトは，不可逆的な突然変異モデルのもとでは，対立遺伝子頻度の流動（遺伝子置換）の速度は突然変異の速度（v）に等しくなることを示した．しかしながら当時，ライトに分子進化学的な発想があったとは考えにくい．

またキングとジュークスは，自然淘汰によるアミノ酸置換速度が次式で表されることも示した（King and Jukes 1969）．

$$r = 4Nsv \tag{4.2}$$

ただし，s は半優性対立遺伝子のヘテロ接合体における淘汰係数を表す．この式は，有益な突然変異の固定確率がおよそ $2s$ であることと（第2章を参照），集団で産生される突然変異の総数が $2Nv$ であることから導きだされる．この式もしばしば誤って木村と太田 朋子の業績（Kimura and Ohta 1971）とされる．

ただし，式（4.2）は式（4.1）ほど生物学的な意義が明確でない．それは，式（4.2）では新たに生じる対立遺伝子はすでに存在しているどの対立遺伝子よりも s だけ有益と仮定されるからである．これでは集団内多型が存在するときに，古い対立遺伝子の適応度は新たな対立遺伝子が生じるたびに上昇することになってしまうが，はたしてそれは生物学的に妥当だろうか？　現在までのところ，そのような現象は観察されていない．ただし，s が非常に大きいときには集団内多型は非常に小さくなるので，式（4.2）は近似的に成り立つと考えられる．ちなみに，式（4.2）は無限座位モデルのもとで得られたものである．

中立説の定義

これまでにみてきたとおり，中立突然変異を定義することは非常に難しい．そもそもこれは生物学的な問題なので，数学的な定義だけでは不十分なのだ．そのため分子進化の中立説もより柔軟に定義する必要がある．木村は次のように述べている（Kimura 1983, p. 34）．「中立説では，分子レベルにおける進化や種内多型の大部分はダーウィンのいう自然淘汰ではなく，中立またはほぼ中立な変異型対立遺伝子の遺伝的浮動に起因すると考える．中立説の本質は，分子レベルでの種内変異が厳密な意味で中立だということではなく，変異の運命がおおよそ遺伝的浮動によって決定されるということである．言い換えると，分子進化の過程では自然淘汰の影響は非常に小さく，突然変異圧と遺伝的浮動が支配的である．」最近少々誤解されているようだが（たとえば Dawkins 1987; Ohta 1992），木村の「分子進化の中立説」は，はじめから「分子進化の中立またはほぼ中立説」を意味している（Kimura 1968a）．現在では，進化における偶然性の要因がいくつか知られているが，それらについては次章以降で述べることにする．

中立説では，自然淘汰によって排除されることになる大量の有害な変異や，少量の有益な変異も存在することが許容されていることにも注意を要する．そのため，木村の中立性の数学的な定義である $2N|s| < 1$ を深刻にとらえる必要はない．多くの場面で根井の定義 $\left(|s| < \sqrt{\dfrac{2}{N}}\right)$ で十分なはずである．哺乳類についてはより

おおまかに $|s| < 0.001$ としてもよいだろう．そうすることで中立説に関するつまらない論争の多くを回避することができる．ただしこれらの定義においても s が世代ごとに変動することは考慮されていないので，注意して使用する必要がある．

4.3 分 子 時 計

分子進化学という学問分野が開拓された当初に発見された興味深い現象の1つが，ヘモグロビン，チトクロムc，フィブリノペプチドといったタンパク質のそれぞれでアミノ酸置換の速度がおおよそ一定だったことである．この「分子時計」の発見はすぐに，G・G・シンプソン（George G. Simpson）やエルンスト・マイヤー（Ernst Mayr）といった形態進化の権威によって批判された（Simpson 1964; Mayr 1965）．昔ながらの進化学者にとっては，長期間にわたって一定の速度で進化する形質があるなどとは思いもよらなかったのだろう．しかしながら，のちに他の多くのタンパク質においても進化速度はおおよそ一定であることが示された（Dayhoff 1972; Langley and Fitch 1974）．

この不思議な現象を理解するには，アミノ酸置換の大部分は中立でタンパク質の機能を大きく変化させないと考えればよい．事実，木村（Kimura 1968b）やキングとジュークス（King and Jukes 1969）は，中立な突然変異が生じて遺伝的浮動によって固定するという進化様式のもとでは，アミノ酸置換速度は一定になりうることを示した．そのため木村は，進化速度の一定性は分子進化の中立説を支持する証拠であると考えた（Kimura 1969）．

純化淘汰のもとでの進化速度

ただし，分子時計にはいくつか問題があった．第1に，進化速度はそれぞれのタンパク質においてはほぼ一定だが，タンパク質間では大きく異なっていた．この謎はディカーソンによって，進化速度はタンパク質にはたらく機能的制約の強さに依存することが明らかにされ解決した（Dickerson 1971）．たとえばヒストンが機能するためには厳密な構造が必要とされるため，動物のヒストンと植物のヒストンの間にはアミノ酸の相違が少ししかない．一方，フィブリノペプチドは血液凝固に関与するフィブリンがフィブリノゲンから産生される過程で切り出されてできる産物であるが，機能をもたずほとんど機能的制約がはたらかないため非常に高速に進化する．タンパク質においては機能的に重要なアミノ酸座位は進化せず，重要でない座位は制約なしに進化すると考えると，タンパク質全体のアミノ酸置換速度（r）は次式で与えられる．

$$r = fv \tag{4.3}$$

ただし，f は機能的に重要でないアミノ酸座位の割合，v は突然変異速度を表す（Kimura 1983）．

実際には機能的に重要な座位と重要でない座位を明確に区別することは困難だが，式（4.3）は機能的制約がアミノ酸置換速度に与える影響を理解するのに便利である．

進化速度と世代時間

分子時計の第2の問題は，アミノ酸置換速度は世代あたりではなく年あたり一定だったことである．古典遺伝学ではすでに，ショウジョウバエ，ヒト，トウモロコシの研究から突然変異速度が世代あたり一定であることが確立されていたので，これら2つの結果の折り合いをどうつければよいかが問題だった．この問題に対し太田 朋子は，突然変異の大部分は弱有害であり，弱有害な突然変異は大集団よりも小集団で遺伝的浮動による固定が起こりやすく，哺乳類のような大型の生物はショウジョウバエのような小型の生物よりも一般に集団サイズが小さいと考えることで理解できると主張した（Ohta 1974）．すなわち，大型の生物では小型の生物よりも中立であるかのようにふるまう突然変異の割合が大きくなるが，同時に世代時間も長くなる（単位時間あたりの世代数が少なくなる）ので，これらの生物の間で世代あたりの突然変異速度が同程度であれば，年あたりのアミノ酸置換速度も同程度になるだろうということである．しかしながら，分子時計はほぼ例外なくすべての真核生物と原核生物にわたって成り立つことが知られているが，太田の主張がこれらすべての生物にあてはまるとはきわめて考えにくい（Hedges and Kumar 2009）．また，太田の主張が正しければ大型の生物のゲノムは有害な突然変異の蓄積によりしだいに崩壊していくと考えられるが，実際には大型の生物は小型の生物よりも複雑性が高い．

じつは上の問題にはきわめて単純な解決策がある．それは，有害でない突然変異の速度は年あたりおおよそ一定なのに対して，有害な突然変異の速度は世代あたりおおよそ一定だと考えることである（Nei 1975）．古典遺伝学では，突然変異の速度はホモ接合体の多くが致死になるような高度に有害な突然変異の速度として測定されることがほとんどだったが（Muller 1950），そのような突然変異は減数分裂時に生じるため（Muller 1959; Magni 1969），古典メンデル遺伝学者は突然変異の速度は世代あたり一定であると信じるようになったと考えられる．一方，細菌におけるファージ抵抗性の進化を研究していた遺伝学者は，突然変異の速度は時間に比例すると主張していた（Novick and Szilard 1950）．ファージ抵抗性をもたらす突然変異は有害でないため，有害でない突然変異は年あたりおおよそ一定の速度で生じることが示唆される．これらのことから根井は，アミノ酸置換速度が年あたり一定であることは弱有害突然変異を考えなくても説明できると主張した（Nei 1975）．

しかしながら，突然変異速度が世代あたり一定なのか年あたり一定なのかについては長い間問題となった（Laird et al. 1969; Wilson et al. 1977; Wu and Li 1985; Easteal et al. 1995）．コーン（David E. Kohne）は，ヒト上科の系統は他のサルの系統よりも世代時間が長いため進化速度が遅いはずだと主張した（Kohne 1970）．これは，世代時間が長いと生殖細胞の年あたりの分裂数が少なくなるため，突然変異数が細胞分裂数に比例するならば進化は遅くなるはずだというものである．この考え方は世代時間仮説とよばれ，リー（Wen-Hsiung Li）らによって支持された（Li et al. 1987; Tsantes and Steiper 2009 も参照）．しかしながら最近の研究で，ヒト上科の系統と他のサルの系統ではゲノム全体の平均塩基置換速度はおおよそ等しいことが明らかになり（Gibbs et al. 2007），世代時間仮説は成り立たないことが示唆された．根井らは，脊椎動物のモデル生物間でゲノム配列を比較することによりこの問題を再検討した（Nei et al. 2010）．図 4.2 には，ヒトと他の脊椎動物の間で観察されたアミノ酸座位あたり（d_A），同義座位[*3]あたり（d_S），非同義座位[*4]あたり（d_N）の置換数と，推定分岐年代との関係が示されている．d_A，d_S，d_N は解析に用いられた 10 種で保存されていた 4198 のオルソロガスな核遺伝子についての平均値であり，分岐年代は化石に基づく推定値である（Benton et al. 2009）．アミノ酸置換数も塩基置換数も時間に比例して増加していることがわかる．

タンパク質の機能的制約

分子時計はそれぞれの遺伝子の進化の過程でつねに成り立つというわけではな

＊3 同義座位：タンパク質をコードする塩基配列でアミノ酸を変えない突然変異が起こりうる座位のこと．

＊4 非同義座位：タンパク質をコードする塩基配列でアミノ酸を変える突然変異が起こりうる座位のこと．

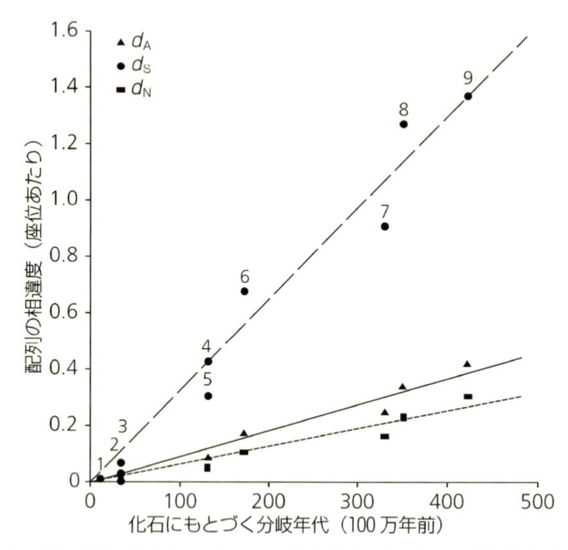

図 4.2　アミノ酸座位あたり（d_A），同義座位あたり（d_S），非同義座位あたり（d_N）の置換数（配列の相違度）と化石に基づいて推定された分岐年代の比例関係．それぞれの点は，10種の脊椎動物（ヒト対(1)チンパンジー，(2)オランウータン，(3)マカク，(4)マウス，(5)ウシ，(6)オポッサム，(7)ニワトリ，(8)ネッタイツメガエル，(9)ゼブラフィッシュ）で保存されている100コドン以上の長さをもつ4198核遺伝子についての配列の相違度の平均値を表す．d_A はポアソン補正法，d_S と d_N は転位型/転換型塩基置換数比を2とした拡張根井-五條堀法（Zhang et al. 1998）によって推定された．分岐年代は Benton et al.（2009）による．Nei et al.（2010）より．

く，アミノ酸置換速度や塩基置換速度が系統間で大きく異なる場合もある．よく知られている例としてテンジクネズミのインスリンが挙げられる．哺乳類のインスリンは一般に51アミノ酸からなり高度に保存されているが，ヤマアラシ亜目のテンジクネズミやチンチラのインスリンは例外で，他の哺乳類のインスリンよりも約10倍速く進化している（King and Jukes 1969; Opazo et al. 2005）．この高速な進化は，はじめのうちは正の自然淘汰によるものと考えられていたが（King and Jukes 1969），のちに木村は，インスリン分子内から亜鉛イオンがなくなったために自然淘汰が緩和したことによると主張した（Kimura 1983）．事実，ヤマアラシ亜目におけるインスリンの生物活性（血糖値の調節活性）は，他の哺乳類のインスリンの3〜30％しかないことが示された（Horuk et al. 1979; Bajaj et al. 1986）．

いまでは進化の過程で機能的制約が緩和した例が数多く知られている．機能的制約の緩和はしばしば表現形質の退化に伴って起こるが，これについては第8章で述べる．また逆に機能的制約が亢進した例もある．有名な例としてヒストンH4タンパク質が挙げられる．このタンパク質の進化速度は動物や植物では非常に遅いが原生生物ではそれなりに速く（Katz et al. 2004），動物や植物の進化とともに遅くなったと考えられている．

突然変異速度の変動

タンパク質の進化速度を変化させる要因は他にもあり，そのうちの1つが突然変異速度の変動である．同義置換は一般に中立と考えられるため，突然変異速度の変化の研究にはしばしば同義置換速度が用いられる．動物と植物では核遺伝子の同義置換速度はほとんど等しい（Wolfe et al. 1987; Mower et al. 2007）．しかしながら，核遺伝子の同義置換速度をミトコンドリア遺伝子と比較すると，動物では約10倍遅いのに対して植物では約10倍速い（Wolfe et al. 1987）．動物のミトコンドリア遺伝子で進化速度が速い理由としては当初，無性一倍体集団では組換えが起こらないために弱有害突然変異が固定しやすいというマラーのラチェットが考えられた（Lynch 1996）．だが植物のミトコンドリア遺伝子は動物のミトコンドリア遺伝子と遺伝様式が類似しているにもかかわらず進化速度が非常に遅いことから，上の理由は納得のいくものではない．いまでは動物のミトコンドリア遺伝子の進化速度が速いのは，植物のミトコンドリアには存在するDNA修復遺伝子 *RecA* の消失により突然変異速度が速くなったためと考えられている（Lin et al. 2006）．

植物のミトコンドリアでは，遺伝子や系統ごとに進化速度が大きく異なることがある（Mower et al. 2007）．たとえば *Atp1* や *Cox1* は，種子植物のテンジクアオイ属，オオバコ属，マンテマ属で他の属より数百倍速く進化している．ただし興味深いことに，これらの属ではすべての遺伝子が高速で進化しているわけではなく，他の属と同程度の速度で進化している遺伝子もある．また系統樹解析により，マンテマ属で進化速度の加速が起こったのは最近のおよそ500万年間だけであることが明らかになった．図4.3にはマンテマ属の5種について，ミトコンドリア遺伝子（7遺伝子の配列を連結したもの）と葉緑体遺伝子（5遺伝子の配列を連結したもの）を用いて作成された系統樹が示されている．葉緑体遺伝子は5種で進化速度がおおよそ一定なのに対し，ミトコンドリア遺伝子はヒメシラタマソウ *Silene conica* とツキミセンノウ *S. noctiflora* で他の種よりも進化速度がずっと速くなっていることがわかる．ヒメシラタマソウとツキミセンノウでは遺伝的背景や環境などの影響に

(A) ミトコンドリア遺伝子（7遺伝子座を連結）

ビート *Beta vulgaris*
Silene paradoxa
シラタマソウ *Silene vulgaris*
マツヨイセンノウ *Silene latifolia*
ツキミセンノウ *Silene noctiflora*
ヒメシラタマソウ *Silene conica*

(B) 葉緑体遺伝子（5遺伝子座を連結）

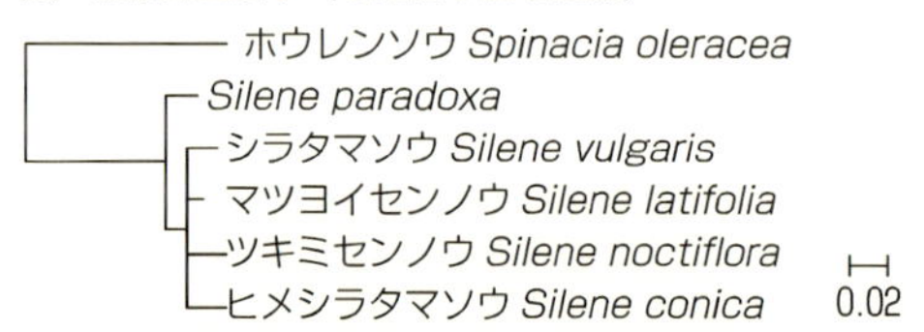

図 4.3　マンテマ属の植物種のミトコンドリア遺伝子における進化速度の加速．枝長はミトコンドリア遺伝子(A)と葉緑体遺伝子(B)における同義座位あたりの置換数を表す．Sloan et al.（2010）のデータを用いた．

より突然変異速度が加速していると考えられる．最近スローン（Daniel B. Sloan）らは，ミトコンドリア遺伝子における塩基置換速度の加速はRNA編集が起こらなくなることと密接に関連していることを明らかにした（Sloan et al. 2010）．核遺伝子ではこのように極端な突然変異速度の変化はほとんど起こらない．

分子時計と中立説

木村は，分子時計は中立突然変異の蓄積を表すと考え，中立説を検定するために使用できると主張した（Kimura 1969）．そのため多くの研究者が，分子時計が成り立たない事例を発見することで中立説を否定しようとした（たとえばAyala 1986; Gillespie 1991）．だがタンパク質の進化速度は機能的制約や突然変異速度の影響を受けるため，分子時計と中立説の関係は複雑である．植物のミトコンドリア遺伝子のように突然変異速度が進化の過程で変化する場合には，たとえ突然変異がすべて中立だったとしても分子時計は成り立たない．一方，式（4.2）が長期間成り立つ場合には，自然淘汰がはたらいていたとしても分子時計が棄却されない可能性がある．ただし，Nやsは時間とともに変化し，sは突然変異ごとに異なるため，有益な突然変異による進化が一定の速度で起こることは考えにくい．また式（4.2）は有益な突然変異ばかりが連続して起こり遺伝子の機能が改良し続けられる場合にしか成り立たないが，実際にはそのような進化はほとんど起こらず，いったん遺伝子

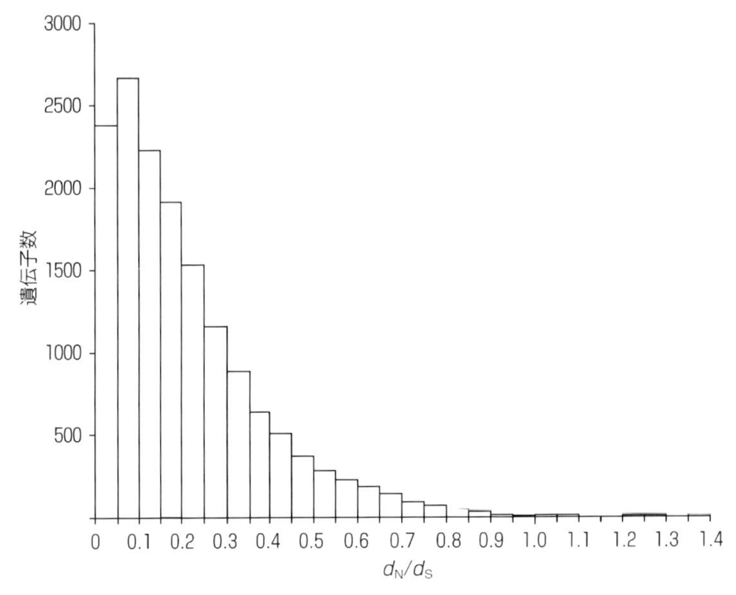

図 4.4 ヒトとマウスの間で一対一対応があり 100 コドン以上の長さをもつ 15350 オルソログにおける d_N/d_S の値の分布．Nei et al. (2010) より．

の機能が特定の突然変異によって改良されると，その後は改良された機能を維持するように進化する．この場合には新たに生じる突然変異の大部分は純化淘汰によって排除されるため，分子時計は成り立たなくなる．図 4.4 にヒトとマウスの 15350 オルソログについての d_N/d_S 値の分布を示す．d_N/d_S 値はしばしば純化淘汰の程度の指標として用いられる．この図から，99%の遺伝子で d_N/d_S 値が 1 未満であり，大部分の遺伝子に純化淘汰がはたらいていることがわかる．

このような分子進化の特徴から，式 (4.1) や式 (4.3) は式 (4.2) よりも一般性があり，アミノ酸置換や塩基置換はほぼ一定の速度で蓄積すると考えられる．これが実際に正しいことはすでに図 4.2 で示したとおりである．

4.4 タンパク質コード遺伝子の進化

哺乳類のゲノムはおよそ 3×10^9 塩基座位からなるが，ヒトゲノムに含まれるタンパク質コード遺伝子数は約 25000 と推定され，ゲノムのおよそ 95%は非コード領域に分類される (Lander et al. 2001; Waterston et al. 2002)．以前は非コード領域には機能がないと考えられていたが，最近の研究により非コード領域は遺伝子発現を制御する多くの調節配列を含み，必ずしも「がらくたDNA」とは限らないことがわかってきた（ENCODE Project Consortium 2012）．したがって分子進化の研究においては，タンパク質コード遺伝子配列と非コード領域にある調節配列の両方を考慮に入れることが重要である．とはいうものの非コード領域の機能についてはまだほとんどわかっていないため，本節ではタンパク質コード遺伝子の進化について考えることにする．

タンパク質コード遺伝子の進化の一般的特性

遺伝子の進化の顕著な特徴として，新たな遺伝子は遺伝子重複や遺伝子転移によって産生されるが，いったん機能が確立すると，たとえゲノム全体の遺伝子数が増加し続けて複雑な生物が形成されていく場合であっても，長期間にわたってその機能が維持される．典型的な例として，DNA 修復に必須の遺伝子である *RecA*/*RAD51* は，原核生物にも真核生物にも数コピーしかなく，動物でも植物でも遺伝子構造がほとんど同じである（Lin et al. 2006）．

このような進化の保存性は一部の遺伝子を除いて普遍的に観察される．図 4.4 では，ヒトとマウスのオルソログ間の d_N/d_S 比は 99％が 1 未満，平均が 0.21 だった．これらの結果から，同義突然変異がほぼ中立だとするとおよそ 80％の非同義突然変異が純化淘汰によって排除されたことが示唆され，霊長類の解析からも同様の結果が得られている．したがって哺乳類の遺伝子の大部分には純化淘汰がはたらいていると結論づけることができる．純化淘汰は中立説の重要な要素であり，図 4.4 の結果は中立説を支持する．

進化速度の速い遺伝子

ほとんどの遺伝子には機能的制約がはたらいており変異型対立遺伝子の多くは純化淘汰によって排除されるが，d_N/d_S 値が高い遺伝子のカテゴリーも数種類存在する．第 1 のカテゴリーは，多重遺伝子族に属し遺伝子産物が複数のリガンドと相互作用するような遺伝子で，例として哺乳類の嗅覚受容体（olfactory receptor: *OR*）遺伝子が挙げられる（Buck and Axel 1991）．ヒトにはおよそ 400 の機能性 *OR* 遺伝子が存在し，マウスには 1000 を超える機能性 *OR* 遺伝子が存在する（第 5 章を参照）．1 つの匂い物質は複数の OR に感知され，1 つの OR は複数の匂い物質を感知する（Malnic et al. 1999）．そのため *OR* 遺伝子にはたらく機能的制約は一般に弱く，*OR*

遺伝子の進化速度は比較的速い（たとえばGo and Niimura 2008; Nei et al. 2008. *OR* 遺伝子には正の自然淘汰がはたらいていると主張している論文もあるが，その結論には疑問の余地がある；4.8節を参照）．フェロモン受容体遺伝子や味覚受容体遺伝子も同様に進化している（Nei et al. 2008）．

進化速度が速い遺伝子の第2のカテゴリーは，重要な機能をもたない遺伝子である．たとえばフィブリノペプチドには重要な生物学的機能はなく，ほぼ中立に進化している．重要でない遺伝子が速く進化することは，非機能遺伝子すなわち偽遺伝子の進化速度が速いことからも明らかであり，これらの遺伝子では機能的制約がはたらかないため進化速度は突然変異速度に等しいと考えられている（Li et al. 1981; Miyata and Yasunaga 1981）．これは中立説を支持する最も強力な証拠の1つである（4.6節を参照）．

免疫グロブリン遺伝子や主要組織適合性複合体（MHC）遺伝子も比較的進化速度が速い．研究者の中には，これらの遺伝子には正の自然淘汰がはたらき遺伝子全体の進化速度が上昇していると勘違いしているものもいるが，それは間違いである．たしかに一部のコドン座位ではアミノ酸置換速度が上昇しているが，そのような座位の割合は小さいため，遺伝子全体の平均置換速度は偽遺伝子よりも遅い（Klein and Figueroa 1986; Hughes and Nei 1988）．この話題については4.5節と4.6節で詳しく述べる．

4.5　タンパク質の多型

1960年代のおわりから1970年代にかけてはタンパク質の多型の維持に関する論争もあった．この論争は，自然集団ではタンパク質の多型が高水準で維持されているという発見に端を発したものである（Shaw 1965; Harris 1966; Lewontin and Hubby 1966）．当時は電気泳動によって酵素タンパク質の多型が検出され，検出された対立遺伝子はアロザイムとよばれた．電気泳動では電荷が異なるタンパク質しか識別できないため，実際に存在するアミノ酸の相違のうちの25%程度しか検出できないと考えられていた（Nei 1975, pp. 25-26）．このように電気泳動には欠点もあるが，さまざまな生物種の多くの遺伝子座にコードされたタンパク質の多型を安価に検出するのに便利だった．タンパク質の多型の維持に関する論争は，第2章で述べた遺伝的多型の維持に関する古典説と平衡説の論争と同じものである．古典説では種内多型の大部分は突然変異-自然淘汰の平衡によって維持されると考え，平衡説では遺伝的変異はおもに超優性淘汰などの平衡淘汰によって維持されると考える．平衡説では遺伝子座の大部分はヘテロ接合になっていると予測されるので，タンパク質多型が高いという結果は当初平衡説を支持するように思われた．しかしながら平衡説には当時未解決の問題があった．それは，自然淘汰によって遺伝的多型が維持されるときには大量の遺伝的荷重または遺伝的死を伴うというものだった．木村とジェームズ・クロー（James F. Crow）は，超優性淘汰によって多くの遺伝子座で多型を維持するために必要とされる遺伝的荷重は，哺乳類ではもちこたえられないほど大きくなることを示した（Kimura and Crow 1964；第 2 章を参照）．そのためリチャード・ルウィントン（Richard C. Lewontin）とハビー（John L. Hubby）は，電気泳動によって発見された高水準の多型が古典説と平衡説のどちらの機構で維持されているのか結論づけることができなかった（Lewontin and Hubby 1966）．

スヴェドら（Sved et al. 1967），キング（King 1967），ミルクマン（Milkman 1967）は，ヘテロ接合の遺伝子座が特定の数以下の個体が淘汰されるような競争淘汰がはたらく場合には遺伝的荷重は大きく減少すると主張した．ところがすでに 2.6 節で述べたように，このような切断型淘汰は自然界では起こらないと考えられ，実際に根井によって，切断型淘汰を伴う競争淘汰は起こらないことが示された（Nei 1971, 1975）．自然淘汰が遺伝子座ごとに独立にはたらく限り遺伝的荷重は大きくなると考えられる．同じ頃，ロバートソン（Robertson 1967），クロー（Crow 1968），木村（Kimura 1968a）は，アロザイムの多型の大部分はおそらく中立で，古典説における野生型対立遺伝子も実際には多くの同類対立遺伝子または中立対立遺伝子から構成されると考えた．しかしながら平衡説学派は，遺伝的多型のほとんどすべては淘汰係数がどんなに小さいとしても平衡淘汰によって維持されていると信じ，この考え方を受け入れなかった（Dobzhansky 1970; Clarke 1971）．

この時代における重要な進歩の 1 つが，中立説を仮定することにより集団内の対立遺伝子頻度の分布や集団内の遺伝的変異と集団間の遺伝的分化の関係などに関する理論的予測が数多く得られ，中立説が実際のデータと適合するかどうかを検証できるようになったことである．つまり中立説を帰無仮説として分子進化を統計的に研究できるようになったのだ．進化を統計的に研究するなどということは中立説が提唱される前にはほとんど行われなかった．これらの研究の結果は，ルウィントン（Lewontin 1974），根井（Nei 1975, 1987），ウィルス（Wills 1981），木村（Kimura 1983）によってまとめられている．結果の解釈は研究者の間で必ずしも統一されていたわけではないが，1980 年代はじめまでにはタンパク質の種内多型の程度やパターン

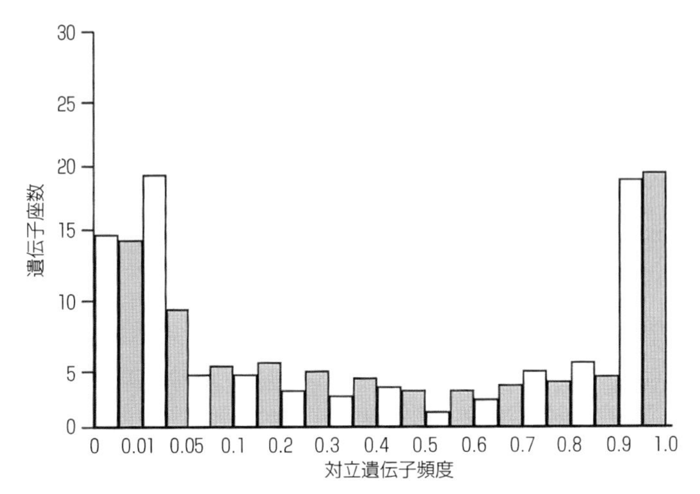

図 4.5 *Drosophila heteroneura* における対立遺伝子頻度の観察分布と理論分布．観察分布（25 遺伝子座，$\widehat{H} = 0.162$，$n = 605$）は白色，理論分布は灰色で表す．n は解析に用いられた個体数を表す．理論分布は無限対立遺伝子モデルのもとでの中立対立遺伝子についてのものである．Chakraborty et al.（1980）より．

は中立説の予測とだいたい一致することが明らかにされた（たとえば Yamazaki and Maruyama 1972; Nei et al. 1976; Skibinski and Ward 1981; Nei and Graur 1984）．図 4.5 はその一例で，*Drosophila heteroneura* における対立遺伝子頻度の観察分布が中立説のもとで得られた理論分布とおおよそ一致していることがわかる．

もちろん上の結果は，すべてのアミノ酸置換が中立またはほぼ中立ということを意味するわけではない．アミノ酸置換の一部は適応的でタンパク質の機能の進化に寄与したはずである．適応的なアミノ酸置換の検出は分子進化学の重要な課題の1つとなり，のちに多くのそのような置換が発見された．また古典説から予測されるように，集団内には有害突然変異も多く多型として存在しのちに排除される．これらの有害突然変異の大部分はヘテロ接合のときには適応度をわずかに減弱させる程度だが，ホモ接合で致死になるものもある．

4.6 DNA レベルの中立進化

同義置換と非同義置換

ゲノム配列の大部分はアミノ酸配列に翻訳されず，また遺伝暗号には縮重があるため，塩基配列にはアミノ酸配列よりも進化に関する情報が多く含まれる．遺伝子間領域やイントロンといった非コード領域や同義座位における遺伝的変異は，塩基配列を用いることでしか研究できない．遺伝暗号の縮重により，タンパク質コード遺伝子に起こる塩基置換の一部はアミノ酸置換を起こさず不顕性である．キングとジュークスは，これらの不顕性または同義的な塩基置換はほぼ中立なはずなので，中立説が正しければ同義置換速度はアミノ酸置換速度よりも速くなると予測した（King and Jukes 1969）．木村はこの予測を実際のデータを用いて実証することに初めて取り組んだ研究者の1人で，2種のウニに由来するヒストン4（*H4*）遺伝子の mRNA 配列を用いてアミノ酸置換速度（r_A）とコドンの第3ポジションの塩基置換速度（r_3）を比較した（Kimura 1977）．ここでコドンの第3ポジションが比較に用いられたのは，このポジションで起こる塩基置換のほとんどが同義置換であり，当時は同義置換速度と非同義置換速度を別々に推定するための方法がなかったためである．ヒストン4は高度に保存されたタンパク質で，r_A は極端に小さく座位あたり年あたり 0.006×10^{-9} と推定された．一方，r_3 は 4×10^{-9} と推定され，のちに得られた他の核遺伝子における同義置換速度の推定値とほぼ同じだった．

これらの結果は，同義置換はほぼ中立だというキングとジュークスの考え方（King and Jukes 1969）を支持している．

中立進化の典型：偽遺伝子

1981年に，偽遺伝子の進化速度に関する研究から中立説を支持する強力な証拠がもたらされた（Li et al. 1981; Miyata and Yasunaga 1981）．偽遺伝子は終止突然変異やフレームシフト突然変異により機能を喪失しているため，正の自然淘汰や負の自然淘汰の対象とはならないと考えられる．そのため，中立説のもとでは偽遺伝子の塩基置換速度は速く，おおよそ中立突然変異速度に等しいと予測される．一方，新ダーウィン主義のもとでは，機能がない偽遺伝子には正の自然淘汰は働きようがないので，塩基置換はほとんど起きないと考えられる．リーらは，ヒト，マウス，ウ

表 4.2 マウス (ψα3), ヒト (ψα1), ウサギ (ψβ2) のグロビン偽遺伝子 (r) とそれらに対応する機能遺伝子の第 1 (r_1), 第 2 (r_2), 第 3 (r_3) コドンポジションにおける座位あたり年あたりの塩基置換速度.

	機能遺伝子			偽遺伝子 (ψ)
	r_1	r_2	r_3	r
マウス α3	0.69	0.69	3.32	5.0
ヒト α1	0.74	0.67	2.51	5.1
ウサギ β2	0.71	0.51	2.09	3.6
平　均	0.71	0.62	2.64	4.6

注意：すべての数値に 10^{-9} をかけること. Li et al. (1981) より.

サギのグロビン偽遺伝子について塩基置換速度を推定したところ座位あたり年あたり平均およそ 5×10^{-9} で, 機能遺伝子の第 1, 第 2, 第 3 コドンポジションにおける塩基置換速度よりもはるかに速かった (Li et al. 1981；表 4.2). 宮田 隆と安永照雄も独立にマウスのグロビン偽遺伝子の塩基置換速度が速いことを明らかにした (Miyata and Yasunaga 1981). これらの結果は, 新ダーウィン主義よりも中立説が正しいことを明確に示している.

最近さまざまな生物種で大量の偽遺伝子が発見されている. たとえばヒトのゲノムにはおよそ 23000 の機能遺伝子に対して 17000 の偽遺伝子が存在し (Podlaha and Zhang 2010), ゼブラフィッシュのゲノムにはおよそ 24000 の機能遺伝子に対して 16000 の偽遺伝子が存在するといわれている. 偽遺伝子の大部分には機能がなく, 機能遺伝子よりも速く進化している (Ota and Nei 1994). ただし偽遺伝子の中には転写され, 遺伝子発現調節などの生化学的機能を有するものもある. これらの偽遺伝子の進化速度は機能遺伝子と同程度である. このように, 機能遺伝子と偽遺伝子の境界は明確でない. この問題についてはポドラハ (Ondrej Podlaha) とチャン (Jianzhi Zhang) の論文で詳細に議論されている (Podlaha and Zhang 2010).

弱有害突然変異またはほぼ中立突然変異

分子進化学では遺伝的多型の維持機構として, 超優性淘汰, 頻度依存淘汰, 環境の変動による淘汰圧の変化といった多くの淘汰理論が提唱されてきた (Lewontin 1974; Nei 1975, 1987; Wills 1981; Gillespie 1991). これらの理論が普遍的な原理だと考えている研究者はもはやいないが, 最近になって太田の弱有害突然変異説 (Ohta 1973, 1974) が注目を集めている. タンパク質多型研究の初期の頃, ルウィントンや

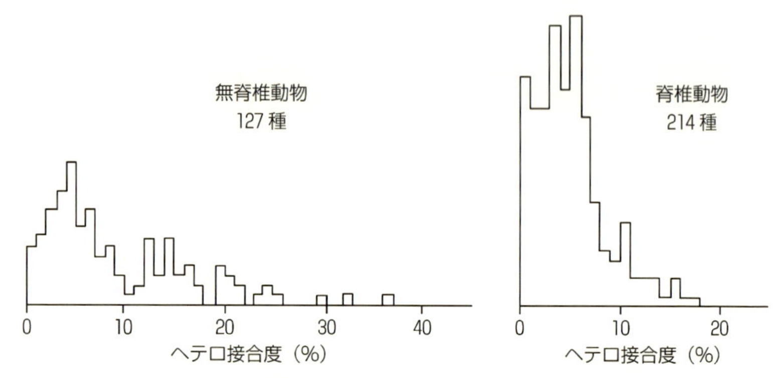

図 4.6　無脊椎動物と脊椎動物における平均ヘテロ接合度の分布．20 以上の遺伝子座が解析に用いられた生物種のみが含まれる．縦軸は種数を表す．Nei and Graur（1984）より．

太田はタンパク質コード遺伝子座で電気泳動によって検出される平均遺伝子多様度またはヘテロ接合度（H）はヒトでもショウジョウバエでもだいたい 6 ～18％で，生物種の集団サイズとは関係がないことを示した（Lewontin 1974, p. 208; Ohta 1974）．中立説では突然変異速度が一定であれば集団サイズが大きくなるにつれて平均ヘテロ接合度も大きくなると予測されるので，上の結果は中立説に反すると考えられ，ルウィントンや太田は中立説を批判した．

太田は上で観察された，集団サイズが異なる生物種間での平均ヘテロ接合度の一定性を説明するために，弱有害突然変異説を提唱した．太田は，弱有害突然変異が多数生じる遺伝子座においては，集団サイズが小さければ弱有害対立遺伝子が中立であるかのようにふるまうため平均ヘテロ接合度は比較的高くなり，集団サイズが大きければ自然淘汰の効果が強くなるため弱有害突然変異の多くが排除され，結果的に集団サイズが異なっても平均ヘテロ接合度は同程度になると主張した（Ohta 1974）．しかしながら，ルウィントンや太田の主張はわずかな生物種由来のデータに基づくものだった．そこで根井はより多くの生物種のデータを解析したところ，平均ヘテロ接合度は集団サイズの大きい無脊椎動物よりも集団サイズの小さい脊椎動物で低いことがわかった（Nei 1975）．その後根井とグラウア（Dan Graur）は 341 種のデータを用いてこの問題を再検討し，とくにびん首効果の影響を除けば，一般に生物種の集団サイズが増加すると平均ヘテロ接合度も高くなると結論づけた（Nei and Graur 1984；図 4.6）．したがってもはや太田の弱有害突然変異説は考える必要がなくなった．

それにもかかわらず，いまだに集団内多型の維持機構の研究においては，集団中には遺伝的浮動によって頻度が上昇した弱有害突然変異による多型が大量に含まれるので太田の説が支持されるとしばしば誤って結論づけられている（Sunyaev et al. 2001; Hughes et al. 2003; Hughes and Friedman 2008）．だがそもそも分子レベルの研究が始まる前から異系交配集団の大部分には有害な対立遺伝子がヘテロ接合の状態で大量に含まれていることはすでに知られており，上の結果は中立説を否定するものではない（Muller 1950; Simmons and Crow 1977）．また中立説はすべての対立遺伝子が中立だとは決して主張しておらず，集団に固定する突然変異の大部分が中立またはほぼ中立だと主張しているにすぎない．

太田の弱有害突然変異説のさらなる問題は，遺伝子に有害突然変異が蓄積し続ければ遺伝子はしだいに劣化して最終的には機能を失うと考えられることである（図4.1B）．このような現象が多くの重要な遺伝子で起これば，生物種や集団は絶滅してしまうだろう（Ohta 1973; Kondrashov 1995）．rRNA や tRNA のステム領域*5 に起こる突然変異は塩基の対合を損なうため有害と考えられるが，その後に代償性の突然変異が起こって対合が修復されることがある（Hartl and Taubes 1998）．太田はこの場合の塩基の対合を損なう突然変異を弱有害突然変異とよんだ（Ohta 1973）．しかしながら，多少の塩基が対合しなくても rRNA や tRNA の機能に支障は生じないし，塩基の対合を損なう突然変異も修復する突然変異も長期的な適応度の変化には寄与しないという意味では（図 4.1A），中立突然変異とよばれるべきである（Nei 2005）．長期的に考えれば進化は有害な突然変異だけでは起こりえず，有益な突然変異や中立な突然変異でも起こるはずである．

太田は最近になって弱有害突然変異説をほぼ中立説とよびかえ，$N|s| \leq 4$ の突然変異をほぼ中立と定義した（Ohta 1992, 2002）．しかしながらほぼ中立説は，分子生物学の初期の時代に多くの研究者がもっていた考え方と同じものである（図4.1A）．当時から厳密に $Ns = 0$ の完全に中立な対立遺伝子があると信じていた研究者などひとりもいなかった．すでに述べたように，実際には $N|s|$ が大きくても N が十分大きければ中立とみなすことができる．淘汰係数がゆらぐ場合には，$N|\bar{s}| \approx 200$ であっても突然変異は中立であるかのようにふるまう．また，そもそも木村の「分子進化の中立説」は，はじめから「分子進化の中立またはほぼ中立説」を意味していたことにも注意する必要がある（Kimura 1968a）．

＊5 ステム領域：1 本鎖 RNA 分子内で相補的な塩基配列領域が対合することによって形成される 2 本鎖の構造のこと．

4.7　有利な突然変異

新しいタンパク質機能の進化

ほとんどのタンパク質ではアミノ酸置換の大部分がおおよそ中立で，ほんの一部だけが機能に影響を与えてきた（4.3節と4.4節を参照）．例外的なタンパク質については この節の後半で紹介する．これまでのところ，おもに生理的な形質を制御するタンパク質において，機能に影響を与えたアミノ酸置換の例が多く知られている（表4.3）．たとえばペルーツら（Perutz et al. 1981）によって古くから研究されてきたクロコダイルのヘモグロビンは，本来の機能（有機リン酸塩，塩化物，二酸化炭素結合能）を失い新たな機能（重炭酸イオン結合能）を獲得した．これはクロコダイルが水中で長時間滞在する際に起こる血液の酸性化に対する適応で，5つのアミノ酸置換が関与する．だがこれらはクロコダイルとヒトのヘモグロビンの間で観察される全アミノ酸置換（123個）のうちのほんの一部である．実際，脊椎動物の進化の過程でヘモグロビンの3次構造や4次構造はほとんど変化しておらず，アミノ酸置換の大部分は機能にほとんど影響を及ぼさなかったと考えられる（Perutz 1983）．

ヘモグロビンが適応にかかわったと考えられるその他の興味深い生物種の例として，ヒマラヤ山脈の上空を飛行するガンが挙げられる．平地に生息するハイイロガン *Anser anser* のヘモグロビンの酸素親和性は標準的だが，高度9000 m でヒマラヤ山脈の上空を横切って移住するインドガン *Anser indicus* のヘモグロビンの酸素親和性は著しく高い（Petschow et al. 1977）．これら2種のガンのヘモグロビンは4アミノ酸座位が異なるが，酸素親和性の相違はそのうちのたった1座位で起こったアミノ酸置換に起因する．同様に，反芻動物で起こった胃リゾチームの機能の変化も，観察されるアミノ酸置換のうちのごく一部によるものである（Jolles et al. 1984）．

ヒトでは赤色覚と緑色覚の遺伝子がX染色体上で隣接しているが，それらはヒトと旧世界ザルが分岐する直前に起きた遺伝子重複によって形成されたと考えられている．これらの遺伝子にコードされるタンパク質（オプシン）には15アミノ酸座位で相違がみられるが（Nathans et al. 1986），機能分化に寄与したのは2～3座位だけである（Yokoyama and Yokoyama 1990）．また横山竦三（しょうぞう）とラドルウィマー（Yokoyama and Radlwimmer 2001）により，脊椎動物ではこれらのタンパク質の5ア

表 4.3 少数のアミノ酸置換またはアミノ酸置換以外の変化に起因するタンパク質の機能変化の例．おもに生理的な形質が変化している．

タンパク質/遺伝子	生物	アミノ酸置換数	関連形質	参考文献
A対立遺伝子とB対立遺伝子	ヒト	2	ABO 式血液型	Yamamoto and Hakomori (1990)
β-ラクタマーゼ (PBP)	細菌	1-4	抗生物質耐性	Hedge and Spratt (1985)
好酸球由来ニューロトキシン	ヒト	2	抗ウイルス活性	Zhang and Rosenberg (2002)
ヘモグロビン	アリゲーター	5	水中生活	Perutz (1983)
ヘモグロビン	インドガン	1	高地適応	Petschow et al. (1977)
ヘモグロビン	ラマ	1-2	高地適応	Piccinini et al. (1990)
異時性	線虫	1	細胞分化	Ambros and Horvitz (1984)
リゾチーム	反芻動物	2	胃酸耐性	Jolles et al. (1984)
オプシン	ヒト	3	赤/緑色覚	Yokoyama and Yokoyama (1990)
オプシン	脊椎動物	5	色覚多様性	Yokoyama and Radlwimmer (2001)
Period (*per*) 遺伝子	ショウジョウバエ	1	求愛音リズム	Yu et al. (1987)
psbA 遺伝子	植物	1	除草剤耐性	Hirschberg and McIntosh (1983)
TFL1/FT	シロイヌナズナ	1	花成促進	Hanzawa et al. (2005)
TαFT/FT	コムギ	Retrotp	春化	Yan et al. (2006)
TvFT/FT	オオムギ	Intron-1	春化	Yan et al. (2006)

Retrotp はレトロトランスポゾンの挿入，Intron-1 は第 1 イントロンの欠失を表す．

ミノ酸座位における変化が赤色覚と緑色覚の進化に寄与したことが示されている．

表 4.3 に，少数のアミノ酸置換によって機能が進化したと考えられるタンパク質の例をまとめる．ただし一方で，好酸球カチオン性タンパク質（eosinophil cationic protein: ECP）のように多くのアミノ酸置換によって適応進化したと考えられるタンパク質も存在する（図 4.7）．*ECP* 遺伝子は，ヒト上科と旧世界ザルの祖先系統で好酸球由来ニューロトキシン（eosinophil-derived neurotoxin: EDN）の遺伝子が重複することによって形成された（図 4.8A）．したがって新世界ザルには *EDN/ECP* 遺伝子の一方しか存在しないが，ここではそれを *EDN* 遺伝子とよぶ．ヒトでは，EDN や ECP は好酸球の大型特異顆粒に局在する．EDN は HIV などの RNA ウイルスの感染性を減弱させる．ECP には細胞膜傷害性があり，細菌などの寄生生物に対して毒性を示す（Zhang and Rosenberg 2002）．

ECP も EDN も約 160 アミノ酸残基からなるがそれらの配列は大きく異なり，

```
              1                                                50
ヒト           .......... ........M. ......AR.. ...R....A. ...SLN.PR.
チンパンジー    .......... ........M. ......AR.. ...R....A. ...SLN.PR.
ゴリラ         .......... ........M. ......AR.. ...R....A. ...SLN.PR.   ECP
オランウータン   .......... ........S. .G....A..R ...R....A. ..VSLN.P..
マカク         .......... ........M. ......AR.. ...K....A. ....VN.PR.
結節 b         .......... ........M. ......AR.. ...R....A. ....LN.PR.
結節 a         MVPKLFTSQI CLLLLLGLLG VEGSLHVKPP QFTWAQWFEI QHINMTPQQC
結節 c         .......... .......... .......... .......... ......S...
ヒト           .......... .........A .......... .........T ......S...
チンパンジー    .......... .........A .......... .........T ......S...
ゴリラ         .......... .........A .......... .........T ......S...   EDN
オランウータン   .......... S........A .D........ .........T ......S...
マカク         .......... ........M. ......A..G .......... ......SG..
タマリン        .......... .V...F...S ..V..Q...Q ..S.....S. ...QT..LH.

              51                                               100
ヒト           .I...A.... RW........ .R........ ....QS.R.. H..T.....R
チンパンジー    .I........ RW........ .R........ ....QS.R.. H..T.....Q
ゴリラ         .I........ RW........ .R........ ....QS.R.L H..T.....R   ECP
オランウータン   .T........ .....D.... .R........ .......... ...T.H...R
マカク         .I........ .......... .R....YTA. ..R.ER.R.. ...T.H...R
結節 b         .I........ .......... .R........ .......R.. ...T.H...R
結節 a         TNAMRVINNY QRRCKNQNTF LLTTFANVVN VCGNPNITCP RNRSLNNCHH
結節 c         ....Q..... .......... .......... .......... S.........
ヒト           ....Q..... .......... .......... ......M... S.KTRK....
チンパンジー    ....Q..... .......... .......... ......M... S.KTRK...Q
ゴリラ         .......... .......... .......... ......M... S.KTRK....   EDN
オランウータン   N...Q....F .......... .R........ .......... S...R.....
マカク         ....Q..... .......... ......D..H .....SMP.. S.T.......
タマリン        .S...A..R. .P........ .H........ ....T..... ..A.......

              101                                                      157
ヒト           .RFR...L.. D.I.A..... ...DR.GRR. .......... ..S.R..... .......
チンパンジー    .RFR...L.. D.I.A..... G..DR.GRR. .......... ..S.R..... .......
ゴリラ         .RFR...L.. D.I.A..... ...DR.GRR. .......... Q.S.R..... .......   ECP
オランウータン   .RF....L.. ....A..... K..DRTERR. .......... ..S.R..... .......
マカク         .RYR...L.. D.I.A...T. ...DR.GRR. .....ES... ..S.R..... .......
結節 b         .RFR...L.. D.I.A..... ...DR.GRR. .......... ..S.R..... .......
結節 a         SGVQVPLIHC NLTGPQISNC RYAQTPANMF YVVACDNRDP RDPPQYPVVP VHLDTTI
結節 c         .......... ...S...... .......... .I........ .......... ....RI.
ヒト           ..S....... ...S...... .......... .I.......Q .......... ....RI.
チンパンジー    ..S....... ...S...... .......... .I.......Q .......... ....RI.
ゴリラ         ..S....... ...S...... .......... .I.......Q .......... ....RI.   EDN
オランウータン   .......... ...S...... .......... .I........ .......... ....RI.
マカク         .......... ...SRR.... ..T..T..KY .I...N.S.. .......... ....RI.
タマリン        .......TY. .......... V.SS.Q.... .......... .......... .......
```

図 4.7　現存種と祖先種における ECP と EDN のアミノ酸配列．アミノ酸は 1 文字表記されており，ドットは結節 *a* と同じアミノ酸であることを表す．結節 *a* にないアルギニン（R）は太字で表されている．

(A)

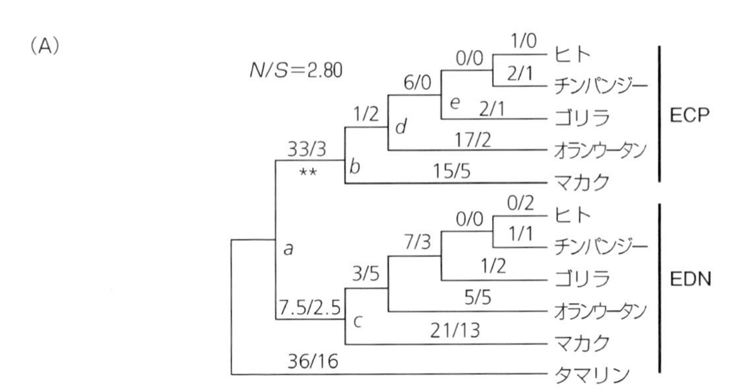

(B)

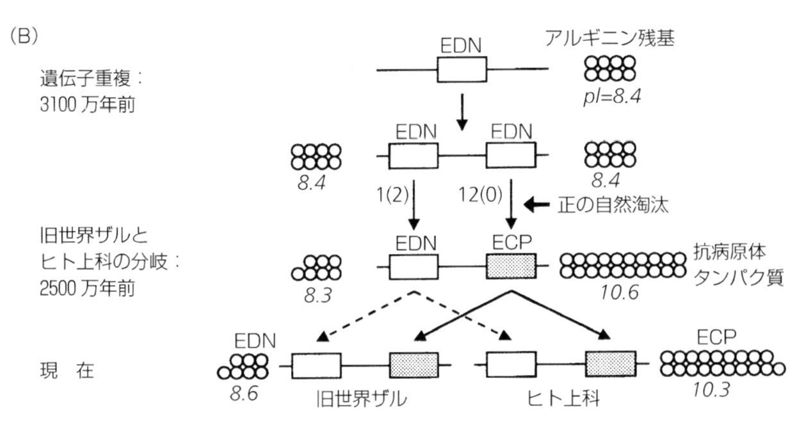

図 4.8　(A)霊長類の *ECP* 遺伝子と *EDN* 遺伝子の進化系統樹．根は結節 *a* と新世界ザルであるタマリンを結ぶ枝に設置してある．結節 *a* で遺伝子重複が起こった．それぞれの枝の上方には配列あたり枝あたりの非同義置換数（*n*）/同義置換数（*s*）が，系統樹の左上方には配列全体の *N/S* 比（= 347/124）= 2.8 が記されている．(B) ECP の病原体に対する毒性の進化とアルギニン化．丸印は ECP または EDN に含まれるアルギニンを表す．現存種のデータとして，ヒトでのアルギニンの数が示されている．*pI* は等電点．Zhang et al.（1998）より．

ECP には EDN よりも配列全体にわたってアルギニンが多く含まれている（図 4.7）．チャン（Jianzhi Zhang）らは，ヒト上科と旧世界ザルの計 5 種から得られた ECP と EDN のアミノ酸配列を解析して進化過程を推測した（Zhang et al. 1998）．図 4.8 がその結果である．図 4.8A には研究に用いられた遺伝子の進化系統樹と，それぞれの枝における同義置換数（*s*）と非同義置換数（*n*）を示す．祖先種（*a*, *b*, *c*）のアミノ酸配列は最大節約法などによって推測された．それぞれの枝にお

ける n/s 比の観察値を，すべての塩基置換がランダムに起こるという仮定のもとで得られた期待値（$N/S = 2.8$）と比較したところ，結節 a と b を結ぶ枝でのみ n/s 比が N/S 比よりも有意に大きく，非同義置換速度が加速したことがわかった．さらにアミノ酸配列の詳細な解析から，この枝で n/s 比が大きいのは自然淘汰によってアミノ酸のアルギニン化が多数回起こったためだと考えられた．

図 4.8B には，旧世界ザルとヒト上科における ECP のアミノ酸配列と機能の進化の過程を示す．*ECP* 遺伝子は，旧世界ザルと新世界ザルの分岐後に *EDN* 遺伝子が重複してできた．重複時，EDN の 2 コピーのおもな機能はリボヌクレアーゼとして RNA を分解することで弱い抗ウイルス活性もあったが，旧世界ザルからヒト上科が分岐するまでの間に片方のコピーでアミノ酸のアルギニン化が多数回起こり，強塩基性の抗病原体タンパク質 ECP が形成された．ECP が形成される過程では，細菌の排除を可能にするような突然変異に正の自然淘汰がはたらいたと考えられる．

この例からもわかるように，タンパク質の機能の進化は多くのアミノ酸置換によってもたらされることもある．一般に正の自然淘汰がはたらいたアミノ酸座位を特定することは難しく，実験による検証が必要である．

免疫システム遺伝子

遺伝子にはたらく正のダーウィン淘汰は，同義座位あたりの置換数（d_S）と非同義座位あたりの置換数（d_N）を比較することで検出できる．ヒューズ（Austin L. Hughes）と根井はいち早くこの手法を応用し，ヒトとマウスにおける主要組織適合性複合体（major histocompatibility complex: MHC）遺伝子の種内多型データを用いて，ペプチド結合座位（peptide-binding site: PBS）（または抗原認識座位）をコードする 57 コドン座位と PBS 以外をコードするコドン座位のそれぞれで d_N と d_S を比較した（Hughes and Nei 1988, 1989）．MHC は獲得免疫の初期の段階ではたらき，自己と非自己のペプチドを識別する．解析の結果，ヒトとマウスのいずれでも，PBS では $d_N > d_S$ で正の自然淘汰がはたらき，PBS 以外では $d_N < d_S$ で純化淘汰が支配的であることが明らかになった．脊椎動物の MHC 遺伝子座はしばしば集団内の対立遺伝子数が 25 にも至るほどなみはずれて多型的だが，その理由については 1988 年まで 20 年間以上にわたって論争の的だった．理由としてはヘテロ接合体有利すなわち超優性淘汰が考えられていたものの（Doherty and Zinkernagel 1975），それを支持する証拠がなかったのだ．ヒューズと根井は，超優性淘汰のもとでは

d_N が d_S より大きくなると予測されていたことから（Maruyama and Nei 1981），MHC が高度に多型的なのは超優性淘汰がはたらいたためだと結論づけた（Hughes and Nei 1988）．

MHC 遺伝子座に超優性淘汰がはたらくのは，MHC 遺伝子座の対立遺伝子はそれぞれ複数の非自己抗原を特異的に認識しそれらの排除に寄与するため，ヘテロ接合体はホモ接合体よりも多様な病原体（ウイルス，細菌，真菌など）を排除できるからだと考えられる．その結果，対立遺伝子数は増大してヘテロ接合度や多型も高度になった．MHC には多くの免疫システム遺伝子が連鎖しており（Hughes and Yeager 1998），膨大な種類の寄生生物から宿主個体を防御している．のちに高畑尚之と根井は，MHC の多型に関するさまざまな性質，たとえばそれぞれの遺伝子座に多数の対立遺伝子が存在することやそれらが長期間維持されてきたことは，超優性淘汰で説明できることを数学的に証明した（Takahata and Nei 1990）．その後さまざまな生物種の MHC 遺伝子について数百もの d_N と d_S の比較研究がなされ，それらの大部分で上とほぼ同じ結果が得られている（Hughes and Yeager 1998; Klein et al. 2007）．MHC 遺伝子座ではヘテロ接合体が有利であることを示唆する集団動態のデータも報告されている（Hedrick 2002）．

d_N と d_S の比較は，免疫グロブリン（Tanaka and Nei 1989），T 細胞受容体（Su and Nei 2001），ナチュラルキラー細胞受容体（Hughes 2002）などの多くの免疫システム遺伝子についてもなされ，おもにリガンドを認識するアミノ酸座位で正の自然淘汰が検出された．これらの遺伝子は MHC 遺伝子ほど高度に多型的でないことから，正の自然淘汰は集団内多型を増大させるためだけでなく，遺伝子置換速度を加速させるためにもはたらくと考えられた（Tanaka and Nei 1989）．非同義置換速度の加速は，ウイルス，細菌，真菌といった進化し続ける寄生生物の感染から宿主生物を防御するために起こると考えられた．

$d_N > d_S$ の関係は，植物の耐病性遺伝子でも多く観察される（たとえば Michelmore and Meyers 1998; Xiao et al. 2004）．耐病性遺伝子も寄生生物からの宿主の防御にはたらくため，免疫システム遺伝子の一種とみなせる．他に $d_N > d_S$ の関係を示す遺伝子としては，インフルエンザウイルス（Ina and Gojobori 1994; Fitch et al. 1997; Suzuki and Gojobori 1999），HIV-1（Hughes 1999a），マラリア原虫（Hughes 1999a）といった寄生生物における抗原遺伝子が挙げられる．とくに RNA ウイルスは突然変異速度が速く，宿主の免疫システムから容易に逃避することができる．宿主の免疫システム遺伝子と寄生生物の抗原遺伝子で非同義置換速度が同義置換速度よりも速いのは，これら遺伝子の間の「イタチごっこ」のためと考えられる．

ある遺伝子座に多くの対立遺伝子が存在し高度に多型的な場合には遺伝的荷重は大きくならず（式 (2.22) を参照），テオドシウス・ドブジャンスキー（Theodosius Dobzhansky）が提唱した平衡説に従って多型が維持されると考えられるが，そのような遺伝子座はゲノムにわずかしか存在しない．むしろ分子データからは，大部分の遺伝子座には純化淘汰がはたらいているというマラーらの古典説が支持され，ほとんどすべての遺伝子座では平衡淘汰によって多型が維持されているというドブジャンスキーの考え方は支持されない．ただし古典説を支持していた研究者も，集団には表現型レベルで識別されない中立な変異が大量に存在することまでは想定していなかったので，完全に正しかったわけではない．

異種共有多型

ある遺伝子座で対立遺伝子対に超優性淘汰などの平衡淘汰が長期間はたらく場合には，種分化をまたいで多型が維持され，同じ対立遺伝子系統対が複数種で観察されることがある（Takahata and Nei 1990）．たとえばフィゲロア（Felipe Figueroa）らは，ある MHC クラス I 遺伝子座で挿入/欠失によって区別される対立遺伝子系統対が 1000 万年以上前に分岐したマウスとラットの両方で維持されていることを発見した（Figueroa et al. 1988）．およそ 600 万年前に分岐したヒトとチンパンジーの間でも MHC クラス I 遺伝子座やクラス II 遺伝子座で同じ対立遺伝子系統が複数共有されている（Lawlor et al. 1988; Mayer et al. 1988）．これらの結果は，複数の対立遺伝子が 2 種の分岐以前に確立されそれぞれの子孫集団で維持されてきたことを示唆する（図 4.9）．このような多型を異種共有多型という（Klein and Takahata 2002）．

異種共有多型は MHC 領域でしばしば観察される．たとえば MHC クラス II の *DRB1* 遺伝子座には世界中のヒト集団全体で 300 以上の対立遺伝子が存在するが，そのうちの約 10% はチンパンジーの対立遺伝子と同系統である（Klein et al. 2007）．異種共有多型は東アフリカのヴィクトリア湖に生息するシクリッドでも観察される．地質学的な研究からヴィクトリア湖はおよそ 15400 年前に完全に干上がり，その約 800 年後に再び水で満たされたことが知られている．したがってヴィクトリア湖のシクリッドは過去 14000 年の間に急速に種分化して現在の 200 種（または型）を形成したと考えられる．急速な種分化がどのように起こったのかは不明だが，塩基配列レベルでしばしば異種共有多型が認められる．これらの結果からクライン（Jan Klein）らは，ヴィクトリア湖に移住した祖先のシクリッドは複数の遺伝

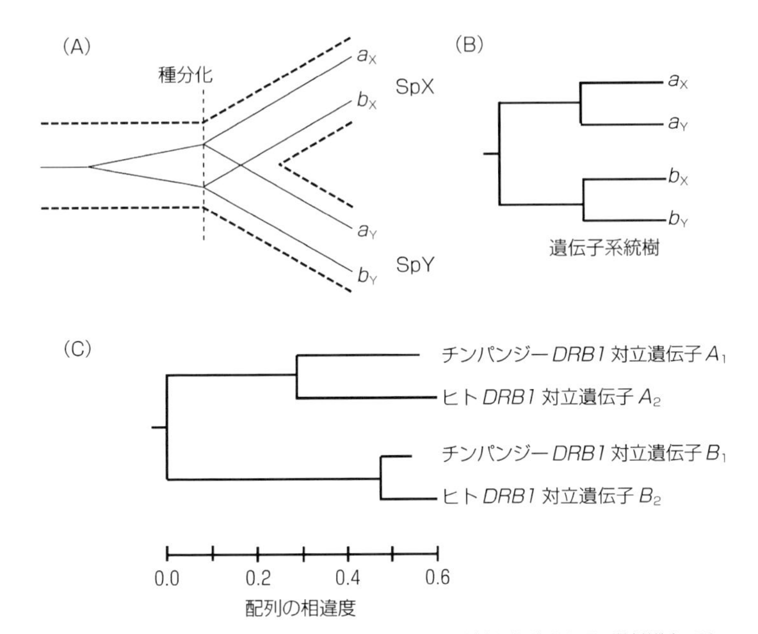

図 4.9 異種共有多型を形成する対立遺伝子の分岐(A)と期待される系統樹(B). 種X（SpX）の対立遺伝子 a_X は，SpX の b_X よりも種 Y（SpY）の a_Y に近縁である. 同様に，b_X は a_X よりも b_Y に近縁である. (C)ヒトとチンパンジーでMHC クラスⅡの *DRB1* 遺伝子座に存在する対立遺伝子の系統樹. MHC のデータは Klein and Takahata（2002）による.

的系統から構成されていて，異なる系統に由来する個体からなる集団がヴィクトリア湖内のさまざまな環境に適応することで急速な種分化が起きたと推測した. このような研究は，分子生物学的な実験技術が集団遺伝学に導入され，異種間で相同な遺伝子を同定できるようになったことで初めて可能になった.

フィッシャーらがロンドン動物園で，チンパンジーのフェニルチオカルバミド（phenylthiocarbamide: PTC）苦味受容体遺伝子座にはヒトと同様に T 対立遺伝子と t 対立遺伝子による多型があることを発見し，PTC 苦味受容体多型は超優性淘汰によってヒトとチンパンジーで維持されてきたと結論づけたのは有名な話である（Fisher et al. 1939）. しかしながらその後ウッディング（Stephen Wooding）らにより，T 対立遺伝子も t 対立遺伝子もヒトとチンパンジーでは系統が異なり最近独立に形成されたこと，チンパンジーの t 対立遺伝子にはナンセンス変異があることが明らかになった（Wooding et al. 2006）. これらの結果は，PTC 苦味受容体多型が超優性淘汰によって維持されてきたのではないことを示す．

異種共有多型の中には数千万年間維持されてきたものもある．スー（Chen Su）と根井は，ウサギの重鎖可変領域1遺伝子座（V_H1）には塩基配列の相違度が18%にもなる3種類の対立遺伝子があることをみいだし，ウサギとその近縁種であるノウサギの分岐年代の情報から，V_H1 遺伝子座の多型はおよそ5000万年間維持されてきたと推測した（Su and Nei 1999）．この結果は，他の研究者によっても支持されている（Esteves et al. 2004）．三浦 ふみらは，硬骨魚であるメダカの免疫プロテアソームサブユニットベータ8型（*PSMB8*）遺伝子座に存在する2種類の対立遺伝子（*PSMB8N* と *PSMB8d*）がコードしているタンパク質は，アミノ酸配列の相違度が20%と非常に大きいことを発見した（Miura et al. 2010a）．これらの対立遺伝子は東アジアに生息するメダカの多くの種で観察されることから，3500〜6000万年前に分岐したと推測された．

異種共有多型の例として上に挙げた2遺伝子座やMHC遺伝子座はいずれも脊椎動物の免疫システムに関連しており，集団内で多型が長期間維持される理由を容易に理解することができる．あまり研究されていないだけで，他にも多型が長期間維持されてきた遺伝子座があるかもしれない．たとえば植物の耐病性遺伝子座には異種共有多型があると思われる．植物の自家不和合性やミツバチの性決定に関与する複数の対立遺伝子も長期間維持されてきている（Wright 1939; Yokoyama and Nei 1979; Gempe and Beye 2010）．とくに自家不和合性（self-incompatibility: SI）の分子メカニズムは複雑で，ペチュニアの花柱で発現するSI対立遺伝子はリボヌクレアーゼをコードしており，花粉の雄性決定因子はFボックスタンパク質であることが知られている（Kubo et al. 2010）．

4.8　正の自然淘汰を検出するための最近の統計的研究

本章でこれまで述べてきたように，分子進化の中立説に関する論争のおもな要因は，一部の研究者が中立性の定義を厳密にしすぎたり，一部の遺伝子が例外的に中立に進化しなかったりすることである．長期間にわたって厳密な意味で中立に進化する遺伝子など存在しない．中立説は，アミノ酸配列や塩基配列といった分子レベルでの進化は，おもにダーウィン淘汰ではなく中立またはほぼ中立な対立遺伝子の遺伝的浮動によって起こると主張しているにすぎない．脊椎動物のMHC遺伝子や植物の耐病性遺伝子といった際だった例外はあるものの，アミノ酸配列や塩基配列はおおよそ中立説に従って進化している．ヒトゲノムにおいては，タンパク質コード領域でも非コード領域でも，大量（数千）の1塩基多型（single nucleotide polymorphism: SNP）座位から得られる変異型塩基の頻度の観察分布は，中立説から得られる理論分布ときわめてよく適合する（第2章を参照）．

しかしながら最近になって，タンパク質レベルにはたらく正の自然淘汰を検出したと主張する論文が数多く発表されている．これらの論文では現実には成り立たないようなさまざまな仮定に基づいた統計的方法を用いてゲノムデータの解析が行われているため，仮定や統計的方法の妥当性を精査する必要がある．また検出された正の自然淘汰の生物学的な意義を検証することも重要である．これらの問題についてはすでに，いくつかの論文（Hermisson 2009; Hughes 2008; Nozawa et al. 2009a; Nei et al. 2010）で議論されているが，ここではとくに根井らの見解（Nei et al. 2010）をまとめることにする．

正の自然淘汰を受けているコドンを検出するためのベイズ法

MHC遺伝子ではほんの一部のコドン座位だけに正の自然淘汰がはたらいていることが明らかになると，理論研究者の多くは他のタンパク質コード遺伝子でも同様に正の自然淘汰がはたらいていると考え，塩基配列の比較から正の自然淘汰がはたらいているコドン座位を検出するための統計的方法を開発した．codemlというプログラムに実装されているベイズ法では，それぞれのコドン座位におけるw（$= d_N/d_S$）の値が特定の分布（たとえば一様分布やベータ分布）に従うと仮定する．複数の塩基配列をコドン置換モデル（たとえばGoldman and Yang 1994; Muse and Gaut 1994）に基づいて比較し，ベイズの定理を用いてそれぞれのコドン座位におけるwの値を推定する．そしてwの推定値が有意に1より大きいコドン座位に正の自然淘汰がはたらいたと推測する（たとえばKosakovsky Pond et al. 2005; Yang 2007）．

過去10年間に多くの生物学者がこの方法を用いて，ヒト，チンパンジー，マカクを含むさまざまな生物種で正の自然淘汰がはたらいた遺伝子を同定した（Nei et al. 2010を参照）．たとえばウディン（Monica Uddin）らは，10種の脊椎動物から得られた多数のオルソログの解析により，齧歯類の系統から分岐した後のヒトの系統で1240遺伝子に正の自然淘汰がはたらき，ヒト特異的な形態形質や生理形質の形成に寄与したと主張した（Uddin et al. 2008）．しかしながら正の自然淘汰が検出された1240遺伝子のうちの273遺伝子は，すでに中立に進化していることが明らかにされていた嗅覚受容体遺伝子だった（Gimelbrant et al. 2004）．

最近，理論的研究や実験的研究によって，ベイズ法は偽陽性率が高く信頼性がきわめて低いことが明らかにされた（Suzuki and Nei 2002; Hughes and Friedman 2008; Yokoyama et al. 2008; Nozawa et al. 2009a, 2009b）．これにはいくつかの理由が考えられる．まず，ベイズ法で用いられている尤度比検定*6（likelihood ratio test: LRT）は，仮定されている数理モデルが非現実的なため信頼性が低い（付録Fを参照）．また，それぞれのコドン座位で起こった塩基置換がしばしば少なすぎるために，標本誤差によってwの値が大きくなり誤って正の自然淘汰が検出されてしまうことがある（Suzuki and Nei 2004; Nozawa et al. 2009a, 2009b）．事実，ベイズ法で正の自然淘汰が検出されるときにはwの推定値はしばしば∞になるが，これは生物学的にありえないことである．コンピュータ・シミュレーションにおいても，中立なコドンの割合のような補助パラメータの推定値は，たとえ真の値と一致するはずの条件下でもしばしば大きく異なった値になる（Nozawa et al. 2009a）．

LRTにおいては，自然淘汰を仮定しない帰無仮説モデル（M_0）と仮定する自然淘汰モデル（M_S）が比較される（Yang 2007; Yang and dos Reis 2011）．帰無仮説モデルではある割合のコドン座位で $w=1$，他のコドン座位でwは1未満の特定の値と仮定されるが，実際にはwが1未満のコドン座位間でもwの値は異なるはずなので，この仮定はきわめて非現実的である．また自然淘汰モデルでは，$w>1$ であるコドン座位ではwの値は進化を通じてつねに一定と仮定されるが，実際にはwの値は塩基置換が蓄積されるにつれて変化するはずなので，この仮定も非現実的である（付録Fを参照）．

野澤 昌文らは，さまざまなM_0やM_Sを設定したコンピュータ・シミュレーションによりベイズ法の信頼性が低いことを示した（Nozawa et al. 2009a, 2009b）．たとえば信頼性の高い検定では第1種過誤*7（P）の値は一様分布に従うはずだが，ヤン（Ziheng Yang）のベイズ法では，P値は$P=0$と$P=1$付近に頂のあるU字形の分布を形成し，M_0とM_Sの組合せによっては0付近で過度に頻度が高くなった．実際の配列解析では，M_0やM_Sが現実的でないため，LRTで得られるP値はさらに誤ったものになると考えられる．そもそも現実的なM_0やM_Sを知ることはできないので，ベイズ法で適切な検出力の検定を行うことはほぼ不可能だろ

*6 尤度：仮定された確率モデルのもとで特定のパラメータ値を用いて求められた観察データの生起確率を，そのデータが与えられたときのパラメータ値の尤もらしさの指標とみなしたもののこと．

*7 第1種過誤：統計検定において，帰無仮説が正しいにもかかわらずそれを誤って棄却してしまう確率のこと．

う．

さらに重要なことは，適応進化はしばしば単独の非同義（またはアミノ酸）置換によってもたらされるため，非同義置換が同義置換よりも有意に多く起こったことを証明することはコドン座位に正の自然淘汰がはたらいたことを証明するための必要条件ではないということである．たとえば脊椎動物における赤色覚と緑色覚の違いは，視物質タンパク質の277番目と285番目のアミノ酸座位におけるアミノ酸置換によってもたらされる．これらのアミノ酸座位ではすべての脊椎動物でアミノ酸が保存されているが，同義置換は繰り返し起こったためwの値は小さい（付録Fを参照）．

以上の理由から，ベイズ法を用いて正の自然淘汰がはたらいたコドン座位を検出することは困難である．タンパク質の機能の進化を研究するには，最大節約法[*8]などを用いて祖先種における塩基配列を推定し，実験的に祖先タンパク質を再構築して機能解析すればよい（Jermann et al. 1995; Zhang 2006; Yokoyama et al. 2008）．横山らはこのような実験により視物質（色覚遺伝子）の適応に重要な役割を果たしたアミノ酸座位を特定し，一方でベイズ法を用いて正の自然淘汰がはたらいたアミノ酸座位を同定してそれらを比較したところ，ほとんど一致しなかった（Yokoyama et al. 2008；図4.10）．視物質の他のデータセット（Nozawa et al. 2009a）や嗅覚受容体（Zhuang et al. 2010）の解析からも同様の結果が得られている．

マクドナルド-クライトマン法とその拡張

その他の最近よく用いられている正の自然淘汰を検出するための統計的方法として，マクドナルド（John H. McDonald）とクライトマン（Martin Kreitman）の方法（MK法：McDonald and Kreitman 1991）とその拡張法がある．MK法では，複数の近縁種のそれぞれから多型的なゲノム配列（タンパク質コード遺伝子配列）を抽出し，種内で観察される非同義座位あたりの多型座位数（P_N）と同義座位あたりの多型座位数（P_S）の比（P_N/P_S）と種間で観察される非同義座位あたりの置換数（D_N）と同義座位あたりの置換数（D_S）の比（D_N/D_S）を比較する．そして，D_N/D_SがP_N/P_Sよりも有意に大きければ正の自然淘汰がはたらいたと推測する．MK法では，突然変異は高度に有害，高度に有益，中立のいずれかでしかないと仮定される．高度に有害な突然変異は集団からすみやかに消失し，高度に有益な突然変異は

＊8　最大節約法：進化的な事象が起こった回数が最も少なくなるように進化過程を推定する方法のこと．

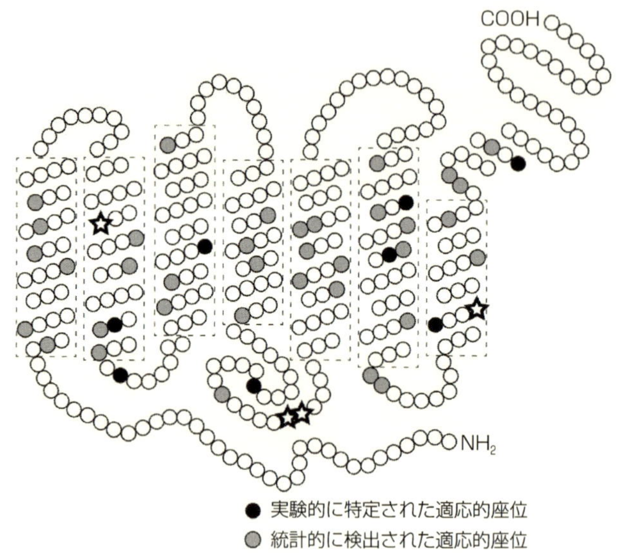

図 4.10　ウシロドプシンタンパク質における，脊椎動物で起こった適応的な置換が実験的に特定されたアミノ酸座位とベイズ法で統計的に正の自然淘汰が検出されたアミノ酸座位．膜貫通領域を破線で囲む．Nei et al. (2010) より．

集団にすばやく固定するため，P_{N} と P_{S} はいずれも中立な塩基多型を表すと考える．中立な非同義突然変異の割合は $f=\dfrac{P_{\mathrm{N}}}{P_{\mathrm{S}}}$，有害な非同義突然変異の割合は $1-f$ と推定される (Sella et al. 2009)．

種間で観察される非同義置換のうちで適応的なものの割合は，$\alpha=\dfrac{\dfrac{D_{\mathrm{N}}}{D_{\mathrm{S}}}-\dfrac{P_{\mathrm{N}}}{P_{\mathrm{S}}}}{\dfrac{D_{\mathrm{N}}}{D_{\mathrm{S}}}}$ と推定される．α は 0 と 1 の間の値になると想定されるが，実際には標本誤差のために $-\infty$ と 1 の間の値になる．そのため，多くの遺伝子についての D_{N}，D_{S}，P_{N}，P_{S} の平均値 $\overline{D}_{\mathrm{N}}$，$\overline{D}_{\mathrm{S}}$，$\overline{P}_{\mathrm{N}}$，$\overline{P}_{\mathrm{S}}$ から得られる $\overline{\alpha}=\dfrac{\dfrac{\overline{D}_{\mathrm{N}}}{\overline{D}_{\mathrm{S}}}-\dfrac{\overline{P}_{\mathrm{N}}}{\overline{P}_{\mathrm{S}}}}{\dfrac{\overline{D}_{\mathrm{N}}}{\overline{D}_{\mathrm{S}}}}$ が，種間で起こった適応的な非同義置換の割合の推定値としてよく用いられる．

これまでに多くの研究者が，さまざまな生物種群について大量の遺伝子を解析することによって $\overline{\alpha}$ の値を推定した．ヒト，シロイヌナズナ，酵母では $\overline{\alpha}$ の値は有意に0より大きくならず，D_N も D_S も中立な突然変異によると考えられた（Nei et al. 2010 を参照）．ところがショウジョウバエでは多くの研究者によって $\overline{\alpha}=0.25 \sim 0.95$ という値が得られた（たとえば Fay et al. 2002; Smith and Eyre-Walker 2002; Begun et al. 2007; Sawyer et al. 2007; Shapiro et al. 2007）．ビガン（David J. Begun）らによるオナジショウジョウバエ *D. simulans* 7 系統とキイロショウジョウバエ *D. melanogaster* 1 系統についての 10065 遺伝子の解析では，$\overline{\alpha}=0.54$ だった（Begun et al. 2007）．極端な例としては，ソーヤー（Stanley A. Sawyer）らによるキイロショウジョウバエ *D. melanogaster* とオナジショウジョウバエ *D. simulans* についての 91 遺伝子の解析において，種間で観察されたアミノ酸置換のおよそ 95％に正の自然淘汰がはたらいたと推定された（$\overline{\alpha}=0.95$；Stanley et al. 2007）．

これらの結果は，過去 40 年間にわたる分子進化の研究から得られた知見とはまったく相容れないものである．MK 法には何か問題があるのではないだろうか？第 1 に，MK 法はいくつかの単純な仮定に基づいて構築されている．たとえば P_N を構成する非同義多型はすべて中立と仮定されるが，どの集団にも弱有害な非同義多型は存在することから，この仮定は明らかに誤りである．この問題を解決するために，低頻度の対立遺伝子がある遺伝子座（または塩基座位）を取り除いて解析が行われることもあるが（たとえば Fay et al. 2002; Smith and Eyre-Walker 2002），中立突然変異も大部分が低頻度であり，逆に弱有害突然変異も中程度の頻度になりうるので（Wright 1938a; Wright 1969, p. 385），それらの解析も妥当性に欠ける．また，有害な突然変異に対する淘汰係数 s の値は連続的なので，低頻度の対立遺伝子がある塩基座位を取り除くための閾値を設定することも非常に難しい．同様に，有益な突然変異に対する s の値も連続的で，s が大きい突然変異よりも s が小さい突然変異のほうが頻繁に起こると考えられるため，P_N に有益な突然変異が含まれないという仮定も誤りである．このように，$|s|$ が小さい突然変異も P_N さらには D_N に寄与するはずであり，$\overline{\alpha}$ の生物学的な意味はきわめて難解である．

第 2 に，MK 法では正の自然淘汰以外の要因でも α は正になりうる．たとえば進化の過程で集団サイズがゆらぐと弱有害突然変異が固定することにより α が 0 を超える可能性がある（McDonald and Kreitman 1991; Hughes 2008）．また自然界では非同義突然変異に対する s の値は決して一定でなく世代ごとに変化し，対立遺伝子頻度のランダムなゆらぎに寄与する（Wright 1948a；第 2 章を参照）．とくに s の平均が 0

に近ければ変異型対立遺伝子は中立であるかのようにふるまう．しかしながら s のゆらぎは P_N を大幅に減少させる効果があるため（Nei and Yokoyama 1976），α が 0 より大きくても必ずしも正の自然淘汰の証拠とはならない．多くの遺伝子を用いた解析において $\dfrac{\overline{D}_N}{\overline{D}_S}$ $\left(または \dfrac{\overline{d}_N}{\overline{d}_S}\right)$ が進化を通じておおよそ一定である場合には（図 4.2），α はもはや正の自然淘汰ではなく，非同義多型の欠如の程度を表す指標とみなすことができるだろう．このことから，MK 法は本当の意味では正の自然淘汰を検出する方法とはいえない（Nei et al. 2010）．

第 3 の問題は，P_N/P_S よりも D_N/D_S が大きい場合には，差分の非同義置換がすべて適応的で正の自然淘汰によって固定したと仮定されることである．アミノ酸置換のうちでタンパク質の機能に影響を与えるものはおよそ 5％しかないと考えられている．これをソーヤーら（Sawyer et al. 2007）が解析したキイロショウジョウバエ *D. melanogaster* とオナジショウジョウバエ *D. simulans* の 91 遺伝子についても適用すると，たとえアミノ酸置換の 95％に正の自然淘汰がはたらいたとしても機能はほとんど進化していないことになる（Nei et al. 2010）．事実，ソーヤーらによる Ns の推定値はおよそ 4 であり，アミノ酸置換は実質的に中立だったことが示唆される（第 2 章を参照）．

ハプロタイプホモ接合度と F_{ST} 法

集団遺伝学的に正の自然淘汰を検出するための統計的方法も数多く開発されており，その 1 つが田嶋文生（ふみお）の D を用いる方法（Tajima 1989）とその拡張法である．これらの方法では，集団内変異の頻度の観察分布が中立のもとで予測される理論分布と一致するかどうかがさまざまな統計量に基づいて検定される．代表的な統計量が田嶋の D で，$D > 0$ ならば平衡淘汰，$D < 0$ ならば純化淘汰や方向性淘汰が示唆される．他にもハドソン（Richard R. Hudson）らは，集団内多型と集団間分化の相対的な程度が遺伝子座間で一致しているかどうかで中立性を検定する方法を考案した（Hudson et al. 1987）．これらの方法では集団が突然変異–遺伝的浮動の平衡状態にあることを前提として帰無仮説が構築されているが，実際にはこの前提が成り立つことはまずないので，これらの方法を用いた解析から明確な結論を得ることは一般に難しい．また，たとえ正の自然淘汰がはたらいたという結論が得られたとしても，その標的となった変異を同定することは困難である．

その他にも，SNP データから広域ハプロタイプホモ接合度（extended haplotype homozygosity: EHH）のパターンを解析して正の自然淘汰を検出する研究が増えてきている．EHH 法では，ある SNP 座位で変異型塩基に強い正の自然淘汰がはたらいて頻度が上昇しているときには連鎖している他の SNP 座位の塩基もヒッチハイキング効果*9 によって頻度が同様に変化するため，正の自然淘汰がはたらいている変異型塩基を含むハプロタイプは広域なゲノム領域にわたってホモ接合度が高くなると考える（Sabeti et al. 2002）．一方，祖先型塩基を含むハプロタイプは，その SNP 座位と他の SNP 座位との間で過去に生じた組換えのために広域なゲノム領域にわたってホモ接合度が高くなることはない．つまり，正の自然淘汰がはたらいている変異型塩基を含むハプロタイプは，祖先型塩基を含むハプロタイプよりも広域なゲノム領域にわたってホモ接合度が高くなっていると予測される．したがって，特定の SNP 座位について変異型塩基を含む広域ハプロタイプホモ接合度（EHH_M）と祖先型塩基を含む広域ハプロタイプホモ接合度（EHH_A）を比較することによって正の自然淘汰を検出する．EHH_M の EHH_A に対する比は相対 EHH（rEHH）とよばれる（Sabeti et al. 2002）．EHH 法により，G6PD や CD40 リガンド（TNFSF5）といった，すでに正の自然淘汰がはたらいていることがわかっているタンパク質コード遺伝子で正の自然淘汰を検出できることが確かめられ，多くの研究者が EHH 法によって正の自然淘汰がはたらいている SNP 座位やゲノム領域を新たに同定した（Nei et al. 2010 を参照）．たとえばヒトゲノムでは，ヴォイトら（Voight et al. 2006）が 250 領域，サベティら（Sabeti et al. 2007）が 300 領域で正の自然淘汰を検出した．

ただし，EHH 法にも問題がある．第 1 に，EHH 法では自然淘汰を統計的に検出するための中立帰無仮説を設定することが難しいため中立性の検定は行われず，rEHH の値が上位 1 % または 5 % のゲノム領域に正の自然淘汰がはたらいたと推測される．したがって数万の SNP 座位が解析に用いられれば，上位 1 % としても数百をこえるゲノム領域に正の自然淘汰がはたらいたと推測されることになる．また rEHH（ならびに他のすべての統計量）は SNP データの量や質だけでなく，突然変異，組換え，遺伝的浮動といったランダムな現象の影響も受けるため誤差が大きく，rEHH の値が大きいからといって必ずしも自然淘汰がはたらいたとは限らない．

*9 ヒッチハイキング効果：正の自然淘汰がはたらいている対立遺伝子に連鎖した変異の頻度がその対立遺伝子とともに上昇すること．

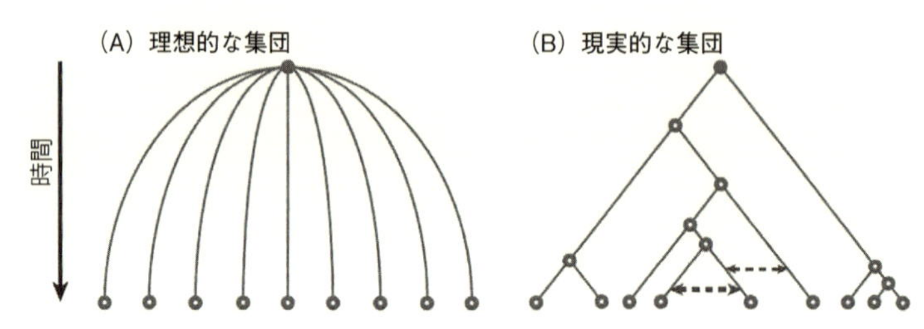

図 4.11　集団構造の例．(A)分集団が祖先集団からいっせいに分岐し独立に進化した理想的な集団構造モデル．(B)いくつかの分集団が互いに他よりも近縁である現実的な集団構造モデル．分集団間では遺伝子流動が起こる（矢印つき破線）．

第 2 に，EHH 法では単独または複数の SNP 座位に正の自然淘汰がはたらき，それらに近隣の SNP 座位もヒッチハイキング効果によってホモ接合度が上昇すると仮定されている．しかしながら，すでに自然淘汰がはたらいていることが知られている SNP 座位を除いて，EHH 法によって新たに自然淘汰がはたらいている SNP 座位が特定されたことは一度もない．ワン（Eric T. Wang）らは，正の自然淘汰が検出されたゲノム領域のおよそ 35% には周辺 100kb に既知の遺伝子がないことを報告している（Wang et al. 2006）．周辺に機能因子をもたないそれらのゲノム領域で本当にヒッチハイキング効果がはたらいたのだろうか？　このような疑問を解決するためにも，正の自然淘汰が検出されたゲノム領域のそれぞれについて実験による検証を行う必要がある．そうでない限り，EHH 法の結果は憶測の域を出ない．

正の自然淘汰がはたらいたゲノム領域を統計的に検出するためには他にも F_{ST} を用いる方法があり，これは集団が分集団化しているときに有効である．F_{ST} はそれぞれの遺伝子座または SNP 座位において，$F_{\mathrm{ST}} = \dfrac{V_x}{\bar{x}(1-\bar{x})}$ で与えられる．ただし，V_x は分集団間での対立遺伝子頻度 x の分散，$\bar{x}$ はすべての分集団にわたる x の平均値を表す．すべての分集団が祖先集団からいっせいに分岐し，分集団間で遺伝子流動が島モデルに従って世代あたり m の速度で起こるときには（図 4.11A），平衡状態での中立な対立遺伝子における F_{ST} の期待値は，N をそれぞれの分集団の有効集団サイズとして近似的に $\dfrac{1}{1+4Nm}$ で表される（Wright 1931）．すべての遺伝子座が中立で独立に進化する場合には，遺伝子座間の F_{ST} の分散は $\dfrac{k\overline{F}_{\mathrm{ST}}^2}{n-1}$ となる．ただし，n は分集団の数，$\overline{F}_{\mathrm{ST}}$ はすべての遺伝子座にわたる F_{ST}

の平均値，$k = 2$ である．リチャード・ルウィントン（Richard C. Lewontin）とジェシー・クラカワー（Jesse Krakauer）はこの式を利用することで中立説を検定できると主張した（Lewontin and Krakauer 1973）．しかしながら根井と丸山毅夫（たけお）（Nei and Maruyama 1975）やロバートソン（Robertson 1975a, 1975b）は，いくつかの分集団が互いに他よりも近縁だったり突然変異速度が遺伝子座ごとに異なったりする場合には k の値は2よりもずっと大きくなることから，ルウィントンとクラカワーの主張を批判した．現実の集団構造はつねに理想的な集団構造モデルよりも複雑であるため（図4.11B），ルウィントン-クラカワー法はすぐにルウィントンとクラカワー自身らによって否定された（Lewontin and Krakauer 1975）．

それにもかかわらず，最近ルウィントン-クラカワー法の拡張法が開発された．この拡張法では，ある生物種で大量の遺伝子座（SNP 座位）について F_{ST} を求め（ゲノムワイド解析），上位と下位１％または５％の値をもつ遺伝子座に正の自然淘汰がはたらいたと考える（たとえば Akey et al. 2002; Barreiro et al. 2008; Myles et al. 2008）．しかしながら，このはずれ値を検出する方法は中立性という帰無仮説を検定しているわけではないので，正の自然淘汰検出法として適切でない（Nei et al. 2010 を参照）．また，根井，丸山，ロバートソンによるルウィントン-クラカワー法に対する批判も解決されていない．

ゲノムワイド解析による正の自然淘汰検出の結果における偽陽性率は，特定のデータを複数の方法で解析した結果を比較することによって顕在化させられると考えられる．ニールセンら（Nielsen et al. 2007）は，ヒトゲノムにおいてヴォイトら（Voight et al. 2006）によって正の自然淘汰が検出された領域に含まれる713遺伝子とワンら（Wang et al. 2006）によって正の自然淘汰が検出された領域に含まれる90遺伝子を比較したところ，共通に含まれていたのは7遺伝子だけだった．エイキー（Joshua M. Akey）も，ヒトゲノムにおいて９つのゲノムワイド解析（Akey et al. 2002; Carlson et al. 2005; Kelley et al. 2006 など）によって正の自然淘汰が検出された領域を比較したところ，９つの解析全体で検出された5110領域のうち２つ以上，３つ以上，４つ以上の解析結果に共通に含まれていたのはそれぞれ722領域（14.1%），271領域（5.3%），129領域（2.5%）しかなかった（Akey 2009）．これらの知見から，ゲノムワイド解析に基づく正の自然淘汰検出法は信頼性が低く，得られた結果の大部分は偽陽性であることが示唆される．

統計的研究と生化学的証明

いまではさまざまな生物種についてゲノム配列データや多型データが利用可能であることから，すべての遺伝子座や SNP 座位のデータを統計的に解析することで正の自然淘汰がはたらいたゲノム領域を網羅的に探索する研究が流行となっている．しかしながら，一般にこれらのゲノムワイド解析では，単独の遺伝子座を統計的に解析するための方法が大量の遺伝子座の1つひとつに適用されるだけである．そのため，解析が適切に行われる限りは自然淘汰に関する大量の情報がもたらされるものの，はずれ値を検出するなど適切に行われなかった場合には誤った結論が導きだされることがある．単独の遺伝子座を対象とした自然淘汰の研究においては，対立遺伝子間での分子機能の相違や対立遺伝子頻度の変化についての詳細な解析が行われ信頼性の高い結果が得られることが多い．一方，ゲノムワイドな統計的研究においては，すべての遺伝子座のデータが一律に特定のコンピュータ・プログラムによって解析されるだけで，それぞれの遺伝子座の特徴が見落とされがちである．

だからといってすべての統計的研究が無意味というわけではない．MHC 遺伝子の場合のように，統計的研究を生化学実験と組み合せることで進化過程に関する深い洞察が得られることもある．分子進化生物学の究極の目的は，進化のメカニズムを生化学的に理解することである．現在，研究者の多くは統計的な解析によって正の自然淘汰を検出することだけで満足しているようだが，それだけでは不十分である．個体間でどのように正の自然淘汰がはたらいたのかを生物学的に理解する必要がある．また自然淘汰の標的となった突然変異を特定したならば，それが分子機能に及ぼす影響を解明する必要がある．自然淘汰は対立遺伝子頻度を変化させるだけで，突然変異こそがすべての表現型進化の究極の源であるため，突然変異の分子機能を理解することが重要なのである．

本章ではおもに単独の遺伝子が突然変異と自然淘汰によってどのように進化するかについて述べてきたが，表現型の進化には多数の遺伝子が関与するため，ある形質の進化に寄与した突然変異を特定するだけでは表現型の進化のメカニズムを解明したことにはならない．たとえば，ハイイロガンとインドガンにおけるヘモグロビンの酸素親和性の相違はたった1ヵ所のアミノ酸置換に起因するが（4.7節を参照），それだけではインドガンがヒマラヤ山脈上空を飛行する能力を獲得したメカニズムを説明するには不十分である．この能力の獲得にはヘモグロビン遺伝子だけでなく，インドガンが空高く飛行し，低温に耐え，山脈を横断し，ヘモグロビン遺伝子の発現パターンを制御するための遺伝子も関与したはずである．したがってヘモグロビン遺伝子の進化だけでなく，他の遺伝子の進化も理解する必要がある．

このように，いかなる表現型であってもその進化を理解するためには複数の遺伝子の進化を同時に研究するとともに，その表現型の発生過程も研究しなければならない．表現型の進化を理解することは，自然淘汰がはたらいた塩基置換を特定することよりもずっと難しいのである．ただし，とくに発生後期に発現する遺伝子（おもに生理形質に関与する遺伝子）については，タンパク質の機能に大きな影響を与えた突然変異を特定することは重要である．

変異型塩基の頻度分布

ただし，統計的研究だけから比較的信頼性の高い結論が得られる場合もある．たとえば2.4節で述べたゲノムのタンパク質コード領域と非コード領域における変異型塩基（SNP）の頻度の分布の解析では，中立突然変異を仮定した場合の理論分布に対して非コード領域における観察分布は予想どおり高い適合性を示したが，コード領域における観察分布も高い適合性を示した．またこれらの観察分布は，弱い正の自然淘汰（$2Ns = 4$）や弱い負の自然淘汰（$2Ns = -4$）がはたらいた場合の理論分布とは大きく異なっていた（図2.5を参照）．これらの結果から，タンパク質コード領域における塩基多型の大部分は中立突然変異に由来することが示唆された．

上の結論は，タンパク質コード領域における塩基置換のパターンともつじつまが合う（図4.2）．また，アフリカ系アメリカ人集団のゲノム配列における変異型塩基の頻度の観察分布や（Miura et al. 2013），野生イネ *Oryza rufipogon* のSNPデータから得られた変異型塩基の頻度の観察分布も（Caicedo et al. 2007），中立突然変異を仮定した場合の理論分布と非常によく適合する．以上から，塩基配列レベルでは正の自然淘汰が広汎にはたらいているという最近の統計的研究の結果は否定される（たとえばBegun et al. 2007; Shapiro et al. 2007）．

それでもなお，変異型対立遺伝子の中には表現型の革新的な進化に寄与するものも少数含まれると考えられるが，変異型塩基の頻度の観察分布からそれらを特定することは不可能である．そのような変異について研究するためには，分子生物学的な手法を用いなければならない．

4.9　ま　と　め

さまざまな生物種から得られたオルソログの比較から，アミノ酸置換は生物種が分岐してからの時間に比例して蓄積することが明らかになった．この性質は，タンパク質コード領域における同義置換や非同義置換，非コード領域における塩基置換についてもおおよそあてはまる．これらの結果から，分子進化はおもに中立またはほぼ中立な突然変異が遺伝的浮動で固定することによって起こること，進化の原動力は突然変異であることが示唆される．現在用いられている中立突然変異の定義には理論的根拠がなく，対立遺伝子頻度のランダムなゆらぎを考慮に入れると定義は大幅に緩和され，$Ns < 200$ であるような大部分の突然変異は実質的に中立と考えられる．

アミノ酸置換速度はタンパク質間で大きく異なり，機能的制約があまりはたらかないタンパク質よりも強くはたらくタンパク質のほうが進化速度は遅い．機能的制約の強さは塩基配列データから $w = d_N/d_S$ として定量化される．大部分のタンパク質は保存的に進化するため，それらをコードする遺伝子では w が 1 を大きく下回り，多くの突然変異が負の自然淘汰によって排除されおもに中立突然変異によってアミノ酸置換が起こると考えられる．機能的制約の強さが変化すると w は大きく変化する．グロビン遺伝子族のような小さな多重遺伝子族にも偽遺伝子は存在し，機能的制約がはたらかないため進化速度は速い．ただし偽遺伝子の中には転写され遺伝子発現調節に用いられるものもある．

遺伝子のほとんどは保存的に進化し進化速度は遅い．しかしながら正のダーウィン淘汰がはたらく遺伝子もあり，それらの大部分は免疫，微生物の抗原性，植物の耐病性に関与する．とくに詳細に研究されているのが脊椎動物の MHC 遺伝子と免疫グロブリン遺伝子である．これらの遺伝子では，新しい非自己抗原の侵入を防ぐために，抗原認識領域で非同義置換に正の自然淘汰がはたらいている（宿主と寄生生物の「イタチごっこ」）．

MHC 遺伝子や免疫グロブリン遺伝子には平衡淘汰がはたらいており高度に多型である．これも，病原体が新たな突然変異によって免疫システムから逃避できるようになり，免疫システムも新たな突然変異によって病原体から宿主を防御できるようになることに起因する．平衡淘汰がはたらくと対立遺伝子の置換も起こるが，多型対立遺伝子が何百万年間にもわたって集団に維持され異種共有多型を形成する場合もある．脊椎動物には，およそ5000万年間にもわたって多型が維持されてきたと考えられる対立遺伝子対もある．

しかしながら大多数の遺伝子座では，タンパク質の種内多型のパターンは中立説のもとで予測されるパターンとおおよそ一致する．最近では正の自然淘汰の重要性を示す統計的研究の結果が数多く報告されているが，それらの研究で用いられている方法は，しばしば誤った数学的・生物学的な仮定に基づいて構築されている．自然淘汰の要因を特定するためには，野生型対立遺伝子と変異型対立遺伝子の分子機能の相違を解明することが重要である．

5　遺伝子重複，多重遺伝子族，繰り返し配列

5.1　遺伝子重複によって生じる新規遺伝子

歴史的にみると，塩基置換だけでなく挿入，欠失，遺伝子重複，ゲノム重複，遺伝子の転移など，いかなる遺伝的変化も突然変異の一部である．第4章では，おもに単一遺伝子座に生じる突然変異と，それらがゲノム進化や表現型進化において果たしている役割について述べた．本章では，さまざまな遺伝的因子を紹介し，それら遺伝的因子の変化と表現型進化の関係について考えてみる．

20世紀前半，すでに重複遺伝子や倍数体の存在はよく知られていた．ゲノム重複によって新しい種が誕生しうることもわかっていた（Taylor and Raes 2004を参照）．このことから，進化において突然変異が重要な役割を果たしていることは明らかであった．しかし，当時の進化学者は遺伝子重複の重要性についてあまり真剣に考えていなかった（Dobzhansky 1937; Huxley 1942; Stebbins 1950）．多くの研究者は自然淘汰こそが進化において最も重要な要素であることを証明するのに必死になっていたからである（Ford 1964; Kettlewell 1973）．さらに，その当時は個々の生物の遺伝子数を推定するための信頼できる方法がなく，進化における遺伝子重複やゲノム重複の役割を研究することは困難であった．1953年にワトソン（James D. Watson）とクリック（Francis H. Crick）が，DNAが遺伝物質の正体であることを発見し（Watson and Crick 1953b），脊椎動物のような複雑な生物が細菌や菌類のような単純な生物よりもゲノムサイズが大きく，より多くの遺伝子をもつことがようやくわかってきた．しかし，ゲノムの大部分が非コードDNAである生物も存在するため，DNA量と生物の複雑さの関係がそれほど単純でないこともすぐに明らかになった．たとえば，サンショウウオの仲間にはヒトの2倍以上のゲノムサイズをもつ種が存在する．以下に，歴史的背景もふまえながら遺伝子重複に関する進化研究の発展について述べる．

新しい遺伝子が生じるうえで遺伝子重複が重要であることはスターティヴァント

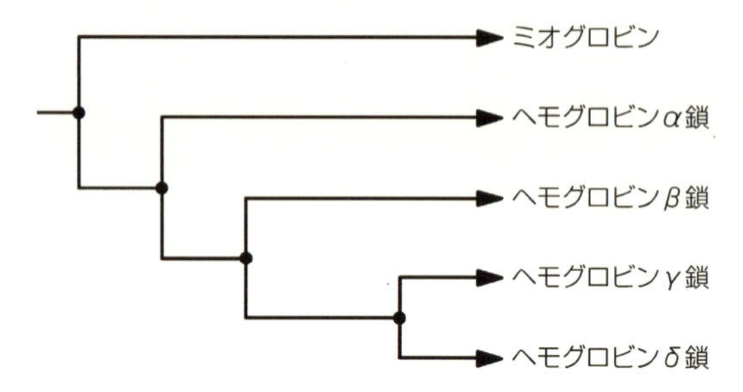

図 5.1　ヘモグロビン遺伝子の進化．黒丸は遺伝子重複の時期を表す．Ingram, 'Gene Evolution and the Haemoglobins' より．Springer Nature の許可を得て掲載．*Nature* 189, copyright 1961.

（Alfred H. Sturtevant）によってすでに提唱されていた（Sturtevant 1925）．彼はキイロショウジョウバエ *Drosophila melanogaster* を用いて *Bar* という眼の突然変異の遺伝的起源を研究しており，不等交叉[*1] による遺伝子重複が *Bar* の起源ではないかと考えた．のちにブリッジズ（Calvin B. Bridges）とハーマン・マラー（Hermann J. Muller）は唾腺染色体のバンドパターンを調べ，*Bar* 遺伝子座が存在する染色体領域のバンドが重複していることを示した（Bridges 1935; Muller 1936）．つまりスターティヴァントの推測が正しかったことが証明されたのである．この発見は，遺伝子重複が新規遺伝子をつくりだすうえで重要なメカニズムであるという仮説につながっていった（Lewis 1951; Stephens 1951）．当時この仮説を分子レベルで証明するデータはなかったが，のちにイングラム（Vernon M. Ingram）がヒトのミオグロビンとヘモグロビンα鎖，β鎖，γ鎖が古くに生じた一連の遺伝子重複の産物であることを示し（Ingram 1961, 1963），遺伝子重複が新規遺伝子をつくりだすという仮説は分子レベルでも証明された（図 5.1）．ここで重視したいのは，遺伝子重複は突然変異であり自然淘汰とは何の関連性もないということである．したがって，ヘモグロビン遺伝子の例は進化における突然変異の重要性を明確に示している．自然淘汰も重複遺伝子が集団に固定し維持されるうえでは一定の役割を果たしてきたに違いないが，進化において新しいものを生みだすわけではない．さらに，重複遺伝子に作用する自然淘汰の役割は，点突然変異と同様，有利な突然変異を維持する純化淘汰にある．1960 年代に入ると，さらに多くの多重遺伝子族が見つかり（Dayhoff 1969），これらの発見は多重遺伝子族の進化と遺伝子重複の研究を加速させた．し

---

*1　不等交叉：減数分裂において相同染色体間の交叉（乗換え）の際，相同な部位でないところに交叉が生じること．結果として相同染色体の一方では重複，もう一方では欠失が生じる．

かし，遺伝子重複がどの程度重要であるのかについては，いくつかのモデル生物のゲノム配列が解読されるまで明らかにはならなかった．

遺伝子重複による遺伝子数の増加

重複遺伝子を生みだすメカニズムはおもに(1)ゲノム重複，(2)縦列重複*2 や部分重複*3，(3)転移，の3つである．注意してほしいのは，ゲノム重複が生じてもすぐに機能を失う，またはゲノムから除去される遺伝子があるので，ゲノム重複が生じても機能遺伝子の数は必ずしも2倍にならない，ということである（Kellis et al. 2004; Adams and Wendel 2005; Scannel et al. 2007）．しかし，それを差し引いてもゲノム重複はゲノム中の遺伝子数を増やす最も効率的なメカニズムである．これに対し，縦列重複や部分重複によって一度に遺伝子数が劇的に増加することはほとんどない．ただし，脊椎動物の嗅覚受容体遺伝子にみられるように（Glusman et al. 2001; Young et al. 2002; Nci ct al. 2008），もし縦列重複や部分重複が何度も繰り返し生じれば数千の遺伝子を生みだすことも可能である．トランスポゾンの影響などで，遺伝子がゲノム中のある場所から別の場所に移動する転移が数多く起これば，やはり数十万のコピーが生じることもある．

細菌から哺乳類に至るまでのDNA（ゲノム）量の増加速度とアミノ酸置換速度を用いて，根井 正利は現在の脊椎動物のゲノムが非常に多くの重複遺伝子をもっており，これら重複遺伝子が複雑な生物を形成するうえで重要であることを数学的に予測した（Nei 1969b）．この予測は，のちに大野 乾（すすむ）が，遺伝子重複は複雑な生物が進化するうえで重要なメカニズムである，というアイディアを提唱する際の理論的基盤となった（Ohno 1967, 1970）．もちろん，その当時は使える分子データが限られていたため，根井の予測は非常に大雑把なものであったが，いまや脊椎動物の多くの遺伝子が多重遺伝子族を形成していることが明らかになっている．また，近年決定されたさまざまな脊椎動物のゲノム配列をみると，実際に根井の予測が正しかったことがわかる（表5.1）．おそらく植物では動物よりも倍数化が頻繁に起こっているため，より多くの多重遺伝子族が形成されているようである．ただし，1つの多重遺伝子族に含まれる遺伝子の数は動植物どちらにおいても種によってかなり異なる．極端な場合，1つの多重遺伝子族に数千もの遺伝子が含まれることもある．

*2 縦列重複：もとの領域に並ぶような形でゲノム領域の一部が重複すること．
*3 部分重複：ゲノム全体ではなくその一部が重複すること．

表 5.1　代表的な単細胞生物と多細胞生物における主要な多重遺伝子族の遺伝子数．

多重遺伝子族	酵母	線虫	ショウジョウバエ	ヒト
免疫グロブリンドメイン	0	64	140	765
ジンクフィンガー	48	151	357	706
リン酸化酵素	121	437	319	575
Gタンパク質共役受容体	0	358	97	569
P-loop モチーフ	97	183	198	433
逆転写酵素	6	50	10	350
mm ドメイン	54	96	157	300
Gタンパク質 βWD-40 リピート	91	102	162	277
アンキリンリピート	19	107	105	276
ホメオボックスドメイン	9	109	148	267

International Human Genome Sequencing Consortium（2001）より．

根井は，重複遺伝子は機能を失うこともあり，脊椎動物のゲノムには数多くの偽遺伝子（機能を失った遺伝子）が存在すると予測した（Nei 1969b）．実際，哺乳類ゲノムには約 20000 個もの偽遺伝子が存在する（Torrents et al. 2003; Podlaha and Zhang 2010）ことは興味深い．この数は機能遺伝子の数とほぼ等しい．

1970 年，大野は進化が遺伝子重複によって起こることを提唱した専門書を出版した（Ohno 1970）．この本の中で，彼は遺伝子重複（ゲノム重複，縦列重複，部分重複などを含む）によって進化が生じるという考えを強調し，遺伝子重複によって脊椎動物の主要な進化を説明しようとした．彼の主張は，新しい遺伝子を生みだすにはゲノム重複のほうが縦列重複よりも適しているだろうというものである．ゲノム重複ではタンパク質コード領域と調節領域の両方が重複するが，縦列重複ではどちらかが欠けてしまう可能性があると考えたのである．さらに大野は，ゲノムサイズの比較に基づき，脊椎動物のゲノムでは XY 型性染色体（爬虫類では ZW 型性染色体）が進化する前に 2 回のゲノム重複が生じたという考えを提唱した．のちに，この説は 2 回全ゲノム重複説とよばれるようになった（たとえば Kasahara et al. 1996; Hughes 1999b）．しかしながら，この説はいまだ論争中にある（Makalowski 2001）．

近年の研究により，ゲノム重複によって生じた重複遺伝子の大半は重複後に失われ，多くの倍数体はすぐに二倍体に戻ることが明らかになってきた（Kellis et al. 2004; Adams and Wendel 2005）．また，過去数億年の間に数多くの縦列重複や部分重複が生じ，嗅覚受容体遺伝子でみられるように重複遺伝子は異なる染色体や同じ染色体の別の領域に頻繁に転移していることもわかってきた（Zhang and Firestein 2002）．したがって，もし 2 回全ゲノム重複説が正しいとしても，それらゲノム重複の痕跡の大半がすぐに消えてしまうため，証明するのは非常に難しい．また，実際には縦列重複においてもコード領域と調節領域は一緒に重複することがほとんどであるので，大野が主張した縦列重複による不利はとくに存在しない．いずれにしろ，メカニズムがどうであれ，遺伝子重複はさまざまな進化的革新を生みだす突然変異の一種である．とくに，植物の進化におけるゲノム重複の重要性については疑う余地はない．

ゲノムサイズと遺伝子数

表5.2にさまざまな生物のゲノムサイズとタンパク質コード遺伝子の数を示した．ウイルスのゲノムサイズと遺伝子数はどちらも非常に小さい．というのも，宿主が細菌であるか真核生物であるかにかかわらず，ウイルスの生存と複製は宿主の生化学装置に依存しているためである．細菌はウイルスよりもはるかに多くの遺伝子をもち，一般的には自身で生存することが可能である．しかしながら，マイコプラズマのような寄生細菌やブクネラのような共生細菌では，一般的な細菌よりも遺伝子数が少ない．これらの細菌では，多くの代謝産物が宿主から得られるため，代謝を行うのに必要な遺伝子が不要なようである．たとえばアブラムシと共生するブクネラは約2億年前に現在の大腸菌の類縁種から生じ，代謝にかかわる多くの遺伝子を失った．自由生活性の大腸菌が約4300個の遺伝子をもつのに対して，ブクネラには現在約560個の遺伝子しか存在しない．

しかしながら，複雑な代謝系と生殖システムをもつ真核生物と比べると自由生活性細菌のゲノムサイズもはるかに小さい．単細胞の原生生物や菌類は，通常動植物に比べゲノムサイズは小さいし遺伝子数も少ない．ただし，たとえばテトラヒメナのような原生生物は多くの遺伝子をもつ．動物では，線虫やショウジョウバエのような単純な生物は脊椎動物のようなより複雑な生物に比べると通常ゲノムサイズは小さい．しかし，必ずしも単純な生物が複雑な生物よりも遺伝子の数が少ないとは限らない．たとえば，ナメクジウオとヒトの遺伝子数は同じくらいである．ただし，遺伝子数の推定値はまだかなり大雑把なものであることにも注意してほしい．植物ではゲノムサイズも遺伝子数も種によって大きく異なる．たとえばポプラやイネには脊椎動物の約2倍の遺伝子が存在する．

遺伝子数と表現型の複雑さ

表5.2と図5.2は複雑な生物のゲノムサイズや遺伝子数が単純な生物と比べて必

表 5.2　さまざまな生物のゲノムサイズとタンパク質コード遺伝子の数.

分類群	ゲノムサイズ(Mb)	遺伝子数	分類群	ゲノムサイズ(Mb)	遺伝子数
ウイルス			**真　菌**		
T4 ファージ	(170 kb)	280	アカパンカビ	40	10 000
T5 ファージ	(122 kb)	168	酵母	12	6300
λ ファージ	(49 kb)	73	ヒラタケ	34	12 000
φX174	(5.4 kb)	11			
インフルエンザ A	(14 kb)	11	**動　物**		
HIV	(9.2 kb)	9	線虫	100	19 000
			ショウジョウバエ	160	14 000
真正細菌			ナメクジウオ	520	22 000
大腸菌	5.5	4300	ホヤ	120	16 000
緑膿菌	5.1	4600	ゼブラフィッシュ	1400	24 000
シアノバクテリア	6.4	5400	フグ	390	26 000
リケッチア（共生細菌）	1.1	830	ツメガエル	1700	28 000
ブクネラ（共生細菌）	0.62	560	ニワトリ	1000	22 000
マイコプラズマ(寄生細菌)	0.58	476	オポッサム	3500	19 000
			カモノハシ	440	21 000
古細菌			マウス	2500	24 000
テルモトガ	1.9	1800	イヌ	2400	19 000
メタノサルキナ	4.8	3600	マカク	2900	20 000
ハロテリゲナ	3.9	3700	チンパンジー	3100	28 000
			ヒト	2900	25 000
原生生物					
珪藻	2.5	11 000	**植　物**		
テトラヒメナ	100	27 000	ヒメツリガネコケ	500	39 000
粘菌	34	13 000	シロイヌナズナ	120	25 000
原生動物	23	5000	ポプラ	550	46 000
マラリア原虫	24	5400	イネ	420	41 000
襟鞭毛虫	42	9200	トウモロコシ	2800	32 000

Mb：10^6 塩基，kb：1000 塩基，さまざまな論文のデータをまとめて作成した.

ずしも大きいわけではないことを示している．ではいったい生物の複雑さと関連のある指標は何であろうか？　この問いに答えるためには，生物の複雑さを測定する何らかの尺度が必要である．この尺度をみつけるのは簡単ではないが，いまのところ生物の複雑さは，その生物がもつ細胞の種類によって測られることが多い．この尺度を使うと，遺伝子数と生物の複雑さの関係は図 5.2 のようになる．この 2 つの間にはある程度の相関があるが，それでも相関は弱い．そんな中，タフト（Ryan J. Taft）らはゲノム中の非コード DNA の割合と生物の複雑さの間に強い相関があることを発見した（Taft et al. 2007；図 5.2）．もしこの研究結果が信頼できるもので

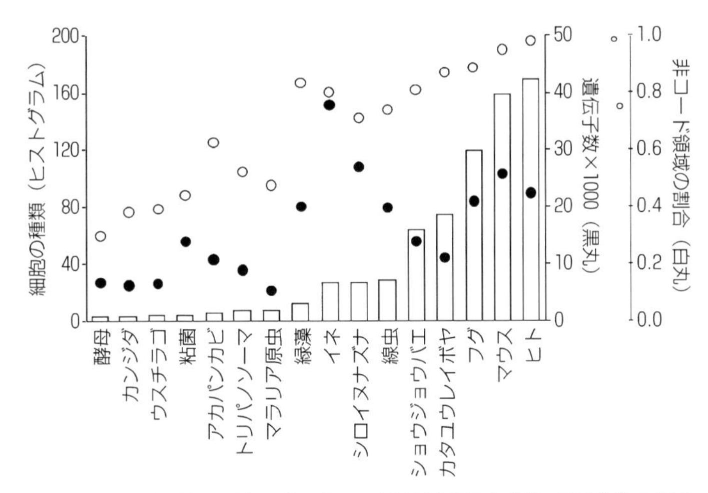

図 5.2　生物の複雑性と遺伝子数や非コード領域の割合の関係．真核生物の複雑性（ヒストグラム）は遺伝子数（黒丸）とはあまり相関が高くないが（相関係数 $r = 0.44$），ゲノム中の非コード領域の割合（白丸）とよく相関する（$r = 0.78$）．データは Vogel and Chothia (2006) と Taft et al. (2007) より．

あれば，生物の複雑さは，遺伝子発現の調節因子が数多く存在する非コード領域の量によって決まっているようである．ただし，この相関の根源的要因については，より詳細に研究する必要がある．

フォーゲル（Christine Vogel）とチョシア（Cyrus Chothia）は別のアプローチからこの問題に取り組んだ（Vogel and Chothia 2006）．超多重遺伝子族（類似の多重遺伝子族の集まり）を用いて単細胞および多細胞真核生物合わせて 38 種における超多重遺伝子族の大きさと細胞の種類を比べたのである．その結果，解析した 1219 個の超多重遺伝子族のうち，194 個の超多重遺伝子族が細胞の種類と強い相関を示した．このうち半数の超多重遺伝子族は，細胞外での反応や制御にかかわるものであった．また，1219 個の超多重遺伝子族のうちの半分は生物の複雑さと有意な相関を示さなかった．これらの結果は，生物の複雑さが特定の多重遺伝子族によって生みだされていることを示唆している．

したがって，複雑な生物の出現に真に寄与している多重遺伝子族を明らかにすることが重要である．実際，時間とともに遺伝子数が増加してきた多重遺伝子族は数多く存在する．この傾向は，とくに発生の後期に発現するような表現形質にかかわる多重遺伝子族において顕著である．代表的な例として嗅覚受容体（olfactory re-

表 5.3　化学受容体および免疫グロブリンに関する多重遺伝子族の機能遺伝子と偽遺伝子の数.

	嗅覚	フェロモン受容	味覚	免疫グロブリン		
	OR	*V1R*	*T2R*	*IgVH*	*IGVλ*	*IGVκ*
ヒト	388(414)	5(115)	25(11)	46(84)	33(38)	34(38)
マウス	1063(328)	187(121)	35(6)	89(64)	3(0)	80(78)
イヌ	822(278)	8(33)	16(5)	81(66)	43(61)	16(9)
ウシ	1152(977)	40(45)	19(15)	12(5)	23(9)	9(13)
オポッサム	1198(294)	98(30)	29(5)	24(7)	45(27)	76(48)
カモノハシ	348(370)	270(579)	5(1)	43(21)	14(7)	9(9)
ニワトリ	300(133)	0(0)	3(0)	1(48)	1(24)	0(0)
ネッタイツメガエル	1024(614)	21(2)	52(12)	38(42)	8(4)	45(10)
ゼブラフィッシュ	155(21)	2(0)	4(0)	38(9)	0(0)	8(5)
ヤツメウナギ	40(27)	3(?)	0(0)	0(0)	0(0)	0(0)
ナメクジウオ	34(9)	0(0)	0(0)	0(0)	0(0)	0(0)

IGVH，IGVλ，IGVκはそれぞれ可変領域H鎖，λ鎖，κ鎖遺伝子を表す．機能遺伝子の数をカッコ外，偽遺伝子の数をカッコ内に示す．Das et al.（2008），Nei et al.（2008），Grus and Zhang（2009）などより引用.

ceptor: *OR*）多重遺伝子族が挙げられる（表 5.3）．原始的な脊索動物（ナメクジウオ）や無顎類では *OR* 遺伝子の数はかなり少ない．しかし，硬骨魚類（たとえばゼブラフィッシュ）では 100 個前後である．陸上脊椎動物では *OR* 遺伝子の数はさらに多く，300～2000 個くらいである．カエル，オポッサム，ウシ，マウスは 1000 個以上の機能 *OR* 遺伝子をもつ．これらの結果は *OR* 遺伝子数の増加が水中生活から陸上生活への転換において重要な要因であったことを示唆している．同様に，フェロモン受容体遺伝子や味覚受容体遺伝子の数も哺乳類の方が魚類に比べてだいぶ多い．また，多くのホメオボックス多重遺伝子族に属する遺伝子の数も単純な動物から複雑な動物への進化とともに増加してきたことが知られている（Nam and Nei 2005）．したがって，これら多重遺伝子族の遺伝子数の増加は，複雑な生物を生みだすうえで重要であったと考えられる．

免疫グロブリン（または抗体）は，有顎脊椎動物のみに存在することが知られており，無顎脊椎動物であるナメクジウオやヤツメウナギには免疫グロブリンはない．可変領域遺伝子（*H*，*λ*，*κ* 鎖遺伝子）（図 5.7 を参照）の数は基本的に有顎脊椎動物ではほぼ同じであるが，生物によってはいくつかの可変領域遺伝子を欠いているものもある（表 5.3）．ニワトリゲノムには機能性 *H* 遺伝子と機能性 *λ* 遺伝子が 1 つずつしかなく，ほとんどが偽遺伝子である．しかし実際には，これらの偽遺伝子は機能をもたないわけではなく，その 1 個の機能遺伝子が体細胞遺伝子変換によって多様化する際に用いられる．免疫グロブリン多重遺伝子族は非常に複雑であるが，脊椎動物の進化において重要な役割を担っている．

5.2 多重遺伝子族の進化

1960～70 年代，遺伝子進化の研究はチトクロム c 遺伝子やグロビン遺伝子など，単一または少数の遺伝子を別々に調べて行われていた．しかし現在では，遺伝システムや表現形質のほとんどが多くの多重遺伝子族によって制御されていることが明らかになっている（Nei and Rooney 2005; Vogel and Chothia 2006）．ここでいう遺伝システムとは，脊椎動物の獲得免疫，植物の花器形成，減数分裂や有糸分裂のような生命機構のあらゆる機能単位を意味する．したがって，多重遺伝子族の進化や多重遺伝子族間の相互作用を理解することが重要である．

多重遺伝子族の進化は長年にわたって論争の的となってきた．1970 年以前，多重遺伝子族の進化に関する理論的枠組みは，ヘモグロビン α，β，γ，δ 鎖とミオグロビンの進化に基づいてつくられたものであった．これらのタンパク質をコードする遺伝子は互いに類似しており，重複した遺伝子が新しい機能を獲得することで徐々に分化してきた．この進化の様式を発散進化とよぶ（図 5.3A）．しかし 1970

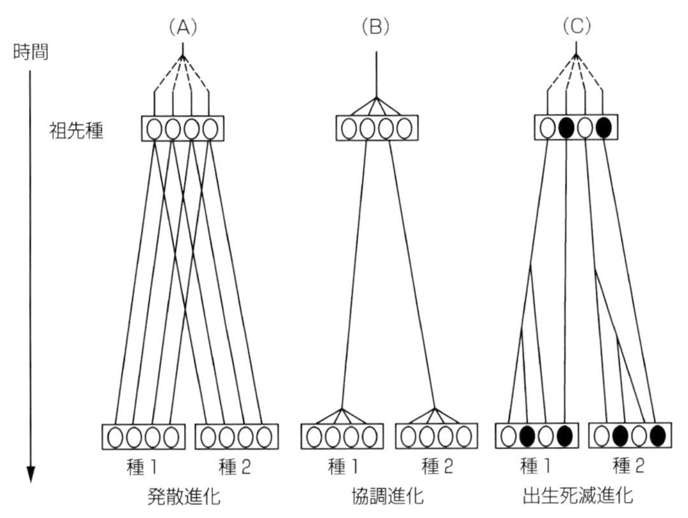

図 5.3　多重遺伝子族の進化に関する 3 つのモデル．○は機能遺伝子を，●は偽遺伝子を表す．Nei and Rooney（2005）より．

年頃になると，多くの研究者が，ツメガエルのリボソームRNAが縦列に並んだたくさんの遺伝子にコードされていること，これら遺伝子の遺伝子間領域の塩基配列が種間よりも種内コピー間でよく似ていることを明らかにした（たとえばBrown et al. 1972）．これらの結果は発散進化のモデルで説明することが難しかったため，協調進化とよばれる新しいモデルが提唱された（図5.3B）．このモデルでは，多重遺伝子族の個々の遺伝子は独立ではなく協調的に進化するとされ，1つの遺伝子に生じた突然変異が不等交叉や遺伝子変換によって他の遺伝子に広がる．このモデルは，それまでのモデルでは説明できなかったrRNA遺伝子にみられるような進化の現象を説明することができた（5.3節を参照）．

以降，多くの研究者はほとんどの多重遺伝子族が協調進化していると考えるようになり，さまざまな多重遺伝子族の進化様式を調べた（Hood et al. 1975; Zimmer et al. 1980; Ohta 1983）．しかし，より多くの塩基配列データが蓄積するにつれて，協調進化にあてはまらないと思われるような多重遺伝子族の存在が明らかになり（Gojobori and Nei 1984; Hughes and Nei 1990），出生死滅進化とよばれる新たなモデルが提唱された（Nei and Hughes 1992）．このモデルでは，新しい遺伝子は遺伝子重複によって生じる．そして重複遺伝子の中にはゲノムに長期間保持されるものもあれば，有害な突然変異によってゲノムから除去されるものや偽遺伝子になるものもある（図5.3C）．このモデルは，もともと免疫グロブリン遺伝子や主要組織適合複合体（major histocompatibility complex: MHC）遺伝子のような免疫システム遺伝子（Hughes and Nei 1993; Ota and Nei 1994; Nei et al. 1997）や病原抵抗性遺伝子（Zhang et al. 2000）などの多重遺伝子族の進化様式を説明するために提唱された．しかし近年では，ほとんどの多重遺伝子族が出生死滅進化のモデルに従って進化していることが明らかになってきている（Nei and Rooney 2005）．ただし，多重遺伝子族には非常に多くの種類があり，また協調進化の際に生じる遺伝子変換の一般的な分子機構がいまだ不明であるため（Klein et al. 2007），多重遺伝子族の進化に関する論争は現在も続いている．以下の2つの節では，協調進化と出生死滅進化のおもな特徴について述べる．

5.3 協 調 進 化

不等交叉，遺伝子変換，そして純化淘汰

最もよく知られている協調進化の例として rRNA 遺伝子がある．ツメガエル（*Xenopus laevis* と *X. mulleri*）の rRNA 多重遺伝子族は縦列に並んだ約 450 個の rRNA 遺伝子によって構成されている．それぞれの遺伝子は 18S，5.8S，28S RNA 遺伝子と 2 つの外部転写スペーサー領域（external transcribed spacer: ETS1 と ETS2）と 2 つの内部転写スペーサー領域（internal transcribed spacer: ITS1 と ITS2），さらに 1 つの遺伝子間スペーサー領域（intergenic spacer: IGS）からなる（図 5.4）．ブラウン（Donald D. Brown）らは DNA（または RNA）ハイブリダイゼーション法を用いて，IGS の塩基配列がそれぞれの種内コピー間では非常によく似ているのに対して 2 種のコピー間では約 10% も異なっていることを明らかにした（Brown et al. 1972）．この結果は，当時広く受け入れられていた発散進化では説明できなかった．発散進化のもとでは，種内コピー間の塩基配列の違いは種間コピー間の違いと同じくらいになると期待されるからである．また，18S と 28S rRNA の遺伝子領域の塩基配列は種間でほとんど同じであり，これを発散進化で説明するのはさらに難しい．実際，18S と 28S rRNA 遺伝子領域の塩基配列は動物と植物のような非常に遠縁な種を比較しても非常によく似ている．

この不可解な結果は，もともとブラウンらによって提唱された協調進化とよばれ

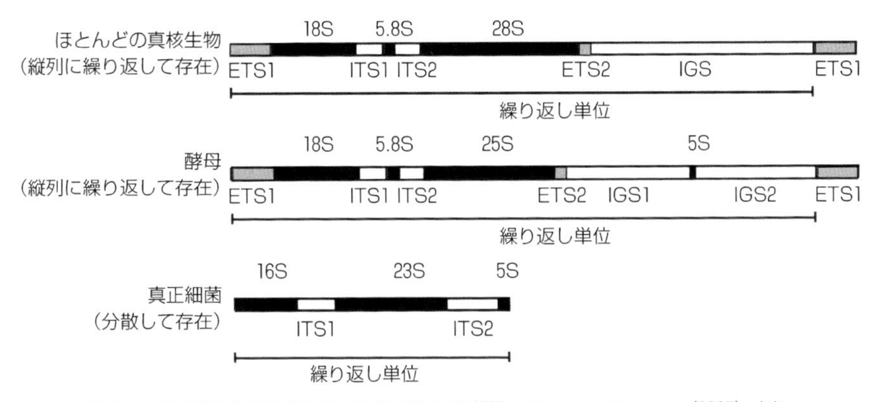

図 5.4　代表的な生物における rRNA 遺伝子の構造．Nei and Rooney（2005）より．

るモデルによって説明することができる（Brown et al. 1972）．このモデルでは，多重遺伝子族の遺伝子間で不等交叉がランダムに生じる．この不等交叉が繰り返し起これば，遺伝子間の配列を均一にする効果となる．このとき，不等交叉によって遺伝子の数は偶然増えたり減ったりするが，遺伝子の機能を維持するには数が多すぎても少なすぎてもいけないので，遺伝子数はある一定の範囲で維持される．もし塩基置換や挿入欠失がまったくなければ，最終的にすべての遺伝子は完全に同一になるはずである（図 5.3B）．もちろん，実際には突然変異が生じるため，多重遺伝子族には多少の変異が存在する．ある種が 2 種に分岐し，それぞれの種において遺伝子クラスターが独立に進化するとき，種内の遺伝子クラスターの個々の遺伝子は不等交叉の効果で配列の類似度が高いが，種間の遺伝子配列は突然変異によって徐々に分化していく．これはまさしくツメガエルの rRNA 遺伝子の IGS 領域で実際にみられた現象である．のちにスミス（George P. Smith）はコンピュータ・シミュレーションを行い，協調進化が実際に IGS 領域の進化を説明できることを示した（Smith 1976）．前述のとおり，18S と 28S rRNA の遺伝子領域の塩基配列は種内遺伝子間でも *X. laevis* と *X. mulleri* の種間でもほぼ同一である．この高い類似性は明らかに遺伝子領域に作用する強い純化淘汰によるものである．つまり，ツメガエルの rRNA 遺伝子多重遺伝子族の進化は不等交叉，突然変異，そして純化淘汰によって説明できるのである．

これらに加え，遺伝子変換も多重遺伝子族の配列の均一化の要因として提唱された（Jeffreys 1979; Slightm et al. 1980）．ここでいう遺伝子変換は菌類（たとえばアカパンカビ）で研究されている遺伝子変換とは異なる．前者の遺伝子変換では，クラスターを形成している遺伝子の 1 つが他の遺伝子の塩基配列に置き換わるため，この 2 つの塩基配列が同一になる．たとえば，ヒトの 2 つの γ グロビン遺伝子のアミノ酸配列は 1 ヵ所が片方でグリシン，もう一方でアラニンであることを除いて完全に同一である．しかし，この 2 つの遺伝子の近傍領域の塩基配列は異なっている．そのため，スライトム（Jerry L. Slightom）らはこの 2 つのグロビン遺伝子がときどき生じる遺伝子変換によって均一化されていると考えた（Slightom et al. 1980）．この遺伝子変換は菌類で研究されている遺伝子変換とは明らかに異なっていたが，彼らは遺伝子変換がどのように生じるのかという生物学的な問いには解答をみいだしていない．

ただ，遺伝子変換説はもともとの不等交叉説に比べて縦列に並んだ遺伝子の配列の均一化を単純に説明できたことに加え，協調進化を数学的にも簡潔にできた

(Birky and Skavaril 1976; Nagylaki and Petes 1982; Ohta 1982). そのため，遺伝子変換説は rRNA 遺伝子の協調進化も説明できると考えられるようになった．しかしながら，最近の分子レベルの研究によって rRNA 遺伝子の配列の均一化は遺伝子変換ではなくおもに不等交叉によって生じていることが明らかになっている (Eickbush and Eickbush 2007)．さらに，遺伝子変換説に関する数式の多くは 18S と 28S rRNA の遺伝子領域に作用する純化淘汰の影響を考慮していない．したがって，これらの数式を実際のデータに適用する際は注意が必要である．5.4 節で述べるように，遺伝子変換説は MHC 遺伝子の多型を研究する際にもよく用いられている．

rRNA 遺伝子の配列が均一化していることに関して，不等交叉（または遺伝子変換）と純化淘汰のどちらが相対的に寄与しているかについてはほとんど議論されてこなかった．そのため，rRNA 遺伝子（18S と 28S）の遺伝子領域において配列類似性が高いことも純化淘汰ではなく不等交叉によるものであると思われがちである．しかし実際には，ツメガエルの IGS 領域でさえ純化淘汰の影響を受けるようである．なぜなら，この領域にはプロモーターやエンハンサー因子が含まれているからである (Robinett et al. 1997; Caudy and Pikaard 2002)．したがって，協調進化はおもに IGS 領域にだけ生じており，その IGS 領域においても多くの突然変異が純化淘汰によって取り除かれている可能性がある．また，通常 rRNA 遺伝子の遺伝子領域や制御領域には有害突然変異が蓄積しており，それにより多数の偽遺伝子が存在することにも留意すべきである (Brownell et al. 1983)．

多くの真核生物において，5S rRNA 遺伝子はゲノムの別の場所にクラスターを形成している．この多重遺伝子族はツメガエルにおいて 9000〜24000 個 (Brown and Sugimoto 1974)，ヒトでは約 500 個 (Gonzalez and Sylvester 2001) の遺伝子からなる．これら 5S rRNA 遺伝子もまた協調進化していることが知られている (Brown and Sugimoto 1974)．さらに，イントロンのスプライシングやその他重要な細胞機能にかかわる核内低分子 RNA (small nuclear RNA: snRNA) も協調進化しているようである．ワイナー (Alan M. Weiner) が率いる研究グループは霊長類の U2 snRNA 遺伝子の協調進化について研究し，U2 snRNA 遺伝子の遺伝子領域は種内遺伝子間で互いに似ているが，遺伝子間領域は種内でも配列が多様であることを明らかにした (Pavelitz et al. 1995; Liao et al. 1998)．これらの結果も遺伝子領域において純化淘汰が重要であることを示している．

上で述べた RNA 遺伝子の進化は，これらの遺伝子が長期にわたって同じ機能を果たすべく維持されてきたことを示唆している．そして，この機能維持が協調進化，純化淘汰もしくはその両方によってもたらされてきたことを意味する．これらすべてのRNA遺伝子が細胞機能や生理機能を維持するうえで非常に重要であること，そしてその機能を保持するためにそう簡単に配列を変えられないことを考えれば，この考えは理解しやすい．配列の類似性を高く保つという点においては不等交叉と遺伝子変換は同じ役割を果たしており，この2つの機構を区別することは生物学的にはとくに重要ではない．

染色体上に縦列に並ぶヒストン遺伝子

rRNA多重遺伝子族の進化が協調進化のモデルによって説明されると，多くの研究者はこのモデルが他の多重遺伝子族にもあてはまるのではないかと考えるようになった．そして一般的な当時の見解では，大量のRNAやタンパク質を産生する多重遺伝子族ほど，遺伝子配列を均一化するために協調進化しやすいとされた．そのような多重遺伝子族の1つがウニのヒストン多重遺伝子族である（Kede 1979; Hentschel and Birnstiel 1981; Holt and Childs 1984）．この多重遺伝子族は数百もの遺伝子からなる巨大な多重遺伝子族で，発現する時期や場所によって，(a)胚発生の卵形成後期から胞胚期にかけて発現する「前期ヒストン遺伝子」，(b)受精後に初めて発現する「卵割期ヒストン遺伝子」，(c)胞胚期後期以降に発現する「後期ヒストン遺伝子」，そして(d)精子形成期にのみ発現する「精子特異的ヒストン遺伝子」の4つのグループに分類される（Maxson et al. 1983; Mandl et al. 1997）．

ヒストン遺伝子の染色体上の配置はグループや生物種によって異なる（図5.5）．ほとんどのウニでは前期ヒストン遺伝子は300～500個のユニットとして存在する．シロウニ *Lytechinus pictus* では，5つのヒストン遺伝子（*H1*，*H2A*，*H2B*，*H3*，*H4*）で構成されるほぼ同一の繰り返しユニットが並んで存在しており，それぞれのユニットはIGS領域によって隔てられている．この種では，前期遺伝子のみが染色体上でクラスターを形成しており，他の3つのグループの遺伝子は数も非常に少なくゲノム中に散在している．シロウニにおいて，前期ヒストン遺伝子の繰り返しユニット間のIGS配列は非常に多様性に富んでいるが，タンパク質コード領域は非常によく保存されている．これは前期ヒストン遺伝子が協調進化している証拠であるとされた．その後まもなくシロウニの後期ヒストン遺伝子が研究され，後期ヒストン遺伝子も協調進化していると考えられるようになった．アメリカムラサキウニ *Strongylocentrotus purpuratus* の研究でも同様の結論が報告されている

ヒストン遺伝子クラスター

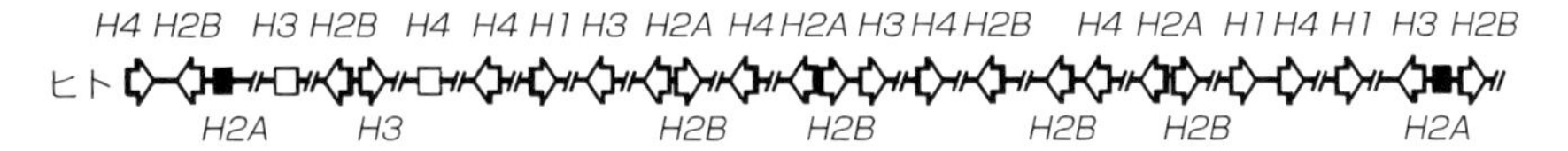

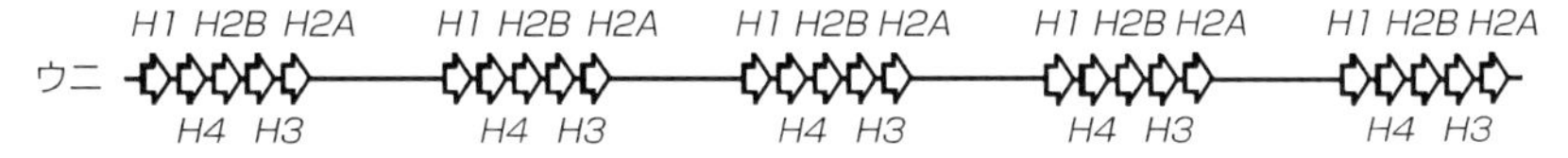

図 5.5　ヒトとウニにおけるヒストン遺伝子のゲノム構造．■はヒストン偽遺伝子を表す．発現しているヒストン遺伝子は白で示されており，矢印はすでにわかっているヒストン遺伝子の転写の向きを示している．Nei and Rooney (2005) より．

(Maxson et al. 1983).

1980 年代のおわり頃までに，この分野のほとんどの研究者は事実上すべての多重遺伝子族が協調進化していると結論づけた．そして，ウニなどのヒストン遺伝子の研究はこの一般的見解を裏づけるものとされた．MHC 遺伝子座の多型ですら遺伝子変換によって引き起こされているとする研究者も少なからず現れ，遺伝子変換は MHC の配列を均一にするのではなく，その遺伝的多様性を大きくする要因であると考えられるようになった (Mellor et al. 1983; Ohta 1983; Weiss et al. 1983)．このような見解は塩基配列データが出始める 1980 年代後半までよく受け入れられた．しかし，のちに出生死滅進化とよばれるモデルのほうが多くの多重遺伝子族の進化を適切に説明できることが示されることになる (5.4 節を参照)．

協調進化がおもに突然変異の一種である不等交叉や遺伝子変換によって生じており，正の自然淘汰をほとんど考える必要がないことは興味深い．ここで必要な淘汰圧は純化淘汰である．しかし，協調進化のモデルはよく新ダーウィン主義の範疇であるとみなされがちである (たとえば Arnheim 1983)．以下に，進化の出生死滅モデルについて解説する．このモデルも基本的には突然変異に基づくものであるが，正の自然淘汰も無視されてはいない．

5.4 出生死滅進化

主要組織適合複合体（MHC）遺伝子

多重遺伝子族の出生死滅モデルは，当初哺乳類の MHC 遺伝子の独特な進化パターンを説明するために提唱されたモデルであった（Nei and Hughes 1992; Nei et al. 1997）．MHC 遺伝子の機能は非自己のペプチドに結合し，それをTリンパ球に提示することで免疫反応を作動させることである．MHC 遺伝子は自身がコードするペプチドの分子構造や機能によってクラスⅠ遺伝子とクラスⅡ遺伝子に分類される．クラスⅠ遺伝子はさらに標準クラスⅠ遺伝子と非標準クラスⅠ遺伝子に分類される．標準クラスⅠ（Ia）遺伝子は非常に多型的で，単一種内の遺伝子座あたりの対立遺伝子の数が 100 以上になることもある．この多型性の高さは時間とともに変化するさまざまな寄生者（ウイルス，細菌，菌類など）の攻撃から自己（宿主）を守るのに重要である（第 4 章を参照）．これに対し，非標準クラスⅠ（Ib）遺伝子は Ia 遺伝子に比べると多型性が低く，その機能も Ia 遺伝子とはかなり異なっている可能性がある．

1970 年代から 80 年代にかけて，ほとんどの研究者は多重遺伝子族が基本的に協調進化していると信じており，MHC 多重遺伝子族もその例外ではないと考えていた．したがって，MHC 遺伝子の多型を不等交叉や遺伝子変換によって説明しようとする研究者もいた（Lopez de Castro et al. 1982; Ohta 1983; Weiss et al. 1983）．とくに，太田 朋子やワイス（Elisabeth H. Weiss）らは Ia 遺伝子座の多型性の高さを遺伝子変換によって説明できるかもしれないと考えた（Ohta 1983; Weiss et al. 1983）．もしある単型的な遺伝子座の配列の一部が別の単型的な遺伝子座の配列に置き換われば，その遺伝子座に多型が生じるというものである．2つの遺伝子座の塩基配列が十分に異なっていて，かつ遺伝子変換が両方向に起こる場合には，両方の遺伝子座がもともとある程度多型的であってもその多型性は増大するはずである．この考え方の問題点は，なぜ，そしてどのようにしてもともと単型的であった2つの遺伝子座に遺伝子変換が生じるのかを説明していない点である．また，遺伝子変換説ではゲノムの同じ領域に Ia 遺伝子と Ib 遺伝子が共存していることも説明しにくい．もし2つの遺伝子座で遺伝子変換が断続的に生じれば，多型の程度は両遺伝子座で基本的に同じになるはずである．また，遺伝子変換が生じていれば，複数の遺伝子座の異なる対立遺伝子を用いて系統解析を行った場合，単系統になる遺伝子座は存在しないはずである．しかし，実際にはそんなことはない．クリーナー（Karin Kriener）らは一見すると協調進化を支持するようなデータを調べ，協調進化しているという証拠が不十分であると結論づけた（Kriener et al. 2000a）．パラログ間で部分的に同一な配列は，単にそれらが共通の祖先に由来する，もしくは片方のパラログに突然変異がかたまって生じる，ことで説明できるというのである（Kriener et al. 2000b）．

ヒューズ（Austin L. Hughes）と根井によって，MHC の多型がおもに MHC 分子の抗原認識座位に作用する超優性淘汰によって生じていることが示されると（Hughes and Nei 1988, 1989b），遺伝子変換を用いずに MHC 多型を説明することが可能となり，遺伝子変換仮説は一段と弱まった．また，この研究成果はフィゲロアら（Figueroa et al. 1988），ローラーら（Lawlor et al. 1988），マッコーネルら（McCornell et al. 1988）によってすでに発見されていた異種共有多型（第 4 章参照）の理論的基盤にもなった．MHC クラス I 遺伝子とクラス II 遺伝子の系統解析から，ヒューズと根井（Hughes and Nei 1989, 1990），根井ら（Nei et al. 1997）は，これら遺伝子の進化パターンが協調進化のもとで期待されるものとはかなり異なっていることを明らかにした．このことをわかりやすく説明するために，脊椎動物のクラス I 遺伝子の系統樹を図 5.6 に示す．異なる目や科に属する哺乳類種は基本的に異なる遺伝子をもっており，たとえば標準クラス I 遺伝子座 A，B，C はヒト上科の種（ヒト，ゴリラ，オランウータンなど）と旧世界ザルでのみ保存されており，新世界ザル（タマリンなど）や霊長類以外の哺乳類には存在しない．同様に，ネコやマウスは異なる Ia 遺伝子をもつ．すなわち，科や目が異なる哺乳類種は真にオルソロガスな遺伝子を共有していない．この進化パターンは，遺伝子重複によって遺伝子が生じ，哺乳類の各目が分岐した後にそのうちのいくつかが消失したことを意味する．実際，ヒトとマウスの MHC ゲノム領域には多くの偽遺伝子が存在するが，これはまさに出生死滅モデルから予想されるパターンである（図 5.3C）．MHC 遺伝子座の遺伝的多様性が次々に現れるさまざまな非自己（寄生者）から身を守るために生みだされていることを考えると，この結論は生物学的に考えても妥当なものである．遺伝子変換も生じているかもしれないが，この生物学的意義を説明するには不十分である．

図 5.6 の系統樹には，Ia 遺伝子と古くに分岐し，今は異なる機能をもつ少数の非標準クラス I（Ib）遺伝子（(b) と示されたもの）も含まれている．たとえば，ヒトの Ib 遺伝子 HFE（b）は Ia 遺伝子 A，B，C から遺伝子重複によって生じ，新たな機能を獲得している．この遺伝子は，鉄イオンに結合するトランスフェリンの

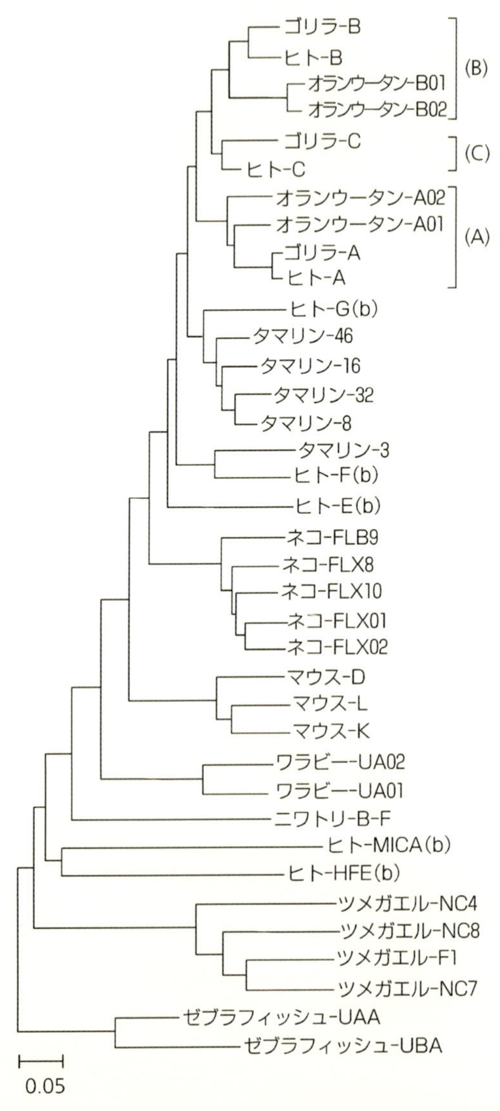

図 5.6　脊椎動物における MHC クラス I 遺伝子の系統樹．クラス I の A，B，C 遺伝子はヒト上科と旧世界ザルでみられるが，他の種には存在しない．その代わり，これら他種には別の多様なクラス I 標準遺伝子が存在する．記号（b）はクラス I 非標準（Ib）遺伝子を表す．Nei et al.（1997）を改変．

受容体と複合体を形成し，腸細胞において摂食による鉄の吸収を調節している（Feder et al. 1998）．この遺伝子に突然変異が生じると血色素症とよばれる遺伝病を引き起こすことが知られている．遺伝子重複によるこのような新規機能の獲得も出生死滅進化の重要な特徴である．なお，クラスII遺伝子の系統解析も，基本的にはクラスI遺伝子と同じ進化パターンを示す（Gu and Nei 1999）．しかしながら，遺伝子の出現と消失の頻度はクラスI遺伝子に比べてかなり低い．

免疫グロブリン遺伝子とその他の免疫システム遺伝子

抗体である免疫グロブリンは，細菌やウイルスのような外部からの侵入者（非自己）を認識して無力化するための免疫システムとして機能する．免疫グロブリンは大きなY字型タンパク質である．ヒトの免疫グロブリンは重鎖（H）と軽鎖（L）からなり，軽鎖はさらにλ鎖とκ鎖に分類される（図 5.7）．3つの鎖はそれぞれ定常領域（C）と可変領域（V）からなり，各鎖の可変領域のポリペプチドが外部

(A) 免疫グロブリン

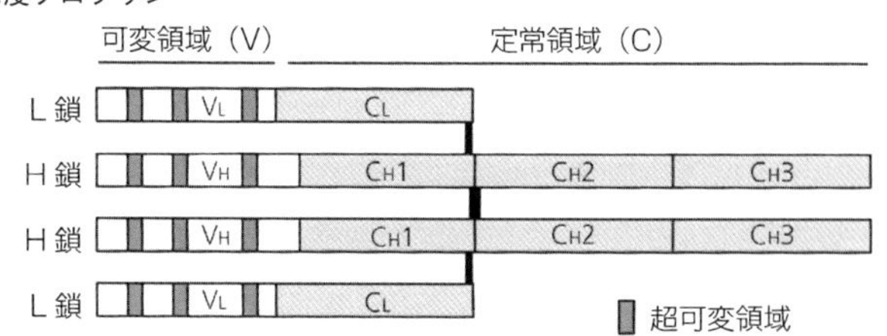

(B) 軟骨魚類（サメ）

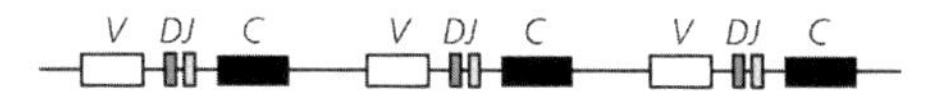

(C) 哺乳類

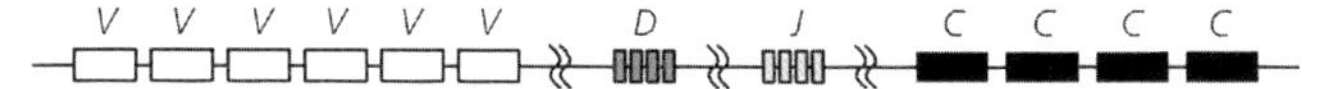

図 5.7　(A)免疫グロブリン（Ig）分子の基本構造．軟骨魚類(B)と哺乳類(C)における免疫グロブリン遺伝子のゲノム構造．免疫グロブリンは2つの重鎖（H鎖）ポリペプチドと2つの軽鎖（L鎖）ポリペプチドからなる．各鎖は1つまたは3つの定常領域（C_H か C_L）と可変領域（V_H か V_L）で構成されている．免疫グロブリンの抗原認識は主に可変領域が担っている．哺乳類では，L鎖はさらにλ鎖とκ鎖に分類される．哺乳類では，V，D，Jのそれぞれ1つが定常領域と結合してH鎖が形成される．一方，L鎖はJドメインをもたない．

抗原（侵入者）を認識する役割を担っている．可変領域はゲノム上でクラスターを形成し，可変領域多重遺伝子族とよばれている．ヒトの重鎖，λ鎖，κ鎖の可変領域多重遺伝子族はそれぞれ70～130個の遺伝子からなる（表5.3）．これらの多重遺伝子族はいずれも出生死滅過程に従って進化しているようであり（Ota and Nei 1994），約50%の遺伝子が偽遺伝子である（Matsuda et al. 1998）．免疫グロブリンは定常領域と可変領域だけでなくD領域，J領域という別のポリペプチドも加わって成立するため（図5.7），可能な免疫グロブリンの種類（組合せ）は膨大なものになる．この組合せによって，免疫グロブリンは数百万種類にものぼる外部抗原の攻撃から宿主を守ることができるのである（Tonegawa 1983）．この免疫グロブリンの防御システムは，遺伝子座の数は少ないものの遺伝子座あたりの対立遺伝子の数が非常に多いことで多様な外部抗原から宿主を守るMHCシステムの防御機構と対極的であることは興味深い．

ここで述べておくべきもう1つの興味深い点として，免疫グロブリンのゲノム構造が軟骨魚類（たとえばサメ）と他の有顎脊椎動物で異なっていることが挙げられる．軟骨魚類では*V-D-J-C*遺伝子が1つの単位となってゲノム上にクラスターを形成し，それぞれの単位が免疫グロブリン重鎖の各ポリペプチドをコードする．一方，哺乳類など他の脊椎動物では，*V*，*D*，*J*，*C*の各領域がそれぞれ縦列にクラスターを形成しており，免疫グロブリン重鎖は*V*，*D*，*J*領域がそれぞれ1つずつと定常領域（*C*）のうちの3つが組み合わさってつくられる．このため，哺乳類は限られたゲノム領域からより多様な免疫グロブリン分子を産生できる．したがって，哺乳類型のシステムは軟骨魚類型のシステムよりすぐれているとの考え方もできる．しかし実際には，軟骨魚類のシステムは軟骨魚類において有効に機能しており，この考え方には議論の余地がある．いずれにしても，この2つのシステムがより単純な共通の祖先システムから突然変異によって偶然生じたであろうことは興味深い．

ここで，ラクダ科に属するラクダやラマが独自の免疫グロブリンをもっていることに触れておく．これらの種の免疫グロブリンには重鎖のみで構成されるものが存在し（Hamers-Casterman et al. 1993），約50%の免疫グロブリンがこのタイプであり，残りの50%は重鎖と軽鎖からなる通常の免疫グロブリンである．しかし，重鎖のみで構成される新しいタイプの免疫グロブリンは通常の免疫グロブリンと同様の機能を果たしており，この独自の免疫グロブリン分子が通常のものに加えてとくに必要であると考える理由はなさそうである．軽鎖をもたない免疫グロブリンは突然変

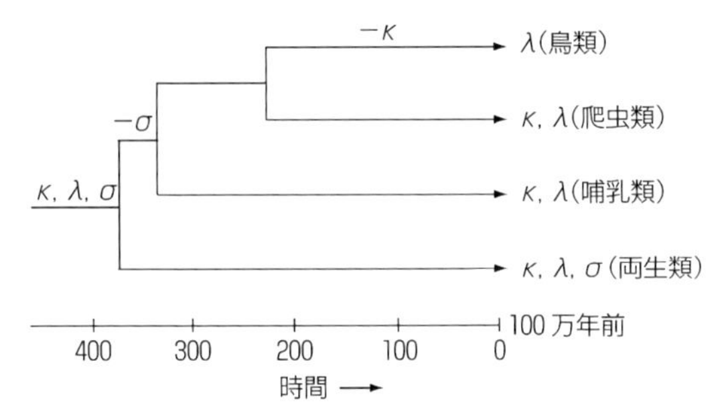

図 5.8　陸上脊椎動物における免疫グロブリン軽鎖遺伝子の3つのタイプ（κ, λ, σ）の進化的変遷．Das et al.（2009）を改変．

異によって偶然生じ，それが自然淘汰もしくは遺伝的浮動によってラクダやラマのゲノムに広がったことは明らかである．したがって，この例も進化における突然変異の重要性を示している．

軽鎖に関するもう1つ興味深いこととして，軽鎖（λ鎖とκ鎖）が存在しなくても免疫グロブリンとして機能しうる，ということがある．実際，鳥類とコウモリのグループはκ鎖遺伝子をまったくもたない．これに対し，ツメガエルのグループはλ鎖とκ鎖に加えてσ鎖とよばれる別の軽鎖をもつ．σ鎖をコードする遺伝子は爬虫類，鳥類，哺乳類の進化過程で失われたようである（図5.8）．このことは，免疫グロブリンの軽鎖がそれほど重要ではなく，別の鎖で代用可能であることを示唆している．

脊椎動物の獲得免疫システムにおいて重要な役割を果たしている多重遺伝子族は他にも数多く存在する．その1つはT細胞受容体多重遺伝子族である（Klein and Horejsi 1997）．T細胞受容体の分子構造と多重遺伝子族のゲノム上の構成は免疫グロブリンに似ており，異なるクラスのT細胞受容体遺伝子に属する複数の可変領域多重遺伝子族もやはり出生死滅過程に従って進化しているようである（Su and Nei 2001）．実際，これらの多重遺伝子族には多くの偽遺伝子が存在する．

上記の多重遺伝子族に加えて，自然免疫（免疫記憶をもたない免疫システム）に関する多重遺伝子族も出生死滅過程のもとで進化していることが明らかになっている（Hao and Nei 2005; Nikolaidis et al. 2005）．たとえば，ヒトのナチュラルキラー（natural killer: NK）細胞受容体は免疫グロブリン様のドメイン（KIR）をもつが，齧歯（げっし）類のNK細胞受容体はレクチン様キラー細胞受容体（KLRまたはLy49）とよばれるレクチン型の受容体であり，この2つのグループの受容体は分子構造がかなり異なる（Klein and Horejsi 1997）．どのようにしてこれら2つの哺乳類目において異なるNK細胞受容体が進化したのかはまだ明らかではない．しかし，どちらの多重遺伝子族も出生死滅過程のもとで進化していることが知られている．加えて，KIR多重遺伝子族ではドメインシャッフリングが生じてきたこともわかっている（Trowsdale et al. 2001; Rajalingam et al. 2004）．さらに，これらの多重遺伝子族は過去2000〜3000万年の間に遺伝子重複によって遺伝子数が急激に増加してきたことも明らかになっている（Khakoo et al. 2000; Hao and Nei 2005）．ただし，これらのうち約半数の遺伝子は機能をもたない偽遺伝子であるようである（Kelley et al. 2005）．

嗅覚受容体遺伝子と他の化学受容体遺伝子

MHC多重遺伝子族や免疫グロブリン可変領域多重遺伝子族のサイズも非常に大きいが，哺乳類で最大の多重遺伝子族は嗅覚受容体（*OR*）多重遺伝子族である．嗅覚（もしくは匂い分子）受容体は7回のαヘリックス膜貫通領域をもつGタンパク質共役型の受容体である．*OR*遺伝子は鼻腔内の嗅上皮に存在する感覚神経で発現している．ヒトゲノムには約800個，マウスゲノムには約1400個の*OR*遺伝子が存在する．しかし，ヒトにおいてはそのうち約50%，マウスにおいては約30%の*OR*遺伝子が偽遺伝子である（表5.3）．これらの遺伝子はほぼすべての染色体に散在し，各染色体領域ではその多くが縦列に並んで存在している．系統解析によってヒトとマウスのオルソログ遺伝子を同定するのは比較的容易であり，*OR*遺伝子の進化において遺伝子変換や不等交叉はそれほど頻繁には生じておらず，縦列重複や染色体の再編成によって*OR*遺伝子の数が増加してきたことが示唆されている（Niimura and Nei 2005）．

嗅覚受容体は空気中や水中に漂う数百万にも及ぶ匂い物質を検出するタンパク質である．1種類の嗅覚受容体は通常複数種類の匂い分子に結合し，また1種類の匂い分子はいくつかの嗅覚受容体に認識される．つまり，匂い物質の認識は複数の嗅覚受容体の組合せによって決まる．この機構によって，わずか数百から数千の*OR*遺伝子が数百万もの匂い物質を識別できるのである．多様な匂い物質を識別する*OR*遺伝子の分子システムは，数百万にも及ぶ寄生者から宿主を防御する免疫システムとはかなり異なる．

実際には，匂いを感知する能力は*OR*遺伝子の数だけではなく，匂いを認識する脳の機能にも依存する．ヒトの脳はマウスの脳よりもわずかな匂い物質の違いを区別する能力に長けているようである（Shepherd 2004）．しかしながら，現在のところ脳内での匂い物質の認識機構はほとんどわかっていないので，本書では*OR*多重遺伝子族の進化と脳機能の関連についてはこれ以上言及しないことにする．

さまざまな脊椎動物の機能性*OR*遺伝子と*OR*偽遺伝子の数を表5.3に示す．種間での遺伝子数の違いは非常に大きく，この違いはおもにその生物が適応した環境や生活様式の違いで生じているようである．おおまかにいうと，陸上動物は水生動物よりも多くの*OR*遺伝子をもつ．陸上動物が生活の中で水溶性の匂い物質と空気中の匂い物質の両方を利用するからであろう．このことは，多くの*OR*遺伝子をもつことが水中生活から陸上生活への移行において重要な要因であったことを示唆している．カモノハシゲノムには他の哺乳類ゲノムに比べて*OR*遺伝子の数が少なく，また偽遺伝子の割合が大きい（52%）ことも興味深い．これはおそらくカモノハシの独特な生活様式に起因しているものと思われる．カモノハシは半水生の動物であり，嘴（くちばし）に電気受容と機械受容を組み合わせた特殊な感覚をもつ（Pettigrew 1999）．これによりカモノハシは水中において眼，耳，鼻腔を閉じた状態でも獲物を捕らえることができる．したがって，空気中の匂い物質を認識する*OR*遺伝子をそれほど必要としない（Nei et al. 2008）．

しかし，上記のように*OR*遺伝子の数を生物の環境要因や生活様式で説明するのは必ずしも容易ではない．たとえばイヌはとても鋭い嗅覚をもっていることが知られているが，*OR*遺伝子の数はウシやオポッサムよりも少ない．したがって，この場合*OR*遺伝子の数で嗅覚の鋭さや能力を説明するのは難しい．嗅覚の生物学的基盤を理解するためには，やはり脳機能についても考慮する必要がある．

フェロモンは個体から放出され，同種の別個体に感知される水溶性の化学物質であり，生殖行動などの生理形質の変化を誘発する．陸上脊椎動物では，フェロモンは鼻腔の基部に位置する鋤鼻（じょび）器官（vomeronasal oragn: VNO；嗅上皮とは別の部位）によって認識される．VNOのフェロモン受容体を産生するのは，鋤鼻受容体タイプ1（*V1R*）多重遺伝子族とよばれる多重遺伝子族である（Dulac and Axel 1995）．フェロモン受容体も嗅覚受容体と同様にGタンパク質共役型の受容体であるが，この2つの受容体タンパク質の配列に相同性はほとんどない（Nei et al. 2008）．

マウスゲノムには約310個の*V1R*遺伝子が存在するが，そのうち機能遺伝子の数は187個である．ラットゲノムには102個の機能遺伝子と約50個の偽遺伝子が存在する（Grus et al. 2005）．同様に，オポッサムとウシも多くの機能性*V1R*遺伝子をもつ．これに対し，ヒトには5個の機能遺伝子しか存在せず，逆に115個もの偽遺伝子が存在する．イヌの機能性*V1R*遺伝子の数もかなり少ない．このように，マウスとヒトで *V1R* 遺伝子の数が大きく違うのは，ヒトの系統で数多くの *V1R* 遺伝子が偽遺伝子化もしくは欠失したことによる．実際，ヒトを含むいくつかの霊長類種には機能している鋤鼻器官が存在しないため，フェロモンを受容することができないと考えられている．ヒトは性行動や生理学的行動において視覚や聴覚を用いているために，*V1R* 遺伝子は不要となり減少したのだろう．この例は，なぜ多重遺伝子族の遺伝子数が種によって大きく違うことがあるのかを説明するよい例である．

脊椎動物には，他にも味覚受容体遺伝子など多くの化学受容体遺伝子が存在することが知られている．これらの遺伝子も種間で遺伝子数が大きく異なり，やはり出生死滅進化しているようである（Nei et al. 2008）．

純化淘汰のもとでの出生死滅進化

多重遺伝子族に生じる遺伝的変異が制限酵素解析によって研究されていた 1980 年代，大量の遺伝子産物を必要とする多重遺伝子族の多くが協調進化していると考えられていた．代表的な例がすでに述べたヒストン多重遺伝子族である．この多重遺伝子族の場合，実際に塩基配列を調べて比較した研究者ですら協調進化していることを信じて疑わなかった（Matsuo and Yamazaki 1989）．この見解は遺伝子変換が頻繁に生じているに違いないという先入観によるものであった．

しかし，1990 年代までにさまざまな動物，植物，菌類，原生生物のヒストン遺伝子の塩基配列が決定されると，ルーニー（Alejandro P. Rooney）らやピオントキフスカ（Helen Piontkivska）らはこれらのデータを用いて大規模な統計解析を行い，ヒストン遺伝子は協調進化しているのかそれとも出生死滅進化しているのかを検証した（Rooney et al. 2002; Piontkivska et al. 2002）．遺伝子変換は同義座位と非同義座位に区別なく同じように作用する．したがって，もし協調進化がヒストン多重遺伝子族の進化における主要因であるなら，2 つの配列を比べたとき，どの配列間でも同義座位あたりの同義置換の数（p_S）と非同義座位あたりの非同義置換の数（p_N）はほぼ 0 になるはずである．一方，もしアミノ酸配列の類似性が純化淘汰によるもので，個々の遺伝子が独立に進化している（すなわち出生死滅進化している）のであれば，同義置換は一定の速度で蓄積していくが，非同義置換は純化淘汰によって排除されるので，p_S は p_N よりも大きくなると予想される．

この手法を真核生物のさまざまな生物種のヒストン *H3* と *H4* 遺伝子に適用してみたところ，ほぼすべての場合において p_S は p_N よりも明らかに大きかった

(Piontkivska et al. 2002; Rooney et al. 2002; Kim and Yamazaki 2004). 同様の結果はヒストン *H1* 遺伝子の大規模解析でも得られた (Eirin-Lopez et al. 2004). これらの結果はヒストン多重遺伝子族が強い純化淘汰のもとで出生死滅進化していることを示している.

ユビキチンも非常によく保存されたタンパク質で, 真核生物のシグナル伝達やタンパク質分解において重要な役割を果たしている. この多重遺伝子族のコピー間ではタンパク質配列の相同性が非常に高いことから, ユビキチン多重遺伝子族も協調進化していると考えられていた (Sharp and Li 1987; Nenoi et al. 1998). しかし根井らは, 上に述べた p_S と p_N を用いて大規模な統計解析を行い, この見解が間違っていると結論づけた (Nei et al. 2000). 彼らの研究結果は, 協調進化によってアミノ酸配列が均一化しているのではなく, 純化淘汰によってアミノ酸配列の相同性が高くなっていることを示していた. ほとんどの種において, 遺伝子間の非同義置換数はほぼ0だったのに対し, 同義置換数はほぼ飽和していたのである.

5.5　多重遺伝子族と新規遺伝システムの進化

ここまでは, それぞれの多重遺伝子族の進化についてみてきたが, 多重遺伝子族間の相互作用については触れてこなかった. しかし実際には, ほとんどの遺伝システムや表現形質は多くの多重遺伝子族の相互作用によって制御されている. ここでいう遺伝システムとは, 脊椎動物における嗅覚 (匂い受容) や獲得免疫, 植物における花器形成, 減数分裂, 有糸分裂のような生物の機能単位のことである. これらの遺伝システムの進化はいうまでもなく非常に複雑であり, その進化機構に対する我々の理解はいまだ非常に乏しい. 現在のところ我々にできることといえば, その遺伝システムを構成するそれぞれの多重遺伝子族の進化を研究し, 多重遺伝子族間の相互作用によって生じる進化の道筋を推測することである. 以下の項では, その例として複数の多重遺伝子族がかかわっているいくつかの遺伝システムの進化について簡潔に述べる.

獲得免疫システム

多重遺伝子族という観点からみて, 最もよく研究されている遺伝システムの1つは有顎脊椎動物における獲得免疫システムの進化である. 獲得免疫システム (adaptive immune system: AIS) においては, 一度寄生者 (ウイルス, 細菌, 菌類など)

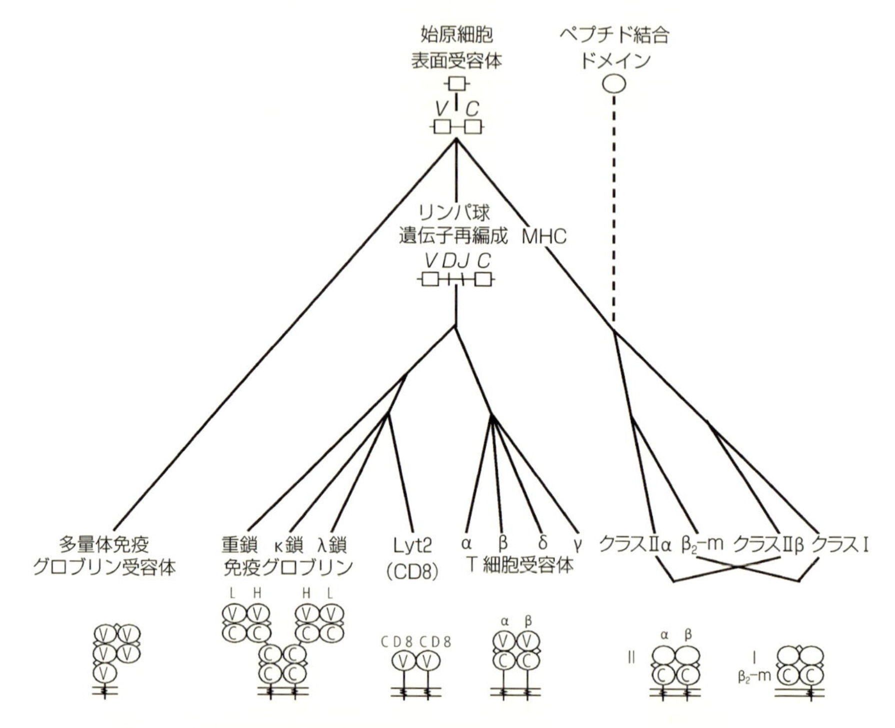

図 5.9　免疫システム遺伝子の進化的関係．クラスⅠ：MHC クラスⅠ遺伝子，クラスⅡ：MHC クラスⅡ遺伝子，*V*：可変領域遺伝子，*C*：定常領域遺伝子．MHC 分子のペプチド結合ドメインは免疫グロブリンの可変ドメインとは構造的に異なる．Hood et al. 'T cell antigen receptors and the immunoglobulin supergene family' を改変．Elsevier の許可を得て掲載．*Cell* 40, copyright 1985.

の攻撃を受けると，その免疫は生涯にわたって続く．無顎脊椎動物や無脊椎動物はこのシステムをもたないが，その多くがいわゆる自然免疫システムをもっている．では，有顎脊椎動物において獲得免疫システムはどのように進化したのだろうか？この問題はいまだ解決しておらず，現在も研究が行われている（van den Berg et al. 2004; Klein and Nikolaidis 2005）．しかし，獲得免疫システムが MHC，免疫グロブリン，T 細胞受容体多重遺伝子族など，多くの多重遺伝子族の相互作用によって機能することはよく知られている．これら多重遺伝子族のほとんどは進化的に類縁関係にあり（図 5.9），出生死滅進化が繰り返し生じたことで誕生した多重遺伝子族のようである．つまり，出生死滅進化がたえず作用することで，この超多重遺伝子族が誕生し，この超多重遺伝子族が獲得免疫システムという遺伝システムの構造的基盤になっているといえる．

もちろん，獲得免疫システムには他にも多くの多重遺伝子族がかかわっている．*V*，*D*，*J*，*C* 領域遺伝子が結合する場所である胸腺は，やはり有顎脊椎動物にしか存在しない．したがって，この器官がどのように進化したのかについても考える必要がある．獲得免疫システムは有顎脊椎動物にしか存在しないので，有顎脊椎動物が進化したときに突然このシステムが出現したとする進化のビッグバン仮説を唱える研究者もいる（たとえば Kasahara et al. 2004）．しかし，クライン（Jan Klein）とニコライディス（Nikolas Nikolaidis）は獲得免疫システムにかかわっている多重遺伝子族の進化を調べ，この仮説を否定した（Klein and Nikolaidis 2005）．彼らは，獲得免疫システムが，①もともとおもに別の機能をもっていた遺伝子の再構成，②既存の分子カスケードの改良，という2点によって進化したという仮説を提唱した．このような再編成が新しい器官や細胞を生みだしたというのである．このような観点からみると，獲得免疫システムはフランソワ・ジャコブ（Francois Jacob）が提唱した鋳掛進化[*4] evolution by tinkering（Jacob 1977）に従って，徐々に進化してきたことになる．しかし，出生死滅進化が繰り返し生じたことも獲得免疫システムの進化において重要であったことを認識しておく必要がある．このような進化は遺伝子の転用進化 gene co-option または再利用進化 gene recruitment などとよばれる．より詳細な議論は第6章で行う．

動植物の発生にかかわるホメオボックス遺伝子

ホメオボックス遺伝子は動植物の発生を制御する重要な超多重遺伝子族である．この遺伝子はタンパク質コード遺伝子のシス制御因子と相互作用する転写因子をコードしている．ホメオボックス遺伝子は標準遺伝子と非標準遺伝子の2つのグループに分類される．標準ホメオボックス遺伝子は60コドンからなるホメオボックスをもつが，非標準ホメオボックス遺伝子のホメオボックス領域は長さが多少異なる（Burglin 1997）．標準遺伝子グループは数十種類の多重遺伝子族で構成されている．よく知られているのは，動物の体節を決定するうえで重要な *HOX* 多重遺伝子族である．この多重遺伝子族も出生死滅進化していることが知られている（Amores et al. 2004）．しかしながら，*HOX* 遺伝子は染色体の特定の領域に縦列に並

*4 鋳掛進化：既存の遺伝子の再編成やカスケードの再編成によって生じる表現型進化の様式．

んで存在しており，その並びは各 *HOX* 遺伝子が制御する体節の並び（たとえば，頭，胸，腹）と一致する．したがって，*HOX* 遺伝子の間には複雑な相互作用が存在するはずである．左右相称動物では，*HOX* 遺伝子は 13 個の遺伝子からなり，これら遺伝子のおおまかな進化過程を推測することが可能である（たとえば Zhang and Nei 1996; Gehring et al. 2009）．これらの研究によると，*HOX* 遺伝子クラスターは断続的な遺伝子重複と機能分化によって進化したようである．*HOX* 遺伝子はかなり特殊な形で相互作用しているため，第 3 章で述べたように，基本的にはほぼすべての左右相称動物で同じ遺伝子クラスターが維持されている．もう 1 つ，重要な標準ホメオボックス遺伝子として知られているのが *Pax6* である．この遺伝子は眼の発生における最上位の制御遺伝子である（Gehring 1998）．

非標準遺伝子グループには約 7 個の多重遺伝子族が含まれ，そのうち 5 個は TALE グループとよばれている．TALE グループはヘリックス 1 と 2 の領域の間に 3 つのコドンが存在するという特徴をもつ．これらの多重遺伝子族はなんらかの形で真核生物の発生にかかわっており，動物，植物，菌類の共通祖先がすでにもっていた遺伝子に由来する．つまり，これらの多様な多重遺伝子族も長い進化の間に生じた断続的な遺伝子重複と機能分化によって生じたものであるといえる．興味深いことに，ときおり生じるパラログ遺伝子*5 の消失も表現形質の分化に影響しているようである（Nam and Nei 2005）．

しかしながら，1 つの形態形質の形成だけを考えてみても，上記以外に数多くの遺伝子が関与している．現在のところ，これらの遺伝子についてはほとんど何もわかっていない．また，発生の後期に出現する単純な形質を除いて，これら多くの遺伝子がどのように相互作用しているのかについてもよくわかっていないのが現状である（Carroll et al. 2005）．

多重遺伝子族と植物の花器形成

被子植物（または顕花植物）の花器は，がく片，花弁，雄ずい，雌ずいなどからなり，発達が不十分な裸子植物の花器様器官とは異なる．花器形成において重要な役割をもつ多重遺伝子族の 1 つが MADS ボックス遺伝子とよばれる転写因子である．これらの遺伝子の中には花器形成に必須なものもいくつか存在する（Weigel and Meyerowitz 1994; Ma and dePamphilis 2000; Theissen 2001）．MADS ボックス遺伝

---

*5 パラログ遺伝子：遺伝子重複によって生じた（分岐した）遺伝子．これに対して種分化によって生じた（分岐した）遺伝子をオルソログ遺伝子とよぶ．

子の系統解析によって，ナム（Jongmin Nam）らは花器形成を制御するMADSボックス遺伝子（花器制御MADSボックス遺伝子）が約6億5000万年前に生じた1つの祖先遺伝子に由来する可能性を明らかにした（Nam et al. 2003）．田辺 陽一らは起源が約7億年前にまでさかのぼる緑藻の3種から花器制御MADSボックス様遺伝子を同定した（Tanabe et al. 2005）．被子植物と裸子植物の最も古い化石記録はそれぞれ約1億5000万年前と約3億年前であるので，花器制御MADSボックスは花器形成システムが進化するずっと前から存在していたようである．田辺らによると，もともとこの遺伝子は緑藻において半数体期と二倍体期の発生を制御していたようである（Tanabe et al. 2005）．MADSボックス遺伝子は起源の古い遺伝子で植物，動物，および菌類に存在することが知られており，動物では筋肉の発生を制御している．しかし，被子植物や裸子植物の進化過程で別のグループのMADSボックス遺伝子が進化し，それが花器形成にかかわるようになったようである（Nam et al. 2003）．したがって，MADSボックス遺伝子もやはり出生死滅進化してきたと考えられる（Nam et al. 2004）．

5.6　ゲノム浮動とコピー数変異

出生死滅進化のもとでは，多重遺伝子族のサイズ（遺伝子数）は時間とともに変化する．この経時的な遺伝子数の変化は，遺伝子のランダムな重複と欠失や環境の変化によって生じる．すでに本書では，ゲノム中の遺伝子数が種間で非常に大きく異なることがあることを述べてきた．

この問題に関して最もよく研究されている多重遺伝子族の1つが哺乳類の嗅覚受容体（*OR*）遺伝子である．図5.10に，哺乳類8種の機能性*OR*遺伝子の数と，共通祖先からそれぞれの系統に至る進化過程で誕生または消失した*OR*遺伝子数の推定値を示した．*OR*遺伝子の数は種間で非常に大きく異なっており，進化過程で生じた重複と欠失の数もかなり多い．たとえば，マウスはラットとの共通祖先から分岐した後，207個もの*OR*遺伝子を獲得し，105個もの*OR*遺伝子を失っている．同様に，ラットはマウスとの共通祖先から分岐した後，370個の*OR*遺伝子を獲得し，96個の*OR*遺伝子を失っている．また，オポッサムは他の有胎盤哺乳類から分岐した後，759個もの*OR*遺伝子を獲得した一方で63個の*OR*遺伝子しか失っておらず，現在では1188個もの*OR*遺伝子をゲノム中に保持している．逆に，カモノハシは265個の*OR*遺伝子しかもっていない．一般的な傾向として，

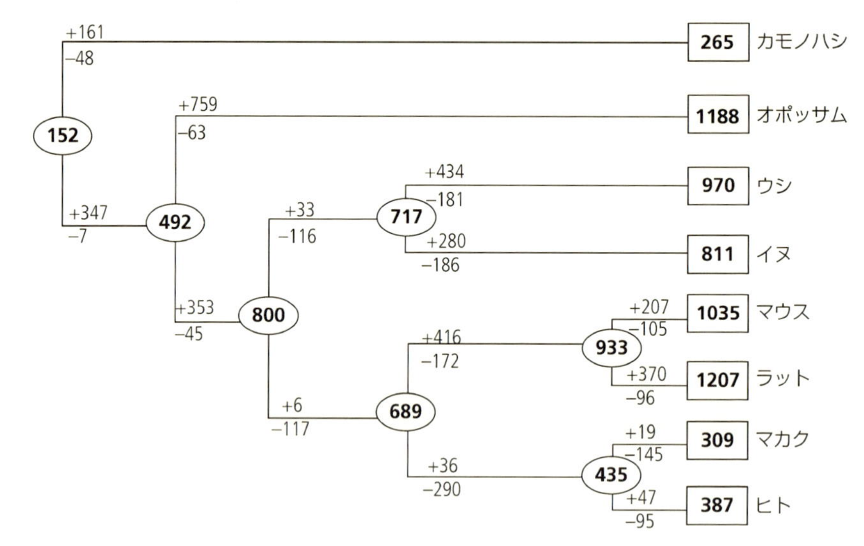

図 5.10　哺乳類の進化における *OR* 遺伝子数の変化．それぞれの進化系統での遺伝子の獲得と消失の数はそれぞれ＋と−で示されている．Nei et al.（2008）より．

機能性 *OR* 遺伝子の数が少ない生物は多くの *OR* 偽遺伝子をもつようである（表 5.3）．進化過程での *OR* 遺伝子数の大規模な変化がその生物の生息環境の変化と関連していることは疑いようがない．ほとんどの哺乳類にとって，数百万にも及ぶ匂い物質を認識することは，生存上非常に重要である．しかし，異なる環境に生息する種は必要とする *OR* 遺伝子の数も異なる（表 5.3）．たとえば，3 色色覚をもつ霊長類は 2 色色覚しかもたない他の哺乳類に比べて嗅覚の重要性が低いと思われる．それは 3 色色覚が外部環境を認識するうえで非常に有効だからである．ヒトやアカゲザルが齧歯類に比べてもっている *OR* 遺伝子の数が少ないのはこのことが理由かもしれない．しかし，この考え方には異論もあり，色覚と *OR* 遺伝子数の関係がはっきりしないと報告している研究もある（Matsui et al. 2010）．カモノハシも機能性 *OR* 遺伝子の数が *OR* 偽遺伝子の数に比べて少ない（表 5.3）．この理由は明らかではないが，すでに述べたように半水生の生活様式と関係しているのかもしれない．

実際には，哺乳類の進化における *OR* 遺伝子数の変化を考えたとき，環境要因と *OR* 遺伝子数の関連性は必ずしも明確ではなく，*OR* 遺伝子数の変動にはランダムな要因もかかわっているようである．ランダムな要因とは，いうまでもなく重複や欠失のことである．別の言い方をすれば，*OR* 遺伝子の数はその種にとって最適な遺伝子数の付近で変動しているといえるかもしれない．そして，多くの種において *OR* 偽遺伝子が非常に多いことからもわかるように，その変動の程度はきわめて大きいようである．このような遺伝子コピー数のランダムな変化をゲノム浮動とよぶ（Nei 2007）．ゲノム浮動は他の多くの多重遺伝子族にもみられる現象であり（Nozawa et al. 2007; Hollox et al. 2008），ゲノム進化において重要なようである．ゲノム浮動は多くの遺伝病の原因になっていることも知られている（Gonzalez et al. 2005; Hollox et al. 2008）．

ゲノム浮動が頻繁に生じるのであれば種内個体間においても遺伝子数が異なることが予想される．実際に，野澤 昌文らはすべての遺伝子，とくに化学受容体遺伝子においてこの傾向があることを明らかにした（Nozawa et al. 2007；ただし Sebat et al. 2004; Redon et al. 2006 も参照）．図 5.11A は，ヒト集団において，各個体の機能性 *OR* 遺伝子と *OR* 偽遺伝子の数が基準個体に対して相対的にどのくらい異なるかを示している．ここで，機能性 *OR* 遺伝子と *OR* 偽遺伝子の両方の分布がおおよそ正規分布していることは興味深い．このことは，*OR* 遺伝子の獲得と消失がおおよそランダムに生じ，コピー数変異が個体の適応度にそれほど影響を及ぼさない，すなわち中立であることを示唆している．

しかしながら，これは必ずしも *OR* 遺伝子の数がヒトの嗅覚能力と関係がないことを意味するわけではない．多くの *OR* 遺伝子をもつ個体は少ない *OR* 遺伝子しかもたない個体に比べて異なる匂い物質を認識する能力が高いかもしれない．実際，*OR* 遺伝子の多型がヒトの匂い受容の多様性を生みだしているという報告もある（Keller et al. 2007）．ただし，嗅覚はヒトの適応度を決める 1 つの要因にすぎない．適応度には他にも数多くの要因がかかわってくるので，個体の全適応度に対する *OR* 遺伝子の影響はおそらくかなり限定的である．したがって，*OR* 遺伝子の数はヒト集団において適応度とは直接関係がないのかもしれない．たとえばヒト集団では，無嗅覚症とよばれる嗅覚をもたない人々が存在するが，彼らはとくに生殖能力に関してハンディキャップがあるようには思えない．

しかし，ゲノム浮動によるコピー数の変化は表現型進化において重要な役割を果たしてきた可能性がある（Nei 2007）．たとえば，新たなニッチが生じ，その環境ではある多重遺伝子族の遺伝子が数多く必要であるとする．このとき，ゲノム浮動によって偶然多くの遺伝子をもった小集団がこのニッチに移住し，最終的に新たな種

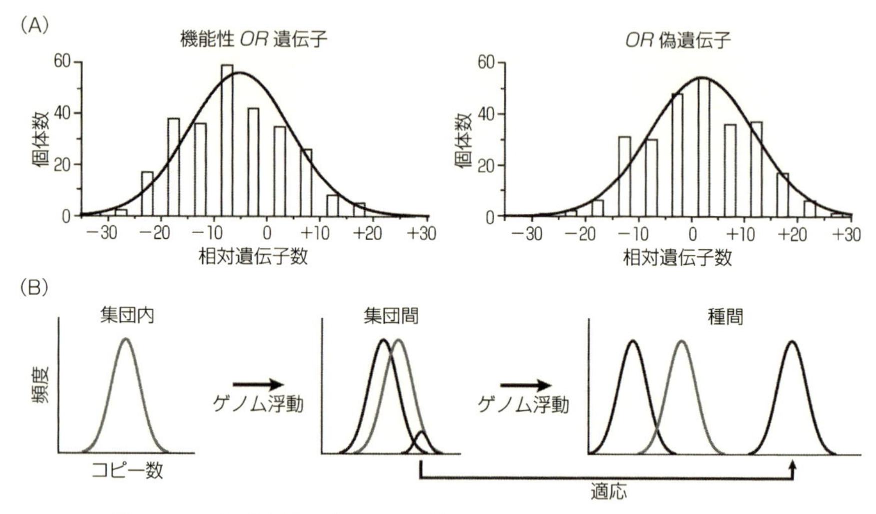

図 5.11　コピー数変異とゲノム浮動．(A)ヒトにおける相対 OR 遺伝子数の分布．相対遺伝子数とはサンプル個体と基準個体の OR 遺伝子数の差を表す．曲線は正規分布を示している．(B)ゲノム浮動とは遺伝子の重複，欠失，偽遺伝子化によって生じるコピー数変化のランダムなプロセスのことである．このとき，遺伝子数が十分に大きければ遺伝子数の分布は正規分布に従うと予想される．その結果，自然集団は，生物の生息環境が規定する遺伝子数の範囲内にある限り，ゲノム浮動によって多くのコピー数変異をもつ．化学受容体遺伝子の場合，通常この範囲は非常に広い．したがって，集団が 2 つの地理的集団に分かれると，ゲノム浮動によってコピー数の違いはますます大きくなる可能性がある．もし，多くの遺伝子を偶然もつ小集団（中央図の小さなピーク）が遺伝子を数多くもつ個体に有利なニッチに移住すれば，新種が生じることもある．Nozawa et al. (2007) より．

となって定着するかもしれない．図 5.11B は化学受容体遺伝子に関する遺伝子数進化の単純なモデルを示している．このモデルでは，その生物が生息する環境や生理的条件が規定する上限と下限の範囲内であれば遺伝子数はほぼランダムに変化する．集団が 2 つに分かれると，この 2 集団はおもにゲノム浮動によって地理的に異なる分布をもつ可能性がある．そして，この分化は最終的に別種を生じることもある．また，偶然多くの遺伝子をもった個体が，その個体にとって有利な新たなニッチに移住し，その結果新たな種が生まれるかもしれない．

5.7　非コード DNA と転移因子

真核生物のゲノムの大部分（ヒトゲノムでは約 95%）は直接タンパク質の産生にかかわらない DNA である．このような非コード DNA は遺伝子間領域，イントロン，遺伝子の調節領域，転移因子，縦列繰り返し配列などのことである．最近の研究によると，非コード DNA のかなりの部分が遺伝子発現に関してなんらかの機能をもっているようである（Lynch 2007; Mattick 2011; ENCODE Project Consortium 2012）．一般に，非コード DNA の進化パターンは，おもに突然変異によって決まっており，自然淘汰の役割は小さいようである．以下に，非コード DNA のうち，本書の主題に関連すると思われるものの進化について簡潔に述べる．

エクソンとイントロン

真核生物のタンパク質コード遺伝子はアミノ酸配列をコードするエクソンと，mRNA がポリペプチドに翻訳される前に切除されるイントロンとに分かれる．イントロンの数は遺伝子によって大きく異なり，数十個ものイントロンをもつ遺伝子も存在する．イントロンが発見されると，ギルバート（Walter Gilbert）は，イントロンは初期生命に存在した祖先遺伝子の非コード領域の名残であり，この祖先遺伝子がイントロンをつなぎ目にして再構成されることで，より大きな遺伝子が生じてきたと考えた（Gilbert 1978）．そして，イントロンはさまざまなエクソンを組み合わせ，より優れた機能をもつ遺伝子を生みだすうえで有効であるという考えを打ちだした．この考えはイントロン先行説とよばれている．しかし，原核生物の配列が決定されると，原核生物には基本的にイントロンが存在しないこと，生物の複雑性の増加とともにイントロンの数も増加していること，が明らかになった（Palmer and Logsdon 1991）．これらの結果は，イントロンが生命進化のもう少し後の段階で遺伝子に挿入されたことを示唆する．この考えはイントロン後生説とよばれている．

成熟した mRNA を産生する過程で生じるイントロンのスプライシングはいうまでもなく複雑な生化学過程であり，複数の酵素が必要である．なぜ，そしてどのようにして進化過程でイントロンの挿入が起きたのだろうか？　真核生物においてイントロンの挿入と欠失は頻繁に生じており，この問題はいまだ謎に包まれている（Lynch 2007）．しかし，イントロンの挿入と欠失は突然変異であり，自然淘汰が作

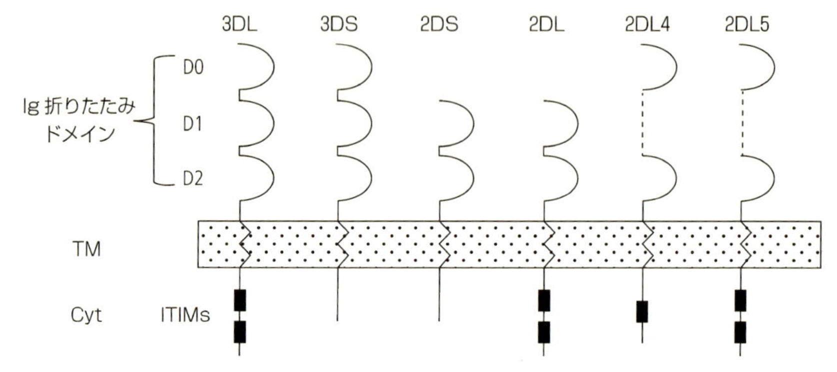

図 5.12　KIR のドメイン構造．ほとんどの KIR はドメイン構造によって 6 つのグループに分類される．ただし，ここには示していないが，最近同定されたウシの KIR 分子（2DS1）は独自のドメイン構造（D0 と D1）をもつ（Storset et al. 2003）．TM：膜貫通領域，Cyt：細胞質領域，ITIM：免疫受容体チロシン抑制モチーフ．

用する個体レベルでは，イントロンの挿入・欠失に自然淘汰が働くような有利不利があるとは思えない．

さて，現在ではイントロン先行説はあまり支持されていないが，真核生物の多重遺伝子族の中にはエクソンの種類や数と機能分化に関連があるものも存在する．1 つのよい例が霊長類のキラー細胞免疫グロブリン様受容体（killer cell immunogloblin-like receptor: KIR）遺伝子であろう．ナチュラルキラー（NK）細胞は，腫瘍やウイルスに感染した細胞に対する免疫の初期応答において必須である．NK 細胞の細胞毒性は NK 細胞上の KIR と MHC クラス I 分子との相互作用によって決まる．ヒトゲノムには数多くの *KIR* 遺伝子座が存在し，各遺伝子座は非常に多型的であるが，*KIR* 遺伝子はドメイン構造によって少なくとも 6 つのタイプに分類できる（図 5.12）．3DL 型は，3 つの細胞外ドメインと 1 つの長い細胞内ドメイン（細胞内ドメインには 2 つの免疫受容体チロシン抑制モチーフ（immune-receptor tyosine inhibitory motif: ITIM）が存在する）をもつ．これに対し，3DS 型は同じく 3 つの細胞外ドメインをもつが ITIM の数は異なる（図 5.12）．これらの異なるドメイン構造はエクソンシャッフリングによって生じたものであり，それにより異なる免疫機能をもつに至った（Rajalingam et al. 2004）．齧歯類では Ly49 または KLR とよばれる異なる NK 受容体分子が KIR と同様の機能を担っており，やはり同じような進化をしてきたことが明らかになっている（Hao and Nei 2004）．

エクソンシャッフリングによる進化のより極端な例として，植物のFボックス超多重遺伝子族が挙げられる（Xu et al. 2009）．Fボックスタンパク質はSCF（Skp, Cullin, Fボックス）ユビキチンリガーゼの基質認識を担っている．植物のFボックス超多重遺伝子族は約700個の遺伝子からなり，42種類の多重遺伝子族に分類される．それぞれの多重遺伝子族は異なるエクソン-イントロン構造と異なる基質特異性をもつ．シロイヌナズナ，ポプラ，イネのFボックス遺伝子の比較から，これらエクソン-イントロン構造の違いがエクソンシャッフリングによって生じたことが明らかになっている．

転移因子

転移因子はゲノム上のある位置から別の位置へ転移するDNA配列である．転移因子の数は非常に多く，哺乳類ゲノムの約50%を占める．転移因子はトランスポゾンとレトロトランスポゾンに分類できる．トランスポゾンは自身がもつ転移酵素によってゲノム中を動き回る．転移の際，トランスポゾンは自分以外の別のタンパク質コード遺伝子も一緒に移動させてしまうことがある．代表的な例としてショウジョウバエのP因子が挙げられる．この特性を利用して，ショウジョウバエでは，P因子は特定の遺伝子を転移させる実験によく用いられてきた．ちなみに，P因子は遺伝子水平伝播によってショウジョウバエ種間を転移可能である（Clark et al. 1994）．

これに対して，レトロトランスポゾンはまずRNAへと転写され，そのRNAがcDNAへと逆転写されてゲノムの別の場所に挿入される．レトロトランスポゾンはLTR型と非LTR型に大別されるが，ヒトゲノムのレトロトランスポゾンの大半は非LTR型である．非LTR型レトロトランスポゾンは，さらに長鎖散在反復配列（long interspersed element: LINE）と短鎖散在反復配列（short interspersed element: SINE）という2つのグループに分類される（Singer 1982）．完全長の活性型LINEは約6500 bpであり，一方SINEは通常100～500 bpである．これらのレトロトランスポゾンは真核生物ゲノムに大量に存在し，ヒトゲノムのじつに約42%を占める（Brouha et al. 2003）．ヒトゲノム中のLINEのほとんどはL1ファミリーに分類され，そのコピー数は約50万コピーにも及ぶ．これはゲノムの約17%に相当する（Cordaux and Batzer 2009）．しかし，L1因子の99%以上は逆転写酵素をもたない不活性型のレトロトランスポゾンである．ブルーハ（Brook Brouha）らはヒト集団ではたった90個のL1配列しか逆転写酵素遺伝子すなわち自己複製能力をもっていないことを明らかにした（Brouha et al. 2003）．一方，ヒトゲノムに存在する最大のSINEファミリーはAluファミリーであり，ヒトゲノムの約11%を占める．

SINEは逆転写酵素をもたないため，SINEの複製はLINEの逆転写酵素を用いて行われる（Weiner 2000; Kajikawa and Okada 2002）．にもかかわらず，真核生物のゲノムにおけるSINEの数は非常に多く，その多くは突然変異によって徐々に壊れていく．ヒトではほとんどのSINEはAluファミリーに属しており，これらはシグナル認識粒子（signal recognition particle: SRP）の一部である7SL RNAに由来するレトロトランスポゾンである（Ullu and Tschudi 1984）．Aluファミリーはヒト系統で急激に増加しており，ヒトゲノムには約30万ものAlu配列が存在する．一方，霊長類以外の生物のSINEは7SL RNAではなくいくつかのtRNAに由来するようである（Daniels and Deininger 1985; Sakamoto and Okada 1985）．したがって，種によってSINEファミリーの種類は異なるが，その進化機構は似ているようである．

トランスポゾンとレトロトランスポゾンは，タンパク質コード遺伝子の突然変異や染色体レベルの再編成を引き起こしていることが知られている（Cordaux and Batzer 2009）．しかし，これだけゲノム中に大量に存在するにもかかわらず，これら転移因子の進化はほとんど突然変異と遺伝的浮動によって決まる．すでに述べたとおり，真核生物ゲノムにおいてトランスポゾンとレトロトランスポゾンの数は非常に多いので，これらの転移因子はゲノム中のタンパク質コード遺伝子を見つけるための遺伝マーカーとして有用である．また，レトロトランスポゾンは系統樹の作成にも有効である．実際に，二階堂 雅人らはレトロトランスポゾンをマーカーにしてクジラが現存するカバの類縁種から派生したものであることを明らかにした（Nikaido et al. 1999）．さらに，佐々木 剛（たけし）らは，2つのSINE因子が哺乳類の脳形成にかかわる遺伝子のエンハンサーとしての機能をもつことを報告している（Sasaki et al. 2008）．したがって，転移因子は進化において重要な役割を果たしてきたのかもしれない（Lynch 2007, pp. 189-191）．

縦列繰り返し配列

すでに述べたトランスポゾンやレトロトランスポゾンに加えて，ゲノム中に大量に存在し，表現形質にほとんど影響しない繰り返しDNAが存在する（ただし，これらのDNAは特定の複雑な遺伝病を引き起こすこともある）．最もよく知られているのは，マイクロサテライト DNA とミニサテライト DNA などの縦列繰り返し数可変遺伝子座（variable numbers of tandem repeat: VNTR）である．

マイクロサテライト DNA は 1 ～ 5 塩基の縦列繰り返し配列であり，短鎖縦列繰り返し（short tandem repeat: STR）DNA ともよばれる．ヒトゲノムには数百万にも及ぶマイクロサテライト遺伝子座が存在する（Takezaki and Nei 2009）．たとえば，CACACACACACACA のような 2 塩基の繰り返しが一般的なマイクロサテライト遺伝子座である．しかし，通常このような遺伝子座は多型的であり，先ほどの例でいうと CA の繰り返し回数が 6 ～ 9 回のようにばらつく．ほとんどのマイクロサテライト DNA は自然淘汰の影響を受けず，非常に多型的な傾向にある．そのため，マイクロサテライト遺伝子座は集団の系統樹を作成するうえで有用である（Takezaki et al. 2010）．

ミニサテライト DNA はマイクロサテライト DNA に似ているが，10～60 塩基の繰り返し単位をもつ（Wyman and White 1980）．ヒトゲノムには約 1000 のミニサテライト遺伝子座が存在し，それぞれの遺伝子座ではやはり繰り返し回数に多型がみられる．しかし，ミニサテライトの繰り返しはマイクロサテライトほど規則的でなく，繰り返し単位ごとに配列が多少異なっていることもある．対立遺伝子によっては長さが違うこともある．実際には 15～25 くらいの対立遺伝子しか区別できないが，遺伝子座あたりの対立遺伝子の数が 100 以上になることもあり，ヘテロ接合度が 0.9 を超えることもある．この非常に高い多型性を利用して，これらの遺伝子座は科学捜査の際に個体識別や父子鑑定などに頻繁に用いられている（Jeffreys 2005）．

真核生物ゲノムには他にもいくつかの繰り返し DNA 配列が存在する．その 1 つがヘテロクロマチンである．ヘテロクロマチンは染色体のセントロメアやテロメア領域に局在している．ヘテロクロマチンでは DNA が凝集した状態になっており，転写開始を制御することで遺伝子発現を調節している．ヘテロクロマチンの大部分は，さまざまな長さの不活性型繰り返し配列からなる．

このような非コード DNA 配列の一連の研究は，これらの配列多型のほとんどが突然変異によって生じており，その多型がおもに突然変異と遺伝的浮動のバランスで維持されていることを示している．

5.8 ま　と　め

遺伝子重複は最も重要な突然変異生成機構の1つであり，進化の過程で新しい遺伝的変異をもたらしてきた．ゲノム重複や部分重複によって生じた重複遺伝子はその後の塩基置換，挿入・欠失，組換えなどにより機能分化し，革新的な遺伝的形質，表現形質を生みだす可能性がある．実際，ゲノム中の遺伝子の数は単細胞生物から多細胞生物への進化過程で劇的に増加してきた．しかし，脊椎動物や被子植物においては，細胞の種類を指標とした生物の複雑さと遺伝子数の間に必ずしも相関はない．

通常，複雑な生物のほうが単純な生物に比べて多重遺伝子族の種類は多く，またそれぞれの多重遺伝子族のサイズも大きい．しかし，ゲノム中の遺伝子の総数は，必ずしも細胞の種類を指標とした生物の複雑さに比例していない．むしろ，ゲノム中の非コードDNAの割合が生物の複雑さと高い相関を示しているようである．このことは，遺伝子発現を制御する上で非コードDNAが重要であることを示唆しているが，現在のところ真の理由は明らかではない．ただし，20%の多重遺伝子族（もしくは超多重遺伝子族）では，多重遺伝子族のサイズと生物の複雑さの間に正の相関がある．また，複雑な生物のほうが単純な生物に比べてはるかに多くの遺伝子で構成される多重遺伝子族も存在する．陸上動物で最も大きい多重遺伝子族の1つが嗅覚受容体多重遺伝子族である．この多重遺伝子族の遺伝子数は，動物が水中から陸上へと生活様式を変えたときに劇的に増加した．遺伝子数は陸上脊椎動物の間でも大きく異なっており，種特異的な適応によって生じた遺伝子もある．

数十年前の時点では，ほとんどの多重遺伝子族は遺伝子間の塩基配列を均一化する作用をもつ協調進化によって説明できると考えられていた．しかし，最近のゲノム配列データはごく少数の多重遺伝子族を除き，この説を支持していない．むしろ，多くのデータが出生死滅進化のモデルを支持している．このモデルでは新しい遺伝子は遺伝子重複によって生じるとされ，あるものは長期間にわたってゲノム中に保持され，またあるものは除去されたり偽遺伝子化したりする．このモデルは新たな機能をもつ遺伝子がどのように進化するかを説明することも可能である．

真核生物には生存に必須ないくつかの遺伝システムが存在する．たとえば，有顎脊椎動物の獲得免疫システムや植物の花器形成システム，減数分裂や有糸分裂などである．これらのシステムは，通常系統的に関連し相互作用する多くの多重遺伝子族によって制御されている．したがって，遺伝システムの進化そのものも拡大する多重遺伝子族間の相互作用によって生じてきたことを示唆する．しかし，これらの相互作用はそれぞれの多重遺伝子族が出生死滅進化することで生じてきたということを理解してほしい．有顎脊椎動物の獲得免疫システムは，別のさまざまな用途に適応していた多くの多重遺伝子族の組合せによって進化してきた．同様の結論は被子植物の花器形成システムの進化にもあてはまるようである．これらの発見は，新しい遺伝システムが長い進化の過程で繰り返し生じた遺伝子重複によって徐々に進化してきたことを示唆している．

ゲノム進化に関する最近の研究によって，遺伝子は静的な存在ではなく重複，欠失，転移などを頻繁に生じるきわめて動的な存在であることが明らかになってきた．これらの変化はゲノム浮動によって生じる．そのため，それぞれの多重遺伝子族の遺伝子数は進化の過程で大きく変化する．また，多重遺伝子族の遺伝子数は種内個体間でも異なる．遺伝子数の変異が最も大きい例の１つが嗅覚受容体遺伝子である．この多重遺伝子族では，進化系統あたりの遺伝子の獲得と消失の数が数十から数百にものぼる．ヒト集団では個体によって嗅覚遺伝子の数はかなり異なる．

少し前までは，ゲノムの非コード DNA 領域にはほとんど機能がないと考えられていた．しかし，最近の研究によると，非コード DNA の一部は転写時や転写後に遺伝子の発現量を制御する低分子 RNA をコードしている．たとえば，低分子干渉 RNA（small interfering RNA: siRNA），マイクロ RNA（microRNA: miRNA），Piwi タンパク質介在型 RNA（piRNA）などがそれにあたり，転写後の段階で遺伝子発現レベルを調節している．非コード DNA 領域には数多くのトランスポゾンやレトロトランスポゾンも存在する．霊長類のレトロトランスポゾンである Alu 配列は 7SL RNA に由来し，霊長類外のレトロトランスポゾンはおもに tRNA を起源にもつ．真核生物ゲノムにはトランスポゾンやレトロトランスポゾンが非常に多いため，なかには様々な段階で遺伝子発現の制御にかかわるものもある．レトロトランスポゾンは系統樹作成の遺伝マーカーとしても有用であることが示されている．

真核生物ゲノムにはさまざまな種類の縦列繰り返し配列も存在する．最もよく知られているのがマイクロサテライト DNA とミニサテライト DNA であり，縦列繰り返し数可変遺伝子座（VNTR）ともよばれる．これらの配列に生じる変異は基本的には中立なようであり，変異が固定するかどうかはほぼ遺伝的浮動によって決まる．このような繰り返し配列は科学捜査において役立ってきた（Committee on DNA forensic science: update — National Research Council 1996）．

6 表現型の進化

前の２つの章では，タンパク質コード遺伝子の進化とゲノム進化における遺伝子重複の役割について述べたが，遺伝子発現機構については触れなかった．多細胞生物では，すべての細胞が同じ遺伝子セットをもつ．しかし，ある遺伝子は発生の一時期に特定の組織でしか発現しないが，別の遺伝子は別の組織で発現する．また，ある特定の遺伝子が発現した後にだけ発現する遺伝子も存在する．このように，さまざまな遺伝子発現は協調的に作用する一連の調節遺伝子によって制御されている．遺伝子発現の調節機構はきわめて複雑であり，その詳細はよくわかっていない．しかし，高度な遺伝子発現調節システムの進化は複雑な生物が誕生するうえで重要な要素である．本章では，遺伝子発現調節の一般原理とその進化における意味合いについて考え，表現型進化において実際に遺伝子発現調節が関与した例をいくつか紹介する．

6.1 遺伝子と遺伝子発現の概念の変遷

遺伝子の定義

グレゴール・メンデル（Gregor Mendel）は，不連続形質に関する遺伝の法則を発見した際，親から子へと伝わる遺伝物質の単位を表すのに「エレメント」という単語を用いた（Mendel 1866）．のちに，このエレメントという単語が現在広く用いられている遺伝子という単語になった（Johannsen 1909）．当初，遺伝子は抽象的な概念であったが，トーマス・モーガン（Thomas H. Morgan）とその弟子たち（Morgan et al. 1915）は遺伝子が染色体の特定の位置に実際に存在する物質であることを証明した．しかし，ワトソン（James D. Watson）とクリック（Francis H. Crick）が遺伝子の正体がDNAであることを明らかにするまで（Watson and Crick 1953a），遺伝子を構成する化合物の実体はわからなかった．モーガンらの発見は，ビードル（George

W. Beadle）とテータム（Edward L. Tatum）の一遺伝子一酵素説（Beadle and Tatum 1941）の物理的基盤となり，その後，遺伝子とは1つの酵素やポリペプチドをコードする連続したDNAである，という新しい定義へとつながった．

しかし，この定義は長くは続かなかった．DNA配列を決定する技術が開発されると，DNA配列とアミノ酸配列の関係がきわめて複雑であることが明らかになった．その要因の1つがオーバーラップ遺伝子の存在である．オーバーラップ遺伝子とは，コード領域が部分的に重なっている近接した遺伝子ペアのことである．つまり，1つのDNA領域が2つのポリペプチドをコードする可能性があるのである．オーバーラップ遺伝子は，原核生物，真核生物，ウイルスに普遍的に存在し，限られた量のDNAで多種多様なタンパク質をつくりだすことを可能にしている．有名な例として，バクテリオファージ φx174のオーバーラップ遺伝子がある．このファージのゲノムは比較的短い環状DNAであるが，このファージの転写産物をすべて並べると，ゲノム全長よりも長くなる．つまり，オーバーラップ遺伝子が存在しているというわけである．

遺伝子の複雑性に関するもう1つの重要な発見は，真核生物の遺伝子のほとんどはエクソンとイントロンで構成され，mRNAが翻訳される前にイントロンがスプライシングとよばれるメカニズムによって除去されるということである（図6.1）．しかし，遺伝子にイントロンやエクソンが数多く存在する場合，成熟mRNAがつくられるときにイントロンと一緒にスプライシングされるエクソンも存在する．このとき，スプライシングされるエクソンは必ずしも同じではない．これを選択的スプライシングとよぶ．たとえば，ラットのαトロポミオシン遺伝子は非翻訳領域（untranslated region: UTR）も含めると12個のエクソンからなる．その結果，7種類もの異なる成熟mRNAがつくられ，それぞれが別の機能タンパク質（アイソフォーム）となる（図6.2）．ヒトやマウスでは約50%の遺伝子が選択的スプライシングを行っていると考えられている（Davuluri et al. 2008）．したがって，高等生物において選択的スプライシングは限られた数の遺伝子から多様なタンパク質をつくりだすための重要なメカニズムである．これまで知られている中で最も多種類のタンパク質を生みだしている遺伝子は，ショウジョウバエの*Dscam*遺伝子であろう．この遺伝子は昆虫の発生にかかわる膜受容体タンパク質をコードしており，24個のエクソンをもつ．理論的には，この遺伝子は選択的スプライシングによって38016種類ものタンパク質を産生できる．理論的に予測されたこれらタンパク質の多くが実際につくられているようである（Gilbert 2006, pp. 127-128）．ショウジョウ

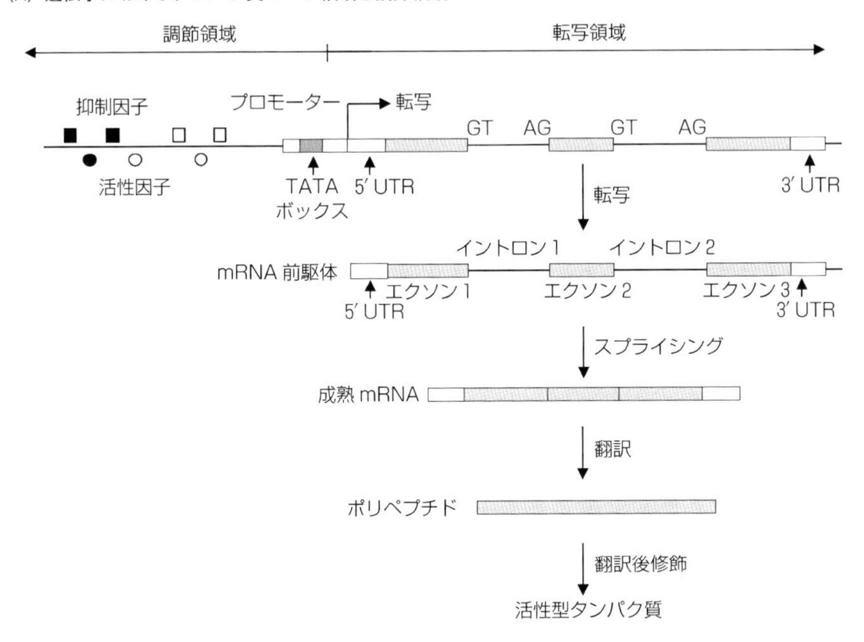

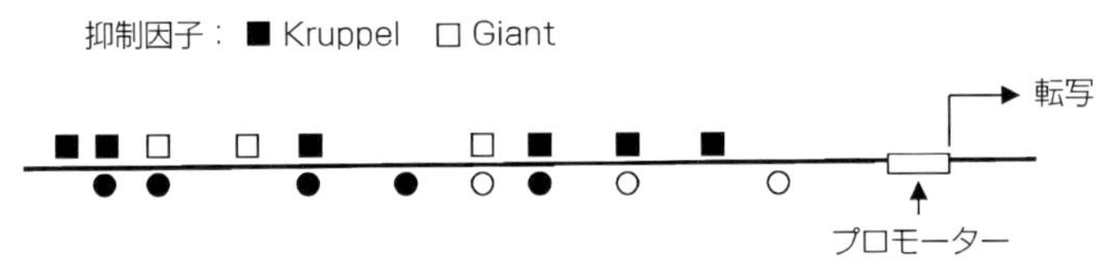

図 6.1　遺伝子の構造．(A)遺伝子は転写領域と調節領域からなる．転写領域は 5′ と 3′ の非翻訳領域，タンパク質コード領域，イントロンを含んでおり，調節領域は TATA ボックスや，活性因子および抑制因子などのエンハンサー領域からなる．シス調節因子に結合する転写因子は活性因子と抑制因子に分けられ，転写モジュールを形成し，プロモーター領域に結合する RNA ポリメラーゼと相互作用して mRNA 前駆体の量を調節する．mRNA 前駆体からスプライシングによってイントロンが除去されて成熟 mRNA となり，ポリペプチドへと翻訳される．遺伝子発現はマイクロ RNA などの低分子 RNA，さらにはエピジェネティクスによっても制御されている．(B)ショウジョウバエの *even-skipped*（*eve*）遺伝子の stripe 2 領域の発現にかかわるシス調節因子．抑制因子と活性因子の結合領域を 2 種類ずつもつ．

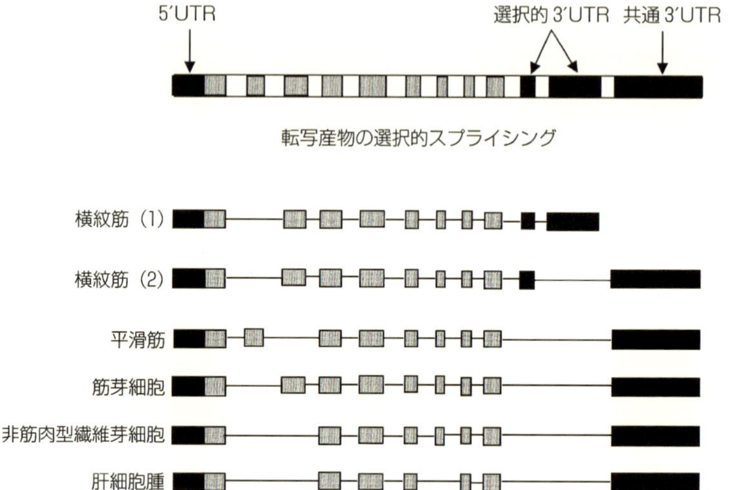

図 6.2　選択的スプライシングによってつくられるラットのα トロポミオシンタンパク質．α トロポミオシン遺伝子の構造を一番上に示す．2 段目以降の細い線は成熟 mRNA の生成過程でスプライシングされるイントロン配列を表す．異なる mRNA は異なる組合せのエクソンからなることがわかる．その結果，この遺伝子は 7 種類のポリペプチドを産生する．Breitbart et al.（1987）を改変．

バエのゲノムには約 14000 個の遺伝子しか存在しないが，その 3 倍もの種類のタンパク質がつくりだされているようである．

しかしながら，遺伝子の概念がより劇的に変化したのは遺伝子発現のメカニズムが発見されたときであろう．すでに述べたように，多細胞生物のすべての細胞は同じ遺伝子セットをもつ．しかし，特定の発生段階に一部の組織でしか発現しない遺伝子も存在する．このような遺伝子の発現変動こそが発生の基本である．遺伝子発現変動のメカニズムは最初にジャコブ（Francois Jacob）とモノー（Jacques Monod）によって研究され，細菌の *lac* オペロンが発見された（Jacob and Monod 1961）．このオペロンには複数のタンパク質をコードする DNA 配列と調節領域が含まれる．調節領域は，RNA ポリメラーゼが結合するプロモーター配列と，調節タンパク質が結合する調節配列からなる．*lac* オペロンの場合，環境下において細胞中のラクトースが細菌の成長に必要な最低量を下回ると調節領域がオンとなり，必要量を超えると調節領域はオフとなってそれ以上のラクトースの産生が抑えられる．その後の研究により，転写から翻訳後修飾に至るまで遺伝子発現にさまざまな形で影響する多様な配列が明らかにされてきた（図 6.1）．これらの配列は，タンパク質コード領域に存在することもあれば，遺伝子の近傍に存在することもある（Gilbert 2006）．グロビン遺伝子のように，調節因子がタンパク質コード領域からかなり離れて存在することもある．このような遺伝子は，通常のコンパクトな遺伝子座という古典的な遺伝子の概念にはあてはまらない．実際，遺伝子発現にかかわるすべての調節因子を考慮すると，ゲノム配列の大部分が 1 つの遺伝子ということにもなりうる（ENCODE Project Consortium 2007）．このため，ガースタイン（Mark B. Gerstein）らは，遺伝子を「共通の部分ゲノム配列をもった一連の機能産物をコードするゲノム領域の集まり」と定義するべきだと提案した（Gerstein et al. 2007）．しかし，この定義は専門家ではない者にとって非常にあいまいである．そこで，ここでは基本的な点のみを考えて遺伝子構造と遺伝子発現のメカニズムをみていくことにする．

遺伝子のタンパク質コード領域と調節領域

真核生物の基本的な遺伝子発現機構を理解するためには，遺伝子の転写領域と調節領域を分けて考えるとよい（図 6.1A）．転写領域は 5' 非翻訳領域（5'UTR），タンパク質コード領域，イントロン，そして 3' 非翻訳領域（3'UTR）からなる．mRNA 前駆体の形成段階では，これらすべての領域が転写される．しかし，mRNA 前駆体が RNA プロセシングを受ける過程で，スプライシングによってすべてのイントロンは除去され，成熟 mRNA となる．この成熟 mRNA からポリペプチドが作られ，ポリペプチドは翻訳後修飾を受けた後にタンパク質の一部となる．たとえば，ヒト成人において，上記の過程でつくられた α グロビンポリペプチド（鎖）はそれ単体では活性をもたず，2 つの α 鎖と 2 つの β 鎖がヘムに結合し，4 量体の分子になって初めて活性化される．ちなみに β 鎖は別の遺伝子にコードされている．このような機能分子の形成過程を翻訳後修飾とよぶ．

しかしながら，適切な発生時期に適切な量のタンパク質を産生するためには，さまざまな遺伝子発現調節システムが必要である．よく知られている調節システムは転写因子が結合するシス調節因子（シス調節配列）によるものである．転写因子は活性因子と抑制因子に分けられ，これら転写因子の適切な組合せが TATA ボックスに結合する RNA ポリメラーゼ II の活性を促し，転写へとつながる（Gilbert 2006）．ただし，シス調節因子は必ずしも遺伝子の 5' 領域に位置しているわけではなく，3' 領域やイントロンに存在することもある．これらシス調節因子に結合する転写因子（タンパク質）は複数のタンパク質の複合体であると考えられている．

結合する転写因子の数や種類は遺伝子ごとに異なる．最もよく研究されている遺伝子の調節領域は，キイロショウジョウバエ胚における *even-skipped* 遺伝子の2番目の縞模様（stripe 2）の発現調節である．*even-skipped* 遺伝子の stripe 2 における発現には，8個の活性因子（5個の *bicoid* タンパク質と3個の *hunchback* タンパク質）と9個の抑制因子（6個の *kruppel* タンパク質と3個の *giant* タンパク質）がかかわっており，この遺伝子の調節領域にはこれらの転写因子が結合する合計17個ものシス調節因子が存在する（図 6.1B）．シス調節因子はこれら転写因子が結合するモジュールとして遺伝子発現の時期や量を調節している．この場合，遺伝子は明確な境界で区切られる単一の DNA 領域である，という古典的な概念は成り立たない．というのも転写因子は通常ゲノムの別の領域に存在するからである．

遺伝子調節ネットワーク

前項では1つのタンパク質の産生メカニズムについて述べた．しかし実際には，いかなる生理過程，発生過程においても，多くのタンパク質が構造タンパク質（たとえばチューブリンやリボソームタンパク質）や転写因子としてかかわっている．形態形成の初期段階ではタンパク質の産生にかかわる遺伝子の数は少ない．しかし，発生が進むにつれて構造タンパク質や転写因子の産生にかかわる遺伝子の数はより多くなる．さまざまな転写因子とそれらが相互作用するシス調節因子の一群からなる機能単位を遺伝子調節ネットワークとよぶ．発生の初期段階では，1つの遺伝子調節ネットワークにかかわる遺伝子の数は少ないが，発生後期においては数千もの遺伝子が1つの遺伝子調節ネットワークを構築することもある（Davidson and Erwin 2006; Peter and Davidson 2011）．発生過程では多くの遺伝子調節ネットワークが存在し，互いにかかわりあっている．このことは，発生過程においては遺伝子間相互作用が基本になっていることを示している．

ここで注意すべき点は，遺伝子調節ネットワークは生物によって異なるということである．現在，発生生物学者はさまざまな生物の遺伝子調節ネットワークの違いを調べることで，形態形質の進化を研究している（Davidson 2006）．

遺伝子発現量を調節する低分子 RNA

近年，遺伝子発現量に影響を与える数種類の低分子 RNA（small RNA）が報告されている．比較的よく研究されているのは，リー（Rosalind C. Lee）らやワイトマン（Bruce Wightman）らによって発見されたマイクロRNA（microRNA: miRNA）である（Lee et al. 1993; Wightman et al. 1993）．miRNAは，動植物の遺伝子発現を転写後レベルで調節する約22塩基の非コードRNAである．哺乳類では，miRNAは全タンパク質コード遺伝子の約30％の遺伝子発現を調節していると考えられている（Filipowicz et al. 2008）．動物においては，miRNAはmRNAの3'UTRに結合することで標的遺伝子の翻訳を抑制する．たとえば，キイロショウジョウバエの*iab-4*遺伝子座にコードされているmiR-iab-4-5pというmiRNAは，*Ultrabithorax*（*Ubx*）遺伝子の発現を調節しており，このmiRNAを平均棍（痕跡翅）原基で異所的に発現させると，平均棍が翅へとホメオティック形質転換を引き起こす（Ronshaugen et al. 2005）．正常なハエではUbxタンパク質は平均棍原基に大量に存在しており，このタンパク質が後翅の発達を抑制している．しかし，*iab-4*遺伝子座にコードされているmiRNAが存在すると，Ubxタンパク質の産生が抑制され，その結果，平均棍が後翅に形質転換する．miRNA遺伝子の欠失や過剰発現が心臓の形態異常，獲得免疫疾患，オス不妊などを引き起こすという研究例は他にも数多く存在する（Stefani and Slack 2008）．現在では，miRNAやPiwiタンパク質介在型RNA（piRNA）などの低分子RNAがさまざまな形態形質や生理形質の発生にかかわっていると考えられている．たとえば，イネのmiRNAの一種であるmiR156は品種によって標的遺伝子の結合配列が1塩基異なる．この違いがmiRNAの標的遺伝子への結合に影響を与え，草丈，茎数，穂の形態に違いが生じることが知られている（Jiao et al. 2010; Miura et al. 2010b）．

第5章では，生物の複雑性がゲノム中のタンパク質コード遺伝子の数とは必ずしも相関せず，非コード領域の割合と相関していることを示した．最近の研究によると，miRNA遺伝子の数は生物の複雑性とともに増加しており，したがってmiRNAは複雑な生物の進化に部分的に寄与しているようである（Heimberg et al. 2008）．この研究はおもに動物を用いて行われており，機能がわかっているmiRNA遺伝子の数もまだ少ない．また，miRNA遺伝子に生じた突然変異や新しいmiRNA遺伝子の獲得によって形態形質の進化が生じたことを示す研究もいまだに少ない．miRNAの他にも，遺伝子発現，ひいては表現形質の発現に影響するRNAは数多く存在する．たとえば，レトロトランスポゾンにコードされている低分子RNAは遺伝子発現の調節にかかわっているようである（Ponicsan et al. 2010）．これらのRNAはまだあまり研究されていないが，いくつかについてはあとで議論する．

メチル化とエピジェネティクス

もう1つの遺伝子発現調節機構は，メチル基がDNAの特定のヌクレオチドやアミノ酸に付加されることによって生じるDNAメチル化やタンパク質メチル化である．DNAメチル化は，メチル基がシトシンのピリミジン環に付加されて起こる．哺乳類の成体では，シトシンのメチル化はシトシン（C）の次にグアニン（G）が続いているとき（すなわちCpG）にのみ起こる．メチル化の割合は全CpGサイトの60〜90％にのぼる．メチル化を受けたCpGサイトは通常遺伝子のプロモーター領域に存在しており，遺伝子の転写を抑制する．このような遺伝子が転写されるためにはプロモーター領域の脱メチル化が必要である．

タンパク質のメチル化は通常アルギニン残基とリジン残基に生じる．このメチル化はヒストンタンパク質によくみられる．ヒストンはクロマチンの主要な構成成分で，ヌクレオソームを形成して多くの遺伝子を凝集した形で核内に収納する．ヒストンがメチル化されると，その領域の遺伝子発現は後成的（エピジェネティック）に抑制される傾向にある．その遺伝子が発現するには，そのヒストンがアセチル化され，転写にかかわるDNA領域がむきだしになる必要がある．

ほとんどの遺伝子は，多くの組織においてヌクレオソームのヒストンがメチル化されており，不活性状態である．ヒストンの一部が脱メチル化されると，その領域の遺伝子は活性状態になる．しかし，プロモーター領域のDNAがメチル化されていると，遺伝子の転写は起こらないこともある．たとえば，ε，γ_A，γ_G，δ，βからなるβグロビン遺伝子クラスター（図6.3）は，ε遺伝子が胚発生期に発現するのに対し，γ_A遺伝子とγ_G遺伝子は胎児期に発現する．一方，δ遺伝子とβ遺伝子は成体期に発現する．血球細胞では，この遺伝子クラスターのヌクレオソームはむきだしになっており，活性状態にある．ではどのようにして発生時期によって異な

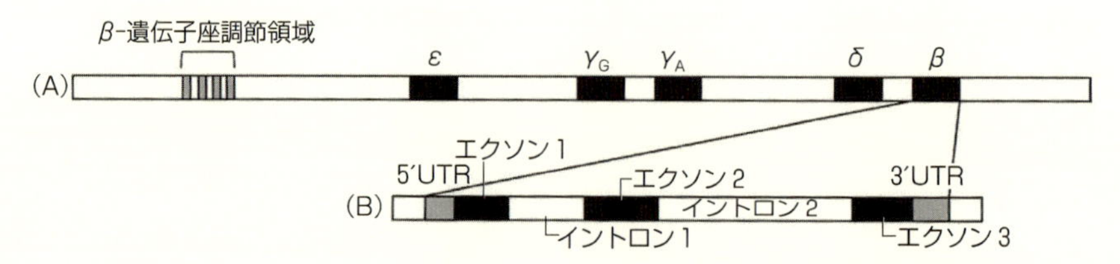

図6.3　(A)ヒトのβグロビン遺伝子クラスター構造．(B)βグロビン遺伝子の拡大図．

る遺伝子を発現させているのだろうか？ その答えは遺伝子のプロモーター領域のDNAメチル化にあるようである．胚発生期では，γ_A，γ_G，δ，βの各遺伝子のプロモーターはメチル化されており，ε遺伝子だけが発現する．一方，胎児期においては，γ_A，γ_G両遺伝子のプロモーター領域だけが脱メチル化し，転写を開始する．同様に，成体期においてはδ，βの両遺伝子のプロモーター領域が脱メチル化される（図6.3）．

では，どのようにして遺伝子のメチル化や脱メチル化が制御されているのだろうか？ それは，遺伝子クラスターのはるか5'上流に位置する遺伝子座調節領域（locus control region: LCR）とよばれるDNA配列によって行われている（図6.3）．ただし，その詳細なメカニズムについてはいまだにわかっていない．同様のLCRは別の染色体に存在するαグロビン遺伝子クラスターでもみつかっている．また，LCRはMHCクラスII遺伝子（Masternak et al. 2003），*HOX*遺伝子（Lee et al. 2006）などの多重遺伝子族の発現も調節していると考えられている．

遺伝子によっては，プロモーター領域のメチル化や脱メチル化が環境要因によって引き起こされるものもある．これは後成的調節（エピジェネティック調節）とよばれる．たとえば，コムギのような植物は，開花に春化とよばれる長期間の低温処理（すなわち冬にあたる期間）が必要である．シロイヌナズナでは，春化に対する応答は*FLC*とよばれる抑制遺伝子によって行われる．この遺伝子は，植物を栄養生長から生殖器官形成へと誘導する遺伝子群の発現を抑制することで花器形成を抑制する．したがって，この遺伝子の発現が抑制されると花器形成が始まる．*FLC*遺伝子の発現抑制は，春化によって引き起こされるヌクレオソームヒストンのメチル化によって生じる（Bastow et al. 2004）．つまり，*FLC*遺伝子の不活性化は環境要因によって制御されているのである．

このような外的要因や環境要因による遺伝子発現の変化に関する研究分野をエピジェネティクスとよぶ．外的要因によって制御されている形態形成の例は他にも数多く存在する．たとえば，温度によって決まるカメなどの爬虫類の性決定，チョウの翅紋パターンの季節変化，などがよく知られている．厳密にいえば，6.4節で述べるように，ほとんどの形態形質は遺伝要因と環境要因の両者によって制御されている．したがって，発生生物学におけるエピジェネティクスの研究は非常に重要である．

シグナル伝達経路と遺伝子間相互作用

前項では，比較的単純な遺伝子発現調節のメカニズムについて述べた．しかし，実際の遺伝子発現は相互作用する数多くの遺伝子によって調節されている．その調節機構の1つがシグナル伝達経路である．哺乳類が数多くの嗅覚受容体をもっており，これらの受容体がさまざまな匂い物質を認識していることはすでに述べた．生化学的には，これらの嗅覚受容体は7回の膜貫通領域をもつGタンパク質共役型受容体（G protein coupled receptor: GPCR）であり，細胞膜に存在している．空気中または水中の匂い物質がGPCRの細胞外領域に結合すると，匂いシグナルはGPCRを通り細胞質に存在するGタンパク質（グアニン結合タンパク質）へと伝わる．Gタンパク質はシグナル伝達経路に関係する化合物を活性化し，最終的に匂いシグナルは脳へと伝わる．

このシグナル伝達経路は，真核生物に存在する数多くの重要なGタンパク質伝達経路の1つにすぎない．色覚，ホルモン，神経伝達物質などのシグナル因子もGタンパク質伝達経路によって処理されるが，その詳細なメカニズムはかなり異なる

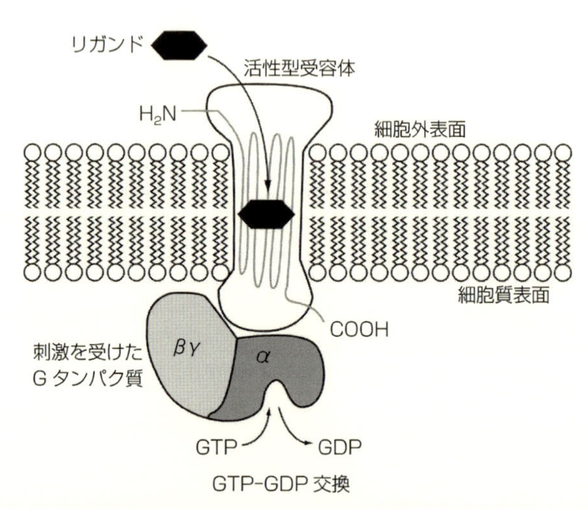

図6.4　シグナル伝達の様式．GPCRの細胞外領域に結合したリガンドは，タンパク質の膜貫通領域の変化を誘導する．この変化がGタンパク質からのグアノシン2リン酸（GDP）の放出とグアノシン3リン酸（GTP）の取込みを引き起こし，所定のシグナル伝達経路の活性化を誘発する．American Chemical Societyより．

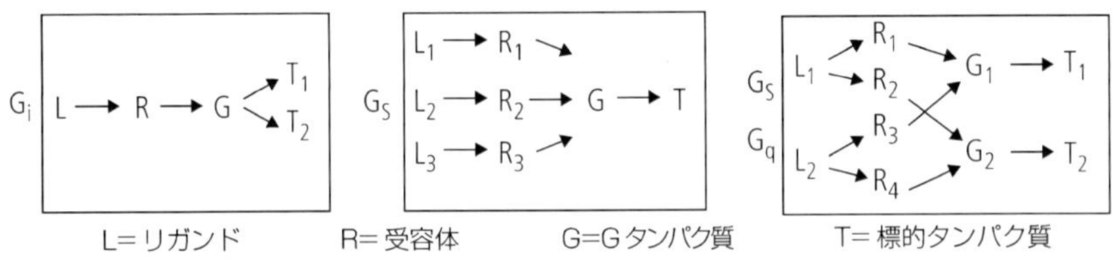

図 6.5　Gタンパク質伝達経路における分岐，収斂，クロストーク．例として，Gα サブユニットの３つのタイプの伝達経路を示す．すべてのGタンパク質が理論的にはすべての経路にかかわりうることに注意する．左図（G_i）：１つのリガンド（L）が G_i へとつながる１つの受容体（R）を活性化し，$G\alpha_i$GTP（G）をつくる．この $G\alpha_i$GTP が細胞中の複数の標的分子（T）を活性化する．中央図（G_s）：複数のリガンドがそれぞれ別の受容体を活性化し，それが単一の $G\alpha_s$GTP へと収斂し，それが単一の標的分子の活性化を誘導する．右図（G_s と G_q）：G_s と G_q に結合するリガンドと受容体の間にはクロストークが存在し，それが２つの標的分子（タンパク質）の活性化を導く（例については本文を参照のこと）．

(Gerhart and Kirschner 1997 の第２章と第３章を参照)．Gタンパク質伝達経路は真核細胞において一般的なものであり，Gタンパク質そのものも非常によく保存されている．しかし，Gタンパク質は機能が大きく異なるグループに分類できる．Gタンパク質伝達経路は標的分子とともにその受容体も非常に多様であることが知られており，この多様性が情報伝達における複雑なネットワークを生みだす主要因である．嗅覚受容体の場合と同様に，１つの受容体が複数のGタンパク質と相互作用し，逆に１つのGタンパク質が数多くの受容体と結合することもある．この柔軟性こそが，Gタンパク質伝達経路が非常に多様な機能をもてる原動力になっている（図 6.4，図 6.5）．

しかし，Gタンパク質伝達経路は真核細胞に存在する多くのシグナル伝達経路の１つにすぎない．さまざまな表現型の形成には，他にも数多くのシグナル伝達経路が必要である．たとえば，ショウジョウバエの胚発生において重要なものとして，*TGF-β*，*wingless*（*wnt*），*notch*，*hedgehog*，*Toll*，*FGF* などの多重遺伝子族が挙げられる（Carroll 2005a, p. 44）．これらの伝達経路には，それぞれ最低１つのシグナルリガンド，細胞膜に位置する受容体，標的遺伝子に結合することでシグナル入力に応答する転写因子，が存在することがわかっている．これらの伝達経路は形態形成において必須である．

第５章では，多くの多重遺伝子族の相互作用によって獲得免疫のような遺伝システムが機能することを述べた．実際，これら多重遺伝子族のそれぞれが固有のシグナル伝達経路をもつ．たとえば，獲得免疫システムにおいて機能する免疫グロブリン多重遺伝子族やMHCクラスI多重遺伝子族は，それぞれ固有のシグナル伝達経路をもっていることが知られている．これらの伝達経路は，生理形質や形態形質の発達に多くの遺伝子の相互作用が必要であることを示している．また，表現形質を制御する多くの遺伝子が多面作用（多面発現）*1 することも知られている．

6.2　生理形質と形態形質の進化

進化の研究において，表現形質は便宜的に生理形質と形態形質に分けられることが多い．しかし，厳密にいえばこの2つの形質を区別することは難しい．なぜなら，形態形質の形成は発生過程での多くの生理過程に依存しているし，生理形質の機能は生物の構造や形態の影響を受けるためである．たとえば，哺乳類の毛色は，異なる色の個体が簡単に識別できるという意味では形態形質と考えることができるが，毛色が温度感受性や行動パターンに影響すると考えれば生理形質であるととらえることも可能である．しかし，生理形質と形態形質の進化を区別して扱うのは確かに便利である．前者はおもに成体期に関係し，後者は発生過程における形態形成の産物とみなせるからである．たとえば，脊椎動物において，肺からさまざまな組織への酸素の輸送はおもにヘモグロビンとミオグロビンによって行われる．したがって，異なる生物におけるこれらのタンパク質の分子構造や発現パターンを調べることで，酸素輸送の進化機構をある程度解明することができる．逆に，形態形質の進化を理解するためには，多くの遺伝子が関与する複雑な分子過程や細胞過程による形態形成の変化を研究する必要がある．さらに，発生生物学者（たとえばCarroll 2005a, b）の中には，生理形質の進化はおもにタンパク質コード遺伝子のアミノ酸置換によって生じ，一方形態形質の進化はおもに遺伝子の調節領域の変化によって生じると考える者もいる．この考えはフックストラ（Hopi E. Hoekstra）とジェリー・コイン（Jerry A. Coyne）によって批判されているが（Hoekstra and Coyne 2007），この考えを支持するデータも存在する．そこで，形態進化を議論する前に，この問題について考えてみる．

---

*1 多面作用（多面発現）：1つの遺伝子が複数の組織で発現することにより，複数の表現形質に作用すること．

遺伝子のタンパク質コード領域の変化

分子進化の研究は，さまざまな生理機能にかかわるタンパク質分子（たとえば，ヘモグロビン，チトクロム c，インスリンなど）の種間比較から始まった．これらの研究により，タンパク質に生じるほとんどのアミノ酸置換がおおよそ中立であることが明らかになった（King and Jukes 1969）．また，第 4 章で述べたように，タンパク質の機能変化は通常，活性部位に生じる少数のアミノ酸置換によって引き起こされることもわかってきた．さらに，タンパク質の機能を維持するために，通常アミノ酸配列には機能的制約や構造的制約があり，ランダムに生じた突然変異の多くが純化淘汰によって除去されていることも判明した．このため，ほとんどのタンパク質は保存的に進化している（図 4.3）．これは，生理形質を制御するタンパク質が進化するうえでの一般原理である（Kimura 1983; Nei 1987, 2005）．しかし，すでにこの問題は第 4 章で議論したので，ここではこれ以上繰り返さないことにする．

過去 20 年の間に，形態進化にかかわる遺伝子（いわゆる形態形成遺伝子，Liao et al. 2010）のタンパク質コード領域の進化も研究されており，これらの遺伝子のアミノ酸置換パターンも生理形質にかかわる遺伝子（生理作用遺伝子）と同様であるらしいことが明らかになった．すなわち，遺伝子の機能変化は少数のアミノ酸の変化によって生じ，多くの変化はおおよそ中立である（表 4.2 と表 6.1 を参照）．しかし，形態形成遺伝子の場合，例外も数多く存在し，ヌクレオチドの挿入・欠失，エクソンの欠失，あるいはトランスポゾンの挿入によって機能が変化することもある．そんな遺伝子の 1 つが表 6.1 に示したエンドウマメの皺（しわ）型を引き起こす *SBE1* という遺伝子である．この突然変異はトランスポゾンの挿入によって生じている．メンデルは，突然変異の原因を知らないまま，この豆の皺型形質をかの有名な遺伝学実験に用いた．メンデルが実験に用いた別の形質が植物の草丈である．低い草丈は，茎長を制御する *Le* 遺伝子のアミノ酸置換 1 個で生じる．しかし一般的な傾向として，形態形成遺伝子にはエクソンシャッフリングなどさまざまな構造変化が生じているようである（Xu et al. 2009, 2012）．

生理形質および形態形質の進化は，コード領域の周りに存在するプロモーターやエンハンサーを含む遺伝子の調節領域にも影響される．すでに述べたように，ヒトの β グロビン多重遺伝子族は重複遺伝子 ε，γ_A，γ_B，δ，β からなるクラスターを形成している（図 6.3）．ε 遺伝子は胚発生初期に発現するのに対し，γ_A 遺伝子と γ_G 遺伝子は胎児期の肝臓で発現し，δ 遺伝子と β 遺伝子は成体において発現する．

表 6.1　遺伝子のタンパク質コード領域に生じた非有害突然変異が引き起こした形態形質の進化例．生理形質に関する同様の例は表 4.3 に示されている．

タンパク質/遺伝子	生物種	アミノ酸または塩基の変化	形態形質
MC1R	ハイイロシロアシマウス	1 アミノ酸置換	毛色
HOXD13	ヒト	1-4 アミノ酸置換	四肢
Oca2	洞窟魚	エクソン欠失	アルビノ（色素欠乏）
MCR1R	ポケットマウス	4 アミノ酸置換	毛色
MSH-R	ヒョウ	1 アミノ酸置換	毛色
MSH-R	ウシ	1 アミノ酸置換	毛色
MC1R	ブタ	1 アミノ酸置換	毛色
ASIP	ジャガランディ	2 塩基欠失	毛色
MC1R	ジャガランディ	5/8 欠失	毛色
ABCC11	ヒト	1 アミノ酸置換	耳垢
Le	エンドウ	1 アミノ酸置換	茎長
SBE1	エンドウ	転移因子挿入	しわ種子
I	エンドウ	6 塩基挿入	子葉色
A	エンドウ	スプライシング塩基の変化	花色
VRS1	オオムギ	1 アミノ酸置換	六条穂
Romosa2	トウモロコシ	1 アミノ酸置換	花器形態
Div	スナップドラゴン	4 塩基欠失	花器対称性
Apelata 1-2	シロイヌナズナ	1 アミノ酸置換	花器発生
Agamous	シロイヌナズナ	転移因子挿入	花器発生

データは Hoekstra and Coyne（2007）や Reid and Ross（2011）などさまざまな論文から引用した．

各グロビン遺伝子の調節領域は，個体の発生段階において，これら遺伝子の一連の活性化と抑制化をコントロールしている．この複雑な遺伝子発現システムがどのように進化したのかは明らかではないが，これらすべての調節機構は進化過程で維持される必要があるので，調節領域の進化は基本的に保存的なはずである．

さらに，すべての遺伝子の発現は，シス調節機構，遺伝子調節ネットワーク，タンパク質間相互作用，低分子 RNA など，数多くのメカニズムに制御されている．これらの調節機構は絶妙なバランスで協調的にはたらく必要がある．したがって，遺伝子調節システムもゆっくりと進化していると予想される．多くの研究者によってシス調節因子が存在する遺伝子の 5′ 近傍領域の塩基置換速度が調べられており，その速度はタンパク質コード領域の同義置換速度よりも遅く，非同義置換速度よりも速いことが明らかになった（Purugganan 2000; Miyashita 2001; de Meaux et al. 2005; Keightley et al. 2005; de Meaux et al. 2006）．シス調節因子以外の領域がおそらく中立な速度で進化していることを考えれば，調節因子はある程度の機能的制約のもとで進化していると考えられる．

動物の眼，心臓，四肢，植物の花器のような形態形質や器官も，発生過程において多くの遺伝子が時間的，空間的に複雑に相互作用することによって生じる賜物である．これは遺伝子の調節領域が形態進化において重要な役割を果たしていることを示唆する．事実，多くの発生生物学者は形態進化の主要因はシス調節因子の変化であり，タンパク質コード領域の変化は補助的な役割しかもたないと考えている（Gerhart and Kirschner 1997; Wilkens 2002; Carroll 2005b, 2008; Davidson 2006）．本書では，このような考え方を遺伝子調節仮説とよぶことにする．

これに対して，従来の進化学者たちは遺伝子のタンパク質コード領域と調節領域の両方が重要であると考え，これらの領域に生じた突然変異のごくわずかだけが形態進化に影響すると信じている．根井 正利はこの考え方を主要遺伝子効果仮説と名づけた（Nei 1987）．この説は，突然変異のほとんどがおおよそ中立であり，形態進化にはほとんど影響しないという考えに基づいている．コード領域と調節領域の両方が重要であるという考えは，フックストラとコインも強調しているところである（Hoekstra and Coyne 2007）．以下に，この２つの説を順番にみていくことにする．

遺伝子調節仮説

大野 乾（すすむ）が新規遺伝子の創出機構としてゲノム重複の重要性を強調したことはよく知られているが（Ohno 1967, 1970），1972 年に彼が新規遺伝子をつくるうえで遺伝子重複は有効ではなく，遺伝子調節仮説を主張していたことはあまり知られていない（Ohno 1972b）．彼はまず，個々の遺伝子座に作用する自然淘汰は進化において保存的なものであり，革新的形質を生みだすことはできないと考えた．その点，遺伝子重複は確かに新しい遺伝子を生みだすが，重複遺伝子はもとの遺伝子の機能に似たものとなり，やはり革新的形質を生みだすには至らないと考えた．

そこで彼は，ジャコブとモノーの考え（Jacob and Monod 1961）を拡張し，真に革新的な形質は遺伝子調節システムの変化によって生じるのではないかと考えた．事実，大野は「進化における生物の形態の劇的な変化は，通常構造遺伝子ではなく制御システムの変化によって生じる．ヒトは５本の指を使って立つのに対し，ウマは中趾（中指）を使って立つ．しかし，指は指であり，ヒトの指とウマの中足部の形成に使われている構造遺伝子は同じである．新たな調節システムを生みだすほうが新たな構造遺伝子をつくるよりも大進化においてずっと重要であるといえよう」と記している．

マリークレールキング（Mary-Claire King）とアラン・ウィルソン（Alan C. Wilson）はヒトとチンパンジーの進化を研究し，タンパク質の進化と形態進化の間に大きな隔たりがあることに気がついた（King and Wilson 1975）．彼らは根井の遺伝距離（Nei 1972）を用いて，ヒトとチンパンジーの間では電気泳動で検出可能な遺伝子座あたりのコドンの違いが 0.62 であると推定した．この値はショウジョウバエや齧歯類の近縁種間で多く観察される遺伝距離と同じくらいであった．次に彼らは，脳のサイズ，骨盤，足，顎などにみられるこの 2 種の顕著な形態学的な違いに比べて，タンパク質の違いは小さすぎると考えた．この違いを説明するために，彼らはすでに大野が提唱していた遺伝子調節仮説（Ohno 1972b）を取り入れた．（ともするとキングとウィルソン（King and Wilson 1975）の功績であると誤解されがちなこの大野の）遺伝子調節仮説は，最近になって遺伝子調節の分子基盤を研究している多くの発生生物学者によって改良されており（Gerhart and Kirschner 1997; Carroll et al. 2005; Davidson 2006），形態進化を説明する主要な説となっている．

シス制御因子の重要性を示す最近の研究例として，ガラパゴス諸島のダーウィンフィンチがある．ガラパゴス諸島には 14 種のフィンチが生息しており，形態形質の適応放散[*2]の教科書的な例としてよく用いられる．詳細に研究されている形質の 1 つが異なる島に生息するフィンチの嘴の形状である．何種かのフィンチは昆虫やサボテンの花を食し，別の数種は地面に落ちた種子を食べる．前者（サボテンフィンチ）は総じて長くとがった嘴をもち，一方後者（グラウンドフィンチ）は種を砕くために平らで太い嘴をもつ．アブツァノフ（Arhat Abzhanov）らは嘴の幅と胚発生時の嘴前部の BMP4 タンパク質の量に強い相関があることを発見した（Abzhanov et al. 2004）．のちに，彼らは嘴の形態に影響する別の遺伝子を調べ，カルシウムシグナル伝達を仲介するカルモジュリン（calmodulin: CaM）タンパク質が，幅広の嘴をもつグラウンドフィンチに比べて細長い嘴をもつサボテンフィンチでより多く発現していることを発見した（Abzhanov et al. 2006）．したがって，フィンチの嘴の幅と長さはそれぞれおもに *Bmp4* 遺伝子と *CaM* 遺伝子の発現量によって制御されていると考えられる．ダーウィンフィンチは，集団サイズが少し減少したいまから約 200 万年前に，中央・南アメリカに生息するフィンチから分岐したと考えられている（Sato et al. 2001）．ダーウィンフィンチ種間の嘴の形態や BMP4 と

---

*2　適応放散：1 つの種から短期間に多くの種が生じること．

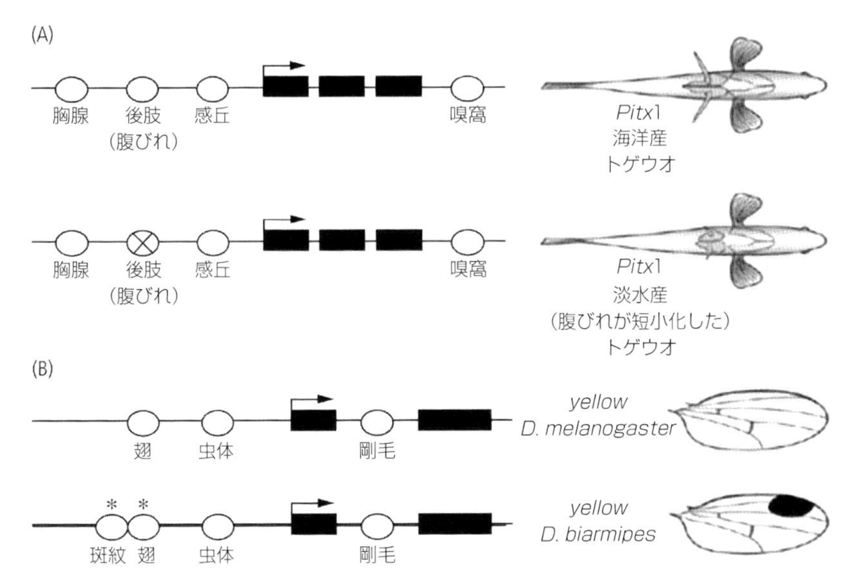

図 6.6 調節領域に生じた突然変異によって引き起こされた形態変化. (A)淡水産トゲウオにおいて,おそらく *Pitx1* 遺伝子の調節領域「後肢因子」の欠失によって引き起こされた腹鰭(びれ)の機能消失. (B)ショウジョウバエ *Drosophila biarmipes* の *yellow* 遺伝子に「斑紋」調節因子が出現したことによる斑紋機能の獲得. Carroll (2005b) を改変.

CaM の発現量における変異は連続的であるので,嘴の形態分化の際,多くの突然変異が調節領域に生じたと考えられる.

調節領域の突然変異による形態進化の別の例として,北大西洋と北太平洋近辺の湖に生息する淡水産トゲウオが挙げられる.このトゲウオは,氷河が後退し淡水湖が形成された約 1 万 2000 年前に海洋産トゲウオから派生したようである.海洋産トゲウオは比較的長い腹びれをもつが,淡水産トゲウオにはそれがほとんどないか,あっても非常に短い(図 6.6A).研究の結果,腹びれの存在と胚腹部領域における転写因子 *Pitx1* 遺伝子の発現量の間に強い正の相関があることがわかった (Shapiro et al. 2004).淡水産トゲウオではこの遺伝子はほとんど発現していない.一方,PITX1 タンパク質のアミノ酸配列は海洋産トゲウオと淡水産トゲウオで完全に同一である.これらのことから,腹びれの形成は *Pitx1* 遺伝子の発現によって誘導され,*Pitx1* 遺伝子の調節領域の変化が腹びれが短小化した原因であると結論づけることができる.他にも形態形質の変化を生みだしたシス調節領域の突然変異は数多く報告されている（Carroll 2005a; Wray 2007）．図 6.6B には，いわゆる「斑紋」調節因子が *yellow* 遺伝子に生じることによってショウジョウバエ *Drosophila biarmipes* の翅に生じた黒紋の例を示した．これは機能獲得変異の代表例である．したがって，このような調節領域に生じた突然変異は形態進化において重要な役割を果たしてきたようである．

しかし，これらの研究例だけで遺伝子調節仮説が形態進化の主要因であると一般化するには不十分である．形態進化はさまざまな形で起こりうるからである．ショーン・キャロル（Sean B. Carroll）はこのことを十分認識しており，より一般的な根拠を示すべく，遺伝子調節仮説を支持する以下の８つの観察結果を提示した（Carroll 2008）．その８つとは，

⑴数多くの多面発現遺伝子が存在すること
⑵祖先から遺伝的に複雑であったこと
⑶重複遺伝子が機能的に類似していること
⑷相同性が遠縁の種まで確認できること
⑸基本調節遺伝子にほとんど重複がないこと
⑹空間的に異なる発現（異所性）を示す遺伝子が存在すること
⑺シス調節因子がモジュール化して存在すること
⑻巨大な調節ネットワークが存在すること

である．このうち⑵～⑸はすべて調節遺伝子の古さと保存性に関するものであり，⑴と⑹～⑻は遺伝子間相互作用の重要性と遺伝子調節システムの多様性と柔軟性に関するものである．さまざまな動物の体節の発生を規定する *HOX* 遺伝子クラスターは前者の特徴を示すよい例である．ただし，哺乳類ゲノムには４セットの *HOX* 遺伝子クラスターが存在するが，ショウジョウバエゲノムにはたった１セットしかない．

HOX 遺伝子は多くの生物で研究されているため，過去５億 3000 万年にわたる *HOX* 遺伝子クラスターの進化を再構築することができる（たとえば Hoegg and Meyer 2005）．その進化の概略を図 6.7 に示す．大部分の *HOX* 遺伝子は葉足動物（現存の有爪動物またはカギムシを含む）と節足動物の分岐以前（約５億 3000 万年前）にすでに存在しており，そのクラスター構造は現在のムカデやショウジョウバエの *HOX* 遺伝子クラスターとよく似ている．脊椎動物の系統では４億年以上前に４つの *HOX* 遺伝子クラスターが形成されたが，現存種の *HOX* 遺伝子のクラスター構造は祖先種とほとんど同じである．クラスター内の *HOX* 遺伝子は重複したり欠失

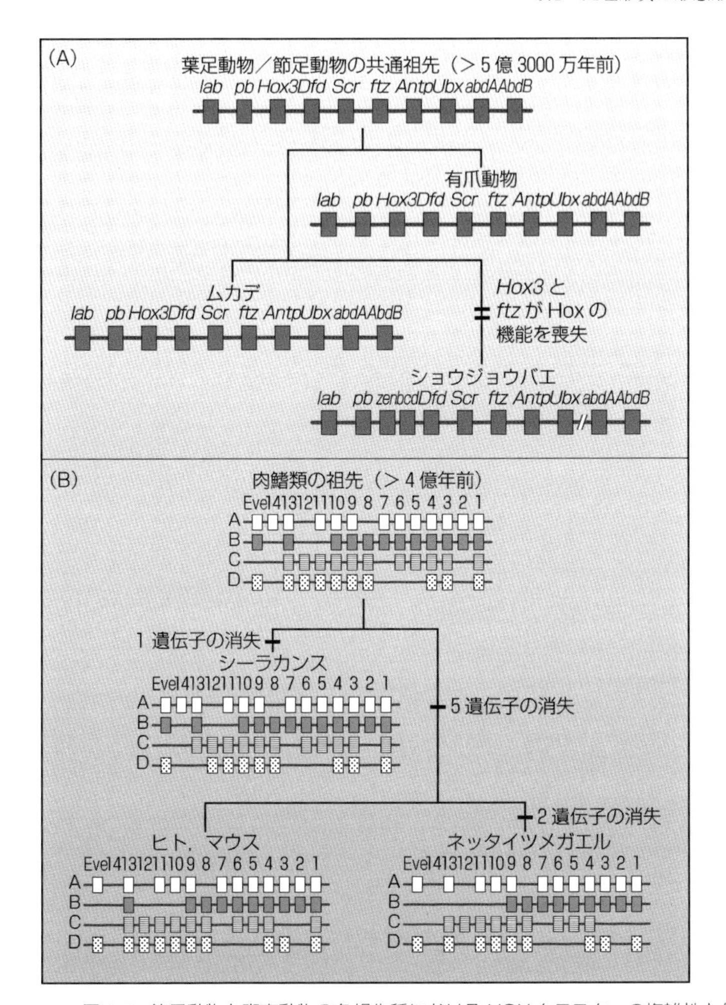

図 6.7　節足動物と脊索動物の各祖先種における HOX クラスターの複雑性と保存性．Ⓐ有爪動物（カギムシ）と節足動物の *HOX* 遺伝子情報に基づくと，葉足動物（カギムシの祖先）と節足動物の共通祖先において，少なくとも 10 個の *HOX* 遺伝子が存在していたはずである．ムカデや昆虫では新しい *HOX* 遺伝子は生じていないが，*Hox3* 遺伝子と *ftz* 遺伝子が遺伝子転用によって別の機能を獲得した昆虫もいる．Ⓑ肉鰭綱（シーラカンスや肺魚を含む）の祖先から四足類が分岐して以来，新たな *HOX* 遺伝子は生じていない．むしろいくつかの系統で遺伝子の消失が生じている．Carroll, 'Evo-Devo and an Expanding Evolutionary Synthesis: A Genetic Theory of Morphological Evolution' を改変．Elsevier の許可を得て掲載．*Cell* 134, copyright 2008.

したりすることもあるが（Zhang and Nei 1996; Gehring et al. 2009），ほぼすべての哺乳類種が同一の遺伝子セットをもっていることが知られている．

調節遺伝子が多様な動物においてよく保存されているというこれらの発見は，さまざまな革新性をもつ形態形質がおもに調節遺伝子の変化によって生じたという考えに無理があることを示唆している．では，どのようにして革新的形質が進化し，どのようにして多様な生物が進化したのだろうか？　これらの問いに対するキャロルの答えは，すでに述べた発生生物学の第2の特徴，すなわち遺伝子の調節領域の変化である．彼は，タンパク質コード領域に生じる突然変異は確かにタンパク質の機能を変えうるが，その変化は限定的であると考えた．スターティヴァント（Sturtevant 1925），ブリッジズ（Bridges 1935），大野（Ohno 1970）の研究で提唱されたように，遺伝子重複によって新しい機能をもつ遺伝子は生じうるが，その機能はもともとの遺伝子とそれほど違うものにはならない．これに対し，キャロルは，すでに大野が提唱したように（Ohno 1972b），遺伝子の調節領域の変化が形態形質の革新的変化をもたらしうるのではないかと考えた．

たとえば，ショウジョウバエではゲノム中の遺伝子セットは同じであるにもかかわらず，幼虫と成虫の形態は大きく異なる．このことは，遺伝子発現調節の違いだけでまったく異なる形態形質を生みだせる可能性があることを示唆している．次にキャロルは，転写因子をコードする遺伝子のシス調節領域が，特定の細胞での生理活性にかかわるほとんどの遺伝子のシス調節領域よりも複雑であると論じた．たとえば，ショウジョウバエの視覚にかかわるタンパク質（光受容体）をコードするロドプシン遺伝子にはシス調節因子が1つしかないことが知られている（図6.8A）．この単純なシステムと対照的なのが，眼だけでなく脳や中枢神経系の発生にもかかわる *Eyeless*（*Ey*）遺伝子のシス調節領域である．*Ey* 遺伝子は動物において眼の形成に必須な *Pax6* 遺伝子のオルソログとして知られている（Gehring and Ikeo 1999）．*Ey* 遺伝子には，それぞれが平均約 1kb の長さからなる6つのシス調節因子があり，それぞれの因子が，眼，幼虫と成虫の脳などにおいて特定の発現パターンを誘導する（図6.8B）．つまり，複数のモジュールからなるシス調節因子が独立に作用することで，複雑な *Ey* 遺伝子の発現パターンが生じたと考えられるのである．

キャロルの考えでは，形態進化には異なる時期や場所で個々に遺伝子発現を調節する独立なシス調節因子が必要であるので，それを加味した新たな遺伝子構造を定義することが重要である．キャロルは「第1に，複数のシス調節因子の存在は，

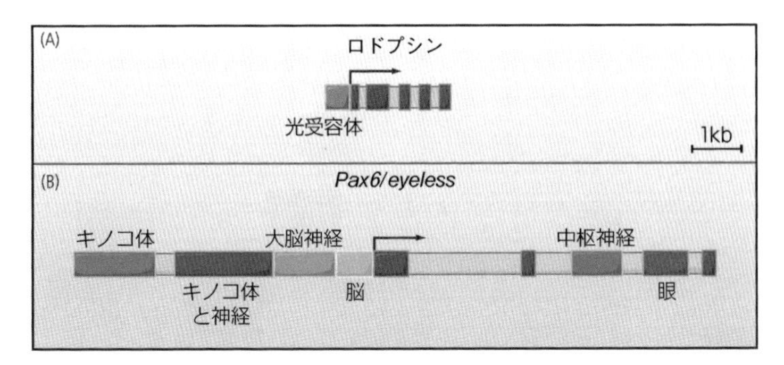

図 6.8　Ⓐショウジョウバエのロドプシン遺伝子の構造．エクソンは黒，イントロンは灰色，そして光受容体細胞の遺伝子発現を調節するシス調節因子はその中間の濃さで示されている．Ⓑロドプシン遺伝子の最上位の調節因子である *Pax6/eyeless* 遺伝子の構造．エクソンは黒，イントロンは灰色，そして脳，中枢神経系，眼の発生にかかわる遺伝子発現を調節する 6 つのシス調節領域はエクソンとイントロンの間の濃さで示されている．Carroll, 'Evo-Devo and an Expanding Evolutionary Synthesis: A Genetic Theory of Morphological Evolution' を改変．Elsevier の許可を得て掲載．*Cell* 134, copyright 2008.

コード領域の重複がなくても遺伝子機能が拡張し，多様化しうることの明白な証拠である．第 2 に，シス調節因子に生じる突然変異は他の因子やタンパク質の機能には影響しない」と述べている（Carroll 2008, p. 30）．もし，個々のシス制御因子が独立に進化し，独立に作用するならば，彼の考えは，古典的な独立進化の見方と同じになる（ただしこの場合，個々のシス調節因子を古典的な遺伝子座とみなす必要がある）．しかし，多様な機能をもつシス調節因子が形成されれば，それだけ多面発現や遺伝子相互作用の影響も大きくなると考えられる．

キャロルは，自分の遺伝子調節仮説をより強固なものにするため，近年同定された膨大な遺伝子調節ネットワークについても考察している．近年の技術革新によって，転写因子が通常数十から数百の標的遺伝子を調節していることが明らかになってきており，これがまだあまり認識されていない大規模な多面発現効果をもたらしているようである．たとえば，ショウジョウバエの 67 個の転写因子を調べたところ，平均 124 個の標的遺伝子をもつことが明らかになっている（Stark et al. 2007）．また，別の研究によると，ショウジョウバエの転写因子 Twist は約 500 個もの標的遺伝子をもつことがわかっている（Sandmann et al. 2007）．これらの結果は，遺伝子調節ネットワークがきわめて複雑であり，形態形質の進化が遺伝子調節ネットワークの変化だけで生じうることを示唆している．

これらの理由から，キャロルをはじめとする発生生物学者は，形態進化がおもに遺伝子の調節領域の変化によって生じていると信じている．確かに，上に述べた議論は遺伝子調節仮説を支持しているように思える．しかし，それと同時にコード領域の配列変化が形態進化を引き起こしている可能性を完全に除外しているわけではない．

主要遺伝子効果仮説

キングとウィルソンの論文（King and Wilson 1975）が発表される3年前，根井とロイチョウドリー（Arun K. Roychoudhury）はアフリカ人（黒人），コーカサス人（白人），日本人（黄色人）を比較し，タンパク質変異と形態変異の不一致についてキングとウィルソンの研究（King and Wilson 1975）と同様の報告をすでに行っていた（Nei and Roychoudhury 1972）．彼らは，電気泳動で検出できる3つの集団間のコドンの違いが集団内の個体間のコドンの違いの約10%にすぎないことを示した．これは，集団間の形態的違いが集団内の形態的違いと比べてはるかに大きいという事実と矛盾する．そこで根井とロイチョウドリーは，タンパク質の違いの大部分が中立もしくはほぼ中立な突然変異であり，形態の違いは自然淘汰によって大きくみえるのだと考えた．

その後根井は，ごく少数の突然変異が表現型に大きな影響をもち，（突然変異がコード領域と調節領域のどちらに生じたのかはさておき，）これら少数の変異が自然淘汰を受けていると考えれば上記の結果を説明できると推測した（Nei 1987）．また，転写因子は通常タンパク質であるので，コード領域に生じた突然変異も調節領域に生じた突然変異も同様の効果をもつはずであると考えた．シス調節因子に生じる大部分の突然変異もおおよそ中立であるようである（以下を参照）．もともと，根井は生理形質と形態形質をとくに区別してはいなかった．しかし2007年，彼は生理形質か形態形質かにかかわらず，発生の初期に発現する遺伝子は通常保存性が高く，発生の後期に発現する遺伝子はそれほど保存されていないはずであると発表した（Nei 2007）．フックストラとコインも生理形質と形態形質を区別するのは困難であるとして，遺伝子調節仮説を批判した（Hoekstra and Coyne 2007）．この考えは基本的には根井の考え（Nei 1987）と同じである．

実際には，コード領域の変化だけで形態変化を生じる例も数多く見つかっている（表6.1）．生理形質を調節する遺伝子の場合と同様に，形態形質を調節する遺伝子においてもタンパク質コード領域のアミノ酸置換や塩基の欠失・挿入によって形質が変化することはよくある（表6.1）．エンドウマメの草丈（もしくは茎長）を調節する *Le* 遺伝子の例もその1つである．この遺伝子に生じる突然変異は草丈を低くするが，この変異形質は，6.2節のはじめに述べたとおり，1つのアミノ酸置換によって生じる．

種内および種間でよくみられる形態変異の1つは哺乳類や鳥類の毛，肌，眼の色の変異である（表6.1）．多くの哺乳類における黒毛色（黒色メラニン色素によって生じる）や，赤毛色や黄毛色（褐色メラニン色素によって生じる）の多型は，メラノコルチン1受容体（melanocortin-1 receptor: MC1R）とアグーチ（Agouti）とよばれるタンパク質に制御されている（Bennett and Lamoreux 2003; Carroll 2005a）．ネコ科の野生型のジャガーとジャガランディ（ピューマの仲間）の毛色は赤っぽいかまたは黄色っぽく，この色は褐色メラニンによって決定されている．しかし，黒毛色の変異をもつ遺伝子型個体も存在する．この黒毛色は野生型に対して優性であり，*MC1R* 遺伝子と *Agouti* 遺伝子にアミノ酸置換とヌクレオチドの欠失が起こることで生じている（Eizirik et al. 2003）．ジャガーとジャガランディは中央および南アメリカのジャングルに生息しており，黒毛色が野生型（赤毛色や黄毛色）に対して選択的に有利なのかそれとも不利なのかははっきりしない（Carroll 2005a）．黒毛色の変異型はおもに遺伝的浮動によって集団中に広まった可能性もある．

しかし，明らかに毛色が生物の適応と関連がある場合もある．アリゾナ南西部のピナカテ地域のポケットマウス *Chaetodipus intermedius* は，この地域の黒岩部と砂岩部に生息する．黒岩部は100万年以上前に生じた火山爆発の溶岩流によって形成された．ポケットマウスは通常明るい毛色をしているが，溶岩流域では黒毛色の個体がみられる．ナックマン（Michael W. Nachman）らはこの地域の黒毛色個体と淡毛色個体のMC1Rに4つのアミノ酸の違いがあることを示した（Nachman et al. 2003）．黒毛色のマウスは淡毛色のマウスからの突然変異によって生じているので，前者は鳥や大型哺乳類のような捕食者から身を守るために黒岩部環境に適応したようである．同様の例として，MC1Rに生じた1個のアミノ酸置換によって新たな環境に適応したフロリダのハイイロシロアシマウス *Peromyscus polionotus* が知られている（Hoekstra et al. 2006）．これらの例は，新たな環境に適応（または前適応）する際に新たな突然変異が重要であり，その変異がおもに自然淘汰によって集団に広がったことを示唆している．ちなみに，哺乳類の毛色を制御する遺伝子は150以上にものぼり，*MC1R* 遺伝子はそのうちの1つにすぎない（Bennett and Lamoreux 2003）．これらの遺伝子は相互作用しており，特定の毛色多型を制御する遺伝子の同定は必ずしも簡単ではない．

上に述べた例は形態形質が少数のアミノ酸置換によって変化しうることを示しているが，生理形質の場合と同様，ほとんどのアミノ酸置換は形質にそれほど影響しない．MC1R の場合，野生型のマウスと野生型のポケットマウスの間には，比較可能な 315 個のアミノ酸のうち 63 個のアミノ酸に違いがある．しかし，この 2 種は基本的に同じ毛色であることから，特定の箇所に生じる少数のアミノ酸変異だけが毛色を変化させると考えられる（Nachman 2005）．

キャロルは，哺乳類の毛色や鳥類の羽毛色の変異の大部分が遺伝子のコード領域の変化で生じていると述べている（Carroll 2008）．しかし，彼はこのような変異の様式は例外的であり，こういった例はその形質にかかわる遺伝子の発現が多面的でなく単純であるときにのみ生じるはずであるという仮説を提唱した．しかし，なぜ毛色変異にかかわる遺伝子には多面作用がほとんどないのかについては説明していない．実際には，セウォル・ライト（Sewall Wright）がテンジクネズミの毛色変異について研究しており，関連する遺伝子には非常に大きな多面作用があると結論している．したがって，キャロルの仮説が正しいかどうかはいまのところはっきりしない．

主要遺伝子効果仮説では，発生の後期に発現する遺伝子は，それが生理形質，形態形質のいずれにかかわっていても，少数のアミノ酸変異で形質が変化することを説明できる．毛色は発生の比較的後期で決定されるので，この仮説によって毛色の進化を説明することは可能である．ただし，毛色の発生の詳細な分子機構はまだ明らかではないので，現段階で断定的な結論を出すことはできない．

遺伝子調節仮説の別の問題点は，*Pax6/eyeless* 遺伝子の場合と同様に，遺伝子発現が複雑な調節システムの上に成り立っていると仮定している点である．もし，シス調節因子の数が多ければ遺伝的荷重は非常に大きくなり（第 2 章参照），大野が議論したように種は存続の危機にさらされるかもしれない（Ohno 1972b）．遺伝的荷重の議論は非常に大雑把であり，哺乳類のような大型生物にしかあてはまらないかもしれないが，無視することはできない．遺伝的荷重を考慮すれば遺伝子発現にかかわる遺伝的因子の数はそれほど多くなりえないはずである．これは注意しておくべき大切な点であると思われる．

遺伝子調節ネットワークと形態進化

異なる門や綱に属する生物を比較すると，その表現型の多様性の大きさに大変驚かされる．たとえば，5 億 4000 万年以上前に分岐し，棘皮動物門の別の綱に属するウニとヒトデは，形態的に非常に異なり，それぞれが異なる環境によく適応しているようにみえる．しかし，胚発生の初期においては，ウニとヒトデはよく似た形態を示し，6 個ほどの転写因子からなる共通の遺伝子調節ネットワークをもつ (Davidson and Erwin 2006; Peter and Davidson 2011)．この基本的な中核遺伝子調節ネットワークは，棘皮動物の初期発生に特異的なものであり，5 億 4000 万年の間変化していない．しかし，発生が進むにつれて，この 2 種の遺伝子調節ネットワークは，それぞれが多くの転写因子，シグナルタンパク質，構造タンパク質をコードする遺伝子を含む複雑な形態になっていく．この遺伝子調節ネットワークの複雑化の過程で，異なる遺伝子がネットワークに加わっていくため，この 2 種の遺伝子調節ネットワークは徐々に分化していく．このネットワークの分化こそが，最終的にウニとヒトデという非常に異なる形態が形成される要因である．基本的な中核遺伝子調節ネットワークはよく保存されており，この中核ネットワークに重大な変化が生じると，その個体は奇形となる．この傾向は，その後の発生段階で機能する遺伝子調節ネットワークにおいても同様であるが，このような発生拘束は発生が進むにつれて徐々に弱まっていく．現在では，このような複雑化の過程はゲノムレベルでも作用していることが示されている (Oliveri et al. 2008; Nam et al. 2010)．

上記の性質は多くの動物門にあてはまるようであり，それぞれの門において，発生後期の遺伝子調節ネットワークが変化することで新しい種が生じている (Davidson and Erwin 2006; Peter and Davidson 2011)．つまり，進化は古い形態の生物が発生後期遺伝子に生じる突然変異によってその形態を変化させることで起こる．事実，チョウの翅にできる蛇の目模様の進化，昆虫や脊椎動物の体節の数および形態の変化は，発生後期の遺伝子調節ネットワークの改変によって生じてきた (Brakefield et al. 1996; Carroll et al. 2005; Davidson 2006)．この考えに従うと，異なる門の表現型多様性の進化は正のダーウィン淘汰ではなく，新規の突然変異がそれまでに存在していた適応度の低い遺伝子型を排除することによって生じたはずである (Nei 2007)．進化学者は，生物間のとてつもなく大きな表現型多様性を説明するために，進化が非常に速く生じうるというさまざまな機構を提唱してきた (Fisher 1930; Muller 1932; Wright 1932)．しかし，進化は本質的に非常に遅いものであり，現在観察される表現型の多様性は 30 億年以上にもわたる長い時間を経て得られたものである．

6.3　遺伝子調節システムの進化

ここまでは，生理形質や形態形質の形成過程で，さまざまな遺伝子発現調節システムがかかわっていることをみてきた．少し前までは，大部分の非コードDNAががらくたである，もしくはほとんど機能をもたないと考えられてきた．しかし，近年の研究はこの概念に重大な疑問を投げかけており，非コードDNAのかなりの部分が遺伝子発現調節にかかわっていることを示唆している．トランスポゾンや偽遺伝子でさえ低分子RNAをコードし，遺伝子調節や遺伝的多様性にかかわっていると信じられている．実際，低分子RNAがかかわる多くの調節システムは進化のかなり初期の段階，RNAワールドの時代から存在していたようである．しかし，そのような古い進化の事象は実証することが難しく，いまだに推測の域を出ない．したがって，ここではそのような太古に生じた進化の事象は考えないことにする．

シス調節因子

多くの研究者が，比較的近縁な種を用いて遺伝子調節システムの進化を研究してきた．ショウジョウバエのホメオティック遺伝子である *even-skipped*（*eve*）は，初期胚の前後軸に沿って7つの横縞（ストライプ）を形成することが知られている．それぞれの横縞の発現はエンハンサー領域に存在する十数個のシス調節因子（活性因子と抑制因子）によって規定されている．ルドウィッグ（Michael Z. Ludwig）らはショウジョウバエ6種の *eve* 遺伝子の stripe 2 エンハンサーのシス調節因子を調べ，このシス調節因子はよく保存されているものの，時間とともに少しずつ変化していることを示した（Ludwig et al. 1998）．図6.9は，そのうち5種のショウジョウバエについての図であり，シス調節因子に欠失，挿入，塩基置換が生じてきたことを示している．シス調節因子である *bicoid-3* と *hunchback-1* は，ウスグロショウジョウバエ *D. pseudoobscura* の系統と分岐した後でキイロショウジョウバエ亜群（*D. melanogaster, D. simulans, D. yakuba*）の系統で誕生し，一方 *giant-3* の一部はキイロショウジョウバエ亜群の系統で欠失している．シス調節因子の *bicoid-5* はよく保存されており，これら5種の間で塩基置換は1つもない．一方，*bicoid-3* にはキイロショウジョウバエ亜群内の種においてもかなりの数の塩基置換が生じている．したがって，塩基置換だけで新たなシス調節因子が生じる可能性も非常に大きい（Carroll 2005b）．

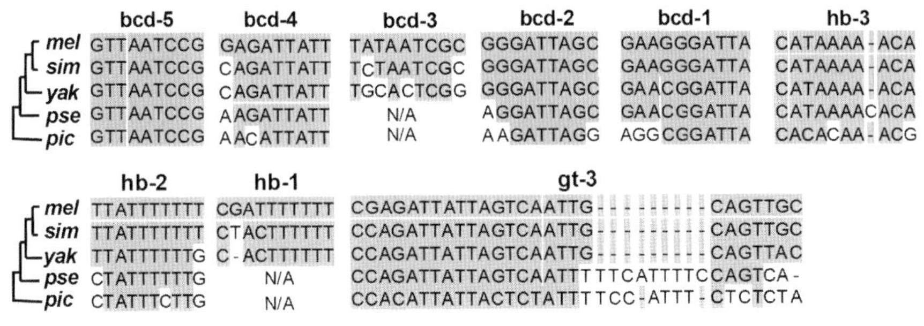

図 6.9　5 種のショウジョウバエにおいて *even-skipped* 遺伝子の stripe 2 領域での発現をつかさどる 9 個のシス調節因子の塩基配列．ショウジョウバエ種の略称は以下のとおりである．*mel*：*D. melanogaster*（キイロショウジョウバエ），*sim*：*D. simulans*（オナジショウジョウバエ），*yak*：*D. yakuba*，*pse*：*D. pseudoobscura*（ウスグロショウジョウバエ），*pic*：*D. picticornis*．シス調節因子の略称は以下のとおりである．*bcd*：*bicoid*，*hb*：*hunchback*，*gt*：*giant*．Ludwig et al.（1998）を改変．

しかし，これら別種のエンハンサーやコード領域の遺伝子コンストラクトを作成して調べてみると，そのすべてが基本的に同じ stripe 2 の発現を示した．このことは，シス調節因子のゲノム上の位置が進化過程で変化しても，活性因子と抑制因子として作用するシス調節因子の数が適切である限り，調節システム自体は変化しないことを示している．より重要なのは，RNA ポリメラーゼの活性を制御する適切な転写因子複合体が形成されることである．したがって，シス調節因子はそれ以外の領域よりも確かに保存されているが，それでも突然変異によって変化しうるのである．子嚢菌類において交配の型を決定する遺伝子である *MATa* や *MATα* では，より複雑な調節領域が進化している（Tsong et al. 2006）．

これらの結果は，調節領域に生じるほとんどの塩基置換が，タンパク質コード領域の進化同様，おおよそ中立に進化していることを示唆している．したがって，遺伝子調節の進化は挿入/欠失を含む主要遺伝子突然変異によって生じているようである．

マイクロ RNA などの低分子 RNA が調節する遺伝子発現の進化

近年，遺伝子発現量がさまざまな低分子 RNA（21～28 ヌクレオチド）によって制御されているという報告が数多くなされている．なかでも，すでに述べたように，マイクロ RNA（miRNA）は発生において重要な役割を果たしているようである．

miRNAは原始miRNAとして転写されると，ヘアピン構造を形成し，その後いくつかの段階を経て，約21ヌクレオチドからなる成熟miRNAになる．成熟miRNAは標的となる遺伝子の転写産物と相互作用する．動物では，この相互作用はシード配列とよばれる約7ヌクレオチドからなるmiRNAの一部と標的遺伝子の転写産物の3'非翻訳領域に位置する標的配列の間で生じる．しかし植物では，成熟miRNA全体が標的転写産物のタンパク質コード領域の標的配列とほぼ完全に相補的に対合する（Chen 2005; Axtell and Bowman 2008; Bartel 2009）．miRNAが転写産物の標的配列を認識すると，通常その転写産物は分解される．

多くのmiRNAはイントロンや遺伝子間領域に存在している（Stefani and Slack 2008）．イントロンに存在するmiRNAの転写は，そのイントロンをもつ遺伝子の転写調節システムと同じシステムによって制御されていると考えられている．一方，遺伝子間領域に存在するmiRNAの発現は，自身のプロモーターによって制御されているようである．したがって，遺伝子間領域に新たなmiRNAが生じるには，イントロンやエクソン領域にmiRNAが生じるよりも複雑なシステムが必要なはずである．

通常，miRNAはよく保存されており，新たなmiRNA遺伝子座は既存のmiRNA遺伝子の重複やゲノム中のランダムなヘアピン構造から生じることが多い（Tanzer and Stadler 2004; Tanzer et al. 2005; Nozawa et al. 2010）．植物では，miRNA遺伝子がタンパク質コード遺伝子の逆向き重複からも生じているという証拠が得られている（Allen et al. 2004）．重複遺伝子はもともとの遺伝子と高い配列の相同性があるので，もとの遺伝子の3'非翻訳領域と相補的なmiRNA遺伝子が生じやすい可能性がある．しかし，miRNA遺伝子はランダムな配列から突然変異によって生じることもある．1つのランダムな配列からmiRNA遺伝子座が生じる確率は非常に小さいが，ランダム配列の数はゲノム中に膨大に存在するので，長い進化の間に多くのmiRNA遺伝子座が突然変異によって生じる可能性はある（Lu et al. 2008）．もし潜在的にmiRNAになりうる配列が突然変異によってイントロンに生じると，それが新たなmiRNA遺伝子になる確率はかなり高い．なぜなら，この場合，miRNAの転写にイントロンを含むタンパク質コード遺伝子の転写システムを使うことができるので，新たな転写システムを獲得する必要がないからである．

もちろん，このようにして生じた新たなmiRNA遺伝子座は，適切な標的遺伝子を見つけない限りいずれさらなる突然変異によって転写されなくなってしまうだろう．そのため，ほとんどの新規miRNA遺伝子はそれほど長く存続しないようである．実際，ほとんどの新規 miRNA 遺伝子が比較的すぐに壊れている（Berezikov et al. 2006; Lu et al. 2008; Nozawa et al. 2010; Nei and Nozawa 2011）．さらに，miRNA 配列に生じる突然変異が miRNA の機能を壊す可能性もある．多くの miRNA 遺伝子は出生死滅進化しているようであり，miRNA 多重遺伝子族の遺伝子の入れ替わり速度は比較的速いようである（Nozawa et al. 2010）．

現在のところ，miRNA は動物と植物にのみ存在すると考えられている．しかし，miRNA に関連する RNA である低分子干渉 RNA（small interference RNA: siRNA）も mRNA の分解にかかわっている．実際に，siRNA は真核生物のすべての界（動物界，植物界，菌界，原生生物界）においてみられ，RNA 干渉は miRNA よりも先に生じたと考えられる．

RNA 干渉（RNA interference: RNAi）は，もともと外来性ウイルスや内在性トランスポゾンから宿主である動植物を守るために進化したようである．事実，RNAi は最初ウイルスから植物を守るための免疫システムとして発見された（Hamilton and Baulcombe 1999）．miRNA は内在的に産生され，その基本的な機能は mRNA の産物量を転写後の段階で調節することである．miRNA は遺伝子発現の場所，時期，量を調節することによって遺伝子発現機構をより高度で複雑なものにしている（Heimberg et al. 2008）．しかしながら，現段階では，miRNA の起源に関する詳細はよくわかっていない．

6.1 節で述べたように，多くの非コード RNA が遺伝子発現の調節にかかわっているようである．20〜300 ヌクレオチドからなる低分子 RNA の中には，標的遺伝子の RNA 修飾，テロメア DNA の合成，動的なクロマチン構造などにかかわるものも存在する．一方，中型，大型の RNA（300〜10000 ヌクレオチド）は X 染色体の不活化，DNA の脱メチル化，遺伝子の転写，エピジェネティクスなどにかかわっている（Costa 2007）．また，機能がまだよくわかっていない低分子 RNA も数多く存在する．偽遺伝子の中には，転写されてその一部が別の遺伝子の転写産物の発現を制御している例があることも知られている（Wen et al. 2011）．これら RNA の機能と分子機構については現在研究が進められているところであるが，どのようにしてこのような遺伝子発現の調節機構が進化したのかはいまだはっきりしない．もしかすると，これらの例はジャコブの鋳掛進化 evolution by tinkering（Jacob 1977）の一例ととらえることもできるかもしれない．すなわち，そのときに利用できる遺伝物質を数多く用いるによって革新的な表現形質が生じる，というわけである．

6.4　エピジェネティクスと表現型進化

どんな生物もなんらかの環境のもとで生息しており，したがってその生活は環境要因の影響を受けているはずである．もし個体によって環境要因が異なれば，これらの個体は別の表現型を発達させるかもしれない．仮に異なる個体がまったく同じ遺伝子型をもっていたとしても，表現型の違いは生じうる．なぜなら，環境要因によって遺伝子の発現パターンが変わるためである．このように，環境要因による遺伝子発現の変化をエピジェネティクスとよぶ．厳密にいうとすべての個体は異なる環境条件のもとで発達するので，実際にエピジェネティクスは発生や形態形成における重要な要素である．しかし，エピジェネティクスの分子機構はまだよくわかっておらず，現在精力的に研究が行われている．ここでは，詳細なメカニズムには触れずに，よく知られている2つの形質のエピジェネティックな発生について述べる．

環境による性決定

最初に議論したい例は，ワニやカメなどの種でみられる温度依存的性決定（temperature-dependent sex determination: TSD）についてである（Bull 1983; Ramsey and Crews 2009; Shoemaker and Crews 2009）．これらの生物では，性は温度感受性期（temperature sensitive period: TSP）とよばれる胚発生の前期約3分の1（14〜15日）の温度で決まる．フトマユチズガメはTSPの温度が低ければ（22〜28℃）オスしか生じないし，温度が高ければ（30℃以上）メスしか産まれない（図6.10）．中間の温度（28〜30℃）ではオスメス両方が産まれる．したがって，オスの割合は0〜1の間になる．これは，高温環境では雌性ホルモンであるエストロゲンが卵巣の発達を誘導するのに対し，低温環境では雄性ホルモンであるアンドロゲンが精巣の発達を促進するためである．

しかし，なぜ低温ではアンドロゲン，高温ではエストロゲンがつくられるのかはわかっていない．多くの研究者（たとえばLance 2009; Ramsey and Crews 2009; Shoemaker-Daly et al. 2010）が生殖器官形成の分子経路が明らかになっている哺乳類のシステムに基づき，爬虫類におけるTSDによる生殖腺形成の分子基盤を明らかにしようと試みているが，いまのところはっきりした答えは得られていない．もちろん，自然環境下では個体ごとに卵が置かれる温度は異なるので，性比は1：1か

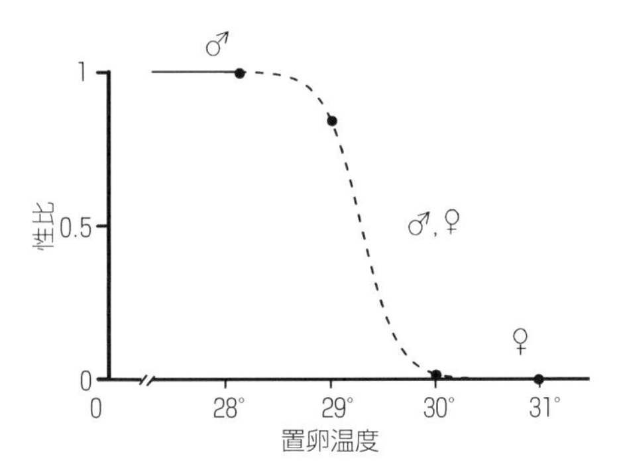

図 6.10　フトマユチズガメにおける置卵温度とオスの割合（性比）の関係.
Bulmer and Bull（1982）を改変.

らそれほど逸脱していない（Bulmer and Bull 1982）. しかし，実際には置卵温度は年や地域によっても異なるかもしれないので，性比が 1：1 から大きく逸脱する場合もありうる.

温度依存的な性決定の進化

ではどのようにして複雑な TSD システムが進化したのだろうか？　この問題は，第 8 章でも述べる「性決定の進化」という，より大きな問いの一部である．実際，動物界だけを考えてみても，性決定には数百ないし数千の様式が存在する．生殖システムを考えても，爬虫類の中だけで種によってさまざまなシステムが存在する．ヘビや一部のトカゲの中には，哺乳類や鳥類のように異型性染色体*3 によって性が決まる種もいる（Sarre et al. 2011）．これらの種においては，環境要因は重要ではないようである．また，TSD システムを用いている生物においても，TSP のような詳細な点は種ごとに異なる（Shoemaker and Crews 2009）．ミシシッピーワニでは，低温または高温状態ではメスが産まれ，中間の温度ではほとんどがオスになる．

爬虫類以外の動物にまで広げて考えてみると，性決定機構はより多様性に富んでいる（Bull 1983）．ボネリムシのようなユムシの仲間では，自由生活性のプランクトン幼生は性的に分化していない．海底に着床した幼生はメスの成体になり，成体メスの上に着床した幼生はオスになる．このオス化は，メスが産生するボネリンと

*3 異型性染色体：X 染色体と Y 染色体（Z 染色体と W 染色体）の間で，長さ，構造，配列などに大きな違いがある性染色体.

よばれる化学物質によって引き起こされる．メスの体に付着したオスは，メスの栄養管から内部に取り込まれ，残りの生涯をメスの生殖嚢の中で過ごす．オスの役割はメスの卵を受精させるために精子を生産することである．したがって，この種の性決定はボネリンによって行われている．同様の性決定は，クジラの死体の骨を食べる他のグループのユムシ（ゾンビワーム属，通称ホネクイムシ）でも近年報告されている（Rouse et al. 2004）．

上で述べた例は，環境要因によって1つの遺伝子型が異なる表現型を示す典型的なものである．分子機構が不明であっても，遺伝子型と環境要因に相互作用が存在する場合，表現型にはつねにエピジェネティックな効果が影響するはずである．ヒトの双子は基本的には同一の遺伝子型をもつが，表現型を詳細に調べると，同一ではなく多少の違いがあることがわかる．これらの違いは環境要因に起因するエピジェネティック効果によって生じたものである．

春化と植物の開花

遺伝子発現のエピジェネティック制御に関する2つ目の例は，植物の開花における春化の効果についてである．以前から，コムギやオオムギは低温に長期間さらされることで開花が促進されることが知られており，これを春化とよぶ．春化は温度が低い（0～10℃）冬の間に生じる．通常，植物を数週間低温にさらせば開花の促進には十分であるが，より長期間低温状態にさらすとさらに効果的である．

コムギやオオムギでは，*VRN1*，*VRN2*，*FT* の3つの遺伝子が春化を介した開花の制御に重要である（Trevaskis et al. 2007）．*VRN1* 遺伝子の発現が春化によって誘導されると，生長点の栄養生長から生殖器官の発達への転換が促進される．*FT* 遺伝子の発現は何日にもわたって誘導され，生長点の伸長から生殖生長への転換を加速させる．*VRN2* 遺伝子は花器形成の抑制因子であり，植物が春化されるまで *FT* 遺伝子の活性を抑える．*FT* 遺伝子の抑制が解除されると花器形成が始まる．MADS ボックス転写因子の促進因子である *VRN1* 遺伝子の発現が春化によって誘導されると，開花が促進される．春化前の状態では，*VRN1* 遺伝子領域のクロマチンはメチル化されているが，春化によってメチル化の程度は減少し，*VRN1* 遺伝子の発現レベルが上昇する（Kim et al. 2009; Oliver et al. 2009b）．

コムギやオオムギの中には春化がなくても開花する品種もある．これらの品種では，*VRN1* 遺伝子の発現は花器形成の間増加している．これは，春化がない場合でも，花器形成には *VRN1* 遺伝子が大量に発現する必要があることを示唆する．

また，春化の効果は質的ではなく量的なものであり，遺伝子型によって効果が大きく異なる．シロイヌナズナにおける春化のエピジェネティックなメカニズムは穀物類のそれとはいくぶん異なっており，別の遺伝子群がかかわっている．したがって，開花機構の進化は5.5節で述べたジャコブの提唱した「鋳掛進化」（Jacob 1977）によって生じたものと思われる．

ただし，春化は花器形成（もしくは栄養生長から花器発達への転換）を制御する方法の1つにすぎないことに注意したい．実際，花器形成においてより重要な要素は，光周性*4である．光周性は温帯植物において普遍的な性質である．さらに，RNAサイレンシングや移動性開花促進シグナル（フロリゲンもしくは花成ホルモン）のような分子機構も存在する（Baule and Dean 2006）．したがって，エピジェネティックな発現を示す多くの遺伝子が花器形成や開花時期の決定に関与している．しかし，開花プロセスに関する我々の理解はまだまだ限定的である．

本節では，爬虫類の環境依存的な性決定と植物の春化，というよく知られた2つの例を用いて，エピジェネティックな遺伝子発現について論じた．しかし，実際の遺伝子と環境の相互作用ははるかに複雑である．この問題は，今後数十年にわたり進化生物学の重要な問題になるであろう．

6.5　遺伝子転用と遺伝子水平伝播

すでに述べたように，遺伝子の進化は通常DNAのタンパク質コード領域や調節領域に起こる塩基置換や遺伝子重複によって生じる．しかしながら，既存の遺伝子を取り込む，もしくは使い回すことによって新たな機能が生じることもある．この進化を遺伝子転用 gene co-option または遺伝子再利用 gene recruitment とよぶ．新たな機能をもつ遺伝子は，個体外（非自己）から来た外来遺伝子を取り込むことによって生じることもある．この現象を遺伝子水平伝播とよぶ．本節では，この2つの進化様式について簡単に紹介する．

遺伝子転用

第5章では，脊椎動物の獲得免疫システムはおそらくもともと別の目的のために発達した多重遺伝子族を取り込むことで進化したと述べた．とりわけ形態形質の進

---

*4 光周性：生物が日長の変化に応じて行う年周期的な反応．

化において，このような進化の例は数多く存在する．よく引用される例は，鳥類の羽毛の進化である．鳥の羽毛はもともと体熱調節のために進化したが，のちに交尾行動における体色提示，最終的には飛翔にも用いられるようになったと考えられている．チャールズ・ダーウィン（Charles Darwin）も議論したように（Darwin 1872, p. 147），硬骨魚類の鰾もまた，陸上脊椎動物の肺に転用された可能性がある．遺伝子転用は適応進化において確かに重要であるが，そのまさに最初の段階においてはおおよそ中立であったかもしれない．中立な遺伝子転用の例として興味深いのが，最初にピアティゴルスキー（Joram Piatigorsky）らによって発見された遺伝子共有 gene sharing である（Piatigorsky et al. 1988）．遺伝子共有とは１つのタンパク質が２つの異なる機能をもつことである．たとえば，アルギニノコハク酸分解酵素というタンパク質は，脊椎動物の多くの組織において酵素として作用するが，同時に水溶性でレンズの透明性の維持にかかわるδクリスタリンという構造タンパク質でもある．他にも，低分子熱ショックタンパク質は，脊椎動物において他のタンパク質の折りたたみや脱折りたたみを制御するタンパク質であると同時に，やはりレンズ構造タンパク質にも転用されている．同様に，他のクリスタリン（たとえばβやγクリスタリン）も２つの機能をもつことが知られている．一般に，これらの多機能タンパク質は重複遺伝子ではなく，異なる組織で同じ遺伝子が発現しているにすぎない．したがって，これらの組織で発現するタンパク質の間にアミノ酸配列の違いはまったく存在しない．

近年，このような遺伝子は数多く発見されており（Piatigorsky 2007），これらの遺伝子は主要な機能（仕事）と二次的な機能をもつので，しばしば掛持遺伝子 moonlighting gene ともよばれる（Jeffery 2003）．たとえば，チトクロム c の主要な機能はエネルギー代謝であるが，二次的にアポトーシスにおいても機能する．また，菌類のエノラーゼの主要な機能は酵素としての糖分解であるが，二次的にミトコンドリアの tRNA の取り込みにかかわっている．ピアティゴルスキーによると，ほとんどのタンパク質が複数の機能をもっているようである（Piatigorsky 2007）．たとえば，解糖に用いられる多くの酵素は，アクチンやチューブリンのような細胞骨格タンパク質に結合し，構造タンパク質としての役割ももつ．別の例として，血清アルブミンは豊富な構造タンパク質であり，脂肪酸の輸送や毒性代謝物への結合において重要であるが，一酸化窒素の酸化や *S*-ニトロソチオールの生成などの触媒作用をもつことでも知られている．したがって，遺伝子共有（掛持遺伝子の存在）はまれな事象ではない．

別のタイプの遺伝子転用として，極寒地域に生息域をもつ多くの生物に存在する不凍化タンパク質（antifreeze protein: AFP）の出現が挙げられる．AFPは血液中を循環しており，氷の結晶に結合してその増大化を防ぐ．最もよく研究されているのは，南極近海に生息するノトテニア亜目に属するスズキに似た魚のAFPである．これらノトテニア魚は −2〜4℃の海水でも凍ることなく生息している．この魚は4つないしは5つのAFPをもち，これらのタンパク質は互いに独立に進化してきた．そのうちの1つは不凍化糖タンパク質（antifreeze glycoprotein: AFGP）であり，このタンパク質は，膵臓のトリプシノーゲン様タンパク質分解酵素から派生して誕生したようである．しかし，この遺伝子の構造はかなり複雑であり，Polyprotein多重遺伝子族を構成している（Cheng and Chen 1999）．分子データから推定すると，この多重遺伝子族は2200〜4200万年前に生じたと考えられ，ちょうどその時期は地球全体が寒冷化したことがわかっている（Near et al. 2012）．AFGP多重遺伝子族には，9ヌクレオチドの重複と増幅によって生じたAla-Ala-Thr（アラニン-アラニン-トレオニン）という保存されたリピートをもつものが存在する．ほとんどのAFGPは元となったトリプシノーゲン遺伝子でいうところの第3エクソンから第5エクソンまでを失っているが，第1エクソンと第6エクソンは保持している．興味深いのは，トリプシノーゲン遺伝子の第2から第6エクソンまでを含むキメラなAFGP-トリプシノーゲン遺伝子をもつ種も存在することである．このように，AFGP遺伝子の進化はきわめて複雑である（Chen et al. 1997）．

AFPは北極海域に生息する硬骨魚類（たとえばタイセイヨウマダラ）においてもみられる．これらのAFPもいくつかの種類に分類され，多重遺伝子族を形成している．しかし，これらのタンパク質は南極海域のAFPとは独立に生じたものである．たとえば，北極海域に生息する硬骨魚類のAFGPは南極のノトテニア魚と同様のアミノ酸配列モチーフ（Ala-Ala-Thr）をもつが，この遺伝子の起源はよくわかっていない（True and Carroll 2002）．AFPの例は，基本的に同じ機能をもつタンパク質が起源の異なる別のタンパク質から独立に進化するという点で興味深い．この発見は，タンパク質の機能が時間とともに分化していくとする一般則に相反するものである．しかし，遺伝的そして生態的条件が適切にそろえば，このような収斂進化というまれな現象も生じうるのである．このような遺伝子転用による進化は，ジャコブの「鋳掛進化」（Jacob 1977）と似ている．

遺伝子水平伝播

遺伝子水平伝播（horizontal gene transfer: HGT）とは，親から子への遺伝子の継承と違い，異なる種（生物）の間で遺伝物質が移動することである．異なる生物が共生しうることはすでに知られていたが，1980年代に細菌の系統関係に関するゲノム研究が行われるまで，HGTの進化的重要性はよくわかっていなかった（Ochiai et al. 1959; Syvanen 1985）．細菌でHGTが頻繁に生じていることが明らかになると，HGTが生物の系統解析を複雑にするという認識が広まった（Doolittle 1999）．しかし，HGTは表現形質の進化においても重要なメカニズムである．

植物細胞の葉緑体が約20億年前にシアノバクテリアから派生したものであることはよく知られている．現在，シアノバクテリアのゲノムに存在する遺伝子の数は1700～7000個であるが，葉緑体ゲノムの遺伝子の数は50～200個である（Martin et al. 2002）．したがって，もともとシアノバクテリアにあった遺伝子の大部分は失われたか，宿主の核に移行したことになる．実際，マーティン（William Martin）らは，大部分の遺伝子が現在宿主の核ゲノムに存在し，これらの遺伝子の半分は葉緑体で機能しているが，残りの半分の遺伝子は宿主生物の代謝，生合成，転写，細胞分裂などに用いられていることを明らかにした（Martin et al. 2002）．これらの結果は，まったく別の生物から転移した遺伝子が宿主生物の進化に用いられる可能性があることを示唆している．事実，共生やHGTは単細胞生物から多細胞生物に進化するうえで重要な要因であった（Rokas 2008）．

近年，真核生物においても，HGTによる進化の報告が多数ある（Hall et al. 2005; Keeling and Palmer 2008）．最もよく知られているものとして，ボルバキア属の細菌から昆虫への遺伝子の移行が挙げられる（Dunning Hotopp et al. 2007）．ボルバキアは母性遺伝する細胞内共生体で，さまざまな節足動物や線形動物に感染する．この細菌は発生中の配偶子に存在するので，自身の遺伝子を真核生物である宿主に遺伝可能な形で転移させるのに都合がよい．ダニングホトップ（Julie C. Dunning Hotopp）らはショウジョウバエや他の昆虫合計27種へのボルバキア遺伝子の転移を調べ，そのうち11種がボルバキアDNAをゲノム中にもっており，なかにはほぼボルバキアゲノム全体を保持する種も存在することを発見した（Dunning Hotopp et al. 2007）．このように，一般的にはHGTは原核生物から真核生物へのDNAの転移であるが，真核生物から原核生物への転移も知られている．真核生物間での核遺伝子のHGTはまれなようであるが，それでも多くの例が報告されている（Moran and

Jarvik 2010; Yoshida et al. 2010).

光合成動物

一般に，光合成は植物，藻類，細菌でのみ起こり，光合成ができない動物は光合成生物が合成した食物に依存して生活している．しかし，例外的に，オオジャコガイ，カイメン，サンゴ，扁形動物のような動物は，単細胞の藻類やシアノバクテリアと共生することによって光合成産物を使用する能力をもつ（Rumpho et al. 2011）．これら生物では，藻類やシアノバクテリアは自立した光合成工場として機能している．

しかし，動物の中にはウミウシのように捕食した藻類の色素体だけを残す能力を進化させたものがいる．このとき，色素体は宿主の消化システムにかかわる細胞内に充満し，しばらくの間光合成能力を有する．この光合成は，ウミウシの一種であるクロミドリガイ *Elysia atroviridis* において川口 四郎と弥益 輝文によって初めて発見され（Kawaguti and Yamasu 1965），その後，*Elysia* 属の光合成メカニズムに関する多くの研究が行われてきた．ここでは，*E. chlorotica* に関するラムフォー（Mary E. Rumpho）らの研究を紹介する（Rumpho et al. 2011）．

ウミウシの一種 *E. chlorotica* は緑色の海産動物であり，アメリカの東海岸の湿地帯に分布している．体長は通常 2～3 cm くらいであるが，6 cm ほどに成長することもある（図 6.11）．このウミウシは幼生のときに黄緑藻類であるフシナシミドロを食べる．フシナシミドロを食べる前のこのウミウシは茶色であるが，この藻類を食べると緑色になる（Ma 2012）．そしてウミウシはこの単細胞の繊維状藻類を壊し，内容物を吸収し，体中に存在する枝状の消化システムに葉緑体を蓄積する（図 6.11）．このような摂食は葉緑体が消化システムに充満するまで続く．充満が完了すると，このウミウシは摂食しなくても数ヵ月もの間光合成生物として生存することができる．

ウミウシと藻類の関係は通常の細胞内共生とは異なる．なぜなら，この場合藻類は完全に破壊され，もはや生命体ではないからである．しかし，この関係は通常の HGT とも異なる．なぜなら，このウミウシのケースでは，藻類遺伝子は当該世代においてのみ機能し次世代には伝わらないからである．もし，藻類の葉緑体がウミウシの生殖細胞系列に取り込まれて機能を維持していれば，真の光合成動物が生まれたかもしれない．

本節では遺伝子転用と遺伝子水平伝播に関するいくつかの問題を考え，これらの

図 6.11　高度に枝分かれした消化システムをもつウミウシ *Elysia chlorotica*. この生物の体色は緑である．Ma（2012）より．写真：Patrick Klug.

メカニズムが進化において重要な役割を果たしてきたことを紹介した．もともと別の目的のために進化した複数の遺伝子が単一の新しい遺伝システムを形成すること，また遠縁な生物の遺伝子が組み合わさって新たな進化系統が誕生することは非常に興味深い．

6.6 ま と め

表現形質の進化を理解するためには，発生過程においてどのようにして表現形質が多くの遺伝子の相互作用によって形成されているのかを理解することが重要である．このとき，異なる遺伝子が異なる発生時期に異なる組織で発現している．このような時空間依存的な遺伝子発現はなんらかの分子機構によって連動しているはずである．だからこそ発生過程における遺伝子発現調節のメカニズムを理解することが重要なのである．

通常，遺伝子はタンパク質コード領域と遺伝子調節領域からなる．タンパク質コード領域は特定のアミノ酸配列をもつタンパク質を産生するためのものであり，遺伝子調節領域は mRNA の転写を始める役割をもち，転写プロモーター（TATA ボックス）やシス調節領域からなる．シス調節領域には転写因子が結合する．

表現形質の進化はタンパク質コード領域と調節領域のどちらかまたは両方の変化によって起こる．タンパク質コード領域の変化は，その遺伝子がコードするタンパク質のアミノ酸配列を変化させ，この変化がタンパク質の機能や表現形質に影響を及ぼすこともある．たとえば，ヒトの赤と緑の色覚はオプシンタンパク質の２つのアミノ酸の違いで生じている．シス調節領域に生じる変化も表現形質の進化をもたらすことがある．とくに，形態形質の進化においてシス調節領域の変化は重要なようである．しかし，この場合もごくわずかな変化が重要なようであり，残りの大部分の変化はほぼ中立なようである．表現型の進化に影響するゲノムの変化は他にも数多くある．DNA メチル化やヒストンのメチル化は特定の時期，特定の組織での遺伝子発現の活性化や抑制化を調節していることが知られている．DNA の非コード領域に存在するマイクロ RNA などの低分子 RNA も，mRNA を分解することによってタンパク質の産生量を調節することが知られている．これら低分子 RNA の変化も表現形質の発現に影響するかもしれない．

１つの表現形質だけを考えても，その発生は相互作用する多くの遺伝子によって調節されており，通常はシグナル経路を活性化するシグナル分子によって開始される．たとえば，哺乳類の SRY タンパク質は，オスの表現型を形成するための SRY シグナル経路の機能を活性化するシグナルタンパク質である．１つの表現型の発生には数多くのシグナル経路がかかわっている．そして，異なるシグナル経路で産生された転写因子は発生過程においてたびたび相互作用している．

最近の研究によると，発生の初期に出現する表現形質を制御する遺伝子はよく保存され，最近進化した形質は発生の後期に出現する．後者の形質を制御する遺伝子も通常保存されているが，それでも種内や種間に中立もしくはほぼ中立な変異が数多く蓄積している．

近年，環境要因が表現形質の形成に与える影響に関する分子レベル（もしくはエピジェネティクス）の研究が急速に発展している．植物の春化や光周性に関する分子機構もわかってきているが，未解決な問題も数多くある．これらは，表現型進化に関する研究として，現在最も重要なものの１つであろう．進化はつねに系統発生的に生じるわけではない．もともと別の目的で進化したいくつかの遺伝子が，新たな機能をもつ別の遺伝システムを形成するかもしれない．別々の生物でつくられた遺伝子が，遺伝子水平伝播によって一緒になり，予期できないような生物が生まれるかもしれない．多細胞生物を生みだすのに重要となった共生も，遺伝子水平伝播の一形態であるといえる．

7　種分化における突然変異と自然淘汰の役割

本章では，過去150年にわたって議論されてきた種分化や新種形成の遺伝基盤と分子基盤について述べる．チャールズ・ダーウィン（Charles Darwin）は著書『種の起原』の中で，おもに連続的変異に作用する自然淘汰がもたらす新種の進化について考えた．彼は，別種の間に生じる雑種個体がしばしば生存不能であったり不妊であったりするという事実に気がついていたが，この現象を自然淘汰で説明することに苦慮していた．その当時，研究者の中には別種の間に生じる雑種不妊が自然淘汰によって促進されると考えている者がいた．なぜなら，種分化の初期段階にある2種が交雑によって混ざることは新種が形成されるうえで不利だと考えたからである．ダーウィンは，さまざまな種の交雑実験を行ったうえでこの考えを退け，「雑種不妊は特別に獲得したり授けられたりした形質ではなく，他の形質に生じた違いによって偶然生じたものである」（Darwin 1859, p. 245）と結論づけた．しかし，彼をもってしても，生殖的隔離[*1]の発達を説明する具体的な理論は思いつかなかった．ダーウィンは，適応進化は自然淘汰によって非常にゆっくりと生じると考えていたため，種分化もまた非常にゆっくり生じると信じていたのである．

第1章で述べたように，ユーゴー・ド・フリース（Hugo de Vries）は，突然変異説とよばれるダーウィンとは正反対の考えを提唱した（de Vries 1901-1903, 1909）．この説によると，新種や初期段階の種（発端種 elementary species）は単一の突然変異によって自然発生的に生じる．そして発端種は生じた後簡単に祖先種（親種）から生殖的に隔離される．この説はオオマツヨイグサ *Oenothera lamarckiana* を用いた実験に基づいていたため，提唱された当初は多くの生物学者に受け入れられた（Allen 1969）．しかし，その約20年後，オオマツヨイグサがさまざまな核型個体のヘテロ個体であり，ド・フリースの発見した変異体のほとんどがこの異常な親種の染色体再編成[*2]によって生じたことがわかると，突然変異説はほぼ否定された

＊1　生殖的隔離：何らかの障壁により2つの集団の個体間での生殖が妨げられること．
＊2　染色体再編成：染色体の融合や分裂によって染色体構造が変化すること．

(Davis 1912; Renner 1917; Cleland 1923).その代わり，*Oenothera* 属の種がさまざまな核型をもつこと自体は当時遺伝学における新たな発見であり，多くの興味はド・フリースの突然変異説ではなくこの発見に注がれた．ド・フリースの時代，突然変異の遺伝的要因はわからなかったため，彼は表現型に影響するどんな遺伝的変異も突然変異とみなした．のちの研究によると，彼が発見した発端種の少なくとも1つは四倍体であり（7.1節を参照），自家受精するマツヨイグサにおいては確立した新種であることがわかった．したがって，彼の突然変異説の考えは正しかったのである．事実，染色体の変化による種の起源という彼の説を支持するゲノムデータも数多く得られている．

しかし，一般的には染色体変異による新しい種の形成はまれにしか起こらないようであり，ほとんどの種分化は異種間交配の雑種に生じる遺伝子の不和合（不妊や生存不能）が確立されることで生じると考えられる．遺伝子による種分化の進化機構は複雑であり，雑種弱勢[*3]を生じるたくさんの経路がある．多くの研究者は，種分化の際には突然変異ではなく自然淘汰が重要であると強調している（たとえばPresgraves et al. 2003; Coyne and Orr 2004; Wu and Ting 2004; Maheshwari et al. 2008）．種分化のスピードを上げるには不和合遺伝子が適応進化することが重要だと主張する研究者も存在する．私の考えでは，種分化において最も重要なのは種間の生殖的隔離の発達であり，これはおもに突然変異によって生じる．

本章では，まず最近のゲノムデータに焦点をあて，種分化における染色体変異の役割について議論する．次に，突然変異と自然淘汰によるさまざまな種分化機構を紹介する．その際，それぞれのモデルの理論と，そのモデルを支持する（または支持しない）実験データの両方を議論する．本書では，集団が地理的もしくは生態的に生息場所を違えていることによって生じる種分化，いわゆる異所的種分化について考える．本章のおもな目的は，生殖的隔離の進化における突然変異と自然淘汰の役割を明らかにすることである．また，種分化の分子基盤が現在一般に考えられているよりもはるかに複雑であると示すことである．

＊3 雑種弱勢：2種の遺伝的な違いによって雑種の生育が弱まる現象．

7.1　染色体変異による種分化

倍数化による種の形成

ド・フリースがオオマツヨイグサのさまざまな変異体を発見すると，それら変異体の染色体の数や減数分裂時の染色体分離に関する研究が数多く行われた（Cleland 1972 を参照）．これらの研究により，数多くの異数体が見つかったが，そのうちの 1 つは，オオマツヨイグサよりも大きく生殖能力の高い発端種，*O. gigas* であった．この種はのちに四倍体であることが示された（Luts 1907; Gates 1908; Davis 1943）．さらに，20 世紀中頃に行われた顕花植物（被子植物）の細胞遺伝学的研究により，20〜40％もの植物種が倍数化によって出現していることが明らかになった（Stebbins 1950; Grant 1981）．この時点で，すでに倍数化という染色体変異が被子植物の種形成において重要なメカニズムであることは明らかであった．よく知られているように，倍数化した植物は誕生と同時に親種との間に生殖的隔離を生じる．それは両者の雑種が減数分裂時に異常な染色体分離を示し，その結果不稔となるからである．しかし，多くの植物遺伝学者は進化における倍数化の重要性を認識していなかった．たとえば，ステビンス（George L. Stebbins）は「大量の遺伝子重複は突然変異や遺伝子の組合せの効果をかなり薄めてしまうため，倍数体が真に適応的な遺伝子セットを進化させることはきわめて困難である」と述べている（Stebbins 1966, p. 129）．

近年，多くの生物のゲノム配列が決定されており，倍数体進化に関する我々の知識は大きく広がった．これらゲノム配列の統計解析によって，倍数化やゲノム重複がとくに顕花植物において非常に頻繁に生じてきたことが明らかになった．ドイル（Jeff J. Doyle）らは顕花植物のゲノムは基本的に倍数体であり，ほとんどの植物でこれまでに考えられていたよりもはるかに頻繁に倍数化が生じていると述べている（Doyle et al. 2008）．アダムス（Keith L. Adams）とウェンデル（Jonathan F. Wendel）やド・ボッド（Stefannie De Bodt）らは，被子植物がその進化の初期段階で二度のゲノム重複を経験したと主張している（Adams and Wendel 2005; De Bodt et al. 2005；図 7.1）．実際，ゲノム重複は種子植物全体の進化において重要であったらしい（Jiao et al. 2011）．このことは，通常の植物では染色体変異の程度こそ *Oenothera* 種ほど高くはないものの，単一の突然変異によって種形成が生じるとするド・フリースの

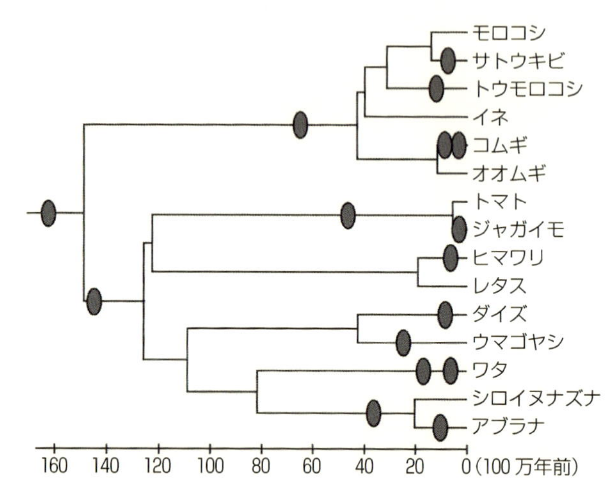

図 7.1　被子植物の進化において生じたとされる倍数化現象．灰色の丸はゲノム重複を表す．おおよその時間軸は系統樹の下に示されている．Adams and Wendel（2005）を改変．

考え方が正しいことを示している．倍数体種はシダ類においても非常に多い（Grant 1981; Wood et al. 2009）．また，酵母（Wolfe and Shields 1997; Kellis et al. 2004），昆虫，硬骨魚類，カエル（Lynch 2007, pp. 202-208）においても倍数体種が存在することが知られている．

しかし，動物では植物に比べるとゲノム重複の頻度ははるかに低い．動物では性決定の多くが XY もしくは ZW 染色体システムによってなされており，倍数化が性決定を阻害するためであると考えられる（Muller 1925）．しかし，さまざまな分類群の動物のゲノムサイズを比較すると，染色体による性決定システムが進化する以前は，倍数化がかなり頻繁に生じていたようである（Nei 1969b）．実際，大野乾（すすむ）は脊椎動物が誕生してすぐに，２回のゲノム重複が起きたという考えを提唱した（Ohno 1970, 1998）．

ゲノム構造の変化と種分化

ここまでは，ゲノム重複が植物において重要な種分化機構であることをみてきた．ゲノム重複には，ある生物のゲノムが重複して同質四倍体が形成される場合と，２種の交雑個体のゲノムが重複して異質四倍体が形成される場合の２通りがある．どちらの場合でも，生じた倍数体種は親種とは生殖的に隔離される．つまり，

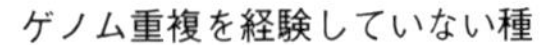

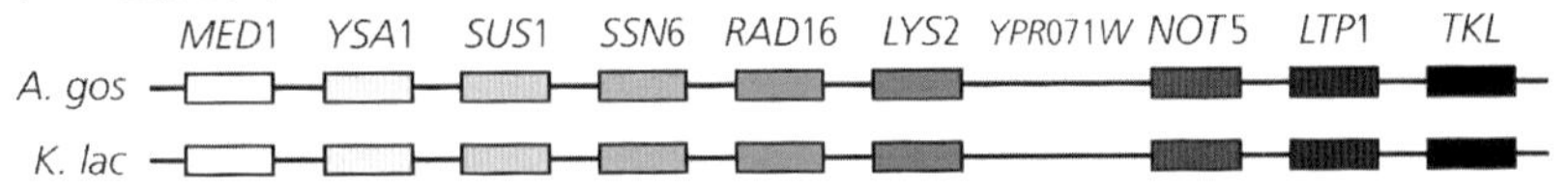

ゲノム重複を経験した種

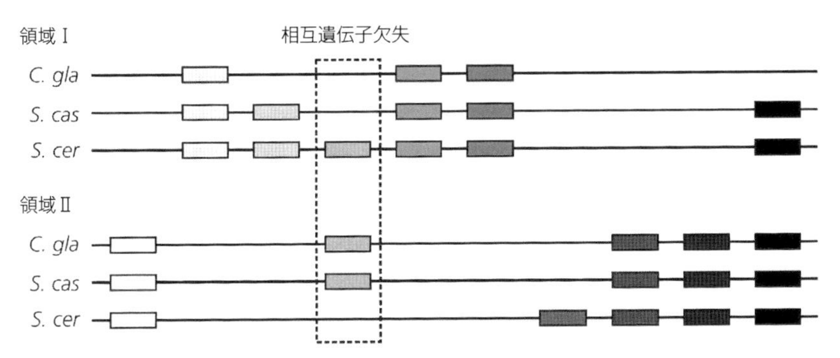

図 7.2　出芽酵母 *Saccharomyces cerevisiae* およびゲノム重複前後に出芽酵母と分岐した種の *SSN6* 遺伝子付近の染色体領域と遺伝子配置．遺伝子名は上段にイタリックで示されている．破線の四角で示されている相互遺伝子欠失は岡モデルの下での種分化を支持する．略記した種名は以下のとおりである．*A. gos*：*Ashbya gossypii*，*K. lac*：*Kluyveromyces lactis*，*C. gla*：*Candida glabrata*，*S. cas*：*S. castellii*，*S. cer*：*S. cerevisiae*．Scannell et al., 'Multiple rounds of speciation associated with reciprocal gene loss in polyploid yeasts' より改変．Springer Nature の許可を得て掲載．*Nature* 440, copyright 2006.

ド・フリースが提唱したように（de Vries 1901-1903），倍数化によって確かに新種は誕生するのである．

しかし，近年，倍数体種がもつ遺伝子数は必ずしもゲノム重複の回数に応じて増えているわけではないことが明らかになってきた（Wendel 2000; Adams and Wendel 2005; Doyle et al. 2008）．染色体や遺伝子の多くは倍数化の後に消失するので，倍数化によって生じた新種の遺伝子数は親種の遺伝子数の 2 倍にはならない（図 7.2）．遺伝子の消失は，通常は種特異的もしくは多重遺伝子族特異的に起こる（Rensing et al. 2008; Flagel and Wendel 2009）．たとえば，ある条件において遺伝子数が減少する多重遺伝子族があるが，その減少は植物にとって有益かもしれない（Flagel and Wendel 2009）．逆に，ゲノム重複後に遺伝子数が増加する多重遺伝子族も存在する

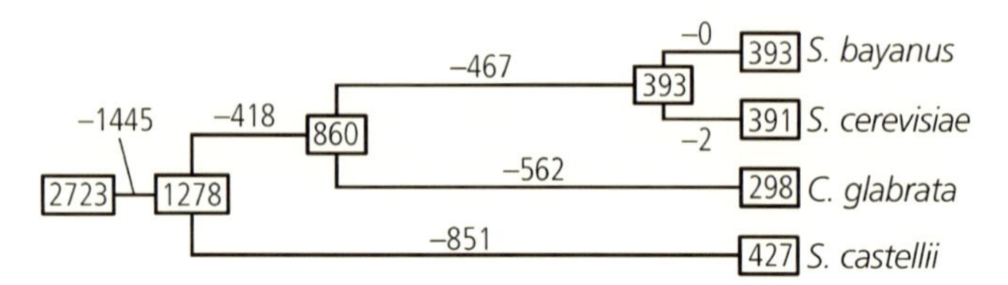

図7.3　4種の酵母におけるゲノム重複後の重複遺伝子の消失．四角の中の数字は，祖先種のゲノム重複に由来し，その後ゲノムに維持されている遺伝子座の数を表す．枝上の「−」で示した数字は，重複遺伝子の片方が失われた遺伝子座の数を表す．2723遺伝子座の解析に基づく．Scannell et al., 'Multiple rounds of speciation associated with reciprocal gene loss in polyploid yeasts' より改変．Springer Natureの許可を得て掲載．*Nature* 440, copyright 2006.

可能性がある．このような遺伝子数の増減は，部分ゲノム重複や部分ゲノム欠失による多重遺伝子族の進化と似ている．この場合，染色体再編成も含めたすべての遺伝的変異を考慮しているド・フリースの突然変異説は，一般的に考えられているほど非現実的ではなさそうである．もしかすると，ド・フリースが変種，発端種として同定した四倍体，三倍体などの異数体は新種になるかもしれない．スキャネル（Devin R. Scannell）らは，出芽酵母 *Saccharomyces cerevisiae* の祖先種がゲノム重複を経て，その後遺伝子数を減らしながら少なくとも4種に分岐したことを明らかにした（Scannell et al. 2006；図7.3）．

植物では，特定の現存種のゲノムから生じたことがわかっている異質倍数体の種が数多く知られている．最も興味深い例の1つが，キク科バラモンジン属の *Tragopogon miscellus*（$2n = 24$）という異質倍数体の種である．この植物の祖先種は *T. pratensis*（$2n = 12$）と *T. dubius*（$2n = 12$）であり，*T. miscellus* はわずか80年前に生じた．3種すべてが二年生植物であるので，*T. miscellus* が誕生してから約40世代しか経っていないことになる．しかし，*T. miscellus* はアメリカ・ワシントン州のスポケーン地方に広く分布している．チェスター（Michael Chester）らは，この異質四倍体種の染色体，核型，遺伝子の種類を調べ，調べたすべての集団で非常に多くの染色体変異が存在することを明らかにしたが，そのうちの1つの集団では特定の核型に固定していた（Chester et al. 2012）．ただし，この種全体でみると76%の個体がゲノム間転移を示し，69%の個体が少なくとも1つの染色体で異数性を示していた．しかし，染色体の数は多くの場合24本であった．このことは，たとえ染色体の数が同じであっても，新しく生じた異質倍数体の遺伝子の種類はかなり異なる可能性があることを示している．

染色体再編成と種分化

すでに述べたように，ド・フリースはオオマツヨイグサ *O. lamarckiana* の染色体構造を知らなかったので，さまざまな形態変異をまとめて報告した．しかし，これらの形態変異の中に染色体相互転座をもつものが含まれていたことは興味深い (Cleland 1923)．染色体相互転座をもつ植物は，均衡のとれた染色体セットをもつ（つまり遺伝子数が転座前と変わらない）配偶子と不均衡な染色体セットをもつ（遺伝子数が転座前に比べて増減している）配偶子をつくるが，そのうち均衡のとれた染色体セットをもつ配偶子のみが稔性をもつことが明らかになった (Dobzhansky 1951)．この際，異なる染色体間に生じた相互転座をもつ個体同士は，その交雑個体の一部もしくは全部が不稔となるため，生殖的に隔離されるはずである．同様の状況はテロメア領域の逆位などの染色体再編成が生じた後で組換えが生じたときにも起こりうることが知られている (White 1969; Brown and O'Neill 2010)．

セウォル・ライト (Sewall Wright) をはじめとする集団遺伝学者は，これらの染色体再編成が固定する確率は非常に低いので，集団サイズが非常に小さくない限り（たとえば 10 以下），これらの染色体変異が集団中に定着することは難しいと考えた (Wright 1941)．そのため，染色体再編成によって新たな種が形成されるという考えはほとんど受け入れられなかった．しかし，オオマツヨイグサ *O. lamarckiana* のような自殖植物は有効集団サイズが小さいので，染色体変異の固定確率はそれほど低くないと考えられる．ド・フリースが実験圃場で発見した発端種のいくつかは四倍体ではなかったかもしれないが，染色体再編成によって他種とは生殖的に隔離されていたかもしれない．また，集団がびん首効果を複数回経験すると，任意交配集団においても染色体再編成は固定しうることも述べておきたい．

事実，最近の研究によると，染色体再編成を伴う種分化は植物においてかなり一般的であることが示唆されている (Rieseberg 2001; Badaeva et al. 2007; Rieseberg and Willis 2007; Feldman and Levy 2012)．植物集団は固着性であり，無性生殖もしくは自殖によって繁殖するものも多い．このような生殖システムにおいては染色体再編成が集団に固定する機会が多くなるので，このような形で種分化が生じることをもっと認識すべきだろう (Nei and Nozawa 2011)．ちなみに，染色体再編成による種分化は酵母や哺乳類においても生じることが知られている (Delneri et al. 2003; Brown and O'Neill 2010; Nei and Nozawa 2011)．もちろん，ド・フリースは染色体変異について何の考えももっていなかったが，彼が行った形態変異の研究 (de Vries 1901-1903)

は，染色体変異の研究をおおいに発展させ，種分化における染色体変異の重要性を広く知らしめた．しかし，不幸にもこの種分化様式はいまだ過小評価されている．

7.2　遺伝子突然変異による生殖的隔離の進化

生物学的種概念（Dobzhansky 1937; Mayr 1963）によると，ある集団が他の集団から交配前もしくは交配後隔離機構によって隔てられているとき，その集団は種と定義される．したがって，遺伝子レベルでどのように生殖的障壁が生じるのかを理解することが重要となる．倍数化の場合，生殖的障壁は自殖する生物においては即座に生じる．なぜなら，7.1節で述べたように新たに生じた倍数体とその親種の交雑個体は通常不妊（不稔）となるからである．しかし，染色体再編成がない場合はどのようにして生殖的隔離が生じるのであろうか？　生殖的隔離の進化を説明する遺伝モデルは数多く存在する．ここでは，遺伝子レベルで実験的に研究されている遺伝モデルについてのみ議論したい．実際には，雑種不妊や雑種生存不能は複雑な形質であり，数多くの遺伝子によって制御されている．これらすべての遺伝子の影響を同時に考慮して研究することは難しいので，ほとんどの実験生物学者は少数の主要な遺伝子に着目し，遺伝子レベル（もしくは分子レベル）で生殖的隔離のメカニズムを研究している．この手法は確かに重要であるが，偏った結論を導く可能性もあることに注意したい．また，生物学的種概念が必ずしも植物や菌類に適用できるわけではないことも念頭に置く必要がある．なぜなら，これらの生物は頻繁に自殖や無性生殖によって生殖を行うため，集団をうまく定義できないからである（Rieseberg and Willis 2007）．また，生殖的隔離の最初の段階は，接合（受精）後隔離ではなく接合前隔離であることが多いことも認識しておくべきである．これらの理由から，植物や菌類では動物に比べて種分化が生じやすい．

ここ数十年の間，多くの研究者がいわゆるドブジャンスキー-マラー（DM）モデル（次々項を参照）を仮定して実験を行い，また得られた結果をDMモデルに基づいて解釈してきた．しかし，実際のところDMモデルは生殖的隔離の進化に関して数多く存在するモデルの1つにすぎない．ここでは，実例や分子基盤について交えながらこれらのモデルを議論する．

岡モデル：重複遺伝子に生じる突然変異による種分化

種分化モデルの中で最も単純なものの1つに，重複遺伝子に致死突然変異が生じ

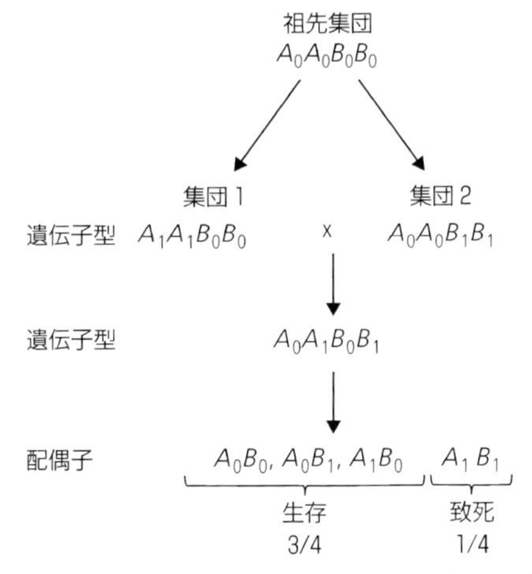

図 7.4　岡モデル：重複遺伝子の変異による種分化．A と B は重複遺伝子である．A_0 と B_0 はもともとの集団がもつ通常の対立遺伝子（機能遺伝子）であり，A_1 と B_1 は致死変異をもつ対立遺伝子（偽遺伝子）である．

ることで生殖的隔離が進化する岡モデル（Oka 1953, 1957, 1957）というものがある．のちにワース（Charles R. Werth）とウィンダム（Michael D. Windham）は岡 彦一（ひこいち）の研究に気づかず，基本的に同じモデルを提唱した（Werth and Windham 1991）．現在アメリカではこの両名のほうがよく知られている．岡モデルでは，祖先集団が地理的に分断された 2 つの集団（集団 1 と 2）に分岐し，これらの集団が互いに独立に進化すると仮定する（図 7.4）．また，祖先集団は冗長な機能をもつ重複遺伝子 A_0 と B_0 をもち，集団 1 では A 遺伝子座の対立遺伝子が致死（機能をもたない偽遺伝子）となる A_1 へと変異し，集団 2 では B 遺伝子座の対立遺伝子が致死である B_1 に変異すると仮定する（図 7.4 を参照）．この場合どちらの集団の個体も機能遺伝子 A_0 か B_0 をもつので問題なく生存できる．しかし，もし集団 1 と 2 の個体が交配すると，交雑個体の遺伝子型は $A_0A_1B_0B_1$ となる．2 つの遺伝子座が連鎖していなければ，この遺伝子型をもつ個体は，A_0B_0，A_1B_0，A_0B_1，A_1B_1 という 4 種類の配偶子をそれぞれ 4 分の 1 の確率で生じる．したがって，25％の配偶子（A_1B_1）は不妊（不稔）となる．

ショウジョウバエを用いた実験によって，遺伝子座あたりの致死突然変異速度は世代あたり約 10^{-5} であることがわかっている．したがって，雑種不妊を生じる確率はそれほど小さいわけではない．局所的な有効集団サイズが比較的小さいとき，重複に由来する２つの遺伝子座のうちの片方に生じた劣性致死突然変異が固定する確率は突然変異速度にほぼ等しい（Nei and Roychoudhury 1973）．したがって，岡モデルの様式で生殖的隔離が生じるのは比較的簡単なのかもしれない．

このような重複遺伝子座のセットが多数存在するとき，配偶子不妊となる確率は上昇する．精子や卵子の形成を制御する独立な重複遺伝子座が n 個存在するとき，不妊配偶子を生じる確率の期待値は $1-(3/4)^n$ であり，その値は $n=8$ のとき 0.9 であり，$n=16$ のとき 0.99 となる．したがって，このような配偶子不妊（不稔）は多くの重複遺伝子をもつ新しい倍数体の子孫に生じやすい．しかし，近年では非倍数体生物のゲノムにも数多くの重複遺伝子（コピー数変異）が存在することがわかってきている（たとえば Redon et al. 2006）．というわけで，岡モデルはほぼすべての生物に適用できそうである．もちろん，実際には致死遺伝子の数とオス不妊の関係はそこまで単純ではない．リンチ（Michael Lynch）とフォース（Allan G. Force）は重複遺伝子の機能分化によって雑種不妊が生じやすくなると考えているようである（Lynch and Force 2000）．

イネ *Oryza sativa* には約 40 万年前に分岐したジャポニカとインディカという２つの亜種が存在する．これらの亜種は，植物に特異的で保存性の高い低分子タンパク質をコードする *DPL1* と *DPL2* という重複遺伝子をもち，この２つの遺伝子は成熟した葯で多く発現している．水多 陽子らは，ジャポニカが機能性 *DPL1* 遺伝子（$DPL1^+$）と非機能性 *DPL2* 遺伝子（$DPL2^-$）をもち，インディカが非機能 *DPL1* 遺伝子（$DPL1^-$）と機能性 *DPL2* 遺伝子（$DPL2^+$）をもっていることを明らかにした（Mizuta et al. 2010）．$DPL1^-$ の不活性化（偽遺伝子化）はエクソンの１つにトランスポゾンが挿入されたことによって起こり，$DPL2^-$ の不活性化はイントロンのスプライシングに必要な座位が A から G に変化したことによって生じた．ここで，$DPL1^+$，$DPL1^-$，$DPL2^+$，$DPL2^-$ はそれぞれ図 7.4 の A_0，A_1，B_0，B_1 に対応するので，岡モデルを用いてこの２亜種の交雑個体の一部が不稔になることを説明できる．重複遺伝子の突然変異によって生じる生殖的隔離は *O. sativa* とその近縁種 *O. glumaepatula* においても観察されている（Yamagata et al. 2010）．この場合は，生殖的隔離にミトコンドリアのリボソームタンパク質 L27 をコードする *S27* と *S28* という重複遺伝子が関与している．*S27* 遺伝子は *O. glumaepatula* には存在しておらず，逆に *S28* 遺伝子は *O. sativa* において偽遺伝子である．したがって，交雑個体にできる４分の１の花粉は *S27* と *S28* がどちらも機能遺伝子ではないため不稔となる．同様の生殖的隔離はシロイヌナズナにおいても

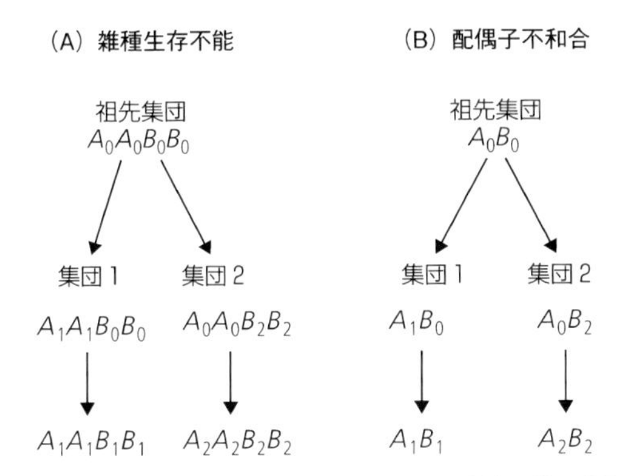

図 7.5　ドブジャンスキー-マラーモデルのもとでの生殖的隔離の進化．A_0，A_1，A_2 は遺伝子座 A の対立遺伝子であり，B_0，B_1，B_2 は遺伝子座 B の対立遺伝子である．Ⓐ二倍体モデル．Ⓑ半数体（配偶子）モデル．

報告されている（Bikard et al. 2009; Nei and Nozawa 2011）．

実際，古典的な遺伝学の手法を用いて，岡は重複遺伝子に生じた突然変異によって雑種不稔が生じる例を数多く発見している（Oka 1953, 1974）．しかし，その当時は遺伝子の進化を研究するための分子生物学的手法が発達していなかったため，彼の結論は憶測にすぎなかった．そういった意味で，最近の分子研究は彼の説を実証したといえよう．実際，岡は酒井寛一（かんいち）ほか（Sakai 1935; Nandi 1936）による細胞遺伝学的な研究に基づき，イネの祖先で倍数化が起きていた可能性にも気づいていた（Oka 1974）．

図 7.4 の A_1 と B_1 は致死突然変異を表すと同時に，重複遺伝子 A_0 と B_0 が欠失したものであるとも考えられることに注意したい．なぜなら，生殖的隔離を生じるうえで，遺伝子の欠失も致死突然変異と同様の効果をもつからである．したがって，ゲノム重複後に生じた酵母の種分化（図 7.2 と 7.3）は岡モデルで説明できる（Scannell et al. 2006）．また，重複遺伝子が突然変異することで生じた生殖的隔離を研究してきた研究者の多くが，誤ってこれらの現象を岡モデルではなく DM モデルに従う，と解釈していることにも注意したい（たとえば Werth and Windham 1991; Lynch and Force 2000; Mizuta et al. 2010）．岡モデルでは，致死突然変異か遺伝子欠失が生殖的隔離の原因であり，A_1 と B_1 の相互作用を必要としない．一方，DM モデル（図 7.5）では A_1 と B_2 は機能遺伝子であり，次項で述べるように，対立遺伝子 A_1 と B_2 の間に相互作用があると考える．また，DM モデルでは対立遺伝子 A_1 と B_2 の固定に正の自然淘汰が作用していることを前提とする場合もある．

研究者の中には，岡モデルに従う種分化の重要性をあまり認めていない者もいる．ジェリー・コイン（Jerry A. Coyne）とアレン・オア（H. Allen Orr）は，動物では倍数化がそれほど生じないため，このモデルはあまり重要ではないと述べた（Coyne and Orr 2004）．しかし，すでに述べたように，最近のゲノム研究によると，小規模な遺伝子重複は数多く生じているため，動物の進化における岡モデルの重要性が植物に比べて小さいと考える理由はとくにない．コインとオアは，重複遺伝子の最終的な運命は偽遺伝子化（不活性化）ではなく新規機能の獲得であると述べているが，この記述は誤りである．重複遺伝子の多くは新規機能を獲得せずに偽遺伝子となる（Lynch and Force 2000; Nei and Rooney 2005）．したがって，動植物両方の種分化において岡モデルは重要であろう．

ドブジャンスキー-マラーモデルのもとでの生殖的隔離の進化

岡モデルでは，種分化には重複遺伝子が必要であった．しかし，交雑個体において2つ以上の遺伝子が負の相互作用をするとき，生殖的隔離は重複遺伝子がなくても発達しうる．このようなモデルの1つがいわゆるドブジャンスキー-マラー（DM）モデルである（Dobzhansky 1937; Muller 1940, 1942）．このモデルの要点を図7.5Aに示す．このモデルでは2つの遺伝子座AとBを考え，$A_0A_0B_0B_0$は祖先集団の遺伝子型を表し，そこから集団1と集団2が派生したと考える．もしこれらの集団が地理的または生態的に隔離されると，集団1ではA_0からA_1への突然変異が生じ，対立遺伝子A_1が自然淘汰または遺伝的浮動によって集団1に固定する可能性がある．したがって，生存力や繁殖力を失うことなく，$A_0A_0B_0B_0$という遺伝子型が$A_1A_1B_0B_0$という遺伝子型に変わりうる（図7.5A）．同様に，集団2においてもB_0からB_2への変異が生じ，集団2に固定するかもしれない．しかし，もし遺伝子の相互作用により対立遺伝子A_1とB_2の両方をもつ個体が生存不能もしくは不妊になるとすると，この2つの集団の交雑個体（$A_0A_1B_0B_2$）は生存不能か不妊になるはずである．図7.5Aでは，祖先集団の遺伝子型を$A_0A_0B_0B_0$と仮定しているが，理論的には祖先の遺伝子型が$A_1A_1B_1B_1$であり，集団1には何も起こらず集団2が$A_2A_2B_2B_2$になることもありうる．

オアは，DMモデルを最初に提唱したのはテオドシウス・ドブジャンスキー（Theodosius Dobzhansky）やハーマン・マラー（Hermann J. Muller）ではなくウィリアム・ベイトソン（William Bateson）であり（Bateson 1909），ベイトソンのモデルはドブジャンスキーとマラーのモデルと同一であったと主張した（Orr 1996）．私の個

表 7.1　半数体モデルにおける 2 つの不和合遺伝子座の 4 つの遺伝子型の適応度と頻度.

対立遺伝子		A_0	A_1
B_0	適応度	1	$1+s_A$
	頻度	$(1-x)(1-y)$	$x(1-y)$
B_2	適応度	$1+s_B$	$1-t$
	頻度	$(1-x)y$	xy

人的見解では，この主張は疑わしい．ベイトソンが雑種不妊を説明するのに 2 遺伝子座モデルを考えていたことは事実であるが，どのようにしてそのようなシステムが進化するのかは考えていなかった．これに対し，ドブジャンスキーとマラーは非常に大雑把にではあるが，雑種不妊遺伝子の進化過程を記載した．進化生物学においては進化過程を理解することこそが重要であるので，本書ではこのモデルを DM モデルとよぶことにする．しかし，ドブジャンスキーとマラーもこのモデルでの進化過程は示したものの，なぜ A_1 が集団 1 でのみ固定し，B_2 が集団 2 でのみ固定するのかは説明していない．理論的には $B_0 \to B_1$ への突然変異は集団 1 にも起こりうるし，$A_0 \to A_2$ への突然変異が集団 2 に生じる可能性もある（図 7.5A）．では，どうして A_1 は集団 1 でのみ，B_2 は集団 2 でのみ固定するのだろうか？　ドブジャンスキーとマラーはどちらも，対立遺伝子 A_1 が多面発現効果によって二次的な表現型に関与し，これによって集団 1 では A_1 が A_0 に対して選択的に有利になると主張した．また，同様の多面発現効果によって，集団 2 において B_2 が B_0 に対して選択的に有利になると考えた．

この問題に関する最初の数学的研究は根井 正利によって行われた（Nei 1976）．ここに研究結果の概要を示す．問題を単純にするために，二倍体モデルではなく図 7.5B のような半数体モデルを考える．ちなみにどちらのモデルでも得られる結果は基本的に同じである．また，半数体モデルは精子や卵子の妊性にそのまま適用できる．半数体モデルでは，2 つの遺伝子座 A と B を考え，それぞれに 2 つの対立遺伝子があると仮定する．したがって，合計 4 つの遺伝子型が生じうる．それぞれの遺伝子型の適応度を表 7.1 に示す．ここで，x と y はそれぞれ対立遺伝子 A_1 と B_2 の頻度を表し，s_A と s_B はそれぞれ多面発現効果によって生じる A_1 と B_2 の淘汰的有利性（淘汰係数）である．t は遺伝子型 A_1B_2 に対する選択的不利性であり，この 2 集団の交雑個体が完全に不妊になるとき，t は 1 となる．このモデルでは，すべての対立遺伝子 A_0，A_1，B_0，B_2 が重要であることに注意してほしい．

また，問題を単純にするために，ここでは連鎖不平衡はまったくないものとする．

このモデルを用いると，世代あたりの対立遺伝子 x と y の頻度変化は，

$$\Delta x = \frac{x(1-x)[s_A - (s_A + s_B + t)y]}{\overline{w}} \tag{7.1}$$

$$\Delta y = \frac{y(1-y)[s_B - (s_A + s_B + t)x]}{\overline{w}} \tag{7.2}$$

という式で与えられる．ここで $\overline{w} = 1 + s_A x(1-y) + s_B(1-x)y - txy$ である (Nei 1976)．

したがって，もし y が $\hat{y} = \dfrac{s_A}{s_A + s_B + t}$ よりも小さければ x は増加し，もし y が $\hat{y}$ よりも大きければ x は減少する．同様に，もし x が $\hat{x} = \dfrac{s_B}{s_A + s_B + t}$ よりも小さければ y は増加し，もし x が $\hat{x}$ よりも大きければ y は減少する．これは，もし変異対立遺伝子 A_1 が B_2 よりも先に生じ，その頻度が増加し始めると，A_1 は集団中に固定する傾向にあることを意味する．逆にもし対立遺伝子 B_2 が A_1 より先に生じ，その頻度が増え始めると，B_2 が固定するであろう．したがって，淘汰は排他的に生じ，どちらの集団においても，いち早く生じてその頻度を増加させ始めた A_1 または B_2 が固定するであろう．A_1 と B_2 の固定はランダムに生じるので，この 2 集団が雑種不妊もしくは雑種生存不能を生じる確率は 1/2 である．しかし，もし生殖的隔離を制御する遺伝子座が数多く存在する場合，どんな 2 集団も最終的には生殖的隔離を発達させるであろう．

ここで問題となるのは，対立遺伝子 A_1 と B_2 に多面発現効果による淘汰的有利性（すなわち $s_A > 0$，$s_B > 0$）があるかどうかである．一般的に，種分化遺伝子 A_1 と B_2 に生じる多面発現効果によってもたらされた形質を同定することは非常に困難である．また，たとえその形質が同定できたとしても，淘汰係数 s_A と s_B は大きくないであろう．そもそも，A_1 と B_2 が固定するまで淘汰係数が一定であるとは考えにくい．一方，もし s_A と s_B が 0 であっても，繰り返し生じる突然変異と遺伝的浮動によって，対立遺伝子 A_0 と B_0 がそれぞれ A_1 と B_2 に置き換わる可能性はある．この場合も，それぞれの集団では A_1 と B_2 のどちらか一方が固定するはずで，置換に必要な時間は平均で約 $1/v + 2N$ 世代である．ここで v と N はそれぞれ突然変異速度と有効集団サイズである (Nei 1976)．したがって，A_0

と B_0 が A_1 と B_2 に置き換わるには長い時間を要する．仮に s_A と s_B が正の値であり，A_1 と B_2 が有利であったとしても，基本的に置換に必要な時間は突然変異速度に依るため，その時間はそれほど短くはならないであろう（Li and Nei 1977）．

また，ここでいう突然変異速度 v は，交雑個体において一緒になったときにのみ強い有害効果をもたらす突然変異を指すことに注意してほしい．これまでのところ，誰もこのような突然変異の出現速度を測定した者はいないが，非常に特殊な突然変異だけが交雑個体において有害な遺伝子間相互作用をもたらすので，この速度は非常に遅いはずである．現在，確かに DM モデルは非常に広く受け入れられているが（たとえば Coyne and Orr 2004），厳密な意味で実験データがこのモデルを支持する例は意外と少ない（Nei and Nozawa 2011）．オアの論文（Orr 1995）はこのモデルを理論的に正当化するものとしてよく引用される．しかし，実際には，DM モデルが妥当であることをはじめから前提としており，突然変異速度を考慮せずに，不和合遺伝子が連続的に蓄積する可能性を研究したにすぎない．彼は，多面発現効果によって生じる正のダーウィン淘汰が生殖的隔離を引き起こすと信じていた．これは，重複遺伝子に生じる有害突然変異によって生殖的隔離が生じるとする岡モデルとは対照的である．

ここで，DM モデルを支持していると考えられてきた最近の実験データを再考してみる．最初のデータは，キイロショウジョウバエ *D. melanogaster* とオナジショウジョウバエ *D. simulans* の核膜孔タンパク質（ヌクレオポリン）Nup96 の進化を研究した，プレスグレイヴス（Daven C. Presgraves）らのデータである（Presgraves et al. 2003）．核膜孔は核膜を貫通しており，核と細胞質の間で RNA，DNA ポリメラーゼ，炭水化物などの水溶性分子を輸送する巨大タンパク質複合体である．この核膜孔は，それぞれが複数個からなる約 30 種類のタンパク質で構成される核膜孔複合体とよばれる巨大な分子構造でできている（Presgraves and Stephan 2007）．そのうちの 1 つがヌクレオポリン Nup96 であり，プレスグレイヴスら（Presgraves et al. 2003）は，このタンパク質がこの 2 種のショウジョウバエの雑種オスの生存不能にかかわっていることを示した．雑種オスの生存不能は，オナジショウジョウバエの *Nup96* 遺伝子がキイロショウジョウバエの X 染色体と一緒になったときにのみ生じる．そこで彼らは，雑種オスの生存不能はオナジショウジョウバエの *Nup96* 遺伝子がキイロショウジョウバエの X 染色体上に位置する 1 つまたは複数の遺伝子と負の相互作用をすることによって生じると考えた．さらに，マクドナルド（John H. McDonald）とクライトマン（Martin Kreitman）が考案した中立性の検定（MK

法；第4章参照，McDonald and Kreitman 1991）を用いて，この2種が分岐した後，*Nup96* 遺伝子が正の自然淘汰を受けて進化したと主張した．彼らはこれらの結果がDMモデルに一致しているとみなし，雑種生存不能は *Nup96* 遺伝子座に生じた適応進化の副産物として生じたものであると結論づけた．同様の研究は，タン（Shanwu Tang）とプレスグレイヴスによっても行われている（Tang and Presgraves 2009）．彼らはこの2種のショウジョウバエの雑種オスの生存不能にかかわる別のヌクレオポリン遺伝子，*Nup160* を同定した．オナジショウジョウバエの *Nup160* 遺伝子は，*Nup96* 遺伝子の場合と同様に，キイロショウジョウバエのX染色体上の遺伝子と負の相互作用をしていると考えられている．

しかし，この結論にはいくつかの問題点がある．1つ目は，オナジショウジョウバエの *Nup96* 遺伝子や *Nup160* 遺伝子と相互作用すると考えられるキイロショウジョウバエのX染色体上の遺伝子が同定されていないことである．この遺伝子の同定はきわめて重要である．そうでなければ2つの遺伝子のどのような相互作用によって雑種オスの生存不能が引き起されるのかがわからないからである．理論的には，X染色体上の遺伝子はタンパク質コード遺伝子ではなく，たびたび雑種生存不能を引き起こすことが知られているヘテロクロマチンかもしれない（たとえば Freeze and Barbash 2009；7.3節を参照）．2つ目の問題点は，プレスグレイヴスらがMK法を用いて *Nup96* 遺伝子と *Nup160* 遺伝子に生じた突然変異の頻度増加に正の自然淘汰が働いていると結論している点である．MK法は多くの単純化した前提に依存しており，これらの前提条件が満たされていないと間違った結論を導くことがある（Nei et al. 2010）．事実，同義置換速度（d_S）と非同義置換速度（d_N）に基づく別の中立性検定を用いると，*Nup96* 遺伝子と *Nup160* 遺伝子に正の自然淘汰は検出されなかった（Nei and Nozawa 2011）．むしろこの検定では，これらの遺伝子は純化淘汰を受けていることが示唆されている．

ここで重要なことは，新たな対立遺伝子に正の自然淘汰がはたらいてきたかを知ることではなく，どのようにしてこれらの遺伝子が雑種生存不能を引き起こしたのかを理解することである．正の自然淘汰は種分化過程を加速させるという点で重要であると考えている研究者も存在する．しかし実際には，生物が急速に種分化を行う必要性はどこにもない．生殖的隔離は，単に関連する遺伝子が突然変異によって変化した結果にすぎず，したがって，ダーウィンが指摘したように種分化は受動的なプロセスなはずである．

しかしながら，明らかにDMモデルを支持するデータもいくつか存在する．ロ

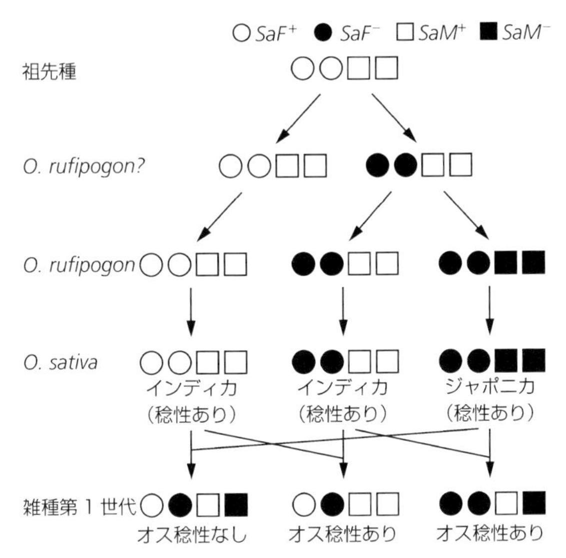

図7.6　イネ *Oryza* の *SaF* と *SaM* 遺伝子座の対立遺伝子の組合せによって生じるオス不稔．データは Long et al.（2008）から引用．

ン（Yunming Long）らは，イネにおいてゲノム上で近傍に位置する連鎖遺伝子座 *SaF* と *SaM* の対立遺伝子がジャポニカ（SaF^- と SaM^-）とインディカ（SaF^+ と SaM^+）で異なっており，これらの雑種の花粉が不稔となることを発見した（Long et al. 2008）．*SaF* 遺伝子は，タンパク質分解にかかわるFボックスタンパク質をコードしており，一方 *SaM* 遺伝子は低分子ユビキチン様修飾因子である E3 リガーゼ様タンパク質を産生する．SaF タンパク質は 476 アミノ酸からなり，SaF^+ と SaF^- 対立遺伝子の間には1つのアミノ酸の違いしかない．一方，SaM^+ と SaM^- はそれぞれ 257 アミノ酸，217 アミノ酸からなり，後者は短小で不完全なタンパク質である．インディカの対立遺伝子 SaF^+ と SaM^+ が祖先遺伝子であり，ジャポニカの進化過程で起きた突然変異によって SaF^- と SaM^- は生じたと考えられている（図 7.6）．インディカでみられるハプロタイプ $SaF^-;SaM^+$ は，ジャポニカのハプロタイプ $SaF^-;SaM^-$ の祖先ハプロタイプであるかもしれない．このハプロタイプはインディカともジャポニカとも問題なく交雑する（図 7.6）．もしこれが正しければ，このハプロタイプはジャポニカの $SaF^-;SaM^-$ の進化過程の中間段階であるといえるかもしれない．これら $SaF^+;SaM^+$ から $SaF^-;SaM^-$ への変化は DM モデルでの進化過程と一致する．

しかし，雑種不稔を生じる遺伝子間相互作用の分子基盤はいまだ明らかではない．

DM モデルを支持するとされる別のデータとして，酵母 *Saccharomyces cerevisiae* と *S. paradoxus* の雑種第 2 世代（F_2）不妊を引き起こす遺伝子ペアを調べたチョウ（Jui-Yu Chou）らの研究がある（Chou et al. 2010）．このペア遺伝子は，核にコードされ，ミトコンドリアの RNA スプライシングにかかわる *MRS1* 遺伝子と，ミトコンドリアにコードされているチトクロム酸化酵素 1（cytochrome oxidase 1: *COX1*）遺伝子である．*S. paradoxus* において，*COX1* 遺伝子のイントロンは自身の *MRS1* 遺伝子によって正常に除去される．しかし，*S. cerevisiae* においては *COX1* 遺伝子のイントロンの 1 つ（M1）が失われており，また *MRS1* 遺伝子もスプライシングの機能を失っている．これら 2 種の雑種不妊は，*S. cerevisiae* の MRS1 タンパク質が *S. paradoxus* の *COX1* 遺伝子の M1 イントロンを除去できないことによって生じる．*MRS1* 遺伝子の機能変化は *S. cerevisiae* でのみみつかっており，3 つのアミノ酸置換によって生じている．このことから，*COX1* 遺伝子と *MRS1* 遺伝子の祖先型は *S. paradoxus* がもつ遺伝子であり，*S. cerevisiae* の遺伝子は派生型であると考えられる．この生殖的隔離の進化様式は表面上 DM モデルと一致しているようである．しかし，この場合，もし *MRS1* 遺伝子のスプライシング機能が先に失われたとすると，一時 *S. cerevisiae* の妊性が失われた可能性がある．その場合，その妊性は *COX1* 遺伝子の M1 イントロンが失われたときに回復したと考えられる．そうだとすると，この例はもともとの DM モデルとは異なるものになる．同様の進化は *S. cerevisiae* と *S. bayanus* の *AEP2* 遺伝子と *OLI1* 遺伝子の間でも報告されている（Lee et al. 2008）．

DM モデルに一致する形で種分化したと解釈されている論文は他にも数多く存在する（Presgraves et al. 2003; Coyne and Orr 2004; Wu and Ting 2004 を参照）．しかし，論文をよく調べてみると，著者たちが DM モデルの概念を間違って理解していたり，証拠が不十分であったりすることがあるようである．したがって，これらの論文で報告されている遺伝子について，より詳細に研究する必要がある（Nei and Nozawa 2011）．

複対立遺伝子補完モデル

根井らは，種特異的な遺伝子和合性や他種との生殖的隔離を説明するために，DM モデルを拡張したモデルを提唱した（Nei et al. 1983）．具体例として，アワビ類における精子タンパク質ライシンと卵子受容体 VERL の進化を考えてみることに

♂	♀	精子（ライシン）		メス（VERL）	和合性
種1	種1	A_i	×	B_i	高
種1	種2	A_i	×	B_k	低
種2	種1	A_k	×	B_i	低
種2	種2	A_k	×	B_k	高

図7.7　アワビ類におけるライシンとVERLによる配偶子認識の種特異性に関するモデル．Nei and Zhang（1998）を改変．

する．アワビの卵子は卵黄膜に包まれているため，精子はこの膜を通過しなければならない（Shaw et al. 1995）．ライシンの受容体VERLは153個のアミノ酸が22回繰り返している酸性の高分子糖タンパク質であり，約40個のライシンがVERL 1分子に結合する（Galindo et al. 2003）．ライシンとVERLの相互作用は種特異的であり，このタンパク質の組合せが種特異的な交配を制御している．図7.7にライシン遺伝子と*VERL*遺伝子の種特異性を説明する遺伝モデルを示す．それぞれの種（種1または種2）ではライシン遺伝子と*VERL*遺伝子は和合性があるので，交配は自由に生じる．しかし，種1と種2が交配すると，ライシンとVERLは不和合となり，受精が阻害される．この機構によって，2種が混在するときの種特異的な交配を確実なものにしている．

しかし，ライシンや*VERL*遺伝子座に生じる単一の突然変異によって，種1から種2に特異性が変化する遺伝子を生みだしたり，共通祖先からそれぞれ種1と種2に特異性が変化する遺伝子を生じさせたりするのはそれほど単純なことではない．その場合，ライシン遺伝子座に生じる突然変異（$A_i \rightarrow A_k$）は*VERL*遺伝子座の野生型対立遺伝子（B_i）と不和合になるからである．同様に，*VERL*遺伝子座に生じる突然変異（$B_i \rightarrow B_k$）はライシン遺伝子座の野生型対立遺伝子（A_i）と不和合を生じるはずである．したがって，これらの突然変異は集団中で頻度を増やすことができない．もちろん，$A_i \rightarrow A_k$と$B_i \rightarrow B_k$の2つの突然変異が同時に生じれば，ライシンのA_kとVERLのB_kは和合性を保持できるかもしれない．しかし，これらの突然変異をもつ個体が大集団の中で出合う確率はかなり低いであろう．

このような理由から，根井ら（Nei et al. 1983），根井とチャン（Nei and Zhang 1998）の研究では，対立遺伝子A_i（もしくはB_i）からA_k（もしくはB_k）への変化を，この2つの中間の対立遺伝子を介して説明しようと考えた．この中間型の対立遺伝子は A_i（もしくは B_i）と A_k（もしくは B_k）のどちらとも高い類似性をもつため，和合性を失わない．たとえば，A_i はまず A_j に変化しその後 A_k に変化する．一方，B_i は B_j へと変化しその後 B_k に変化する．A_i は B_i と B_j とは和合性があるが B_k とは不和合であり，逆に B_i は A_i と A_j とは和合性があるが A_k とは不和合であると考えれば，ライシンとVERL遺伝子座における種特異的な対立遺伝子の組合せの進化過程を，突然変異，自然淘汰，遺伝的浮動によって説明することが可能となる．

受精や生殖にかかわるリガンド遺伝子と受容体遺伝子の不和合性に関する例は他にもいくつか存在する．たとえば，ウニのバインディンタンパク質は精子に存在し，卵子との受精を介在する．バインディンの受容体はEBR1とよばれ，バインディンとの相互作用は種特異的である（Kamei and Glabe 2003）．哺乳類では，卵子の細胞膜受容体であるインテグリンの精子リガンドとして，ADAM2（もしくはファーティリンβ）というタンパク質がその役割を果たしており（Evans and Florman 2002; Desiderio et al. 2010），これらのタンパク質の相互作用もやはり種特異的なようである．発生や生理におけるさまざまな生化学過程で必須なタンパク質-タンパク質相互作用も同様に相補的なものであることが多い．また，シス制御因子によるタンパク質コード遺伝子の発現制御も本質的には相補的である．

根井らは複対立和合遺伝子による生殖的隔離の進化に関するいくつかのモデルを考案した（Nei et al. 1983）．彼らは，1遺伝子座モデルと2遺伝子座モデルの両方のモデルを確立した．突然変異は飛び石モデルまたは無限対立遺伝子モデル（Kimura 1983）に従って生じると仮定し，遺伝子型の適応度はモデルと遺伝子型に応じて1か0になるものとする（図7.8）．また，交配前隔離と交配後隔離の両方を考慮したモデルになっている．彼らの結論をまとめると以下のようになる．

(1) 1遺伝子座モデルでは2遺伝子座モデルよりも迅速に種分化が生じる．
(2) 無限対立遺伝子モデルでは飛び石モデルよりも迅速に種分化が生じる．
(3) 遺伝子に相互作用があるこのモデル（図7.8）では，生殖的隔離の進化は大集団より小集団においてすばやく生じる．
(4) 一般的に種分化が生じるまでの時間は非常に長く，おおよそ突然変異速度の逆数に比例する．

しかし，これらの結果はモデル依存的であり，無条件にこの結果を自然集団に適用することはできない．たとえば，本節の最後で述べる1遺伝子座飛び石モデル

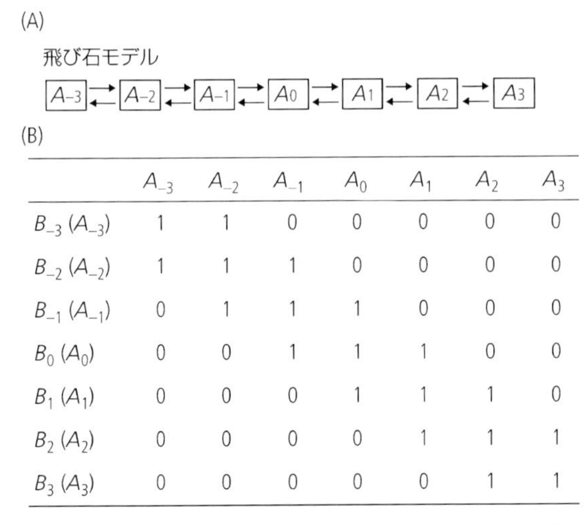

	A_{-3}	A_{-2}	A_{-1}	A_0	A_1	A_2	A_3
B_{-3} (A_{-3})	1	1	0	0	0	0	0
B_{-2} (A_{-2})	1	1	1	0	0	0	0
B_{-1} (A_{-1})	0	1	1	1	0	0	0
B_0 (A_0)	0	0	1	1	1	0	0
B_1 (A_1)	0	0	0	1	1	1	0
B_2 (A_2)	0	0	0	0	1	1	1
B_3 (A_3)	0	0	0	0	0	1	1

図 7.8　雑種不妊（または生存不能）遺伝子に関する飛び石モデルと無限対立遺伝子モデル．Ⓐ飛び石モデルでは正突然変異と復帰突然変異が生じうる．一方，無限対立遺伝子モデルでは復帰突然変異は生じない．Ⓑ遺伝子座AとB（2遺伝子座モデル）におけるさまざまなハプロタイプ間および遺伝子座A（1遺伝子座モデル）における遺伝子型間での妊性は0（妊性なし）か1（妊性あり）となる．遠縁なハプロタイプや遺伝子型は妊性がない．もちろん実際には妊性は0か1ではなく，とくに不和合な交配や不和合なハプロタイプ間ではその間の値を取る可能性もある．Nei et al.（1983）を改変．

は，植物の開花時期や動物の発生時間のような特定の形質にしか適用できない可能性が高い．現在のところ，飛び石モデルと無限対立遺伝子モデルのどちらがより現実的であるかはよくわかっていない．ただし，生殖的隔離は異なる表現形質に影響する数多くの遺伝子によって制御されているので，個人的には無限対立遺伝子モデルがより現実的であると考えている．また，これらの結果は，種分化がびん首効果によってより急速に生じることを示唆している．この結論は，多くの研究者から批判されてきたエルンスト・マイヤー（Ernst Mayr）の創始者効果の理論（Mayr 1963）と一致している．しかし，根井らの研究は，遺伝子間相互作用を取り入れた数学的モデルを用いて行われており（Nei et al. 1983），遺伝モデルを用いずに議論したマイヤーとは異なる．また，この結論は，自殖する生物が任意交配集団に比べてより簡単に生殖的隔離を発達させる可能性があることを意味する．

しかし，一般的に種分化は非常にゆっくりと生じ，確立した種が誕生するには数百万年から数千万年の時間がかかる（Coyne and Orr 2004, pp. 419-421）．このことは，種分化時間についての根井らの結論がそれほど非現実的ではないことを示唆する．ここで提示した理論的予測についての実証研究が行われることが望まれる．

単一遺伝子座による種分化

理論的には，生殖的隔離は単一遺伝子座の突然変異によっても発達する可能性がある．対立遺伝子 A_1 が A_2 に変異し，遺伝子型 A_1A_1 と A_2A_2 は正常だが，A_1A_2 のヘテロ接合体は致死もしくは半致死であるとしよう．すると，A_1 もしくは A_2 に固定した集団内の個体は妊性をもつが，この 2 集団間の雑種は完全にもしくは部分的に生存不全となる．問題は，どのようにして A_1 に固定していた集団から A_2 に固定した集団が進化するのかということである．異系交配種においては，変異対立遺伝子 A_2 はヘテロ接合体の状態で有害な効果をもたらすので，集団サイズが非常に小さくない限り，集団中に固定する可能性は非常に低い．この理由から，ドブジャンスキーとマラーは単一遺伝子座による生殖的隔離の発達という考えを棄却した（Dobzhansky 1937; Muller 1942）．

しかし，もしある遺伝子座に前節で述べた複対立遺伝子が存在し，近縁関係にある対立遺伝子は互いに和合性があり，遠縁関係にある対立遺伝子は不和合になるとすると，単一遺伝子座でも雑種不妊や雑種生存不能は生じうる．図 7.8 にそのような例を示す．この例で，対立遺伝子 A_0 は A_{-1}，A_0，A_1 とは和合性があるが，それ以外の対立遺伝子とは不和合である（ここでは遺伝子座 B は考えない）．したがって，遺伝子型 A_0A_0 は A_0A_1 や A_1A_1 とは和合性があるが，A_2A_2 とは交配の段階，もしくは受精卵の生存力の点で問題が生じ，不和合となる．このようにして，A_0A_0 という遺伝子型から A_0A_1 や A_1A_2 という中間的遺伝子型を介して A_2A_2 という遺伝子型を生じることが可能である．

イネでは，単一遺伝子座の種分化を分子レベルで支持する例がみつかっている．インディカとジャポニカの間の生殖的隔離は多くの遺伝子によって制御されている．そのうちの 1 つが *S5* という遺伝子である．この遺伝子は胚嚢の稔性を決定するアスパラギン酸プロテアーゼをコードしている．インディカ（$S5_{\mathrm{i}}$）とジャポニカ（$S5_{\mathrm{j}}$）においてこの遺伝子にコードされるタンパク質は，2 つのアミノ酸残基に違いがある（Chen et al. 2008）．ジャポニカに生じたこのうちの 1 つ（F273L）の変化がインディカとジャポニカの雑種不稔を引き起こしているようである．しかし，興味深いことに，イネの中には，インディカとジャポニカの両方と稔性のある雑種を生じる品種がある．この品種の *S5* 遺伝子（$S5_{\mathrm{n}}$）は 115 個のアミノ酸が欠失しており，これは $S5_i$ と $S5_j$ の中間的な対立遺伝子であるかもしれない．このように，とくにイネのような自殖生物では単一遺伝子座による種分化は起こりうるのである．

単一遺伝子座の突然変異による生殖的隔離は植物の開花時期を制御する遺伝子座でも起こりうる．自殖する植物ではなおのこと簡単であろう．分子レベルでは，開花時期は多くの遺伝子座によって調節されており，その多くが重複遺伝子である．光周性や春化などの環境要因も開花時期に影響を与える．近年，開花時期の調節にかかわる多くの遺伝子が同定されている（Simpson et al. 1999; Boss et al. 2004; Pouteau et al. 2008）．しかし，単一の突然変異が開花時期を劇的に変え，生殖的隔離を引き起こすこともある．そのような興味深い例の1つが，春化経路にかかわる開花抑制因子である *FLC* 遺伝子座に生じた突然変異である．アブラナ属 *Brassica* の種のゲノムは複数の *FLC* パラログ遺伝子をもつ．ユアン（Yu-Xiang Yuan）らは，自然下で *Brassica rapa*（カブ，チンゲンサイ，ノザワナ，ミズナ，ハクサイなどの品種を含む種）の開花時期に多型があり，この多型が *FLC* パラログ遺伝子の1つである *FLC1* 遺伝子の第6イントロンのスプライス座位に生じた突然変異（G → A）によるものであることを発見した（Yuan et al. 2009）．その後，この突然変異が実際に開花時期を大きく変えることが示された．昆虫では，発生時間の不均一性による生殖的隔離も知られている（Tauber and Tauber 1977）が，いまだその分子基盤は明らかではない．

7.3　複雑な遺伝システムによる生殖的隔離

分離異常因子と種分化

二倍体生物では，ある遺伝子座がヘテロ接合体（Aa）であるオスは2種類の精子（A と a）を同じ確率で生じる．しかし，メンデル分離比を歪める対立遺伝子も存在し，その場合その対立遺伝子を含む精子の割合は50%よりもはるかに大きくなる（ときには100%近くになる）．これらの遺伝子は分離異常因子（D^-）とよばれる．分離異常は，精子形成の過程で分離異常遺伝子が同じ遺伝子座の別の対立遺伝子が存在する染色体を高頻度で破壊することで生じる（Hartl 1969; Wu and Hammer 1991; Kusano et al. 2003）．分離異常遺伝子はX染色体に存在することが多いため，子どもの性比も歪められる（Presgraves 2008）．これらのオスはY染色体よりもX染色体をもつ精子を多くつくるので，子どもはメスが多くなる．このような性比の歪みは種にとって明らかに不利となる．また，分離異常遺伝子自身も有害であることがよくある．しかし，分離異常によってたとえ有害であっても分離異常遺伝子の頻度が劇的に増加してしまうこともある．

興味深いことに，D^- 遺伝子の発現は通常抑制遺伝子（S^-）によって抑制されている．したがって，もし集団中に分離異常を引き起こす突然変異（D^-）が新たに生じると，その変異がたとえ有害であっても，分離異常によって変異対立遺伝子の頻度は急激に増加する．しかし，新たな抑制変異（S^-）が生じると D^- 遺伝子の頻度増加は止まり，D^- 遺伝子の有害効果は抑制される．すると D^- と S^- 遺伝子が同時に集団中に固定することもあるだろう．これらの変異が固定した後は，分離異常は生じないし，D^- 遺伝子の有害な影響もなくなる（Wu et al. 1988; Frank 1991; Lyttle 1991; Tao et al. 2001; Phadnis and Orr 2009）．

しかし，もし D^- と S^- という変異遺伝子をもつこの種が，野生型の対立遺伝子 D^+ と S^+ をもつ近縁種と交配すると，S^- が S^+ に対して優性でない限り F_1 世代において D^- の影響が表れる．また，もし S^- が S^+ に対して優性であっても，組換えによって D^- と S^+ が同一染色体上に移動し，$D^-D^-S^+S^+$ または $D^-D^+S^+S^+$ という遺伝子型が生じると，やはり F_2 世代において D^- の影響が再燃する（Frank 1991; Hurst and Pomiankowski 1991; Tao et al. 2001）．もしこれらの現象が雑種個体の適応度を下げるなら，これは2種間での生殖的隔離を生む新たな要因となる．抑制遺伝子の遺伝的性質はよくわかっていないが，最初にサンドラー（Laurence Sandler）らによってキイロショウジョウバエにおいて報告された分離異常因子（D^-）ハプロタイプの場合，S 遺伝子座（応答遺伝子 *Responder*）は 120bp の反復配列であることがわかっている（Sandler et al. 1959）．この繰り返しの回数が多くなればなるほど分離異常はひどくなり，繰り返しの回数が少ないときには分離異常は生じない（Wu 1988）．

D^- 遺伝子は常染色体やY染色体にも存在するが，X染色体と比べるとその頻度は低いようである（Frank 1991; Jaenike 2001）．この観察結果はホールデン（John B. S. Haldane）の法則の説明になりうる（Haldane 1922）．ホールデンの法則とは，2種もしくは2亜種が交雑したとき，異型配偶子をもつ性（すなわち XY もしくは ZW）が同型配偶子をもつ性（すなわち XX もしくは ZZ）に比べて不妊や生存不能になりやすいというものである（Frank 1991; Hurst and Pomiankowski 1991）．これまでに数十の分離異常遺伝子が昆虫，哺乳類，植物で報告されているが，分離異常の分子基盤はまだそれほどわかっていない（Jaenike 2001）．オナジショウジョウバエでは少なくとも3つの D^- 遺伝子が同定されており，それぞれの D^- 遺伝子座に対して固有の S^- 遺伝子座が存在することがわかっている（Presgraves 2008）．

ヘテロクロマチンが関与する雑種発育不全

多くの研究者は，ゲノムのヘテロクロマチン（異質染色質）領域に存在する反復DNA配列が雑種不妊や雑種生存不能にかかわっていると報告している（たとえばHenikoff and Malik 2002; Brideau et al. 2006; Bayes and Malik 2009）．興味深い報告の1つは，ショウジョウバエの *zygote hybrid rescue*（*Zhr*）遺伝子座によって引き起こされる雑種不妊である．オナジショウジョウバエ *D. simulans* のメスがキイロショウジョウバエ *D. melanogaster* のオスと交配すると，雑種のメスは胚発生初期の段階で死んでしまう．しかし，*Zhr* の変異対立遺伝子（Zhr^1）はメスの生存力を回復させることが知られている（Sawamura et al. 1993）．フェレー（Patrick M. Ferree）とバーバッシュ（Daniel A. Barbash）は，野生型の *Zhr* 対立遺伝子がキイロショウジョウバエのX染色体上に存在する359bpの繰り返し配列であり，オナジショウジョウバエに存在するなんらかの細胞質因子と相互作用していることを明らかにした（Ferree and Barbash 2009）．オナジショウジョウバエではこの359bpの配列の繰り返し回数は少なく，したがって種内交配では高い妊性を示す．キイロショウジョウバエでは，この配列の繰り返し回数は多いがオナジショウジョウバエとは細胞質因子が異なっているため，やはり種内交配での妊性は高い．しかし，現段階ではこの細胞質因子は同定されておらず，この繰り返し配列と細胞質因子の相互作用についての分子基盤は明らかではない．この場合，DNAの繰り返しの回数は種特異的であり，協調進化または出生死滅進化によって比較的速く変化することから（Henikoff and Malik 2002），このシステムによって生じる雑種生存不能は突然変異と遺伝的浮動によって生じているようである．細胞質因子の進化機構についてはほとんど何もわかっていないが，7.2節で述べたように，DNA繰り返し配列と細胞質因子は2遺伝子座による複対立遺伝子補完モデルのような様式で共進化しているのかもしれない．

よく知られているもう1つの例は，*Odysseus* ホメオボックス遺伝子（*OdsH*）である．この遺伝子はモーリシャスショウジョウバエ *D. mauritiana* のメスがオナジショウジョウバエのオスと交配したときに雑種オス不妊を引き起こす（Ting et al. 1998; Sun et al. 2004）．転写因子をコードするこの遺伝子（*OdsH*）の受容体はまだよくわかっていないが，ベイズ（Joshua J. Bayes）とマリク（Harmit S. Malik）は，モーリシャスショウジョウバエの OdsH タンパク質がオナジショウジョウバエのＹ染色体のヘテロクロマチンに局在していることを発見した（Bayes and Malik 2009）．一方，オナジショウジョウバエの OdsH タンパク質は，オナジショウジョウバエのＹ染色体のヘテロクロマチンには局在しない．そこで彼らは，モーリシャスショウジョウバエの OdsH タンパク質が，オナジショウジョウバエのＹ染色体のヘテロクロマチンと相互作用することで不妊を引き起こしていると考えた．しかし，やはり相互作用の分子機構は明らかではない．同様の機構はマウスの *Prdm9* 遺伝子でも生じているようである（Oliver et al. 2009a; Nei and Nozawa 2011 を参照）．

7.4　生殖的隔離の進化にかかわる他の機構

種分化のモデルは，具体例が少ないものや理論的基盤がはっきりしないものも含めると他にも数多く存在する（Nei and Nozawa 2011）．たとえば，遺伝子の転移が雑種不和合を引き起こすこともある．マズリー（John P. Masly）らは，Na^+ と K^+ アデノシン三リン酸加水分解酵素（ATPase）の α サブユニットをコードする *JYAlpha* 遺伝子が，キイロショウジョウバエと分岐した後に，オナジショウジョウバエにおいて第 4 染色体から第 3 染色体右腕に転移したことを明らかにした（Masly et al. 2006）．結果として，この 2 種が交配すると，F_2 個体の中にはゲノム中に *JYAlpha* 遺伝子をもたず，不妊になるものがいる．これは，7.1 節で述べた染色体転座の一例であるといえる．しかし，遺伝子の数は染色体の数よりもずっと多く，またトランスポゾンが遺伝子転移を仲介している可能性もあるので，遺伝子転移は染色体レベルの大規模な転座よりも高頻度に起こるかもしれない．研究者の中には，セントロメアクロマチンに局在する DNA 反復配列は急速な協調進化をしており，その結果，染色体の分離が歪むことで種分化が生じるのではないかと考える者もいる（Henikoff and Malik 2002; Brown and O'Neill 2010）．この主張の理論的背景はあまりはっきりしないが，反復配列がたびたび雑種不妊や雑種生存不能に関与していることは興味深い．また，植物においては，光周性や春化を調節しているエピジェネティックな因子も種分化に関与しているようであり，分子レベルでの研究も始まっている．

本章では，分子データから支持されている生殖的隔離モデルのみを考えてきた．それ以外のものも含めると，さらに多くのモデルが存在する．その中にはかなり一般的と思われるモデルや，特定の場合にのみ適用可能なモデルもある．前者のモデルの1つに，いわゆる組換え種分化モデルがある．このモデルでは，2種が交配し，その子どもがそれぞれの親種から特定の染色体セットや遺伝子セットを受け継ぐことで新種が誕生する．この種分化モデルは動物よりも植物で起こりやすいと考えられている（Grant 1981; McCarthy et al. 1995; Rieseberg 1997）．しかし，このモデルがどのくらい実際の自然集団に適用できるかについては議論の余地がある．

限定的な種分化モデルの1つに，細胞質不和合がある．このモデルは，おもにボルバキアの研究によって提唱された．ボルバキアは，リケッチア微生物様の細菌で，多くの真核生物の細胞内に存在する．ボルバキアは母系遺伝*4するが，遺伝子水平伝播（第6章参照）によって異なる宿主に広がることもある．このため，15～20%の昆虫種がこの細菌に感染している．感染した宿主の母親は，ほとんどの子どもにこの細菌を伝達する．一方，父親からの伝達はまれである．感染していないメスが感染したオスと交配すると，多くの子どもが胚発生の段階で致死となる．ただし，感染したメスと感染していないオスが交配しても子どもは致死ではない（Coyne and Orr 2004, pp. 276-280 を参照）．このように，ボルバキアは一方向の雑種生存不能を引き起こす．しかし，現在のところ，この雑種生存不能の分子機構はよくわかっていない．

これらすべての状況を考えると，生殖的隔離は多くの要因によって引き起こされており，我々の知識はまだ非常に限定的である．加えて，本章では種分化の問題をより複雑にする同所的種分化のような生態的要因は考慮していない．これらの問題に興味のある読者は，コインとオアが2004年に執筆した著書“*Speciation*（種分化）”（Coyne and Orr 2004）を読むとよい．

7.5　びん首効果による種分化

第3章では，びん首効果が集団の遺伝的変異と遺伝的分化に与える影響について議論した．そして，マイヤーの主張（Mayr 1963）はおおよそ容認できるものであるが，遺伝モデルを用いていないために種分化や遺伝的革新が生じる際のびん首効果の役割に関する考察がかなりあいまいであると述べた．実際，現在でもびん首効果の強さと種分化の関係を研究するうえで適切な数学的モデルを見つけることは難

*4 母系遺伝：遺伝情報がメスの親のみから次世代に伝わる遺伝様式．ミトコンドリアなどの核外DNAはこの様式に従うことが多い．

しい．しかし，雑種不妊の研究では，びん首効果や集団サイズの影響を数学的に研究することが可能である．それは，7.4 節で述べたように，雑種不妊に関するいくつかの遺伝モデルが存在するからである．

根井らは，複対立遺伝子による雑種不妊や雑種生存不能に関する複数のモデル（1 遺伝子座，2 遺伝子座，半数体，二倍体の各モデル）を用いて種分化を議論した（Nei et al. 1983）．図 7.8 に 1 遺伝子座と 2 遺伝子座の複対立遺伝子モデルを示す．ここでは，突然変異は＋と－の両方向に段階的に生じると仮定する（図 7.8A）．話を単純にするために，ここでは B 遺伝子座を無視して 1 遺伝子座の場合を考えてみる．この場合，対立遺伝子 A_i は対立遺伝子 A_{i+1} もしくは A_{i-1} に変異し，これらの対立遺伝子は雑種の繁殖力や生存力に関係する表現形質に相加的な効果をもつ（たとえば植物の開花時期などがこれにあたる）．半数体モデルについて考えた場合，対立遺伝子 A_i は A_{i-1}，A_i，A_{i+1} とは和合性があるが，他の対立遺伝子とは不和合であると仮定する．もしこのような突然変異と自然淘汰が有限集団において生じると，対立遺伝子はそれぞれの世代で＋か－の方向に無作為に変わるかもしれない．したがって，もしある 1 つの祖先集団に由来する 2 つの集団を考えると，1 つの集団は偶然＋に変動し，もう一方は偶然－に変動する可能性がある．そして，2 つの集団の対立遺伝子の違いが十分に大きくなれば雑種不妊が生じるかもしれない．事実，コンピュータ・シミュレーションを用いて，根井らは，生殖的隔離発達までの時間は突然変異速度や集団サイズによって異なるものの，2 つの姉妹集団の間には最終的にこのような雑種不妊が発達することを示した（Nei et al. 1983）．

根井らは無限対立遺伝子モデルについても考えた（Nei et al. 1983）．このモデルでは，飛び石モデルの場合のように遺伝子の影響は一次元ではなく多次元（理論的には無限大の次元）に生じると仮定する．ただし，復帰突然変異は生じない．また，対立遺伝子 A_i は A_i や親世代対立遺伝子（A_{i-1}）や子世代対立遺伝子（A_{i+1}）とは和合性があるが，その他の対立遺伝子とは不和合であると仮定する．この無限対立遺伝子モデルは飛び石モデルに比べてかなり単純であるが，より現実的なモデルである．なぜなら，繁殖力や生存力は多くの遺伝子によって制御されており，事実上無限の組合せをもつためである．ただし，無限対立遺伝子のほうが飛び石モデルよりも急速に生殖的隔離を発達させるものの，この 2 つの遺伝子モデルによって得られる結論は質的には同じである．さらに，根井らは種分化に関する 2 遺伝子座の複対立遺伝子モデルについても研究したが，やはり 1 遺伝子座に関する結果と質的には同じであった．したがって，以下では 1 遺伝子座の無限対立遺伝子モデルに関

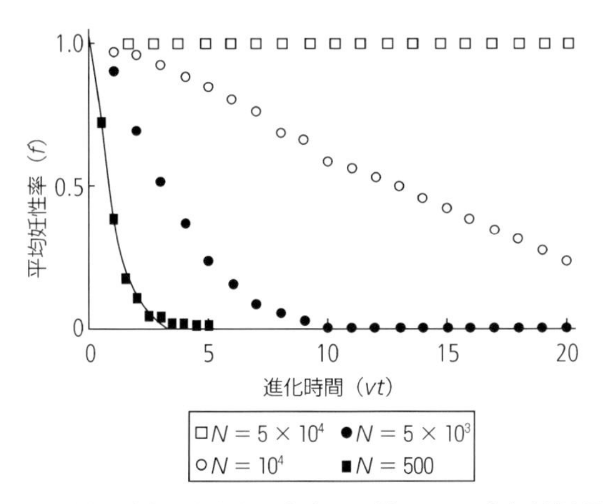

図 7.9　平均妊性率（f）と進化時間（vt）の関係．$v = 10^{-5}$ を突然変異速度として無限対立遺伝子モデルを用いた．

する結果のみを示す．

図 7.9 は vt で表される 2 つの姉妹集団が分岐してからの時間とその 2 集団の交雑個体の妊性の関係を示している．ここで，v は世代あたり遺伝子座あたりの突然変異速度，t は世代数を表す．たとえば $v = 10^{-5}$ のとき，$vt = 5$は 500000 世代に相当する．ショウジョウバエでは，年間 5 世代程度であるようなので，500000 世代は 100000 年に相当する．同様に $vt = 20$ は 400000 年に相当する．図 7.9 をみると，集団間の交雑個体の不妊率（1 − 妊性率）が確立するまでの時間は大集団より小集団において短いことがわかる．N（集団サイズ）が 5×10^4 のとき，$vt = 20$ であっても，妊性率は平均するとほぼ 1 であるが，$N = 500$ の場合，vt が 3 より大きくなると（ショウジョウバエでは約 60000 年に相当する），平均妊性率はほぼ 0 になる．大集団において雑種不妊が進化しにくい理由として，大集団では不和合遺伝子が多型的になるため，新しい突然変異が排除されやすい傾向にあることが挙げられる．これに対して，小集団は単型的な傾向が強く，新たな突然変異が不和合遺伝子に甚大な影響を及ぼすことなく集団中に広がる可能性がある．

この結果は，実際に自然集団でみられる現象と一致している．マイヤーは，さまざまな生物の種分化と集団サイズの関係を調べ，種分化は大集団においてより小集団においてすばやく生じると結論づけた（Mayr 1970）．カーソン（Hampton L. Carson）もまた，ハワイ諸島の多くのショウジョウバエは極端なびん首効果によって生じたと主張した（Carson 1971; Templeton 1980, 2008 も参照）．マイヤーとカーソンはこれらの結果を彼らが提唱した遺伝的革新説の根拠であると考えていた．しかし，すでにみてきたように，種分化の主要な要因は，不和合遺伝子のランダムな固定である可能性もある．

マイヤーやカーソンの理論では，遺伝的革新はびん首効果をきっかけに生じる．このとき，遺伝子間相互作用は考慮されてはいたものの，彼らの主張は超優性淘汰を伴う遺伝的共適応*5に関するものであり，遺伝的革新の意味を理解することは難しい．最近の分子レベルの研究によると，そのように共適応している遺伝子座はまれであり，すでに述べたように，生殖的隔離はおもに突然変異，遺伝子重複，遺伝子間相互作用によって生じる．私の考えでは，この説明はびん首効果による種分化を理解するうえで遺伝的共適応説よりもはるかに単純である．

7.6 表現型進化の副産物として生じる雑種不妊

種分化は，1つの種が2つ以上の異なる種へと分化していく過程である．異なる種とは別のグループの個体の集まりであり，異なるグループの個体間には生殖的隔離が存在する．有性生殖を行う生物では，生殖的隔離は通常雑種不妊や雑種生存不能の発達によって生じる．したがって，種分化の研究は，どのように雑種不妊が生じるのかを調べることといっても過言ではない．多くの新ダーウィン主義者は，種の形成が自然淘汰によって起こり，したがって雑種不妊も自然淘汰によって生じると現在でも信じている（Coyne and Orr 2004, p. 3）．確かに，異所的に存在する2集団で雑種不妊にかかわる遺伝子が変異を蓄積していく際に自然淘汰が生じるかもしれない．さらに，研究者の中には，2つの発端種が交雑によって混ざることは新種が形成されるうえで不利となるので，雑種不妊や雑種生存不能は自然淘汰によって促進されると考える者もいる（Dobzhansky 1951, pp. 206–211 を参照）．

しかし，正の自然淘汰は雑種不妊の形成とは何の関係もないかもしれない．なぜなら，雑種不妊は集団内にはなんら有害な効果をもたらさず，異種間雑種が作られたときにだけ有害な効果をもつ突然変異によって引き起こされるからである．また，雑種不妊が加速的に発達するという考えは目的論的である．いかなる種も生殖的隔離を加速させる必要はないのである．集団の遺伝構造は，突然変異，淘汰，そして遺伝的浮動の結果として変化しているのであって，自然集団は目的をもって進

*5 共適応：ある淘汰圧に対して複数の遺伝子（または種，表現形質）がまとまって適応する過程．

化しているわけではない．

すでにみてきたように，雑種不妊遺伝子にはさまざまなものが存在し，これらの遺伝子は，いかなる種のゲノムにおいても，交雑が人工的もしくは自然に生じるまで，表に出ることなく蓄積している．言い換えると，雑種不妊や雑種生存不能は単に相互作用するそれぞれの種内の遺伝システムの変化の結果なのである．研究者の中には，種分化の初期段階にかかわる雑種不妊遺伝子は種分化の後期段階に生じる雑種不妊遺伝子に比べて，種分化の速度を上昇させるのに重要であると指摘する者もいる．しかし，この考えは受け入れがたい．なぜなら，いかなる雑種不妊も，種間交雑個体の遺伝子相互作用システムを阻害するような突然変異が蓄積した結果にすぎないからである．もし，とある2種が長い進化の間隔離され続けた場合，種分化の初期段階と後期段階にかかわるどちらの遺伝子も生殖的隔離の確立に等しく貢献している．

雑種不妊を引き起こす突然変異は進化時間とともに増加し，長い目で見れば，どのような組合せの種もいずれは交配できなくなり，したがって子孫を残せなくなる．たとえば，マカクとマウスの組合せは子どもを1匹も残すことができない．それはこの2種が分岐後に非常に多くの突然変異を蓄積してきたからである．逆に，マウスの亜種間では子どもをつくることが可能である．それは，これら2亜種間の遺伝的な違いが小さく，交雑個体においても遺伝子相互作用システムがそれほど攪乱されないからである．

以上のことから，雑種不妊は，種内個体の発生においては問題を生じず，種間交雑個体においてのみその遺伝子相互作用システムに悪影響を及ぼす突然変異が蓄積する，という受動的プロセスのたまものであると考えられる．この見解は，根井らが提唱した不和合遺伝子による生殖的隔離の進化に関する数学的理論（Nei et al. 1983）と同じものである．本章の最初に述べたダーウィンの考え方（Darwin 1859）は，生物学的メカニズムこそ示していないものの，広い意味で根井らの見解（Nei et al. 1983）とよく似ている．

7.7 ま と め

近年のゲノムデータによると，倍数化や染色体の再編成が新たな種の形成において重要な役割を果たしていることは明らかである．また，部分ゲノム重複もときとして新種の誕生につながることがわかってきた．本章では，ド・フリースによって

発見された発端種 *Oenothera gigas*（de Vries 1901-1903）が実際に倍数体であることにも触れた．つまり，新たな種が突然変異によって生じるというド・フリースの主張は証明されたのである．しかし，遺伝子に生じる突然変異を考えると，生殖的隔離を生みだすメカニズムは他にもたくさんある．多くの研究者が自然淘汰によって種分化を理解しようと試みてきた．種間の形質分化はたしかに自然淘汰によっても生じるかもしれないが，遺伝的浮動によっても生じうる．種分化において本当に重要なのは，異種間での遺伝子交流を妨げる雑種不妊や雑種生存不能が発達するプロセスである．この問題を解くにはきわめて複雑な研究が必要となるが，我々はすでにこの問題を研究するための分子生物学的およびゲノム生物学的なツールを手にしている．これらを用いて，雑種不妊と雑種生存不能の遺伝基盤を理解すべく，今後より多くの研究が行われていくはずである．理論的には，異なる集団が地理的もしくは生態的に隔離されたときにのみ雑種不妊や雑種生存不能が発達する．

現在，自身の研究結果を，実際には違っているにもかかわらず，無理にドブジャンスキー-マラーモデルで説明しようとする研究者が数多くいる．雑種不妊や雑種生存不能を生じるメカニズムは他にも数多く存在するので，先入観をもたずにそれぞれの場合の真の分子機構を理解するよう努めなければならない．本章で用いた雑種不妊や雑種生存不能の進化機構に関する分類は，各モデルの分子機構がそれほどよくわかっていないためにややあいまいになっており，それぞれのモデルがつねにはっきりと区別されているわけではない．今後，これら種分化のモデルの違いを分子レベルで明らかにすることが重要であろう．

雑種不妊や雑種生存不能の発達に関する我々の理解はいまだ乏しい．なぜなら，あまりにも多くの機構が存在し，また非常に多くの遺伝子が関与しているためである．たしかに，種分化の初期段階にかかわる遺伝子セットを同定することは重要であるが，最終的には雑種不和合遺伝子の進化過程の全容を知る必要がある．この過程は，生物の生殖システム，エピジェネティックな効果などにも依存するため，種分化過程の全容を一度に理解することは簡単ではない．したがって，まずは雑種不妊の形成のそれぞれの段階を別々に理解するしかない．

最初に述べたように，本章の目的は種分化における突然変異と自然淘汰の役割を理解することである．私は，自然淘汰がかかわっていようがいまいが，突然変異こそが生殖的隔離の進化において本質的なものであると信じている．リチャード・ドーキンス（Richard Dawkins）はド・フリースの突然変異説に自然淘汰の過程が取り入れられていないということから，彼の進化論を批判した（Dawkins 1987）．しかし，ド・フリースは新種の形成における自然淘汰の重要性を十分認識していた．実際，ド・フリースは，「生存闘争において新たに生じた発端種に対する自然淘汰は（突然変異とは）まったく別の問題である．これら発端種ははっきりした原因もなく突然生じる．これらの種は新たな遺伝形質をもつことで個体数が増えて繁殖する．この繁殖が生存闘争を生むとき，弱者は死に，排除される」と記している（de Vries 1909, p. 212）．

ド・フリースの時代に比べると突然変異に関する我々の知識は圧倒的に豊かになった．しかし，上の記述からも明らかなように，彼は洞察力に優れた人物であり，新種の形成における突然変異と自然淘汰の両方の重要性を理解していたようである．

研究者の中には，ダーウィンは種分化過程を研究していないので，真に「種の起源」を解決していないと主張する者もいる．しかし，ダーウィンは雑種不妊や雑種生存不能の原因となるような形質を調べ，これらの形質が他の形質の進化の副産物として生じていると結論づけた．これは，本章でみてきたように，種分化はそれぞれの種が独自の遺伝子相互作用システムの進化させた結果，受動的に雑種不妊が生じるプロセスである，という見解と一致する．そういった意味では，ダーウィンはまぎれもなく種の起源を研究していたのである．

8 適応と進化

8.1 突然変異による適応

地球上には数百万もの生物種が存在しており，それぞれの環境によく適応しているようにみえる．海棲哺乳類を含む海洋生物は水中で生活するのに適した特殊な生理形質や形態形質をもっており，陸上で生活することはできない．鳥類は羽をもっており，空中を飛ぶことはできるが，水中に長くいることはできない．サボテンは光合成が行われる太い葉柄を獲得することで乾燥した環境に適応している．また，生物の中にはきわめて特殊な環境に適応しているものもいる．ノトテニア属の硬骨魚は，南極海の氷点下の冷たい水中に生息している．二枚貝の仲間には深海に生息し細菌類からエネルギーを得ているものもいる．さらに，その細菌類は海底火山からエネルギーを得て生息しているのである．非常に精巧な適応の例の１つに，働きバチの３対目の脚にある，いわゆる花粉籠(かご)がある．花から集められた花粉は他の脚を使いながらこの籠に集められる．この構造は独特なものであり，他の昆虫にはみられない（Morgan 1903）．さらに，花粉籠は働きバチにのみ存在し，女王バチやオスバチにはみられない．このような適応の例は自然界にほぼ無数に存在し，数多くの研究（Darwin 1859; Morgan 1903; Stebbins 1950; Mayr 1963; Arthur 2011 など）で議論されてきた．

このような適応に対する説明として，現在のところ最も受け入れられているのは，いうまでもなく自然淘汰である（Ridley 2003; Futuyma 2005; Stearns and Hoekstra 2005; Ayala 2007）．新ダーウィン主義によれば，集団中には有り余るほどの遺伝的変異が存在すると信じられており，新たな環境への適応はほとんどつねに可能な状態にある．このため，研究者（たとえば Fisher 1930; Williams 1966; Dawkins 1976）の中には，適応は自然淘汰のみによって起こり，適応を示唆するものは，すべて過去の自然淘汰を反映しているのだと主張する者もいる．このような主張を用いることで，進化生物学者は性の進化（Maynard Smith 1989），適応（Williams 1966），利他主義（Hamilton 1964）などを説明するためのさまざまな自然淘汰の理論を提唱してきた．しかし実際には，これらの理論は数式が用いられているかどうかに関係なく，多くが推測に基づくものであり，これらの理論を支持する実験データは少ない．

特定の生物と生息環境の関係を説明するうえで，自然淘汰の役割がそれほど明確ではないケースも多く存在することに注意されたい．トーマス・モーガン（Thomas H. Morgan）は「ホッキョクグマはクマ科の中で唯一体色の白い生物である．北極という氷の世界において，他の動物の脅威にさらされることはありそうもないので，この白い体色が敵から身を守るために存在すると考えられることはほとんどない．しかし，この色が気づかれることなく獲物に近づくための適応であるという議論は可能かもしれない」と述べている（Morgan 1903, p. 6）．この説明ははたして妥当だろうか？　さらに彼は，「熱帯や温帯域においては，生息環境に生えている木々の緑色や黄色に一致した体色をもつ鳥が数多く存在する．しかし一方で，すべての気候帯に鮮やかな色彩をもつ鳥が数多く存在することを忘れてはならない．鳥の多くがとくに保護色をもつわけではない．フウキンチョウ，ハチドリ，オウム，コウライキジ，ゴクラクチョウなどは非常に鮮やかな色彩をしており，ご存知のとおりその羽毛の色によって他の鳥よりも目立つに違いない」と述べている．モーガンは他にもさまざまな例を調べ，「動物の体色が自身の保護のためであることはほとんど疑いようがない，しかし，すでに述べたように，これらの色がその有用性ゆえに獲得された形質であるかどうかはまた別の問題である」と結論づけた．彼は，形態形質の中には中立突然変異や転用進化 co-option によって生じたものもあることを示唆したのである．

同様の考えはリチャード・ルウィントン（Richard C. Lewontin）によっても述べられている（Lewontin 1978）．第１に，彼は実世界において適応を定義することの難しさを示した．１つの定義は，生物は環境条件もしくは生態条件に合うように最適化するというものだろう．しかし，生物の生活に影響する環境要因はあまりにもたくさん存在するので，その生物にとって最適なニッチを決定することは困難である．たとえば，鳥は多くの木々の上を飛べるので，もし新たな種がこれらの木の葉を食べることができれば，それはかなり有利になるだろう．しかし，（ツメバケイなどを除けば）木の葉を食べる鳥はごくわずかなようである．したがって，この生態的地位は使われてすらいないということになる．実際，生物に占有されていないニッチは数多く存在する．

第２に，生息可能なニッチだけを考えたとしても，ある生物にとって最適なニッチを特定することは簡単ではない．なぜなら，1つの生物種が生息できるニッチは数多く存在するからである．ある環境（たとえば北アメリカ）から別の環境（たとえばアジア）に移動したときに個体数が急増する例は数多くある（Baker and Stebbins 1965）．これらの例は，もともとの生息環境よりも新しい環境のほうがより適していることを示唆するのかもしれないが，一方でその生物はもともとの生息環境でも何の問題もなく生存していたこともまた確かである．第3に，自然淘汰は必ずしも種の適応を最適化するわけではないということである．自然淘汰が作用していても種は絶滅することもある（第2章参照）．このような事例は，たとえば氷河期の到来や隕石の衝突のように種に適さない気候になったときに起こる．

さらに，第2章と第3章では，自然淘汰がこれまで考えられていたほど効果的ではなく，表現形質の進化にはランダムな要因が強く影響することを示した．第4章から第7章では，表現型進化が塩基置換，遺伝子重複，遺伝子水平伝播など，さまざまな突然変異によって生じることを紹介した．したがって，もはや適応が自然淘汰のみによって生じるという考えは成り立たない．生物がその生息環境にどのくらい適応しているかの度合いを測定する客観的な方法がないため，適応は定義するのが難しい概念である．単に人間の主観で生物の生息状態を認知しているにすぎない．

チャールズ・ダーウィン（Charles Darwin）は自然淘汰の考えを確立させたのち，さまざまな形質の進化をこの理論で説明しようとしたが，自然淘汰では説明が困難な多くの例に直面した（Darwin 1859）．もちろん，最終的には何とか妥当な説明をひねりだしたわけであるが，もし彼が突然変異の原理を認知していれば，もっと単純な説明が可能であったかもしれない．本章では，これらの問題のいくつかについて議論したい．進化における突然変異と自然淘汰の役割，という本書の主題に直接関係する例についてもいくつか取りあげる．

8.2 特定の形質の進化

眼および光受容体の進化

ダーウィンが直面した最初の問題点は脊椎動物の眼の進化であった．彼は，「異なる距離の物体に焦点を合わせ，異なる量の光を調節し，球面収差や色収差を補正することが可能であるこの非常に精巧な眼が自然淘汰によって形成されたと考えることは非常に不合理であると認めざるを得ない」(Darwin 1872, pp. 143-146) と述べた．しかし彼は以下のように続けている．「なかなか想像しにくいものではあるが，もし単純で不完全な眼から複雑で完全な眼に至るまでの各段階が存在し，かつ各段階がそれぞれの種にとって有用であることが示され（これはそのとおりであるように思われる)，眼はつねに変化していてその変異が遺伝し（これも同様にそのとおりであるように思われる)，さらにどんな種においても生息条件が変化する状況のもとではそのような変異が有用であれば，複雑で完全な眼が自然淘汰によって形成しうるということが信じられないほどこの理論が破綻しているわけではない，といえるだろう.」はっきりとは述べていないものの，ダーウィンが新たな変異（すなわち突然変異）と自然淘汰の両方を考慮していたことは明白である．

ダーウィンはすべての動物の眼の起源が1つであると考えていた．実際には，動物の眼にはカメラ眼，複眼，鏡眼などの多くの種類が存在し，研究者の中には眼が異なる動物門で40〜60回独立に進化したと提唱する者もいる（たとえば Salvini-Plawen and Mayr 1961)．興味深いことに，最近の発生学的研究によると，ダーウィンの推察どおり動物の眼は単一起源のようである．この結論は，眼の発生において最上位の制御遺伝子である *Pax6* とよばれるホメオボックス遺伝子の研究によって得られた (Gehring and Ikeo 1999; Gehring 2005)．この遺伝子は非常によく保存されており，これまで調べられたすべての動物種の眼で発現している．もちろん，クラゲやプラナリアのような単純な動物の眼はダーウィンが主張したように光受容細胞と色素細胞だけで成り立っている．これらの生物の眼は，単に環境中の光と暗闇を識別しているにすぎない．しかし，脊椎動物や昆虫の眼ははるかに複雑であり，眼胞，レンズ，網膜，そしてそれらを正常に機能させる脳などの器官が必要である (Gehring 2005)．このため，ショウジョウバエの眼の形成には約2000個もの遺伝子が関与しているようであり，そのうちの40個ほどは転写因子をコードしている (Michaut et al. 2003)．これらの遺伝子は，複雑な生物においてより洗練された機能をもつ眼が進化する際，形態形成経路に組み込まれてきたものである．

ダーウィンは脊椎動物の複雑な眼は原始的な無脊椎動物の眼から自然淘汰によって徐々に進化したと考えた．彼は突然変異の役割については述べていないが，突然変異なくして原始的な眼から複雑な眼は進化できない．最近の分子研究によると，たしかにこの考え方は正しく，遺伝子重複が眼の複雑な発生経路を生みだすうえで重要な役割を果たしてきたことが明らかになっている．さらに，眼の進化は段階的でもなだらかなものでもないようである．むしろ，その進化は日和見的であり，ランダムな要因の影響を非常に大きく受けてきたらしい（Gehring 2011）．複雑な眼の進化はいくつかの動物門の特定のグループのみにみられ，形成される眼は動物門ごとに非常に多様である．この結果は突然変異が自然淘汰よりも重要な役割を果たしてきたことを示唆している．もし新ダーウィン主義がたびたび前提とするように，最初の集団にあらゆる遺伝的変異が存在し，自然淘汰が進化の主要因であったとすると，ここまで多様な眼は進化しえなかったであろう．

ハチなどの昆虫でみられるカースト制の進化

ダーウィンが直面した2つ目の問題は膜翅目昆虫に属する多くのハチ，カリバチ，アリにみられるカースト制の進化についてである．ミツバチでは，女王バチと働きバチの両方が受精卵から生じ，メスの遺伝子型をもつ．メス個体が女王バチになるか働きバチになるかは，胚発生の期間に与えられるロイヤルゼリーの量によって決まる．もしその量が多ければその個体は女王バチになり，量が少なければ働きバチとなる．女王バチは働きバチよりも体が大きく，大量の子どもを生む．これに対し，働きバチは実質不妊であり，女王バチとその子どもの世話をする．この点で，働きバチは利他行動を行っているといえる．一方，すべてのオスは未受精卵から生じる半数体である．ではどのようにしてこのカースト制は進化したのだろうか？　ダーウィンはカースト制の進化を説明することが非常に難しいことを認めていた．そして，女王バチと働きバチはもともと同じ表現型をもつメスであったが，その後自然淘汰によって徐々に働きバチの割合が増加したと考えた．彼は，不妊の働きバチを増やすことは同じ巣内のハチ社会が繁栄するうえで重要であると信じていた．つまり，彼は女王バチと働きバチの分化は異なる巣の間に生じた自然淘汰によって生じたと考えたのである．

カースト制もしくは真社会性とよばれる現象の進化に関してより広く受け入れられているのはJ・B・S・ホールデン（John B. S. Haldane）とウィリアム・ハミルトン（William D. Hamilton）によって提唱された説である（Haldane 1955; Hamilton 1964）．真社会性とは，成虫が生殖階級と非生殖階級に分かれていて，後者は前者（女王）が生んだ子どもを育てるワーカーとしての役割を果たすような社会組織を意味する．とくに，ハミルトンはセウォル・ライト（Sewall Wright）の個体間血縁係数（Wright 1921）を用いて真社会性が進化する条件に関する数式を示した．この式では，自身の生殖能力を犠牲にする供与個体（この場合は働きバチ）と供与個体から利益を得る受益個体（この場合は女王バチ）の適応度は別々に考慮され，以下のような社会性進化の条件が導かれる．

$$R > c/b \tag{8.1}$$

ここでRは血縁係数（2個体間の同祖遺伝子の割合）であり，cは供与者（働きバチ）が被る適応度の損益，bは受益者（女王バチ）が得る適応度の利益を表す．ハミルトンはbとcを包括適応度と名づけた（Hamilton 1964）．それはbとcが他個体の適応度の効果を包含しているからである．雌雄が共に二倍体（二倍体-二倍体性決定）であるヒトのような生物では，姉妹間や兄弟間のR値は1/2になることが知られている．したがって，もし兄弟の1個体が3個体の兄弟を守るためにその生命を犠牲にすると，$c = 1$，$b = 3$とすることができる．この場合，$c/b = 1/3$であるので$R = 1/2 > 1/3$となる．この場合，兄弟の1個体が他個体を守る利他行動によって兄弟で共有された遺伝子が存続する確率を上げることができる．ミツバチではオスは半数体（半倍数性決定）であり，姉妹間のRは3/4となる．これは，働きバチが生殖しないことによる適応度の損益と女王バチが得る適応度の利益の比が3/4より小さければ，利他行動が進化しうるという意味である．つまり，半倍数性決定を行うミツバチでは二倍体性決定を行う生物に比べて利他行動もしくは真社会性が発達しやすいのかもしれない．この理論は血縁淘汰説とよばれている（Maynard Smith 1964）．

過去40年にわたって，ハミルトンの式は社会生物学の土台として用いられてきた．ハミルトンの方程式はその理論の単純さや膜翅目昆虫を用いた非常に多くの実験データによって説得力をもって支持された．マーティン・ノヴァク（Martin A. Nowak）らによると，1990年の時点では，真社会性を進化させたことが知られているほとんどの種が半倍数型性決定システムをもつ膜翅目に属している（Nowak et al. 2010）．このこともハミルトンの理論の信ぴょう性を高めた．

しかし，式（8.1）は多くの単純化した前提のもとで導かれたものであり，真社会性が少数の遺伝子で制御されている場合，どのようにして非社会性から真社会性が進化してきたのかははっきりしない．Rとは，2個体のゲノムで共有されている多型遺伝子の割合の期待値を指すのであって，とくに真社会性の進化に関連する遺伝子を指すわけではない．実際には，真社会性は相互作用するいくつかの発生経路にかかわる遺伝子群によって発達したようである．また，発生経路の最上位に位置する遺伝子はエピジェネティックに発現しているはずである．なぜなら，女王バチと働きバチの最初の分化は栄養で決まるからである（West-Eberhard 2003）．したがって，真社会性の進化を理解するためには，異なる階級が生じる引き金になる主制御遺伝子（群）を同定することが重要である（以下参照）．真社会性の発生過程を考えると，ハミルトンの説を正当化するのは難しい．実際，ハミルトンの説では真社会性の進化の最初の段階を説明することができない．

最近，ノヴァクらは理論と実験の両面からハミルトンの説を批判した（Nowak et al. 2010, 2011）．彼らは，淘汰係数，突然変異速度，集団サイズなどの要因を考慮し，「真社会性遺伝子」の対立遺伝子頻度の変化を調べたが，その結果はハミルトンの説を支持するものではなかった．ハミルトンの説は淘汰万能主義ともいうべき新ダーウィン主義の理論に基づいており，新しい突然変異や遺伝的浮動は考慮されていない．しかし実際には，真社会性のような新しい遺伝システムの進化を考えるとき，突然変異を無視することはできない．また，ハチの有効集団サイズはわずか1000個体程度と推定されており（Yokoyama and Nei 1979），遺伝的浮動の影響も重要なようである．事実，グラウア（Dan Graur）は膜翅目昆虫のタンパク質コード遺伝子座の平均ヘテロ接合度や遺伝子多様性が他の昆虫に比べてはるかに小さいことを明らかにした（Graur 1985）．このことは，これら膜翅目昆虫において遺伝的浮動が重要であることを示唆する．

ノヴァクらは真社会性と半倍数性決定システムの関連を支持しないいくつかのデータも示した．よく知られている例は真社会性を行う数千もの種が存在するシロアリであるが，これらは通常の二倍体性決定システムである（Crozier and Pamilo 1996, p. 5）．ノヴァクらは主要な分類群に存在する現存種の多くが半倍数性決定かクローン生殖を行っており，後者が潜在的に最も高い血縁度（$R = 1$）をもたらすことを示した．しかし，$R = 1$ である数ある生物の中で，虫こぶアブラムシ類だけが真社会性を進化させたことが知られている．ハミルトンの説に対するノヴァクらの批判は多くの反響をよび，*Nature* 誌に同時に発表された5報の論文を含め，社会生物学のグループから強硬な反論があった（たとえば Abbot et al. 2011）．しかし，2つの対立遺伝子しかない遺伝子のような単純な場合でも，自然淘汰の数式化は大変難しいということをつねに心に留めておくべきである（第2章参照）．

この問題には数学的手法ではなく発生生物学の手法を用いて研究するべきであろう．ミツバチでは，性は *csd*（complementary sex-determining）遺伝子座の複対立遺伝子によって決まる．この遺伝子座の遺伝子型がヘテロ接合であるとき個体はメスになるが，未受精卵からつくられる半数体の遺伝子型はオスを生む．実際には二倍体のホモ接合体（オス）も低頻度で生じるが，これらは働きバチに食べられてしまう．したがって，女王バチと働きバチはすべて遺伝的に二倍体でありメスである．しかし，オスとメスの表現型の発生経路を開始させる第2のスイッチ遺伝子が存在する．この遺伝子は *feminizer*（*fem*）とよばれ，チチュウカイミバエ，イエバエ，ショウジョウバエの *transformer*（*tra*）と相同な遺伝子である（Gempe and Beye 2010）．さらに，鎌倉 昌樹は女王バチと働きバチのスイッチがおもにロイヤルゼリーに含まれるロイヤラクチンというタンパク質によって決まっていることを明らかにした（Kamakura 2011）．したがって，ミツバチの真社会性は少なくとも3つの遺伝子，*csd*，*fem*，*royalactin* によって制御されている．しかし，卵巣と精巣の形成にかかわる遺伝子についてはよくわかっていない．

興味深いことに，鎌倉は，ロイヤラクチンをキイロショウジョウバエに添加すると，ショウジョウバエはミツバチと約3億年前に分岐したにもかかわらず，女王バチのような表現型を示すことを明らかにした（Kamakura 2011）．このことは，女王バチ様の表現型を生じる発生経路がこの2種の共通祖先ですでに存在していたことを示唆する．しかし，この発生経路を活性化させるシグナルタンパクは膜翅目昆虫でのみ進化したようである．

実際には，シグナルタンパク質が常にロイヤラクチンというわけではないかもしれない．オオズアリ属のアリの多くは，女王アリ，兵隊アリ，小型働きアリという3つの階級をもつ．これら3つの階級は，環境シグナルに反応する2つの幼若ホルモン（juvenile hormone: JH）介在型スイッチによって決まる．最初のスイッチで女王アリとその他2つの階級が分かれ，2つ目のスイッチで兵隊アリと小型働きアリが分かれる（図8.1A）．女王アリは4枚の翅をもつのに対し，兵隊アリと働きアリは翅をもたない．兵隊アリは小型働きアリより大きく，1組の痕跡的な翅原基をもつが，小型働きアリには翅原基は存在しない．

ラジャクマー（Rajendhran Rajakumar）らは，翅の蝶番部分と袋部分に *spalt*（*sal*）遺伝子が発現することで女王アリの翅形成が起こることを明らかにした（Rajakumar et al. 2012；図8.1）．一方，兵隊アリでは *sal* 遺伝子は痕跡翅原基の蝶番部分にしか発現せず，小型働きアリではこの遺伝子は発現しない．興味深いことに，通常の兵隊アリよりも大きく2つの痕跡翅原基をもつスーパー兵隊アリとよばれる階級が存在する種もおり，スーパー兵隊アリではこれら原基に *sal* 遺伝子が発現している．スーパー兵隊アリは通常の3階級システムでもまれに変異体として生じることがあることが知られている．ラジャクマーらは，メトプレン（幼若ホルモン類似体）を幼虫に添加するとスーパー兵隊アリを生じるかどうかを実験した．そ

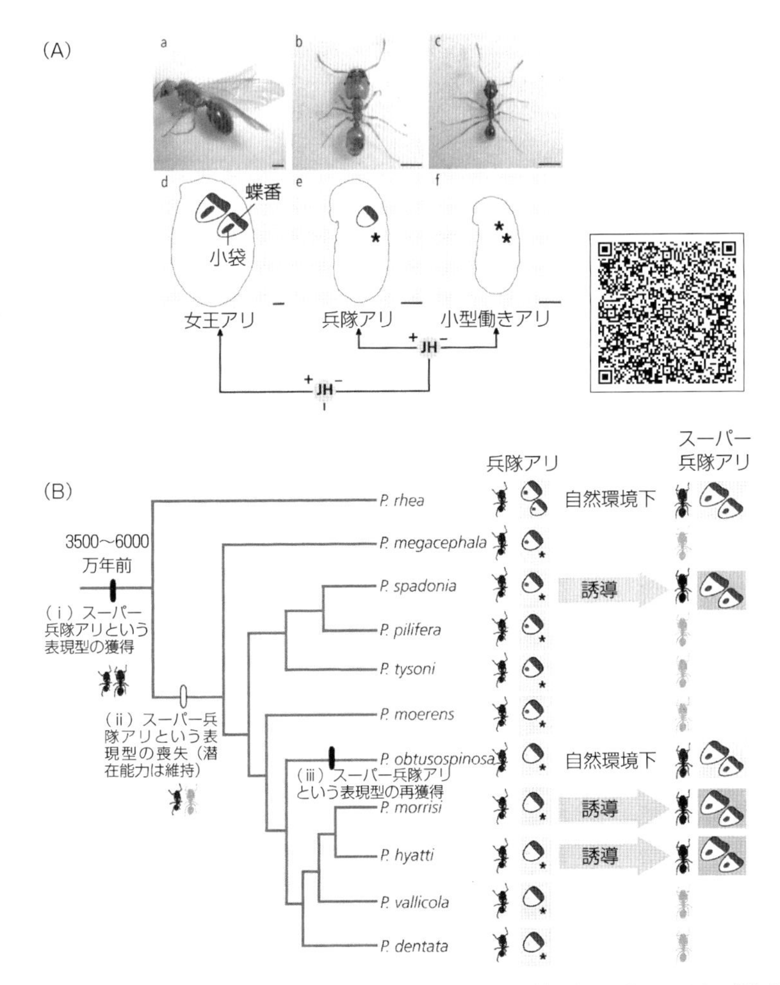

図 8.1　(A)オオズアリ *Pheidole morrisi* の翅多型：1つのゲノムが(a)翅をもつ女王アリと，翅をもたない(b)兵隊アリや(c)小型働きアリを生み出す能力．階級決定は環境シグナルに反応する2つの幼若ホルモン（JH）介在スイッチによって行われる．(d) *sal* 遺伝子が蝶番部分と小袋に発現している女王アリの幼虫翅原基．(e) *sal* 遺伝子が蝶番部分で発現し，小袋では発現していないという兵隊特異的発現パターンを示す兵隊アリの痕跡翅原基．★は(e)兵隊アリの幼虫と(f)小型働きアリの幼虫において，翅原基と *sal* 遺伝子の発現が検出限界以下であることを意味する．(B)祖先における潜在的な発生能とスーパー兵隊アリという表現型の進化史．★は痕跡翅原基と *sal* 遺伝子の発現がないことを意味する．濃い矢印と濃い四角はスーパー兵隊アリの誘導を示す．Rajakumar et al., 'Ancestral Developmental Potential Facilitates Parallel Evolution in Ants' *Science*, 2012 より．AAAS の許可を得て掲載．

の結果，メトプレンはたしかにスーパー兵隊アリを誘導することがわかったのである．

この観察結果は，オオズアリ属のすべての種が潜在的にスーパー兵隊アリを生みだす能力をもっていることを示唆する．ラジャクマーらは調べた 11 種の系統樹を作成し，スーパー兵隊アリの出現に関する進化を推定した（図 8.1B）．そして，このアリのグループの祖先種はおそらく *sal* 遺伝子をもっていたが，ほとんどの子孫系統においてこの遺伝子は転写活性を失ったのだろうと結論づけた．しかし，スーパー兵隊アリを生みだす発生経路に関する遺伝子群はゲノムに保持されており，現在いくつかの種（たとえば *Pheidole obtusospinosa*）でみられるスーパー兵隊アリは，*sal* 遺伝子がふたたび発現することで出現した．彼らはこの仮説を検証するために，メトプレンをスーパー兵隊アリが存在しない種に添加した．そして，スーパー兵隊アリが実際に誘導可能であったことから，この仮説が正しいと結論づけたのである．

この研究は，独立に生じたカースト制の進化が，いずれも発生経路の上流を制御する遺伝子に生じた突然変異によるものであることを示唆する．もしこれが正しければ，膜翅目に存在するさまざまな様式のカースト制は突然変異によって生じた異なるシグナルタンパク質によって誕生したのかもしれない．鎌倉は，ミツバチにおける最初のスイッチ遺伝子は *royalactin* であるが，膜翅目の種によって異なるスイッチ遺伝子が使われているかもしれないと報告した（Kamakura 2011）．また，カースト制にかかわるスイッチ遺伝子の数はグループによって異なるかもしれない．動物行動学者は異なるカースト制が自然淘汰によって進化してきたに違いないと信じているようである．しかし，昆虫や脊椎動物に数多くの性決定様式が存在し，性決定様式の変化に突然変異やゲノム浮動が関与していることを考えれば（8.4 節を参照），カースト制が自然淘汰以外の要因によって生じた可能性も検討する必要がある（Nei 2012）．

発生生物学的手法を用いて真社会性の進化を研究することの重要性は，（いずれも分子レベルの研究ではないものの）E・O・ウィルソン（Edward O. Wilson）やノヴァクらによっても指摘されてきた（Wilson 2008; Nowak et al. 2010）．彼らは，真社会性の進化には 4 つの段階が存在するという考えを提唱した．第 1 の段階は任意交配する集団内にグループが形成されることである．このようなグループは営巣地や食物源が局所的に分布するような状況で生じうる．グループが形成されると，グループ内の個体間には遺伝的な血縁関係ができ，血縁集団を形成するようになる．第 2 の段階は，真社会性を生じやすくなるような変化が他の形質に生じることである．この前適応形質[*1]は，たとえば単独行動であった祖先種が防御的な巣をつくる形質を獲得し，それが意図したわけでもなくのちに真社会性を進化させるうえで役に立つ，などのことである．これらの形質は転用進化の産物であり，そんな中で種は異なるニッチへと分化し広がっていく．第3の段階は，突然変異によって真社会性の起源となる対立遺伝子が生じることである．前適応形質をもつ昆虫では，この変異は単一の突然変異かもしれない．そしてこの変異が新たな行動をもたらす必要はない．単純に古い機能（たとえば将来働きバチになる個体の生殖組織の発達）を無効にすればよい．ここで真社会性への閾値を越えるのに唯一必要となるのはメスとその成熟した子ども個体が新たな巣に拡散することなく，古い巣にとどまることである．もし環境による淘汰圧がこの段階で強く作用すれば，この血縁集団は協調的な相互作用を開始し，真社会性を始めるかもしれない．そして第4，すなわち最後の段階は，突然変異や自然淘汰によってコロニー生活や巣の遺伝的組織の完全性が高まるようなコロニー間の淘汰が生じることである．この場合，ダーウィンが擁護した群淘汰を支持することとなる．

このシナリオは推測によるところが大きく，現在の分子生物学の知見が反映されているわけではない．しかし，いまやこの仮説は原因遺伝子を同定することにより分子レベルで検証可能である．ゲノム配列が比較的容易に決定できるようになったため，この仮説を実験的に検証することは不可能ではない．

ヒラメ，カタツムリなどにおける非対称性の進化

ユニークな適応の別例として，ヒラメの非対称形態が挙げられる．通称でヒラメとよばれる種はすべて硬骨魚綱に約40ある目のうちの1つであるカレイ目（*Pleuronectiformes*，なじみのあるアカガレイ，ターボット，ヒラメなど）に属する．これらの魚は体の片方の面を海底面につけて横たわり，他の魚のように縦向き（海面に対して垂直）の状態で動くことはない．なかには腹を下向きにしたときに顔が左側にある個体と右側にある個体が混在する種も存在する（Arthur 2011）．ヒラメはその奇妙な生活様式へ適応する中で，発生過程において顕著な形態変化が生じた．それは，もともと体の海底面側にあった眼が反対側の面（すなわち上面）に移動したことである．つまり，両方の眼が体の上面に並んでいるのである．このような非対

---

*1 前適応形質：ある適応形質が進化する際，すでに存在していた別の機能をもつ形質が転用されたとき，その既存の形質のこと．

称形態は他の脊椎動物ではみられない．この眼の移動の結果，頭蓋骨も大きく変化した．卵から孵化した稚魚は，しばらくの間通常の魚と同様縦向きの状態で自由遊泳生活を送り，その後眼が片側に移動し，海底に沈んでいく．もし下側の眼が上側に移動しなければ，魚にとって海底面側の眼は何の意味もないし，生存するうえで不利になるかもしれない．では眼の移動は自然淘汰によってどうやって進化しえたのだろうか？　ダーウィンはラマルク主義によってヒラメの進化を説明しようと考えていた（Darwin 1872）．一方モーガンは，この進化を突然変異によって説明した（Morgan 1903）．

しかし，おそらくこの問題は発生過程における遺伝子発現制御を研究しない限り解決しないものと思われる．発生過程において調節遺伝子や調節因子が左右対称であった魚を海底に移動させ，海底の砂上での新生活への移行を制御しているのは明らかである．下側の眼はその後上側に移行する．この眼の移動は別の調節遺伝子や調節因子によってコントロールされているはずである．同時に，上面と下面が別の色になるような構造上の変化も生じる．残念ながら，いまだにこの興味深い問題に関する分子研究は行われていないようである．しかし，左右非対称の形質が多型的な種も存在するので，非対称性出現の最初の段階はおそらく少数の遺伝子によって制御されているに違いない．また，すべてのヒラメ種はカレイ目に属するので，この非対称形質はこのグループの進化過程で一度だけ生じたものであることにも留意したい．

左右非対称形質は他の動物においても数多くみられる．たとえば，哺乳類の腸は腹部において反時計回りに配置されている．この中腸回旋の非対称性は，原腸管を体壁に結合させる細胞構造が左右非対称であることに起因している（Davis et al. 2008）．この非対称性を誘導する分子経路にはシグナルタンパク質であるNodalが関与している．Nodalは，左側部中胚葉で発現している形質転換増殖因子（transforming growth factorβ: TGF-β）の一員である（Hamada et al. 2002）．

体構造の明らかな非対称性はさまざまなカタツムリ種においてもみられ，殻の構造は時計回り（右巻き）または反時計回り（左巻き）である．この非対称性は種特異的であることもあるが，種内多型として両方のタイプをもつ種も存在する．カタツムリの場合，左巻きと右巻きは発生段階のかなり初期段階（胚が4細胞期のとき）に発現する *nodal* 遺伝子の発現で決まる．この段階で細胞の配置を人工的に操作することで，非対称性を変えることができることが知られている（Kuroda et al. 2009）．また，もし *nodal* 遺伝子とその標的遺伝子である *Pitx* 遺伝子が胚の右側で発現するとその個体（種）は右巻きとなり，もしこれらの遺伝子が胚の左側で発現するとその個体は左巻きになることもわかっている（Grande and Patel 2009）．しかし，この非対称性を決定する分子機構はいまだわかっていない．ただし，右巻きと左巻きの種が多型となっているソトモノアラガイの交配実験から，この非対称性が単一遺伝子座の2つの対立遺伝子によって決定されていることが明らかになっている（Boycott and Diver 1923; Sturtevant 1923）．非対称性が多型的な種を用いて，非対称性の原因である遺伝子を同定し，クローニングすることができれば面白い．

8.3　退行進化と偽遺伝子

痕跡形質の普遍性

原核生物と真核生物の多くの種は，いわゆる痕跡形質もしくは退行形質をもつ．よく知られている例として挙げられるのが，穴居生活をする動物の盲目眼や皮膚の色素欠乏である．これらの形質はさまざまな生物（たとえば昆虫，魚，両生類など），多様な地域（たとえばアメリカ，メキシコ，ヨーロッパなど）で普遍的にみられる形質である．ダーウィンは著書『種の起原』の「用不用の効果」という項目の中で，獲得形質の遺伝について以下のように簡潔に述べている（Darwin 1859）．「暗闇の中で，必要もないのに眼をもつことがその生物にとって有害になるとは想像しにくいので，これらの眼は不用であるがゆえに完全に失われると考える．」しかし，不用であることによりある器官が退化するとき，自然淘汰は，たとえば盲目であることを補うために昆虫の触角を大きくするような別の表現型変化を引き起こすことがある，とも記している．

使われていない器官や形態構造の消失はきわめて一般的である．著書『人間の由来（*Descent of Man*）』の中で，ダーウィンは，減少した毛髪量，退化した後臼歯，腸に結合した盲腸など，他の哺乳類との比較からわかるヒトのさまざまな痕跡形質を挙げている（Darwin 1871）．彼はここでも祖先形質の不用によって痕跡形質が生じるという考えを示している．このダーウィンの退行進化に関する主張はのちに進化生物学において論争の的となり，なかには退行進化が正のダーウィン淘汰によって引き起こされると考える者も現れた．彼らは，洞窟のような暗闇では眼は必要ないので，不用な形質に貴重な栄養を消費しないように自然淘汰がはたらくのだと考えた．これに対し，モーガンは眼の退化はほとんどが有害突然変異によるもので，洞窟環境ではこれらは中立な突然変異であると考えた（Morgan 1903）.

退行進化の分子基盤

近年，多くの研究者が退行進化の分子基盤について研究している．これらの研究では，退行進化は不用な形質の退化や消失と定義されている．最もよく研究されているものの1つに，北メキシコの洞窟魚ブラインドケーブ・カラシン *Astyanax mexicanus* がある．この魚は更新世（おそらく約50万年前）に川の表層付近からメキシコの洞窟深くに進出した（Chakraborty and Nei 1974）.

その洞窟には隔離された洞窟魚集団が複数存在し，これらの集団ではほぼ独立に退行進化が生じたようである．これらの集団は互いに交配可能であり，また川の表層集団とも交配が可能で，交雑個体には妊性もある．多くの洞窟集団個体はアルビノ（遺伝的に色素が欠乏している個体）であり，これらの個体の多くには眼が存在しない（図8.2）．初期胚発生段階では洞窟魚も表層魚も眼が発達する．しかし，洞窟魚の眼は徐々に退化し，成体になると眼は機能を失い，皮膚の下深くに埋もれた状態になる（図8.2A，B）．眼の退化はレンズのアポトーシス（プログラム細胞死）によって引き起こされており，眼の退化に独立に関与した遺伝子が少なくとも12個は存在するようである（Jeffery 2009）．しかし，眼の退化の分子基盤はまだそれほどわかっていない.

色素欠乏の分子基盤はもう少しよくわかっている．洞窟魚の脱色素沈着には少なくとも2つの遺伝子がかかわっている．そのうちの1つは色素欠乏症遺伝子である *oca2* であり，この遺伝子に突然変異が生じるとヒトやマウスで色素欠乏症が引き起こされることが知られている．この遺伝子はメラニン合成経路にかかわっている酵素をコードしている．ヒトの *oca2* 遺伝子は非常に大きな遺伝子であり，24個のエクソンが345 kbのDNA領域にまたがっている（Oetting et al. 2005）．洞窟魚集団ごとにこの領域の違う箇所に突然変異や欠失があり，色素欠乏症を引き起こしている．このことは，色素欠乏症を引き起こす突然変異は洞窟魚集団ごとに独立に生じたことを意味する．脱色素沈着にかかわるもう1つの遺伝子は *Mc1r* 遺伝子である．この遺伝子は，メラニン合成調節リガンドであるMSHaの受容体をコードしている（Rees 2003）．*Astyanax* 魚ではこの遺伝子は茶色色素の産生を担っているが，洞窟魚ではこの遺伝子のコード領域や調節領域に複数の突然変異や欠失が生じている（Jeffery 2009）.

したがって，モーガンが主張したように，退行進化はおもに有害突然変異によっ

(A)

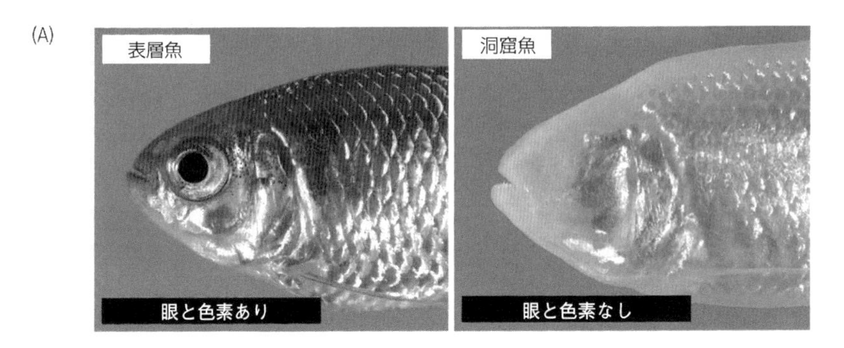

(B)

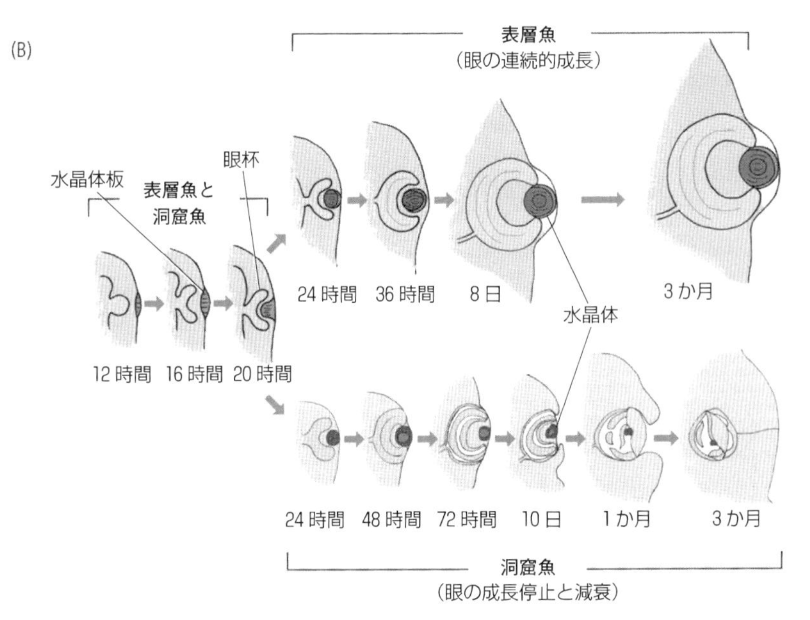

図 8.2　Ⓐブラインドケーブ・カラシン *Astyanax mexicanus* の表層魚と洞窟魚．Ⓑ *Astyanax* 魚の眼の発達と消失の過程を示した模式図．左：初期段階において，眼原基の形成過程は受精後約 1 日後までは表層魚と洞窟魚で同じである．上：表層魚では，眼が分化し，体部の成長とともに眼の部分も成長していく．下：洞窟魚では，眼原基はしばらく成長を続けるが，その後停滞，減衰し，体部の成長とともに皮膚下に沈み込む．Jeffery（2009）を改変．

て生じているようであり（Morgan 1903），ラマルク的な獲得形質の遺伝の可能性を考える必要はない．しかし，それでも眼の消失が洞窟魚にとって有益であると考えることは可能である．なぜなら，暗条件では眼は不用であり，眼の消失は眼に使用していたエネルギーを他の目的に使用できるかもしれないからである（Protas et al. 2007）．また，眼の発生にかかわる遺伝子が多面発現的であれば，眼の消失を引き起こす突然変異は他の形質において有利であるかもしれない．たとえば，*hedgehog* 遺伝子は味蕾（みらい）（味覚受容体が存在する組織）の発達を促し，眼の発生を抑えて前脳を大きくする作用があることが知られている（Yamamoto et al. 2004）．したがって，眼の消失は他の形質の発生に有利な影響をもたらしてきた可能性はある．

過去150年の間に数多くの研究者が自然淘汰による退行進化を主張してきた．ここでは，表層魚が洞窟に移動した直後に生じた事象と，その魚集団が洞窟に定着した後で生じた事象を区別することが重要である．最初に洞窟に侵入した個体数は非常に少なかっただろうし，洞窟集団が確立した後も集団サイズは小さいままであっただろう．エイヴィス（John C. Avise）とセランダー（Robert K. Selander）によると，メキシコのパション洞窟にすむ洞窟魚の個体数は1971年の段階で200～500個体である（Avise and Selander 1972）．この推定値は，この洞窟魚の有効集団サイズが進化過程を通して常に200以下であったことを示唆している．もしこれがすべての洞窟魚集団において成り立つとすると，たとえ突然変異が中立でなくとも遺伝的浮動によって多くの突然変異が集団中に固定してきたはずである．表層魚集団では，色素欠乏症や眼の退化を引き起こすほとんどの突然変異は有害となる可能性が高いが，洞窟魚集団ではこれらの変異はほぼ中立な対立遺伝子としてふるまうものと予想される．この場合，t 世代目までに新たな突然変異が固定する確率はおおよそ，

$$P(1,t) = 1 - (4Nv + 1)e^{-vt} \tag{8.2}$$

となる．ここでNと v はそれぞれ有効集団サイズと世代あたり遺伝子座あたりの突然変異速度である（Crow and Kimura 1970, p. 395）．この場合，突然変異には有害なものも含まれるので，突然変異速度は 10^{-5} くらいになるかもしれない．しかし，Nが非常に小さいので，$4Nv$ はほとんど0になるはずである．チャクラボルティー（Ranajit Chakraborty）と根井 正利は，他の洞窟魚集団と隔離されているパション洞窟集団は表層魚集団と約50万年前に分岐したと推定した（Chakraborty and Nei 1974）．この魚の世代時間は約5年であると考えられているので（P. Sadoglu，私信），$vt = 10^{-5} \times 5 \times 10^5/5 = 1$ であり，$4Nv$ は実質的に0なので有害

突然変異の固定確率はおおよそ $1 - e^{-vt} = 1 - e^{-1} = 0.63$ となる．このことは，本来有害だが洞窟集団では中立にふるまうような突然変異が数多く固定してきたことを示唆する．

では一見有利にみえる突然変異（たとえば味蕾に発現する遺伝子）はどのようにして固定したのだろうか？　1つの可能性は，これらの突然変異が洞窟集団では有利であり，集団に固定してからは純化淘汰によって維持されてきたというものである．もし，このような突然変異が遺伝子の調節領域に生じれば，多くのタンパク質コード遺伝子の発現に影響を与えるかもしれない．もう1つの可能性は，味蕾のような形質は多重遺伝子族に制御されており，これらの多重遺伝子族の遺伝子数が最近の遺伝子重複によって増加してきたというものである．

上記の議論は，小集団では遺伝的浮動が非常に重要であり，洞窟魚集団の条件のもとでは中立進化が適応進化よりもより頻繁に生じていることを示唆する．この結論はダーウィンの用不用仮説とも一致している．もちろん，洞窟における退行進化の分子基盤に関する我々の理解はまだ限定的であり，さらなる研究が必要である．洞窟への移入を約50万年前とすると，もしダーウィンの仮説が正しければ洞窟魚は表層魚に比べて多くの偽遺伝子をもつと予想される．この仮説は両種のゲノムを調べることでより正確に検証可能である．これに対し，もし正の自然淘汰が不用進化よりも重要であるならば，発現調節遺伝子の突然変異，多重遺伝子族の遺伝子数増加，遺伝子発現のエピジェネティック調節の進化などが生じているかもしれない．

長期進化を考えた場合，形態形質の退化や不活性化は動物と植物の両方においてきわめて頻繁に生じてきたようであり，たびたび別の形質の適応進化と結びついて起こっているようである．地球上にこれまで誕生した生物で最も大きい動物はクジラ類である．とくに，シロナガスクジラは最大35 m にも成長し，その重さは170トンにも達することがある．クジラ類は約5400万年前に姉妹種であるカバの仲間から分岐したと考えられており（Nikaido et al. 1999），海洋生活に非常によく適応している．体型は魚のようであり，前足（もしくは鰭）はヘラ様の形態をしており，尾には上下動によって推進する2つのフロック（尾鰭）がある．歯クジラ類とイルカ類には他の個体とコミュニケーションしたり，物体との距離を測定したりするための反響定位システムが存在する．しかし，他の哺乳類同様，彼らは恒温動物であり，肺呼吸であり，子どもを母乳で育て，体毛が生えている．同時に，歯クジラ類は目に見えないほど退化した後肢，矮小化した嗅球などの痕跡器官ももつ．歯クジラ類では70%以上の嗅覚受容体（olfactory receptor: *OR*）遺伝子が偽遺伝子である（McGowen et al. 2008）．これは，有害突然変異が嗅覚システムの退化の主要な原因であることを意味する．よく議論されるように，*OR* 遺伝子の欠失は反響定位システムが発達した後に嗅覚が不要になったために生じてきたのかもしれない．しかし，反響定位システム自体ももともとは突然変異によって進化したはずである．

この例は，突然変異と自然淘汰の効果を分離することは必ずしも簡単ではないことを示しているが，突然変異が進化の主要因であることは明らかである．

寄生生物とゲノム進化

ほとんどの動植物は体内に何らかの寄生生物をもつ．寄生生物にはウイルス，細菌，菌類，多細胞のワームなどが含まれる．これらの寄生生物は宿主に感染し，宿主の栄養分によって生存するので，消化システムが退化している．たとえば，サナダムシは脊椎動物の消化管に生息しており，数インチの長さに成長する．サナダムシの吻（ふん）は宿主の腸に付着していて，宿主の栄養分を吸収している．したがって，サナダムシ自身の消化システムはほとんど消失している．同様に，寄生性のカタツムリである *Entoscolax ludwigii* の消化システムは口の部分だけになっており，残りの消化管は完全に消失している（Morgan 1903, p. 353）．このように，特定の形質が退化している寄生生物の例は他にも数多く存在する．残念なことに，消化システムの退行進化の分子機構に関する研究はまだ行われていないようである．

しかしながら，近年多くの寄生細菌のゲノム配列が決定され，寄生細菌は自由生活細菌に比べてゲノムサイズと遺伝子数がかなり小さいことが明らかになってきた（表 4.2）．たとえば，自由生活細菌である大腸菌が約 5200 個の遺伝子をもつのに対し，寄生性のブクネラ *Buchnera* の遺伝子数は約 500 である．ブクネラは昆虫であるアブラムシに寄生しているが，実際にはブクネラはアブラムシと共生関係を築いており，お互いの存在なくしては生存できない．この共生は約 2 億年前に生じたと考えられており（Moran et al. 1993），この 2 億年の共生の間にブクネラは多くの不用な遺伝子を失い，ゲノムサイズは大きく減少した（Moran and Degnan 2006）．ブクネラはガンマプロテオバクテリアに属し，大腸菌に近縁である．最近行われたブクネラゲノムと大腸菌ゲノムの比較によると，ブクネラのほとんどすべての遺伝子は大腸菌にも存在するのに対して，ブクネラで生じた新規の遺伝子はまったくないようである（Itoh et al. 2002）．さらに，いくつかのブクネラ種のゲノム配列の比較により，遺伝子の消失は共生の初期段階に生じ，その後，遺伝子数はおおよそ安定していることが示唆されている．事実，バーク（Gaelen R. Burke）とモラン（Nancy A. Moran）は最近進化した共生バクテリアである *Serratia symbiotica* を用いて，多くの遺伝子欠失が共生の初期段階で生じていることを示した（Burke and Moran 2011）．

この状況は，動物におけるミトコンドリア遺伝子の進化とある程度似ている．ミトコンドリアは，約 15 億年前に宿主生物と共生を始めた細菌種に由来する細胞内共生体であると考えられている（Javaux et al. 2001）．現在のところ，動物に存在するほとんどのミトコンドリアはタンパク質コード遺伝子と RNA 遺伝子をあわせて 37 個もち，これらはアデノシン三リン酸（ATP）の産生や細胞代謝の調節にかかわっている．それぞれの遺伝子に塩基置換は生じているものの，ミトコンドリア遺伝子の種類は動物間で非常によく保存されている．

ブクネラと動物ミトコンドリアではそれぞれ同じ遺伝子セットが非常によく保存されているが，細胞内共生体ではタンパク質コード遺伝子のアミノ酸置換速度が近縁の自由生活細菌の約 2 倍であることが知られている（Moran 1996; Lynch 1997; Clark et al. 1999; Itoh et al. 2002）．この奇妙な現象はマラーのラチェット効果によって説明されることが多い（第 3 章を参照）．これらの共生体は無性的に増殖し，有効集団サイズが非常に小さいためである（Moran 1996; Lynch 1997）．しかし，ラチェット効果は弱有害突然変異の蓄積に関するものであり，その効果は数億年にもわたって続くものではない．もし，ラチェット効果がずっと作用していたとすると，その集団はもっと早い段階で絶滅していたに違いない（図 4.1B を参照）．

ブクネラやミトコンドリアの遺伝子は自由生活細菌の遺伝子よりもアミノ酸置換速度がはるかに大きいが，それでも長期間にわたって存在している．このことは，ほとんどのアミノ酸置換が有害ではなくおおよそ中立であることを示唆している．ではなぜアミノ酸置換速度がこれほど大きいのであろうか？　それは，細胞内共生体の突然変異速度が自由生活細菌に比べて大きいことによるようである．これは，細胞内共生体には DNA 修復酵素の 1 つのクラスがないためである（Itoh et al. 2002）．もし突然変異速度が大きければ，他の部分に違いがなくてもアミノ酸置換速度は大きくなるであろう．この仮説を確かめる 1 つの方法は，細胞内共生体は自由生活細菌に比べて同義置換速度が大きいことを示すことである．残念なことに，これらの細菌間の同義置換は飽和しているため，この検証を行うことができない．理論的には，有利な突然変異はアミノ酸置換速度を上昇させると考えられる．ファレス（Mario A. Fares）らは，ブクネラの熱ショックタンパク質 BroEL のいくつかのアミノ酸置換が正のダーウィン淘汰を受けていると報告した（Fares et al. 2001）．しかし，このタンパク質をコードする遺伝子の d_N/d_S は他の遺伝子同様に小さい（Wernegreen and Moran 1999）．したがって，全体のアミノ酸置換速度に対する正の自然淘汰の影響は無視できる程度のものであるようである．

8.4　性決定機構の進化

動植物の多くの種において，性は XY 染色体もしくは ZW 染色体によって決定される（遺伝的性決定，genetic sex-determination: GSD）．XY システムでは，オスは 1 本の X と 1 本の Y（もしくは 0 本の Y）をもち，メスは 2 本の X 染色体をもつ．このシステムは，ほとんどの哺乳類，多くの両生類，そして多くの昆虫類で用いられている．鳥類，ヘビ類，鱗翅目昆虫，その他いくつかの動物では，メスが異型（ZW）であり，オスが同型（ZZ）である．一般的に，Y と W 染色体には多くの不活性遺伝子（偽遺伝子）と少数の性決定もしくは性関連遺伝子が存在する．一方，X もしくは Z 染色体には多くの機能遺伝子が存在する．X 染色体と Y 染色体，または Z 染色体と W 染色体は相同な 1 対の常染色体から生じたと考えられている（Muller 1914, 1932）．

しかし，性を決定しているのは性染色体そのものではなく，オスとメスの発生を担う遺伝子であり，オスやメスの表現型が形成されるその分子機構の大部分はいまだ不明である．爬虫類や魚類の多くの種では，性が環境要因，とくに抱卵期間の温度によって決定される．この性決定システムは，環境依存的性決定（environment-dependent sex-determination: ESD）もしくは温度依存的性決定（temperature-dependent sex-determination: TSD）とよばれている．また，爬虫類や両生類の中には，1 つの目や科の中に，異なる性決定システム（XY，ZW，ESD）を行う種が混在していることにも注意したい．さらに，両生類種の中には，同一種内で XY システムと ZW システムが多型状態である種も存在する．

昆虫はかなり異なる遺伝的性決定機構を用いていることも覚えておいてほしい．したがって，動物のすべての性決定機構を説明するのは簡単ではない．しかし，過去 20 年の間に，この分野に洗練された分子生物学およびゲノム配列決定技術が導入されたおかげで，この分野の理解は飛躍的に向上した．さらに，いまや多くの研究者がモデル生物であるヒト，マウス，ニワトリ，ショウジョウバエ以外のさまざまな生物を性研究に用いており，これらの研究が多くの新しい知見をもたらしている．以下に，これまでに得られたいくつかの重要な知見を脊椎動物と無脊椎動物に分けて紹介する．

脊椎動物の性決定

ここ最近の中で最も重要な発見の1つが，*Sry*（sex-determining region-Y）遺伝子とよばれる哺乳類の精巣形成を制御する遺伝子の発見である（Koopman et al. 1990; Sinclair et al. 1990）．この遺伝子はY染色体上に存在し，オスの表現型形成のための発生経路を活性化する転写因子をコードしている（図8.3）．メスはY染色体をもたないので*Sry*遺伝子も存在しない．したがって，もともとの経路である卵巣形成のための発生経路が作用する．この発見以来，多くの研究者がさまざまな生物において性決定の分子生物学に関する研究を行うようになった．

すべての脊椎動物には，GSDかTSDかによらず，類似の生殖腺分化経路が存在する．未分化（卵巣と精巣のどちらにも分化できる能力をもつ）の生殖腺は，胚の腎臓

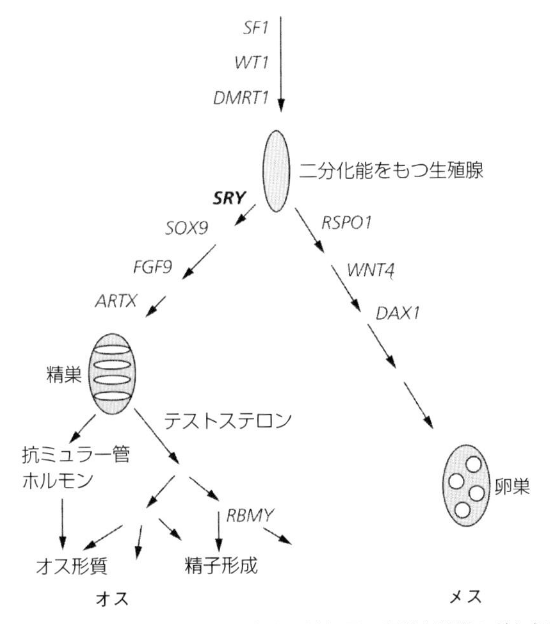

図8.3 哺乳類の生殖腺分化経路に関与する遺伝子．卵巣と精巣のどちらにも分化可能な未分化な生殖腺は*SRY*遺伝子の影響で精巣（左）へと分化する．そして，精巣ホルモンが残りの分化を担う．もし精巣が形成されなければ，*RSPO1*などの遺伝子が未分化生殖腺を卵巣へと分化させる．Graves（2008）を改変．

の頂端部の細胞から形成され，この生殖腺がのちにオスの精巣やメスの卵巣へと分化する．精巣と卵巣の発生経路には多くの遺伝子が関与しているが，いまだ経路の詳細は明らかではない．*Sox9* 遺伝子はすべての脊椎動物の精巣で発現が上昇しており，哺乳類の *Sox9* 遺伝子の発現を調節するいくつかの遺伝子が存在する．*Sry* 遺伝子は *Sox* 多重遺伝子族に属する遺伝子の１つであるが，これらの遺伝子は HMG ボックスとよばれる DNA 結合ドメイン以外は保存性が低い．*Sry* 遺伝子と最も配列が似ている遺伝子は *Sox3* であり，X 染色体に位置している．このことは *Sry* 遺伝子が *Sox3* 遺伝子に由来することを示唆している．ZW システムをもつニワトリでは，性は２つの Z 染色体に１つずつ存在する *Dmrt1* 遺伝子によって決定されているようである．*Dmrt1* 遺伝子は *Sry* 遺伝子が存在しないニワトリにおいても *Sox9* 遺伝子の発現を上昇させ，これが精巣形成へとつながる（Graves 2008; Smith et al. 2009）．Z と W を１本ずつもつ場合（すなわちメスの場合），*Dmrt1* 遺伝子は１コピーしか存在しないので，規定経路として卵巣形成が開始される．

これら２つの例は，脊椎動物の性決定において *Dmrt1* 遺伝子が重要であることを意味する．*Dmrt1* 遺伝子は哺乳類においても重要な役割を果たしていることに注意したい（図 8.3）．さらに，トカゲ類の中には，ニワトリの Z 染色体の遺伝子セットと同じ Z 染色体遺伝子セットをもつ種が存在する（Kawai et al. 2009）．これは，*Dmrt1* 遺伝子がかなりの祖先種においても性決定遺伝子であったことを示唆する．実際，他の哺乳類から約２億年前に分岐した産卵性の哺乳類であるカモノハシは，他の哺乳類の XY 染色体とは独立に生じた複数の性染色体をもっていることが知られており，*Dmrt1* 遺伝子も含め，ニワトリの ZW システムと共通の遺伝子をもつ（Graves 2008）．*Dmrt1* 遺伝子と相同な遺伝子は，ショウジョウバエや線虫においても性決定に関与していることが知られている（Raymond et al. 1998）．

これに対し，*Sry* 遺伝子は比較的最近生じたようであり，哺乳類においてのみ性決定の役割をもつ．したがって，*Sry* 遺伝子は *Dmrt1* 遺伝子に比べて保存性が低いといえる．*Sry* 遺伝子がゲノムから消失しても別の遺伝子がその機能を果たせるというのは興味深い．このようなことはハタネズミの２種（Just et al. 1995）やトゲネズミの２種（Sutou et al. 2001）で実際に起こっている．これらの種には Y 染色体も *Sry* 遺伝子も存在しない．トゲネズミの２種（*Tokudaia osimensis* と *T. tokunoshimensis*）はそれぞれ奄美大島と徳之島に生息している．オスメスともに，*T. osimensis* の染色体数は $2n = 25$ であり，*T. tokunoshimensis* の染色体数は $2n = 45$ である．この両種には Y 染色体が存在しないのでオスメスともに XO 型の核型をもつ．これら2種の集団サイズは小さく，沖縄本島に生息する *T. muenninki* という種と近縁である．*T. muenninki* は通常の XY（メス XX，オス XY）システムであり，$2n = 44$ である（Kuroiwa et al. 2010）．

この2種は小さな島に生息しており，*Sry* 遺伝子をもたないことから，黒岩麻里らはこの種の性決定の開始に関与しているかもしれない10個の遺伝子（*Artx, Cbx2, Dmrt1, Fgf9, NroB1, Nr5A1, Rspo1, Sox9, Wnt4, Wnt1*）のコピー数とゲノム上の位置を調べた（Kuroiwa et al. 2011）．すると，これらの種では *Cbx2* 遺伝子が複数存在しており，*Tokudaia osimensis* と *T. tokunoshimensis* どちらにおいてもオスにはメスよりも2コピー以上多くの *Cbx2* 遺伝子が存在していた．*Cbx2* 遺伝子はヒトとマウスにおいて卵巣の発達を抑制する働きをもつことが知られているため，黒岩らはオスにおいて *Cbx2* 遺伝子が多く存在することが精巣発達の引き金となっていると結論した．しかし，*Cbx2* 遺伝子のクローニングや機能解析がまだ行われていないため，この仮説が正しいかどうか断定はできない．

これらの種の性決定の分子機構はいまだ明らかではないが，短期間（約200万年の間）に XX/XY システムから XO/XO システムが進化しうるというのは興味深い．この変化が新たな突然変異の固定によって生じたことは明らかである．そして，この2種の集団サイズは非常に小さいので（これら2種は日本で絶滅危惧種に指定されている），突然変異の固定は遺伝的浮動によって促進されたのだろう．しかし，ひとたび新しい性決定システムが進化すると，そのシステムが問題なく機能したため，新たな種は生存し続けることができた．このことは，性決定のような重要な形質ですら突然変異と遺伝的浮動によって比較的急速に進化しうることを意味する．この場合，正のダーウィン淘汰の役割は無視できるものと考えられる．なぜなら，数億年にわたって維持されてきたもともとの遺伝的性決定システム（すなわち XX/XY システム）を変える必要はないからである．

実際，性決定システムは爬虫類や魚類の進化過程できわめて頻繁に変化してきたことが知られている．これらの生物では，遺伝的性決定（GSD）と環境依存的または温度依存的性決定（ESD もしくは TSD）の両方が存在し，GSD には XY と ZW の両方のシステムが存在する．したがって，同じ目や科の生物が異なる性決定システムをもつ可能性もある．図8.4には，哺乳類，鳥類，爬虫類における異なる性決定システム（ZW，XY，TSD システム）の分布が示されている．現在のところ，哺乳類種は基本的に XY 型であり，鳥類種の多くは ZW 型のようであるが，爬虫類種は多くの性決定機構をもつ．たとえば，カメ目の種には TSD システムを

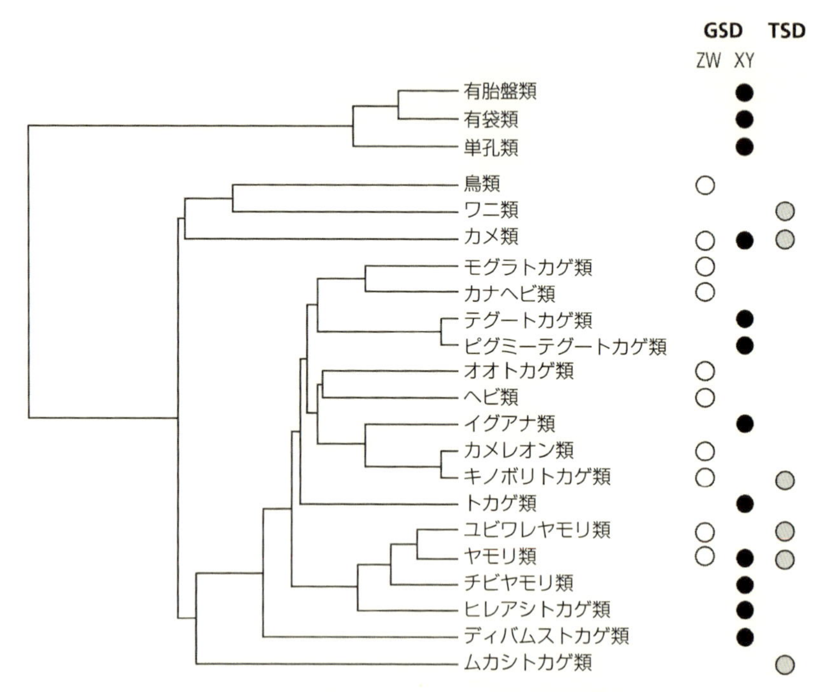

図 8.4　哺乳類，鳥類，爬虫類における異型性染色体（XY 型または ZW 型）と温度依存的性決定（TSD）の分布．Sarre et al.（2011）を改変．

もつものや，XY もしくは ZW システムをもつ種が存在する．これらのシステムは明らかに鳥類やワニ類の系統と分岐した後に進化したようである．同様に，ヤモリ類もさまざまな性決定システムをもつ．これらの事実は，性決定システムが比較的短期間で進化しうることを示唆する．

両生類では，多くの目や科で XY と ZW システムの両方がみられる．したがって，XY ⇔ ZW の変化が数多く生じてきたことは明らかである（Hillis and Green 1990; Sarre et al. 2011）．ニホンツチガエル *Rana rugosa* はとくに極端であり，地域によって XY と ZW システムの両方が存在する．また，他の地域には同型性染色体をもつ別の 2 集団も存在する（Miura et al. 1998）．細胞遺伝学的および分子生物学的研究から，繰り返し生じた染色体逆位と転座によってこれら 4 タイプの性染色体が生じているものの，性決定遺伝子は同じであるということが明らかになっている．したがって，染色体の形の変化は，この種の性決定にとって見かけ上のものにすぎない．この発見は，両生類と爬虫類の多くの種でみられる XY ⇔ ZW の変化が同様の染色体逆位や転座で生じており，必ずしも性決定遺伝子に重大な変化があったことを意味するわけではないことを示唆している．また，爬虫類種や両生類種の中には集団サイズが比較的小さいものがおり，新たな染色体再編成が比較的簡単に集団に固定しうることを示唆している．ニホンツチガエルの場合，異なる染色体型をもつ集団は山岳に隔てられており，このカエルが山を越えたときに集団サイズが減少し，びん首効果によって新たな染色体型が形成されたと考えられる．

爬虫類と両生類では，性決定の分子基盤はあまりよくわかっていない．ZW システムをもつアフリカツメガエル *Xenopus laevis* は，W染色体に存在する *Dm-w* 遺伝子が性（卵巣）決定遺伝子のようである（Yoshimoto et al. 2008）．この遺伝子は *Dmrt1* 遺伝子と高い相同性を示す．同様の研究はニホンツチガエルにおいても行われているが，明確な結論は得られていない（Miura et al. 2012）．

無脊椎動物の性決定

ショウジョウバエは過去100年にわたってモデル生物として用いられており，この生物の性決定に関する染色体基盤や分子基盤については豊富な情報が存在する．ショウジョウバエにおける性決定の最初の段階は，メスにおける *Sex lethal*（*Sxl*）遺伝子の活性化である．個体に2本のX染色体が存在するときに *Sxl* 遺伝子は活性化する．すると *Sxl* 遺伝子は，特別なスプライシング機構によってメス特異的な SXL タンパク質（SXL^F）を産生する（Gempe and Beye 2010; Verhulst et al. 2010b）．このタンパク質はメスでのみつくられ，メス特異的な TRA タンパク質をコードする *transformer*（*tra*）遺伝子を活性化させる（図8.5）．すると，このタンパク質は *doublesex*（*dsx*）遺伝子の活性を促す．*dsx* 遺伝子の活性化によって，DSX^F タンパク質が産生され，このタンパク質が卵巣やメスの表現型の形成を引き起こす．XY 型のオスでは，特別なスプライシング機構によって，機能的に不活性な SXL^M タンパク質が産生される．同様に，*tra*^{M} 遺伝子の転写産物も機能をもたない非活性型である．しかし，TRA タンパク質の欠如はオス特異的な DSX タンパク質（DSX^M）の産生を促進し，この DSX^M タンパク質が精巣やオスの表現型の形成を引き起こす（図8.5）．

いまのところ，知られているすべての昆虫（たとえばショウジョウバエ，イエバエ，チチュウカイミバエ，ミツバチ）で，基本的には同じ性決定カスケードが作用していることが知られている．最下層で作用する遺伝子は *dsx* 遺伝子であり，メスまたはオスの表現型形成を促す．この遺伝子は DNA 結合ドメイン（DM ドメイン）をも

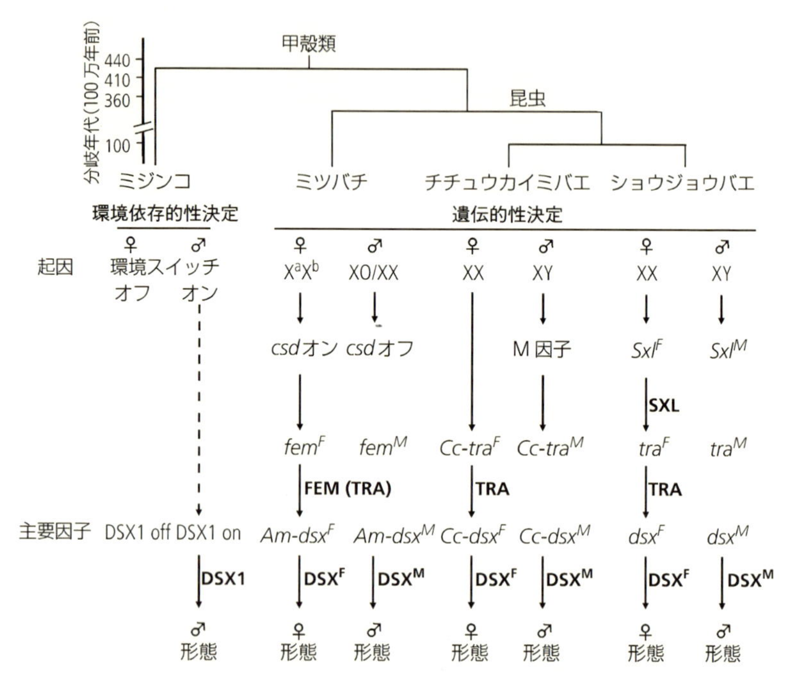

図 8.5　ミジンコ（甲殻類）と昆虫における性決定経路の略図．ミジンコのESD 経路と昆虫のモデル生物であるミツバチ，チチュウカイミバエ，ショウジョウバエの GSD 経路が示されている．*Csd*：*complementary sex determiner*，*fem*：*feminizer*，*sxl*：*sex lethal*，*dsx*：*doublesex*．Kato et al. 2011 を改変．

つ．このドメインは非常によく保存されていることが知られており，調べられているすべての昆虫と，環境依存的性決定（ESD）を行う甲殻類であるオオミジンコ *Daphnia magna* においても共有されている．*dsx* 遺伝子を活性化する *tra* 遺伝子もすべての昆虫で保存されている．ミツバチでは，この遺伝子は *feminizer*（*fem*）とよばれているが，進化的には *tra* 遺伝子のオルソログである．*tra*（*fem*）遺伝子の機能は *dsx* 遺伝子に比べると保存性が低いようであり，ミジンコにおけるこの遺伝子の機能はわかっていない（Kato et al. 2011）．

すでに述べたように，ショウジョウバエの性決定の最初の段階は *Sxl* 遺伝子によって始まる．一方，ミツバチでは *csd* 遺伝子がその役割を担っている．*csd* 遺伝子は *tra* 遺伝子から派生した遺伝子であり，*Sxl* 遺伝子とは関係がないようである．チチュウカイミバエのM因子を産生する遺伝子はいまだ同定されていない．したがって，図8.5に示されている3種の昆虫は性決定を開始するために異なるシグナルタンパク質を用いている．ZW染色体システムをもつ鱗翅目昆虫でも別の開始シグナルタンパク質が使われている（Verhulst et al. 2010b）．同様に，膜翅目昆虫のカリバチ類であるキョウソヤドリコバチ（*Nasonia*属）では，*csd*遺伝子以外の別のシグナルタンパク質が使われている（Verhulst et al. 2010a）．ミジンコでは，環境要因が*dsx*遺伝子の活性化を促進する（図8.5）．このように，性決定の最初のシグナルは昆虫や甲殻類の中で非常に多様である．これは，*tra*遺伝子や*dsx*遺伝子が長い進化の間保存されているのとは対照的である．*tra*遺伝子は性決定を下から2番目の階層で制御する遺伝子であり，すべての昆虫種で保存されているようである．*dsx*遺伝子は一番下の階層で作用する遺伝子であり，より保存性が高い．実際には，*dsx*遺伝子は脊椎動物の*Dmrt1*遺伝子や線虫*C. elegans*の*mab-3*遺伝子とも相同である（Raymond et al. 1998）．事実，*Dmrt1*という遺伝子名は，doublesex and mab-3 related transcription factor 1の略であり，ほとんどすべての動物種で共有されている．

このことは，性決定の最も基礎となる部分は動物進化の初期段階で誕生したこと，そして現在みられる非常に多様な性決定システムは，基盤となるこの階層に新たなシグナル分子が付加されることによって確立されてきたことを示唆する．ウィルキンス（Adam S. Wilkins）はこの考えを，階層積み上げ仮説とよんだ（Wilkins 1995）．最近の研究によると，この仮説は支持されているようである．この仮説が正しいとすると，さまざまな新しい突然変異によって性決定機構が比較的簡単に変化することを説明できるかもしれない．この場合，*Dmrt1*システムが影響を受けない限り，最初のシグナル分子の変化は最終的な表現型にそれほど影響しない可能性もある．したがって，自然淘汰はそれほど重要ではないとも考えられる．また，単為生殖や無性生殖を行う生物も*Dmrt1*遺伝子を保持しており，適切な突然変異が生じれば，これらの生物も有性生殖を再開するかもしれない．

8.5　Y（またはW）染色体の退化

Y染色体の退化と遺伝子量補償

Y染色体の非組換え領域には致死突然変異が蓄積する確率がきわめて高く，このような突然変異だけでY染色体の不活性化が説明できることを第3章ですでに述べ

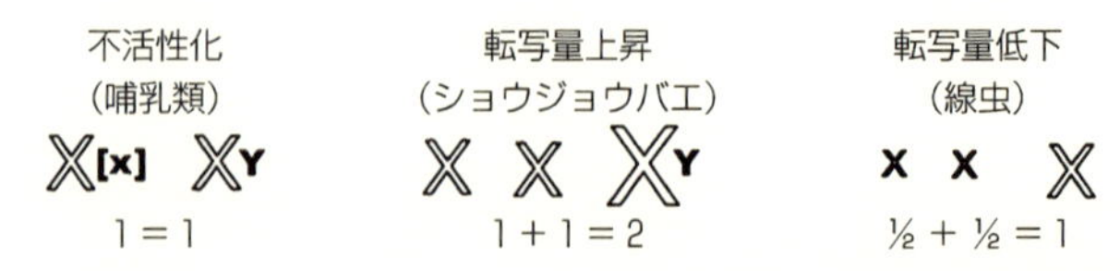

図 8.6　哺乳類，ショウジョウバエ，線虫における遺伝子量補償．哺乳類では，メスの1本のX染色体の不活化の後で，オスメスともにX染色体の発現量が倍加し，雌雄間のみならず常染色体とX染色体の遺伝子発現量も等しくなっていると信じている研究者も存在する（Mank 2009）．Lucchesi et al.（2005）を改変．

た．しかし，ブライアン・チャールズワース（Brian Charlesworth）はこの見方に批判的であり，ほとんどのY染色体遺伝子の不活性化はヘイグ（John Haigh）によって数式化された（Haigh 1978）マラーのラチェット効果によって生じてきたと提唱した（Charlesworth 1978）．彼は，ラチェット効果が遺伝子量補償（XX であるメスと XY であるオスのX染色体遺伝子の遺伝子発現を等しくするメカニズム）の進化と同調して生じたと考えた（Lucchesi et al. 2005; Mank 2009）．つまり，この両方の進化過程を複合的な理論として同時に考慮すべきであると主張したのである．

しかし，最近の研究によると，致死突然変異の蓄積と遺伝子量補償の発達は独立に生じていることが示されている．なぜなら，遺伝子の機能が失われるような劣性突然変異はY染色体上に急速に蓄積するが，遺伝子量補償の分子機構は種によって異なるからである（Lucchesi et al. 2005; Meyer 2005; Payer and Lee 2008; Mank 2009）．たとえば有胎盤哺乳類では，メスの2本のX染色体のうちの1本がランダムに不活性化されて雌雄のX染色体遺伝子の発現量が同じになることで遺伝子量補償が成立する（図 8.6）．しかしショウジョウバエでは，オスのX染色体遺伝子の転写量が倍になることによって雌雄のX染色体遺伝子の発現量が等しくなる．このため，チャールズワースは「異型性染色体をもつ性において，原始Y染色体に対してマラーのラチェットが作用してY染色体遺伝子の転写量が減少する一方で，X染色体からの転写量が増加すれば，Y染色体の不活性化とともにショウジョウバエ型の遺伝子量補償の進化を引き起こすであろう．〈中略〉哺乳類型の遺伝子量補償も同様に進化してきたかもしれない．なぜなら，同型性染色体をもつ性のX染色体の活性を減らすことによって，常染色体とX染色体の遺伝子産物量のバランスを回復できるので，淘汰的有利性を生みだすかもしれないからである．この現象の終点は，現在有胎盤哺乳類でみられるような同型配偶子をもつ性のX染色体全体の不活性化である」と述べている（Charlesworth 1991）．

しかし，この主張にはいくつかの問題点がある．(1)チャールズワースはなぜY染色体上の遺伝子が組換えを行わないのかについて説明していない．キイロショウジョウバエやカイコガでは，異型配偶子をもつ性で組換えが存在しないことによってYやW染色体の退化が説明できるが，ではどうしてこのようなことが起こるのだろうか？　この現象は，何らかの酵素によって制御されているようであるが，肝心の酵素はいまだ同定されていない．他のほとんどの生物でもX（Z）とY（W）染色体間の組換え率は低い．なぜ組換え率が低くなるのかを理解しないことには，ラチェット効果を議論することは難しい．(2)ラチェット効果は淘汰係数（s）が小さいときのみ効果的であり，最終的に有害な対立遺伝子の頻度は平衡値（v/s）に到達する（第3章を参照）．したがって，この条件ではY染色体は必ずしも退化しない．(3)実験データによると，チャールズワースの理論が予測するようにY染色体に生じる致死突然変異に対して遺伝子量補償が個々の遺伝子に別々に生じているわけではないらしい．むしろ以下に議論するように，Y染色体の不活性化とX染色体の遺伝子量補償は独立に生じている．

X染色体の遺伝子量補償の分子基盤

X染色体の遺伝子量補償機構は生物によってかなり異なり，その詳細なメカニズムは意見の分かれるところである．すでに述べたように，哺乳類の遺伝子量補償はメスにおいて2本のX染色体の片方が不活性化することによって生じる．一方，ショウジョウバエでは，オス（XY）のX染色体の転写量が2倍になることで遺伝子量補償が生じる．また，線虫 *C. elegans* ではメス（正確には雌雄同体）の2本のX染色体の転写量が両方とも減少することで遺伝子量補償が達成される（図8.6）．ZW性決定システムである鳥類や蛾では，染色体全体に作用する遺伝子量補償は存在しない（Mank 2009）．

さらに，最近の分子研究によると，ヒストンのアセチル化や脱アセチル化，DNAメチル化，染色体の凝集など，クロマチン構造の改変が染色体の特定の領域に起こることでX染色体遺伝子の転写がエピジェネティックに制御されることによって遺伝子量補償は達成されているようである（Park and Kuroda 2001; Lucchesi et al. 2005; Payer and Lee 2008; Mank 2009）．有胎盤哺乳類のX染色体にはX染色体不活性化中心（X inactivation center: XIC）が存在する．メスの2本のX染色体のうちの1本からはX不活性化特異的RNA（Xist RNA）が転写されており，自身が転写されたX染色体だけを包み込む．すると，Xist RNAに包まれたX染色体は不活性化する．有胎盤哺乳類では，どちらの染色体が不活性化するかは初期胚発生段階でランダムに決まる．しかし，有袋類においては，選択的にオス由来のX染色体が不活性化される．X染色体の不活性化は，Xist RNA が染色体全域に広がり，それが DNA メチル化やヒストンの脱アセチル化を誘導し，X染色体遺伝子の転写がなくなることによって生じる．研究者の中には，常染色体とX染色体の遺伝子転写量を等しくするために，活性をもつ1本のX染色体上の遺伝子がその後発現量を上昇させると考えている者もいる（Ohno 1967; Nguyen and Disteche 2006）．しかし，この考えには賛否両論がある（Lin et al. 2012）．これらの観察結果は，遺伝子量補償がY染色体遺伝子の不活性化（偽遺伝子化）後に進化したことを示唆している．

ショウジョウバエでは，オスのX染色体遺伝子の転写量が上昇して遺伝子量補償が生じる．この転写量上昇の分子機構は哺乳類のX染色体不活化よりも複雑である．発現量上昇は通称 male-specific lethal（MSL）とよばれる，少なくとも2つの RNA と5つのポリペプチドからなる巨大なタンパク質-RNA 複合体の働きによって生じる．MSL 複合体は約 150 個存在するクロマチン侵入座位の1つに結合する．すると，そこを起点としてこの複合体がオスのX染色体の他の領域にも広がっていく（Alekseyenko et al. 2008）．MSL 複合体はアセチル化したヒストンにも結合して，オスのX染色体遺伝子の転写活性を上昇させる．

線虫 *C. elegans* では，XX である雌雄同体の両方のX染色体の活性が半分になることでオスとメスの発現量が等しくなる（図 8.6）．この遺伝子量補償は，遺伝子量補償複合体（dosage compensation complex: DCC）とよばれる特殊な複合体によって生じる．この複合体は片方の性のX染色体を標的とし，染色体構造を変化させることで転写量を調節している．この DCC は少なくとも 10 個のタンパク質の複合体であり，分子スイッチとして機能する．DCC は2つの雌雄同体特異的遺伝子（*sdc-2* と *sdc-3*）によってX染色体に取り込まれる．この2つの遺伝子は協調して性決定と遺伝子量補償を制御する．SDC-2 タンパク質は雌雄同体の2本のX染色体が遺伝子量補償を達成するのに重要である．DCC はX染色体の遺伝子の転写量を半分にするために，多くの標的座位をもつようである．ちなみに，DCC の分子構造は有糸分裂/減数分裂時のコンデンシン複合体や 13S コンデンシン複合体と似ており，DCC はこれらの複合体を改変して構築されていると考えられている（Meyer et al. 2010）．

上記の議論では，X染色体の遺伝子量補償に関する3つの例を紹介し，そのメカニズムが種によって異なることを示してきた．その他の生物では遺伝子量補償の分子機構はそれほどよく研究されていないが，遺伝的性決定を行う生物だけを考えても，非常に多くの性決定機構と遺伝子量補償機構が存在することは確かである．たとえば，鳥類やヘビ類ははっきりとした遺伝子量補償機構をもたないようである．これらの事実は，Y染色体の退化が遺伝子量補償とほとんど独立に生じており，遺伝子量補償がおそらくY染色体が退化した後に生じていることを示唆している．この理由として，遺伝子量補償は，Y染色体の退化が生じた後で，雌雄間およびX染色体と常染色体間の遺伝子発現の不均衡を解消するためのものであるからである．もちろん，Y染色体の退化が完了する前に遺伝子量補償が進化することも理論的にはありうる．しかし，これは二次的な問題であり，このことについてあまり考えすぎないほうがよい．さまざまな生物でのX染色体遺伝子量補償の分子機構を明らかにする方がより重要であろう．これらの問題は，精巣形成や卵巣形成の経路の発生過程を研究することによって取り組むべきであろう（Meyer 2005; Graves 2008; Payer and Lee 2008）．

ここまで見てきた限りでは，Y染色体の退化とX染色体に生じる遺伝子量補償の両者は突然変異によって生じており，自然淘汰はおもに有害な突然変異を排除する役割をもっていたにすぎない．この考えが正しければ，性染色体の進化において突然変異が自然淘汰よりも重要な役割を果たしてきたといえるだろう．

性拮抗突然変異による進化

すでに述べたように，Y（もしくはW）染色体の進化モデルではY染色体の退化は有害突然変異の蓄積によって生じると考えられている．しかし，ウィリアム・ライス（William R. Rice）はY染色体の退化が性拮抗突然変異やマラーのラチェット効果によって生じるという仮説を提唱した（Rice 1984, 1996）．性拮抗突然変異とは，XY のオスには有利であるが，XX のメスには不利となるような突然変異のことである．この考えは，もともとR・A・フィッシャー（Ronald A. Fisher）が，グッピーのオスの装飾的な色彩パターンの多型がY染色体に連鎖しているというウィンジ（Ojvind Winge）の結果（Winge 1927）を，優性度の進化に関する自身の理論を支持する例として用いたときに提唱された（Fisher 1931）．ライスは，もしY染色体の遺伝子がオスで有利でありメスで不利であるならば，Y染色体は淘汰的有利性をもつので，集団中に固定するかもしれないと考えた．また，もしこのような性拮抗性遺伝子がY染色体に蓄積すれば，Y染色体の組換え価は減少し，Y染色体が無性生物と同様にクローンな存在となると考えた．もし，このようなことが起これば，有害突然変異もマラーのラチェット効果によってY染色体に蓄積するかもしれない

(3.5 節を参照)．もしこれが続けば，Y 染色体は最終的には失われるであろう．したがって，この仮説のもとでの XY 染色体の最終的な運命は，XO 型の染色体をもつ個体の誕生である．近年，ライスの説はよく知られるようになった．理由の 1 つとして，グレーヴス（Jennifer A. M. Graves）のような実験生物学者たちが哺乳類の Y 染色体は小さくなる運命にあり，最終的には失われるということを，実データをもとに提唱したことが挙げられる（Graves 2008）．

私の考えでは，この仮説にはいくつかの問題点がある．第 1 に，オスの装飾形質を制御する突然変異がオスでは有利であるがメスでは不利であると仮定するのはきわめて不自然である．もし，よく前提とされているようにオスの色彩パターンが性淘汰の対象となるなら，その淘汰はオスとメスの間にではなくオス間に生じるはずである．実際，オスとメスは協調して子孫を残すので，ライスの前提を正当化するのは難しい．第 2 に，3.5 節で議論したように，マラーのラチェット効果は限定された条件でのみ有効であり，X 染色体にも有害突然変異が生じる条件の中で Y 染色体に効果的に作用するとは考えにくい．さらに，もし Y 染色体が最初に強い正の自然淘汰を受けるなら，どうしてその後に Y 染色体に有害な突然変異が蓄積するのだろうか？　第 3 に，オスの二次的な性的特徴は，通常性特異的な遺伝子によって制御されているので，Y 染色体の性拮抗遺伝子が Y 染色体の退化にどの程度重要なのかがはっきりしない．第 4 に，鳥類のようにオスの性が 2 本の Z 染色体から 2 倍量の DMRT1 が発現することによって決定される場合，なぜ W 染色体に有害突然変異が蓄積するのだろうか？　ライスの説を検証するには，より詳細な研究が必要であろう．

8.6　行動形質の進化

進化の利己的遺伝子説

本章の 8.2 節，利他主義や真社会性の進化に関する項目で，ハミルトンの血縁淘汰説について述べた（Hamilton 1964）．じつはほとんど同じ時期に，ジョージ・ウィリアムズ（George C. Williams）が複合形質の進化に関する別の説を提唱している（Williams 1966）．この説では，適応はもっぱら自然淘汰によって生じ，自然淘汰はより適応的な表現型を選ぶのではなく有益な対立遺伝子や対立遺伝子の組合せを次世代に維持するように作用すると主張している．これは，一般に受け入れられている説，すなわち自然淘汰は遺伝子型や遺伝子ではなく表現型に作用する，という考え方とは異なる．ウィリアムズは，自身の遺伝子中心説が，有糸分裂や減数分裂さらには行動形質などの遺伝システムを含めたいかなる複合形質の進化も説明できるものであると主張した．

自然淘汰を遺伝子中心的な見方としてとらえるこの考え方は，リチャード・ドーキンス（Richard Dawkins）によって世に広められた（Dawkins 1976）．彼は，巧みに考えられた比喩を数多く用いて『利己的な遺伝子』という本を執筆した．この本の中で，彼は遺伝子が淘汰の基本単位であり，次世代に自然淘汰の効果に関する情報を維持するためのものであると主張した．これに対し，表現型や個体は遺伝子を運ぶ乗り物であり，直接自然淘汰にさらされるが，これらはそれぞれの世代で消滅するので，進化において一時的な用途でしかない．表現型は各世代で遺伝子によって再構築され，自然淘汰によって新たな形質をもたらすこともある．しかし，これらは単なる生存のための機械でしかない，というのである．

この理論は，動物の行動や進化に関する学問である動物行動学の分野でとくに人気がある．動物行動学は進化生物学の中でも活発な分野の１つで，多くの研究者がこの分野の研究を行っている．動物行動学における重要な問題の１つが，動物の本能的交尾，子育て，鳥類の季節移動，働きバチの利他行動など，一見すると目的があるように思える形質の進化をどう説明するかということである．この分野の最近の進展を取りあげることはしないが，ここでは利己的遺伝子説の本質を説明し，この説に関して議論したい．

ウィリアムズによると，進化においてランダムな力（たとえば遺伝的浮動）が重要であったのは生命が地球上に誕生したときのみであり，その後の進化過程で生物が適応する際はもっぱら自然淘汰だけが作用してきた（Williams 1966）．彼は，自然淘汰はたしかに表現型に作用するが，自然淘汰は究極的にはそれぞれの遺伝子座の２つの対立遺伝子の平均適応度によって記述されると主張した．彼は集団遺伝学理論における遺伝子プールの概念を用いた．この理論では，集団中の全個体における単一遺伝子座の対立遺伝子の集合を考える．この遺伝子座における２つの対立遺伝子 A_1 と A_2 の頻度がある世代においてそれぞれ x と $1-x$ であるとする．もし，A_1 が A_2 に対して有利であれば x の頻度は次の世代で増加し，その増加量は第２章の式（2.5）によって与えられる．この式で重要なのは（$w_1 - w_2$）であり，もし対立遺伝子の適応度 w_1 が w_2 よりも大きければ，A_1 が A_2 に対して優性，不完全優性，劣性のいずれであっても A_1 の頻度は増加する．

実際には，対立遺伝子の適応度 w_1 と w_2 は他の多くの遺伝子座との相互作用の影響を受ける．そこでウィリアムズは，もしすべての遺伝子座の対立遺伝子の平均適応度として w_1 と w_2 を再定義すれば，式（2.5）に似た以下のような式が導かれると考えた．

$$\Delta x = \frac{xy(\overline{w}_1 - \overline{w}_2)}{\widehat{w}} \tag{8.3}$$

ここで，Δx は遺伝子座 A における世代あたりの対立遺伝子頻度 x の変化量であり，$\overline{w}_1$ と $\overline{w}_2$ はそれぞれ，他の遺伝子座すべての効果を考慮した対立遺伝子 A_1 と A_2 の平均適応度である．$\widehat{w}$ は集団全体の平均適応度である．

理論的にいえば，式（8.3）は正しくない可能性もある．なぜなら複数の遺伝子座に対する自然淘汰はきわめて複雑であり，対立遺伝子頻度の変化は式（2.12a）または多くの遺伝子座に適用できるその拡張式で与えられるべきだからである．言い換えると，遺伝子相互作用と連鎖不平衡の存在下では，1つの遺伝子座の対立遺伝子の変化は正にも負にもなりうる（図 2.3 を参照）．しかし，ウィリアムズは遺伝子座の数や関与する淘汰の種類によらず，Δx は常に正の値であると仮定した．式（8.3）の Δx は環境条件が世代ごとに変わるだけで負の値になりうる（図 2.2 を参照）．しかしウィリアムズはその可能性を考慮しなかった．新たな遺伝的変異はつねに新たな突然変異，新たな遺伝子重複，新たなエピジェネティックシステムなどによって生じる．したがって，ゲノムレベルでの自然淘汰はきわめて複雑であり，彼の主張は妥当とはいえない．

さらに，ウィリアムズはいかなる遺伝モデルや数理モデルも考案しなかった．Δx が正の値であればこれらは不要であると考えていたからである．この考えは，表現型形質の進化が新たな突然変異，遺伝子間相互作用，遺伝的浮動がなくても生じるのであれば理解できる．つまり，彼の考えは明らかに古典的な新ダーウィン主義の理論に依存している．しかし，第 4 章から第 6 章にかけて議論してきたように，進化にさまざまな要因があることを考えれば，ウィリアムズの主張を受け入れることはできない．

実際，進化の利己的遺伝子説（もしくは遺伝子中心説）はこれまで多くの研究者に批判されてきた．グールド（Stephen J. Gould）は，自然淘汰はある個体のグループが別のグループよりも多くの子孫を残すときに生じ，それは個体の生死の問題であるので，自然淘汰の単位を遺伝子とするこの説の概念は間違いであると主張した

(Gould 1980, 第8章; 2002, pp. 638–641). ウィリアムズやドーキンスも自然淘汰が表現型や個体に生じるものであることを認めているが (Williams 1966; Dawkins 1976), 集団遺伝学では対立遺伝子頻度の変化が進化過程を表すものであるので, 淘汰の単位は遺伝子であるはずであると主張している. 残念ながらグールドの批判は集団遺伝学の理論に基づくものではなく直観的な主張であったため, ドーキンスも別の直観的な主張によって自身の利己的遺伝子説を擁護することができた (Dawkins 1982). エルンスト・マイヤー (Ernst Mayr) はより鋭い指摘を行い, 現在の集団遺伝学の理論は表現型 (もしくは遺伝子型) の適応度に基づいており, その適応度は全形質に対するあらゆる自然淘汰を考慮したものであるので, 自然淘汰の単位は明らかに遺伝子ではなく表現型であると指摘した (Mayr 1997).

実際の集団では, 複合形質の進化は突然変異, 遺伝子重複, 遺伝子調節システム, 遺伝的浮動など多くの非淘汰的要因によって制御されている. 最近, ノヴァクらはさまざまな条件のもとでの真社会性の誕生にかかわる遺伝子の対立遺伝子頻度の変化を研究し, 突然変異や遺伝的浮動を考慮するとその対立遺伝子頻度は必ずしも増加していないと結論づけた (Nowak et al. 2010). 群淘汰に対するウィリアムズの否定的な見解についても多くの研究者によって再試が行われており (Borrello 2005; Wilson and Wilson 2007), 条件によっては個体淘汰と群淘汰の両方が理論的に正当化されるとの結論が得られている.

さらに, 利己的遺伝子説における自然淘汰は直観的でモデルも存在しないため, 多くの自然淘汰の様式を説明できる. ウィリアムズとドーキンスは, この単純さが利己的遺伝子説の利点であると主張しているが, 同時にこれはこの説の欠点でもある. 彼らは自然淘汰に関するモデルを示していないため, この説は反証ができない. カール・ポパー (Karl R. Popper) によれば反証できない説は科学的理論ではないため, したがって利己的遺伝子説も科学的理論ではないことになる. 自然淘汰が万能であるという前提で生じる進化は, 自然淘汰が神に代わったというだけで創造説とあまり違わない. 実際には, 突然変異や遺伝的浮動も複合形質の進化において重要な役割を果たしている. このことは, 彼らの自然淘汰に関する直観的な分析は生物学的に意味がないことを示唆している. 自然淘汰の効果を理解するためには, 進化の遺伝モデルを考え, その理論的予測と実データを比較する必要がある.

行動にかかわる遺伝子の分子研究

多くの理論学者はいまだに数学的研究に興味をもっているが (たとえば Frank

1998; Charlesworth and Charlesworth 2010; Bourke 2011），行動形質の進化の遺伝子基盤および分子基盤に関する研究は劇的に進展してきた．シーモア・ベンザー（Seymour Benzer）はこの分野を開拓した人物で，多くの変異体を作成し，これらの変異の分子基盤を研究した（Benzer 1967）．しかし，人為的に作製された突然変異はほとんどが有害であるため，近年，研究者は行動形質の進化を理解するために，自然集団中の多型的な対立遺伝子を用いて研究を行っている．

そのような研究例は数多く存在するが（たとえば Robinson et al. 2005），そのうちいくつかを表 8.1 に示した．ここではいくつかの興味深い例について議論したい．初期の研究例の 1 つが，ショウジョウバエの概日リズム（24 時間サイクルの体内時計）を制御する *period*（*per*）遺伝子である（Sawyer et al. 1997）．*per* 遺伝子の分子解析により，per タンパク質はトレオニン-グリシン反復領域をもち，それぞれ 17 回と 20 回の反復回数をもつおもに 2 つの対立遺伝子が存在することが示されている．17 回反復型の対立遺伝子は南ヨーロッパでは非常に多く，一方 20 回反復型の対立遺伝子は北ヨーロッパでより多く見られる．この 2 つの対立遺伝子がどのように概日リズムに影響するかについてはよくわかっていない．それは，*per* 遺伝子と相互作用する遺伝子がいくつか存在するためである．また，*per* 遺伝子座は概日リズムに加えて交配行動にも影響する（表 8.1 を参照）．

ショウジョウバエにおける興味深い別の例として，幼虫の段階での採餌行動の範囲を制御する *foraging*（*for*）遺伝子がある．表現型としては放浪タイプと定住タイプの 2 種類の多型が存在する．放浪タイプは定住タイプに対して優性であり，放浪タイプの表現型を示す個体は採餌行動の範囲が非常に大きく，一方定住タイプの個体は狭い範囲しか動かない．*for* 遺伝子はサイクリック GMP 依存性タンパク質リン酸化酵素（protein kinase G: PKG）をコードしており，PKG の酵素活性と mRNA 量は放浪タイプのほうが定住タイプに比べて高い．したがって，この 2 タイプの違いには調節領域に生じた最低 1 つ以上の突然変異がかかわっているようである．しかし，放浪タイプと定住タイプの行動を生みだす真のメカニズムはいまだわかっていない（Sokolowski 1998）．

線虫 *Caenorhabditis elegans* では，いくつかの野生型系統はエサである大腸菌の周りを動き回り，単独で採餌行動を行う．一方，エサを採るとき，そのエサに凝集するような社会性のある採餌行動を呈する系統も存在する．このような採餌形質を制御する遺伝子の 1 つに，*PKG*（タンパク質リン酸化酵素 G）遺伝子がある．この遺伝子は食事依存性運動の違いにかかわっている．この遺伝子座の対立遺伝子は，線

表 8.1　社会行動に関する分子研究の例.

行　動	生　物	遺伝子	分子機能
流浪か世話	ショウジョウバエ	*foraging*（*for*）	タンパク質リン酸化酵素G
放浪か定住	線虫	*egl-4*（産卵不全4）	タンパク質リン酸化酵素G
分業：採餌の開始齢	ミツバチ	*foraging*（*for*）	タンパク質リン酸化酵素G
分業：採餌関連？	ミツバチ	*Period*（*Per*）	転写補助因子
採餌の特殊化：花蜜か花粉	ミツバチ	*Protein kinase C*（タンパク質リン酸化酵素C）	タンパク質リン酸化酵素C
女王カースト	ミツバチ	*Royalactin*（ロイヤラクチン）	EGFR（上皮成長因子受容体）
フェロモン伝達	マウス	*V1R, V2R*（鋤鼻受容体多重遺伝子族1と2）	Gタンパク質共役型受容体
オス求愛：交尾のタイミング	ショウジョウバエ	*Period*（*Per*）	転写補助因子
メス受容性	齧歯類	エストロゲン応答遺伝子	多様な機能
交尾抵抗性, 産卵, 短命	ショウジョウバエ	精液タンパク質遺伝子	多様な機能
一夫一婦制, 子育て	齧歯類	*V1aR, OTR*	バソプレシンとオキシトシン受容体
母性保護	ラット	*GR*	グルココルチコイド受容体
縄張りオス	シクリッドの一種	*GnRH1*（生殖腺刺激ホルモン放出ホルモン1）	生殖腺刺激ホルモン放出ホルモン
支配オス	アメリカザリガニ	*5HTR1, 2*（セロトニン受容体タイプ1と2）	セロトニン受容体
攻撃性	ミツバチ	*Maoa*（モノアミン酸化酵素A）	モノアミン酸化酵素
攻撃性	マカク	*5HTT*（セロトニン輸送体）	セロトニン輸送体

Robinson et al.（2005）を含む多くの文献の情報をまとめた.

虫が動き回る時間と静止する時間の割合に影響する．この違いは，運動性と嗅覚に関与する感覚神経によって生じる（Robinson et al. 2005）．PKG シグナル伝達を減少させる突然変異は運動性の増加を引き起こすことから，この行動は PKG 依存的であることが示唆されている．PKG 依存性の採餌行動はミツバチでも観察されている．働きバチは若いうちは巣に留まり，日齢の進んだ働きバチはエサを探しに巣外へ出かけるようになる．採餌行動を開始する時期は各コロニーでの必要性に応じて社会的に制御されている．たとえば，若いハチがフェロモンによって採餌しているハチがいないと感じとると，早熟の採餌行動が生じる．ショウジョウバエの *for* 遺伝子のオルソログである *For* 遺伝子がミツバチにおける採餌行動の開始時期の制御にかかわっている．脳の *For* 遺伝子の mRNA 量は巣にいる働きバチよりも採餌行動をする働きバチに多い（Robinson et al. 2005）．したがって，ミツバチの採餌行動は社会的に制御されている形質である．これらの結果は，採餌行動が昆虫と線虫という遠縁な 2 種において同一もしくは類似の調節遺伝子によって制御されており，採餌システムが非常によく保存されていることを示唆する．しかし，ミツバチの遺伝子発現の調節システムは比較的速く進化してきたようである．

行動形質は多重遺伝子族によって制御されていることも多い．たとえば，蛾の交配にかかわる性フェロモンを合成する遺伝子は，アシル CoA 不飽和化酵素多重遺伝子族に属する．蛾において，交配は同種のオスを誘引するメスの性フェロモンの放出によって始まる．このフェロモンは，複数の長鎖脂肪酸炭化水素が複雑に混ざってできており，フェロモン合成には鍵となる 3 つの酵素反応が必要である．これらの反応にかかわる酵素は不飽和化酵素とよばれており，この酵素をコードする遺伝子は多重遺伝子族を形成していることが知られている．この多重遺伝子族は出生死滅進化していることが知られており，種特異的な遺伝子セットを生みだしている．この種特異的な遺伝子セットが，種特異的なフェロモン混合物をつくりだし，その結果，種特異的な交配が生じるのである（Roelofs and Rooney 2003; Rooney 2009）．

一般的に，行動形質の遺伝子基盤は非常に複雑であり，多くの遺伝子が互いに相互作用し，また環境とも相互作用することによって制御されている．動物では，交尾行動，子育て，攻撃的行動は生存にとって重要であり，多くの要因によって制御されている．ショウジョウバエの攻撃的行動については，エドワーズ（Alexis C. Edwards）が遺伝子発現に関するゲノムワイドな解析を行い，この行動を制御する 34 個の遺伝子を同定している（Edwards et al. 2006）．行動遺伝子の研究はまだ始まったばかりであり，行動形質の進化に関する我々の理解はいまだ非常に乏しい．しかし，いまや遺伝子発現のゲノムワイド解析が可能であるので，この重要な問題に関する理解が近い将来いっそう進むことが期待される（Chandrasekaran et al. 2011; Hunt et al. 2011）．

8.7　ま　と　め

生物が見事に特定のニッチや生活様式に適応している例は数多くみられる．多くの進化生物学者はこのような適応が自然淘汰のみによって生じると主張してきた．しかし，適応的な重要性が簡単には認識できないにもかかわらず，集団中の頻度が非常に高い変異形質も存在する．また，最近の分子研究は，表現型進化のほとんどの革新的形質が突然変異によって生じ，自然淘汰の役割は対立遺伝子頻度を変えることであることを示唆している．

ダーウィンが脊椎動物の眼のような複雑な形質の進化を自然淘汰によって説明するのに苦慮していたことはよく知られている．しかし，自然集団がほぼありとあらゆる種類の遺伝的変異を保持しているという仮定のもとで，これらの複雑な形質が自然淘汰によって徐々に下等生物の原始的形質から進化したという考えを提唱した．しかし実際には，新たな変異形質が突然変異によって生じると仮定すれば，彼の説明はずっと単純になっていただろう．不運にも，ダーウィンの時代には存在する突然変異を認知する術がなかった．ダーウィンの直面していた困難のいくつかは，いまや分子レベルの突然変異によってより直接的に説明することが可能である．膜翅目昆虫におけるカースト制の進化も突然変異によって説明が可能である．

ダーウィンはヒトや他の動物でみられる退行形質を説明するのにも苦労していた．彼は用不用による進化（ラマルク主義）の考え方を頻繁に用いた．現在では，これは形質が必要でなくなったときに生じる機能喪失突然変異の蓄積であると簡単に説明できる．寄生生物もまたもともとの器官や遺伝子が必要でなくなったとき，機能喪失突然変異を蓄積することが知られている．寄生性細菌のアミノ酸置換速度は非常に速く，これは明らかに有効集団サイズが小さいことと DNA 修復酵素が欠如していることによって生じている．

哺乳類では，性は XX/XY システムによって決定されており，一方鳥類では ZZ/ZW システムによって制御されている．両生類や爬虫類では XX/XY と ZZ/ZW システムは置き換わることが可能であり，爬虫類には環境要因によって性決定を行う種も存在する．これらのシステムの進化の分子基盤についてはよくわかっていないが，すべての脊椎動物種においてオスまたはメスの表現型形成を促すシグナルタンパク質は同じであるようである．同様に，オスとメスの表現型を決定するシグナルタンパク質はすべての無脊椎動物で同じであり，このタンパク質は脊椎動物のタンパク質と相同であるようである．ただし，性決定の引き金となるシグナルタンパク質は生物群によって非常に異なる．X と Y（または Z と W）染色体の分化は，Y 染色体の性決定関連遺伝子間の組換え価が減少し，他の Y 染色体遺伝子が不活化することによって起こる．X 染色体遺伝子での遺伝子量補償機構はその後いくつかの生物群において進化した．

現在のところ，行動生物学者の多くは自然淘汰万能主義者であり，突然変異，遺伝的浮動，遺伝子転用にはほとんど関心を示さない．しかし，行動変異に関する分子データは，進化において自然淘汰とともに非自然淘汰的要因も重要であることを示している．行動生物学者は行動形質の進化を理解するために複雑な数学理論を構築している．しかし，意味のある理論研究を行うには，まず分子レベルの研究がなされるべきである．

9　進化における突然変異と自然淘汰の役割

9.1　進化過程における突然変異と自然淘汰の違い

進化研究においては以下のような問いがよくある．それは，突然変異と自然淘汰はどちらが重要なのか，という問いである．しかしながら，この問いは適切ではない．なぜなら，突然変異と自然淘汰の役割は質的に異なるからである．単純に考えると，DNA 分子の変化はどんなものであっても突然変異である．突然変異によって生じる遺伝子型は，それまでに存在していた遺伝子型と比較して革新的な表現型を生みだすかもしれない．すると，その遺伝子型はそれまでに存在していたものよりも高い適応度をもつであろう．新しい遺伝子型の淘汰的有利性は，その表現型の革新性が高ければ高いほど大きくなると期待される．したがって，表現型の革新性と淘汰的有利性の程度は突然変異の種類によって決まる．つまり，突然変異と自然淘汰が独立なものでないことは明らかであり，淘汰は有利な突然変異によって生じる．もし新たな突然変異によって生じた対立遺伝子の淘汰的有利性を分子レベルで同定できれば，どのように進化が生じるかを理解できるということになる．これが突然変異こそ進化の主要因であり，自然淘汰は二次的重要性しかもたないと考える理由の１つである（Nei 1983, 1987, 2007）．この考えは，突然変異と自然淘汰が独立の事象であると考えていたトーマス・モーガン（Thomas H. Morgan）の突然変異-淘汰説（Morgan 1925, 1932）とは異なる．当時，突然変異の分子基盤は知られていなかったため，なぜ特定の突然変異が既存の対立遺伝子よりも有利であるのかを理解することは困難であった．また，モーガンは遺伝子の突然変異しか考慮していなかった．

新ダーウィン主義の時代には，すでに突然変異が遺伝的変異の根源であることは知られていたが，突然変異によって生じる遺伝子の分子レベルの変化を同定することは困難であった．したがって，新ダーウィン主義者たちは，集団中にはさまざまな突然変異が存在し，環境条件が変わればそれまで有害だった突然変異も有利になりうると信じていた．そのため，環境の変化は自然淘汰が作用するための主要因であると考えられていた．しかし，この考えは，おもにオオシモフリエダシャクの黒色型と淡色型の例によって導かれたもので，実際にこの考えを支持するデータは少ない．メンデル遺伝学者たちは，新しい突然変異のほとんどが有害であることを認識しており，このことも対立遺伝子が置き換わる際に環境の変化が重要であるという考えを後押しした．しかし，環境の変化によって適応度が変化したという例はそれほど多くない．したがって，対立遺伝子の置換に環境の変化が作用するという考えは事実に基づくものではなく，むしろ多くが概念的なものである．

新ダーウィン主義の時代に存在したもう1つの主張は，自然淘汰は複数の有利な突然変異を組換えによって1個体に集約する確率を高めるので，組換えで生じた遺伝子型は淘汰的有利性をもつ可能性がある，というものである（第3章を参照）．これは確かに論理的な主張であるが，組換えは突然変異の一種であり，突然変異の重要性に関する上記の主張はこのような遺伝子型にも適用されるのである．

チャールズ・ダーウィン（Charles Darwin）の進化論そして新ダーウィン主義の時代には，突然変異は基本的にブラックボックスとして扱われていたため，自然淘汰の重要性が強調されるのは自然なことであった．しかしながら，過去数十年の間に突然変異の分子機構に関する知見が数多く蓄積し，突然変異はもはやブラックボックスではなくなった．近縁な関係にある個体や種を比較することでDNA配列の変化を調べることができる（Lynch et al. 2008; Ossowski et al. 2010; Keightley 2012）．突然変異によってどのように表現型の変化が生じるのかも分子レベルで研究できるし，なぜ新たに生じた生物が既存の生物に対して有利なのかについても調べることができる．もちろん，革新的な形質の形成は複雑なゲノムの変化によって生じることも多く，問題の解決は必ずしも簡単ではない．働きバチの利他行動の分子基盤については，最初のシグナルタンパク質こそ同定されたものの，いまだに大部分がよくわかっていない．このことはすでにみてきたとおりである．ヒラメや腹足類の殻の掌性（キラリティー）の分子基盤ですらわかっていないのである．実際，ヒトの身長や植物の開花時期のような複合形質の形成の分子機構はきわめて複雑である．しかし，すでに第6章と第8章で議論したように，このような複合形質の進化を研究し，分子レベルで説明する術を我々はすでにもっているのである．

これに対して，自然淘汰はより複雑な過程である．自然淘汰とは，理論的には集団中の対立遺伝子もしくは配偶子頻度の変化の過程のことであり，この過程は第2章で示したような数学的手法を用いてよく研究されている．しかし実際には，リチャード・ルウィントン（Richard C. Lewontin）が繰り返し強調してきたように，自然集団において自然淘汰を証明し，淘汰係数を推定するのは非常に困難である（第2章を参照）．現在までに自然淘汰が作用してきたと明確にいえる遺伝子は鎌状赤血球貧血遺伝子（*S*）のみである．この遺伝子のホモ接合体（*SS*）は事実上致死であるが，ヘテロ接合体（*AS*）は，アフリカのマラリア多発地域においては生化学的な理由により野生型のホモ接合体（*AA*）よりも高い適応度をもつことが知られている（Allison 1954; Motulsky 1964）．このため，鎌状赤血球貧血遺伝子はアフリカとインドのいくつかの地域で高い頻度で維持されている．他にも，統計的手法により自然淘汰が検出されている，もしくはアミノ酸配列の種間比較によって自然淘汰の存在が推察されている遺伝子は数多く存在する（第2章から第6章を参照）．しかし，多くの生物においてゲノム中に占めるこれら遺伝子の割合はごくわずかである．そのおもな理由は，生物の適応度が多くの遺伝子とたくさんの環境要因によって制御されており，多くの場合異なる遺伝子型の平均適応度の違いが非常に小さく，淘汰係数を推定することが困難であることによる．

では，自然淘汰はどう取り扱ったらよいのであろうか？　世代ごとに変わってしまうほど小さな淘汰係数の推定を目的とするような研究は行わないほうがよい．進化研究において本来重要なことは，どのようにして異なる表現型をもつ種（もしくは個体）が進化してきたのかを明らかにすることである．たとえば，ヒトとチンパンジーは霊長類の中で最も近縁な類縁関係にあるが，我々の眼からみるとこの2種の表現型の違いは非常に大きい．この違いは，自然淘汰と遺伝的浮動のどちらがかかわったかに関係なく，異なる突然変異がこの2種それぞれに固定したことで生じてきた．さらに，表現型の違いは理論的には分子レベルで研究が可能である．このような研究では突然変異によって対立遺伝子の固定が自然淘汰とランダムな要因のどちらによって生じたかは問題ではない．自然淘汰のように証明することが困難であることを考えなくてよくなるのである．

もちろん現実にはヒトとチンパンジーの表現型の違いをもたらしている分子基盤を明らかにするのは容易ではない．この2種の表現型の違いには多くの遺伝子が関与し，またそれら遺伝子は非常に複雑に相互作用しているからである．しかし，このような研究手法は近縁集団間や近縁種間には有効である．海洋性と淡水性のトゲウオに関しては，腹鰭（びれ）の有無の分子基盤が比較的よくわかっている（第6章を参照）．

進化学者の中にはいまだに淘汰万能説に執着し，生物が環境に適応するための手段は自然淘汰しかないと考えている者もいる．しかし，ゲノムの時代となった現在において，この解釈は明らかに誤りである．なぜなら，これまでの章で議論してきたように，突然変異なしに適応は起こりえないし，自然淘汰が関与しない遺伝的プロセスによっても適応は生じうるからである．すべての突然変異はDNA配列の変化によって生じ，少なくとも理論的にはこれらの変化は分子レベルで同定可能である．環境の影響や遺伝子間相互作用があるため，自然淘汰は複雑な過程となる．しかし，繰り返し述べてきたように，その基本的役割は有益な突然変異を維持して有害な突然変異を排除することである．

突然変異のない想像上の世界と，自然淘汰のない想像上の世界を比べてみると，進化における突然変異の重要性が明らかになる．突然変異のない世界では，新しい変異が生じないので，進化は起こりえない．それどころか生命が誕生することもできない（9.4節を参照）．しかし，自然淘汰のない世界では，新たな遺伝的変異が生じるので進化は生じうる．もし調和のとれたゲノム構造をもつ個体だけが生き残ると考えれば，生存競争がなくても制約突破突然変異によって進化は生じうる（9.4節を参照）．もちろん，これは現実世界において自然淘汰が重要でないことを意味するわけではない．自然淘汰の程度を測定するのは難しいが，これまでの章で議論してきた生命のこのうえなく精巧な適応の多くの例は，たしかに自然淘汰によって進化してきたようである．

9.2　進化における偶発的要因と遺伝子転用

第2章で議論したように，ランダムな遺伝的浮動の理論は1930年代に確立された．しかし，ほとんどの進化学者は，適応進化は浮動ではなく自然淘汰のみによって生じると信じていたようである．とくに利他主義やオスの子育てのような複雑な形質の進化に関してはこの考えが主流であった．しかし，表現型進化に関する最近の分子研究はこれを支持しておらず，表現型進化が突然変異，遺伝子重複，組換え，染色体再編成，遺伝子転移，遺伝的浮動など，さまざまな偶発的要因の影響を受けていることを示している．これらの要因は，中立な表現型進化を生みだす要因になっていると考えられる．また，遺伝子転用 co-option による進化の初期段階においてもランダムな要因が影響を与えてきたことはすでに述べたとおりである．

遺伝子転用が中立であることを示した例として興味深いのはピアティゴルスキー（Joram Piatigorsky）らによって最初に発見された遺伝子共有 gene sharing である

(Piatigorsky et al. 1988)．遺伝子共有とは，1つのタンパク質が2つの機能をもつことである．たとえば，アルギニノコハク酸分解酵素は脊椎動物のさまざまな組織において酵素として機能していることが知られているが，水溶性でレンズの透明性を維持するδクリスタリンというレンズの構造タンパク質としても用いられている．また，低分子熱ショックタンパク質として知られている別のタンパク質は，脊椎動物において他のタンパク質の折りたたみを制御するという機能だけでなく，やはりレンズの構造タンパクとしての機能もあわせもつ．同様に，他のクリスタリン（たとえばβやγクリスタリン）も複数の機能をもっていることが知られている．これらの多機能タンパク質は重複遺伝子ではなく，遺伝子発現調節の変化によって生みだされたものである．したがって，異なる組織に発現しているタンパク質の間にアミノ酸の違いはまったくない．

近年，このような例は数多くみつかっており（Piatigorsky 2007），これらの遺伝子は主要な機能（仕事）と二次的な機能をもつので，掛持遺伝子 moonlighting gene ともよばれる（Jeffery 2003）．たとえば，チトクロム c の主要な機能はエネルギー代謝であるが，二次的にアポトーシスにおいても機能する．また，菌類のエノラーゼは糖分解酵素しての第1の機能と，ミトコンドリア tRNA の取り込みという第2の機能をもつ．

第8章では，E・O・ウィルソン（Edward O. Wilson）らによって提唱されたミツバチにおいてカースト制が進化するまでのシナリオについて述べた．このシナリオでは，真社会性が進化するまでのいくつかの段階で，余剰な遺伝子や遺伝子調節システムの転用が重要である可能性が示唆されている．真社会性のような複雑な形質の進化が基本的には中立な過程で説明できるかもしれないというのは非常に興味深い．

実際の集団では，いかなる表現型形質も多くの遺伝子と環境要因によって制御されており，ほとんどの自然集団は遺伝的要因やランダムな環境要因の影響を受けやすい多くの遺伝的変異を保持している．これまで，進化学者は最も重要な偶発的要因は遺伝的浮動であると信じてきたが，これまでの章でみてきたように，その他にも進化に影響する偶発的要因は数多く存在する．

9.3　過去に起こった進化と将来に起こりうる進化

すべての生物学者は，科学的な進化理論には目的論的な要素を含むべきではないと考えている．事実，これこそがダーウィンが進化研究を行う際に用いた手法であり，だからこそ彼は成功したのである．しかし，ヒトの心は容易に目的論的な考えに陥りやすい．20世紀の偉大な生物学者であるJ・B・S・ホールデン（John B.S. Haldane）はかつて，「目的論は生物学者（彼）にとって女王（彼女）のようなものである．彼は女王なしでは生きられないが，公の場では彼女と一緒にいるところをみられたくないのである」と記している．進化生物学において，ヒトが特別な様式で進化してきたと仮定されることは珍しいことではない．これは，ヒトが近縁種であるチンパンジーと比べても非常に異なっているためである．したがって，表現形質を制御する遺伝子がチンパンジーの系統に比べてヒトの系統でより多くの正の自然淘汰を受けてきたという考えに陥りやすい（たとえばSabeti et al. 2006）．

ルウィントンは，「適応に対する現在の考え方は，外界が生物に解決すべき問題を与え，自然淘汰による進化がこれらの問題の解決策を生みだすメカニズムである，というものである．適応とは，生物が問題に対するよりよい解決策を導いていく過程のことである」と述べた（Lewontin 1978）．ルウィントンは傑出した進化学者であるが，この記述の中にはいくつかの目的論的要素がある．生物は突然変異，淘汰，そしてゲノム浮動（遺伝物質のランダムな変化）の結果として受動的に進化するのであり，いかなる問題も能動的に解決しようとはしない．いかなる生物も自身の意志によって目的を達成するべく進化することはないのである．

もし現在のヒトとチンパンジーの形態形質や生理形質の情報を用いてヒトの進化をさかのぼるとすれば，たとえその仮説が多少なりとも目的論的なところがあったとしても，いかにもありそうな進化の仮説を立てることは容易である．そのような仮説の1つが，ヒトに至る系統の集団が草原という新たな生息域に移動し，チンパンジーになる系統はもともとヒトとチンパンジーの共通祖先が生息していた森林にとどまったというものである（図9.1）．したがって，数多くの適応的な新規突然変異がヒトの系統で固定し，これらの変異が現生のヒトを生みだしたかもしれない．しかし，ヒト系統で生じた適応的な突然変異の数がチンパンジーの系統で生じた適応的突然変異の数よりも多いと仮定しなくてはならない理由はどこにもない．チンパンジーの系統においても，気候や生態的条件などの生息環境は時間とともに変わってきたはずであり，その変化に適応するために多くの正の淘汰が働いてきたかもしれないのである．実際，この考えはヒトとチンパンジーの遺伝子発現量をマイクロアレイで網羅的に比較した研究からも支持されている（Khaitovich et al. 2006）．

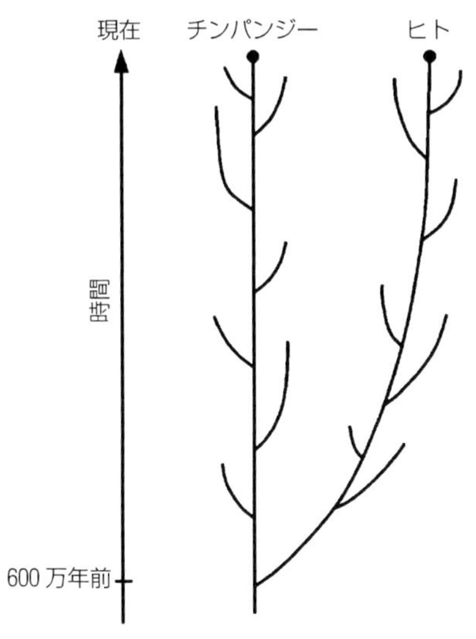

図 9.1 ヒトとチンパンジーの進化の模式図：ヒトとチンパンジーの系統から派生する枝は過去に絶滅した種や亜種を表す．進化をさかのぼってみると，2つの系統は現生2種の現在の形態に向かってスムーズに進んでいるようにとらえられがちである．そして，チンパンジーの形態はこの2種の共通祖先の形態と似ており，ヒトの形態が大きく変化したと考えられている．しかし，今後の進化は予測できないのであるから，実際の進化はこのようなスムーズなものとはかなり異なっているのかもしれない．

一方，進化が目的をもたずに生じる場合，今後起こる進化を予測することはきわめて難しい．なぜなら，今後どのような突然変異が生じるのか，また環境条件や生態条件がどのように変化するのかはわからないからである．注意しておきたいのは，1つの種は通常多くの進化系統に分かれるが，その多くは絶滅するということである．ヒト系統の進化において，このような分岐は何度も生じたことがわかっており，そのうちたった1つの種，ホモ・サピエンス *Homo sapiens* だけが生き残った（図 9.1）．その他多くの系統の絶滅の要因はわかっていないが，おそらく主要な要因は遺伝物質の偶発的な変化（ゲノム浮動）と外的環境の変化であろう．もしホモ・サピエンスの系統が絶え，アジアに分布していたホモ・エレクタス *Homo erectus* が生き残っていたとしたら，この世界はずいぶん違ったものになっていたはずである．このことは進化が種のレベルにおいても日和見的であることを示唆する．たとえば，ヒトとチンパンジーに至る系統が分岐した直後，すなわち2つの集団が存在した約 600 万年前に戻るとしよう．はたしてどちらの集団が後にヒトになるかを予測できる者がいるであろうか？　多くの進化学者は「それは不可能だ」と答えるであろう．おそらく2集団がかなり遺伝的に分岐した後でも答えは同じであろう．言い換えると，突然変異，自然淘汰，遺伝的浮動などが進化の要因であることはわかっても，未来を予測することはできないのである．進化は目的なく生じるため，本質的に予測不能なのである．

原始人が生息していた環境はヒトの進化の方向性に影響を与えたはずである．しかし，その方向性は生じた突然変異の影響を受けたはずである．偶発的に生じる突然変異は進化の方向性を制御できないため，自然淘汰だけが進化の方向を決定できると思われがちである．この考えはどんな集団もあらゆる種類の突然変異を保持していて自然淘汰のみによって進化の方向性が決定されるという考えに基づいている．実際には，ほとんどの突然変異が有害または中立であり，ごくわずかな突然変異だけが新奇形質を生みだす要因になっているようである．この場合，突然変異が進化の方向性を決める主要因となるに違いない．また，ほとんどの生物が最適な環境以外でも生存できることにも注意すべきである．

9.4　ゲノムに対する制約と制約突破進化

進歩的進化

もし進化が多くの偶発的要因の影響を受けるなら，長期的な進化において生物の変遷が順序よく進歩的にみえるのはなぜだろうか？　たとえば，ヒトは体サイズに対する脳容積の割合が他の霊長類に比べて大きく，この割合は新世界ザル，旧世界ザル，類人猿，ヒトと徐々に大きくなっているようである．同様の進歩的進化はクジラが海を生息域としてからの時間と体サイズの関係についてもみられる．リチャード・ドーキンス（Richard Dawkins）をはじめとする新ダーウィン主義者は，進化は進歩的に生じ，その進化は正のダーウィン淘汰によって引き起こされてきたと信じている（たとえばDawkins 1997）．これらの新ダーウィン主義者たちは，まるで自然淘汰に進化の道筋を決める力があるように論じ，突然変異は進化の材料を与えるにすぎないと主張することもある．しかし，これまでの章でみてきたように，分子レベルで見ると進化の主要因は突然変異であり，自然淘汰が進化の方向性を決定してきたことを示す証拠はほとんどない．たとえば，6.5節で述べた南極海のノトテニア魚は，AFGPとよばれる不凍化糖タンパク質が突然変異によって生じなければ誕生しえなかったであろう．自然淘汰は有益なタンパク質を残すうえで確かに重要であるが，これは進化においては二次的な重要性でしかない．ドーキンスは，単純な生物と複雑な生物を比較することで，眼の進化が進歩的であり，これもまた自然淘汰によって生じたと述べている．しかし，すでに論じてきたように，ヒトの眼は突然変異，自然淘汰，遺伝的浮動によって進化してきたのであり，原動力はあくまでも突然変異なのである．

生物進化が順序よく生じているようにみえることをより正確に説明するには，遺伝物質や表現形質の変化がほとんどつねに保存的形質の上に生じており，その保存的形質が時として革新的な変化を生みだすことを理解しておく必要がある．そしてこれらの革新的変化が表現形質の改良につながってきたのである．このような保存性を打破する進化，すなわち制約突破進化ともいうべき進化様式をより議論するために，以下に生命の起源について簡単に説明したい．

目的をもたずして生じた生命の起源

生命の最も根源的な特性は代謝と複製である．現在，ほぼすべての生物において，代謝や複製を制御する遺伝情報はDNAによって伝達される．DNAはRNAやタンパク質をコードし，これらRNAやタンパク質分子が代謝やDNA複製をつかさどる．DNA自身は酵素としての役割をもたない．これに対し，RNAは酵素および自己複製機としての機能をあわせもつことが知られている．このため，今日では生命の起源として，現在のDNAワールドの前にRNAワールドが存在していたと考えられている（Woese 1983; Gilbert 1986）．

RNAワールド仮説では，生命はもともとRNA分子を用いていたとしており，このRNAワールドがその後DNA，RNA，タンパク質によって構成される現在の形に変化したと考える．RNAはDNAと同じく遺伝情報を格納できる特性と酵素のように生化学的反応を触媒する特性をあわせもつ．したがって，厳密な意味での細胞生物が生じる前に細胞をもたない生命体（もしくは初期の細胞生物）が存在していた可能性を示唆する．実際には自然条件下でのRNA分子の形成は複雑な問題ではあるものの，いまのところ非常に初期の生命においてはRNAワールドが存在していたことが広く受け入れられている（Joyce 2002; Orgel 2004; Mortiz 2010）．

RNA分子が凝集した最初の自己複製体がどのくらいの大きさであったのかは定かではないが，目的論的な考え方を排除すれば，このRNA分子の凝集体はヌクレオチドがランダムに組み合わさった配列やその配列が突然変異によって変化した配列だったはずである．したがって，最初に成功した細胞体がつくられるまでには数億年の年月を要したようである．しかしながら，ひとたび原始的な生命体がつくられれば，代謝や自己複製の効率は突然変異と自然淘汰によって改良されたであろう．このため，多くの研究者は（たとえば Wilson and Szostak 1999; Joyce 2004）は，ランダム配列が数多く存在するときにどのようにして特定の RNA 配列が集団中に広がっていくのかを理解しようと実験を試みてきた．そして，有益な RNA 分子の組合せを得るうえで自然淘汰が重要であることを強調した．

しかし，有益な RNA 分子は既存の配列に新しいヌクレオチドが付加するか，または異なる RNA 分子が組み合わさって生じたはずであり，その際既存の配列と互換性がなければならない．おそらくほとんどの突然変異配列は既存の RNA 分子群や原始的なゲノムとは不適合だったはずであり，純化淘汰によって除去されたに違いない．そして非常にまれに生じる有益な突然変異によって原始的なゲノムの機能は改良されてきたのである．したがって，生命はとくに目的をもって生じたわけではなく，RNA 分子のヌクレオチド配列が偶発的に変化し，有害な変異が除去された結果生じたものなのである．しかし，これは最初の生命体が適切なヌクレオチドの組合せによって瞬時に生じたことを意味するわけではない．むしろ，酵素活性をもち自己複製できる RNA 分子の組合せが得られるまでには無数の突然変異が必要であり，その試行錯誤の歴史の結果として生命体が誕生したと考えるべきである．ひとたびこのような組合せの RNA 分子が生じれば，酵素活性や自己複製機能はまれに生じる有益な突然変異と自然淘汰によって改良されていく．つまり，生命は保存的な進化過程のもとで非常にまれに生じた有益な突然変異によって誕生したといえる．RNA ワールドから DNA ワールドへの転換も同様の制約突破突然変異によって生じたに違いない．自然淘汰は新たな変異を生みだすことはできないのである．

制約突破進化

これまでに，進化は目的をもたずして起こることを述べた．しかしながら，これは進化が偶発的な突然変異だけで生じていることを意味するわけではない．突然変異の固定は長い種の歴史の中で生まれた特定の遺伝的背景のもとで生じる．もし生物が特定の環境に適応していれば，その生物は特有の遺伝的背景をもつはずである．したがって，その遺伝的背景と相性が悪くない突然変異だけがゲノムに組み込まれる．また突然変異が固定するかどうかは，種の生息環境も影響する．もし新たな突然変異体が空白のニッチに適応すれば，変異体はそのニッチを占め，繁栄するであろう．ほとんどの遺伝子は機能的制約のもとで進化しているので，第4章（図4.4）でみてきたように，d_N/d_S は1よりもかなり小さい．この結果は，進化が分子レベルにおいても表現型レベルにおいても数多くの正のダーウィン淘汰によって生じているのではなく少数の有益な突然変異によって生じてきたことを意味する．すでに述べたように，同様の原理は生命の起源においてもあてはまるはずである．このような進化の様式は，保存性を打破する進化，または制約突破進化 constraint-breaking evolution ともよべるものである．この一般原理はすべての生物の進化，そして生命の起源にもあてはまると考えられる．

このような観点から進化をとらえると，生命は非常に低い確率で起こるまれな突然変異によって生じたことがわかる．そして，その後の進化は突然変異によって目的なく生じ，進化の方向性は突然変異の性質，遺伝的背景，環境条件によって決まる．この考え方が正しければ，系統ごとに生じる突然変異，遺伝的背景，環境条件は異なるため，異なる進化系統は進化が続く限り分化していくものと考えられる．実際，ほぼすべての生物進化においてこの要件があてはまる．これまで，進化学者は門，綱，目，科などが生じる際に重要なのは生態的な違いであると信じていた．この考え方には疑問があり，生態条件は異なる突然変異をふるい分けするうえでは重要であるが，これらの階層が分化した主要因は突然変異であると思われる．もし進化がこのような様式で生じていて，我々が異なる生物を過去にさかのぼって比較したとする．このとき，実際に制約突破進化が起きたとしても，少なくともいくつかのグループ（たとえば「綱」）は順序よく進歩的な様式で進化しているようにみえるはずである．

ゲノムの保存性と制約突破進化は，発端種が分化するにつれて雑種の妊性（稔性）や生存力が徐々に低下していくことも説明できる．第6章で議論したように，生物は保存的な遺伝子発現，遺伝子間相互作用，遺伝システムによって生じた産物である．しかし，個体のゲノム構成は低い確率で生じる有利または中立な変異によって徐々に変化し，その結果時間とともに集団間のゲノム多様性は増加する．集団内のゲノム変異量は集団内の個体の交配能力によって決まる．しかし，異なる集団が生態的に隔離されると，発生や生殖に関して集団内で互換性のある突然変異がそれぞれの集団で蓄積するのに伴って，集団間では互換性のない変異も蓄積していく．したがって，もし生態的または地理的隔離が長期的に続けば，これら集団間で雑種不妊や雑種生存不能が生じるであろう．このように，保存的なゲノム進化と制約突破進化は表現型の分化と雑種不妊（不稔）の両方を説明できるのである．

8.6節で述べたように，ジョージ・ウィリアムズ（George C. Williams）はランダムな進化は生命の起源のときにだけ生じ，その後の進化はもっぱら自然淘汰によって生じてきたと述べている（Williams 1966）．一方，突然変異主導進化論では生命の起源からヒトの誕生に至るまですべての進化過程はゲノムの保存性と制約突破進化という同一の原理によって説明できると考える．また，この原理は単細胞生物から多細胞生物，また有性生殖や雑種不妊といったすべての遺伝システムの進化を説明できる．このような観点で進化をとらえれば，目的論的な考えはまったく必要ない．

9.5　種内の遺伝的変異

ゲノムの進化は保存的なものであるが，任意交配種が多くの表現型変異をもっていることもまた確かである．いかなる種のどんな個体であっても他個体とは表現型においてなんらかの違いがある．もしこれらの表現型変異がおもにアミノ酸の違いによって生じているとすれば，種内でのアミノ酸変異は非常に大きくなる．しかし，以下の2つの理由から，種内の表現型多様性の多くは中立またはほぼ中立であるようである．

第1に，タンパク質のアミノ酸置換のほとんどは第4章で述べたように事実上中立である．ヘモグロビンや色覚遺伝子の場合，わずか5％ほどのアミノ酸置換だけが遺伝子の機能変化に重要であると推定されている．もし形態形質を制御する多くのタンパク質が同様の進化様式であり主要遺伝子効果仮説（第7章を参照）に従うとすると，環境要因を除く大部分の表現型変異がおおよそ中立であると考えて問題ないだろう．第2に，もし表現型変異の大部分が強い淘汰圧にさらされているとすると，1対の雌雄から生まれる子どもの数は交配ペアごとに大きく異なることが予想される．しかし実際には，たとえばヒトの場合，産児制限がなければ1組の男女から成人まで成長する子どもの数はポアソン分布に従う（Imaizumi et al. 1970）．さらに，親と子ども世代の繁殖力（子どもの数）の間には非常に弱い相関しかない．これらの結果は表現型変異の多くが非淘汰的要因によって生じていることを示唆する（Nei 1987, pp. 422–423）．

この結論は，種内には膨大な量の遺伝的変異が存在するものの，有害な突然変異の影響を受けている個体を除けば，ほとんどの個体の適応度がほぼ等しいことを意味する．ヒト集団においては，たしかに数多くの子どもを残す個体もいる．しかし，この個体の繁殖力が次世代に遺伝しているかどうかは疑わしい．

第2章では，新ダーウィン主義の時代に集団内の遺伝的変異の維持機構に関して古典説と平衡説の間に激しい論争があったことを述べた．もし多くの遺伝的変異が中立もしくはほぼ中立な突然変異によるものだとすれば，この論争もさほど重要ではなくなる．しかし，自然淘汰によって維持されている遺伝的変異のみを考えた場合，ほとんどの変異は突然変異と自然淘汰のバランスによって決まると考えるかもしれない．なぜならこれまでの章でみてきたように，ほとんどの遺伝子は純化淘汰を受けているからである．分子レベルの研究によっていくつかの遺伝子（主要組織適合複合体遺伝子（MHC）や病原抵抗性遺伝子）は超優性淘汰を受けていることがわかっており，多型性が非常に高い．しかし，超優性遺伝子座そのものは不変ではない．MHCの研究から，多くの遺伝子座が出生死滅進化をしており，これらの遺伝子座は進化の過程で変化していることが明らかになっている．新ダーウィン主義全盛の時代に盛んに議論されていた論争が分子レベルのアプローチによってついに解決し，その最終的な結論が両学派にとって好ましい部分と好ましくない部分があったことは興味深い．

過去に論争となっていたもう1つの重要な問題点は行動形質の遺伝的構成である．膜翅目昆虫におけるカースト制の進化においても突然変異が主要な役割を担ってきたことはすでに述べた．ある系統でひとたびカースト制が進化すると，その系統では長期にわたってそのシステムが維持されると予想される．しかし実際には，カースト制の最初のシグナル経路は系統ごとに異なっているようであり，また1つの進化系統をみても時間とともに変化しているようである．これらの変化は明らかに突然変異によるゲノムの変化によって生じたものである．この変化の詳細な過程はいまだ不明であるが，分子解析技術は日々進歩しているので，近い将来この複雑な問題も解決できるはずである．

ヒトの発生には遺伝要因や環境要因だけでなく文化や教育も影響するため，ヒト集団の社会生物学は膜翅目昆虫よりも格段に複雑である．実際，この問題はヒト生物学において最も論争の的になっている問題の1つであり，人類社会において古くからある先天性・後天性論争の一部になっている（Wilson 1975, 1978; Gould and Lewontin 1979; Dawkins 1982; Lewontin et al. 1984）．この論争はさらに何世紀にもわたって続くであろう．しかし，いまこそこの問題に分子レベルで取り組むときである．幸い，すでにこの方面でいくつかの進展がみられる（たとえばBakermans-Kranenburg and van Ijzendoorn 2006; Rutter 2006）．

9.6　ニッチ獲得進化

第1章ではニッチ獲得進化の概念について述べた．ここでは，突然変異主導進化論と絡めてニッチ獲得進化の重要性について詳しく述べたい．第3章で，R・A・フィッシャー（Ronald A. Fisher）が提唱した自然淘汰の基本定理には，長期進化を考えたとき概念的にいくつかの問題点があると述べた．そのうちの1つは，この理論が一定環境という仮定に基づいており，環境が変化しているときにこの理論の生物学的意義が明らかでないことである．環境が変化すると遺伝子型の適応度も変化するので，集団の平均適応度の増加を予測できない．とくに，地面の隆起や種が新たな環境に移入した場合などは予測が難しい．2つ目の大きな問題点は，フィッシャーの定理が集団の絶対適応度と何の関係もないことである．実際には，十分な量の遺伝的変異を保持していても集団は滅びることがあるのである（第3章を参照）．

ニッチ獲得進化の概念を用いれば，これらの問題はなくなる．この考えでは，新たな種は生存競争によって既存の種と置き換わる形で生じるのではなく，新しいニッチを占めることによって誕生する．ニッチ獲得進化は，空きニッチが存在し新たな変異体がそのニッチを埋めることができれば起こりうる．もちろん，空きニッチに移入した変異体はそのニッチにさほど適応していないかもしれない．この場合，変異体はその後に生じる突然変異と自然淘汰によってその環境に適応する必要があるかもしれない．

このような進化の例として，洞窟魚ブラインドケーブ・カラシン *Astyanax mexicanus* の洞窟環境への適応がある．すでに述べたように，この魚の集団サイズは非常に小さいので，この魚において同定されているほとんどの突然変異はこの魚が洞窟に移入してから生じたはずである．この魚の初期進化では色素や眼のような不用な形質が失われたが，その後洞窟環境に適応するために味蕾などの新奇形質を獲得した．これら表現形質の変化は自然淘汰を受けたかどうかにかかわらず突然変異によって生じたものである．このことは，ある環境への集団の適応の多くは突然変異が引き起こしていることを示唆する．

ダーウィンの進化理論と新ダーウィン主義者の進化理論では，新しい種が生じるとき，つねに生存競争よって古い種（または集団）が新しい種に置き換わることを前提としている．しかし，多くの新種は異なる生態的ニッチが存在するときに出現するものと考えられる．もちろん，ルウィントンが強調しているように，ニッチの定義は難しい問題であるが（Lewontin 1978），ここではニッチをかなり大まかにとらえ，隔離されたいかなる生息環境もニッチとよぶことにする．

異なる集団が別々のニッチに生息していると，それらの集団が別種になることはよく知られている．すでに述べたように，ブラインドケーブ・カラシン *A. mexicanus* の洞窟集団はまだ浅い水深に生息する集団と交雑可能である．しかし，長い時間これらの集団がこのまま別々の集団として生息を続けた場合，これらの集団は別種になると予想される．実際，異なる集団が別のニッチを占めているとき急速に種分化が生じることはよくある．たとえば，クジラの祖先はカバの姉妹種であるが，約 5000 万年前に海に移入して以降，多くのニッチや環境に分散し，いまや形態的そして生活様式の観点からみて最も多様化した生物群の 1 つになっている．よく知られている哺乳類の放散も約 1 億年前に哺乳類の祖先種が新たなニッチを数多く開拓したことによるのかもしれない．

もちろん，種分化におけるニッチの重要性はよく知られている（Darwin 1859）．しかし，ニッチ獲得進化の理論は自然淘汰による標準的な進化理論とはいくぶん異なる．ましてやフィッシャーの定理やセウォル・ライト（Sewall Wright）の平衡推移説とニッチ獲得進化はまったく異なる．しかし，ニッチ獲得進化はきわめて一般的なものである．ルウィントンが指摘したように，生物がいまだ開拓していない空きニッチは多数存在する（Lewontin 1978）．これが遺伝的構成やゲノム構造の歴史的な変遷の制約によることは明らかである．したがって，生物が考えうるすべてのニッチを占有することは不可能である．すでに述べたように，遺伝的または表現型進化は本質的に保存的である．この保存的進化は革新的な形質を生じるまれな突然変異または突然変異の組合せによってのみ突破できる．進化はゲノムと環境が変化した結果，受動的なものとして生じるのである．

10 全体の総括と結論

本書の目的は，突然変異主導進化論を提唱し，それが自然淘汰主導進化論よりも生物の進化を論理的に説明できることを示すことであった．そのために本書では進化学上のさまざまな問題について，過去150年間にわたる研究の成果を総括しながら考察してきた．本書で取りあげた話題は広範囲に及ぶため，はじめにこれまでの議論を要約してから包括的な結論を述べることにする．

よく知られているように，チャールズ・ダーウィン（Charles Darwin）の進化論では自然淘汰が最重要視される．しかしながらダーウィンは，自然淘汰がはたらくためにはまずその対象となる表現型の変異が産生されなければならないことを認識し，変異は成長相関，用不用，生息環境の物理的条件の直接的な作用などによって産生されると考えた（Darwin 1859, p. 466）．現在ではこれらの要因で突然変異が産生されることはないことが知られているが，進化の基礎過程を理解していたダーウィンの洞察力は評価に値する．自然淘汰がはたらく対象となる遺伝的変異がどのように産生されるのかについては，1910年代から1930年代にかけてトーマス・モーガン（Thomas H. Morgan）らによって遺伝子や染色体に生じる突然変異の性質や頻度が明らかにされることでようやく解明された．

ダーウィンの進化論には他にも，パンゲネシスや融合遺伝が取り入れられているという問題があった．これらの問題は1867年にはすでにフリーミング・ジェンキン（Fleeming Jenkin）によって指摘されており（第1章を参照），1900年にメンデル遺伝が再発見されることでようやく取り除かれた．これらの問題があったにもかかわらず，ダーウィンは遺伝性の表現型の変異と自然淘汰からなる進化の基本的なモデルを提唱した．ダーウィンの進化論のもう1つの問題は，ダーウィンは新たな遺伝的変異が生じるメカニズムを知らなかったために，自然淘汰の重要性を過剰に強調したことである．それでもなおダーウィンの進化論は，初めて進化を機械論的に説明したという意味で革命的だった．

20 世紀のはじめには，自然突然変異と粒子遺伝に基づいた新たな進化理論が提唱された．まずはユーゴー・ド・フリース（Hugo de Vries）によって，新種は単独の突然変異で産生されるという突然変異説が提唱された（de Vries 1901-1903, 1909, 1910）．だがこの説はまもなく非現実的と考えられ 1920 年代には否定された．ただし興味深いことに最近になってこの説は見直され，植物や菌類の進化を考えるうえで重要視されている．次にショウジョウバエやトウモロコシの遺伝子に生じる突然変異の大規模な研究から，突然変異の多くはメンデル遺伝することや突然変異の大部分は有害だが一部は有益であることが示された．これらの結果からモーガンは，突然変異が新たな表現形質を産生し自然淘汰が有益な突然変異を保持して有害な突然変異を排除するという，進化の突然変異-自然淘汰説または突然変異主義を提唱した．

この単純な遺伝子突然変異による進化理論は 1920 年代から 1930 年代にかけてきわめて広く普及し，いまでもそれを支持している生物学者は多い．しかしながら全体的にみると，この理論は 1940 年代から 1950 年代に新ダーウィン主義が支配的になるにつれてしだいに衰退した．新ダーウィン主義者は，新たな突然変異の大部分は有害であるため突然変異が生じるだけでは進化は起こらないと主張して突然変異主義を批判した．また新ダーウィン主義者は，進化はもともと有害だった突然変異が環境の変化で有益になることによって起こると主張した．このような進化の典型例としてしばしば用いられたのが，19 世紀にイングランドの工業地域で観察されたオオシモフリエダシャク *Biston betularia* の暗色型の頻度の増加である．

ただしオオシモフリエダシャクの暗色型の頻度変化についてはいくつか問題がある．第 1 に，オオシモフリエダシャクは長距離移動することが知られており，また暗色型は暗色の地域に移住する傾向があるため，対立遺伝子頻度の変化は必ずしも自然淘汰の効果を表すわけではない．第 2 に，暗色型にはたらく自然淘汰のメカニズムがいまだに不明で議論の余地がある．第 3 に，暗色型と淡色型の相違を生みだす分子機構がわかっていない．この相違は特定の遺伝子に生じるいくつかの突然変異に起因するのかもしれないし，遺伝子複合体が関与するのかもしれない．これは突然変異主義や新ダーウィン主義の時代に研究された他の表現型多型についてもいえることである．

それでもなお，新ダーウィン主義者は進化研究に大きな変化をもたらした．集団の遺伝的変化の研究に数学的手法を導入したのである．集団の進化は複雑でゆっくりとした過程であり，長期的な進化を直観的に思い描くことは難しい．そのような状況で，R・A・フィッシャー（Ronald A. Fisher），セウォル・ライト（Sewall Wright），J・B・S・ホールデン（John B. S. Haldane）といった集団遺伝学者によって構築された数学理論は，生物集団や生物種の長期的な進化を理解するうえで非常に有用だった（Fisher 1930, Wright 1932, Haldane 1932）．この時代に集団内の対立遺伝子頻度の変化に関する決定論的理論と確率論的理論の両方が構築され，それらのうちのいくつかはいまでも分子進化の研究で利用されている．

新ダーウィン主義のパラダイムは，フィッシャーに代表される淘汰万能主義であった（Fisher 1930）．数学理論は，有性生殖（Maynard Smith 1978），利他主義（Hamilton 1964），複合形質（Williams 1966）などの進化についても構築されたが，これらの理論では，進化はほとんど例外なく自然淘汰によって起こり集団サイズは無限大であると仮定されていた．これらの理論は進化に関する仮説を検証するためではなく，直観的に思い描かれた自然淘汰による進化のストーリーをサポートするために構築されたといえる．

20 世紀には多くの研究者が，野生集団で実際に自然淘汰が起こっていることを実験的に証明しようと試みた．これらの研究により，自然集団には多くの有害な突然変異が低頻度で含まれていることが示され，有害な対立遺伝子は純化淘汰によって排除される傾向にあるものの，突然変異と自然淘汰の平衡によって集団にほぼ一定の頻度で維持されていることが明らかになった．一方で，集団で有益な突然変異の頻度が上昇して野生型の対立遺伝子を置き換えることを示すのははるかに困難だった．これにはいくつかの理由が挙げられる．第 1 に，ヒトの寿命は対立遺伝子頻度の長期的な変化を観察するには短すぎる．第 2 に，遺伝子型の適応度は環境に依存し，その環境は毎世代変化するため，遺伝子型の淘汰係数を推定することは難しい．第 3 に，自然淘汰は個体の出生率と死亡率の多型によってもたらされるため，単独の遺伝子座の自然淘汰への効果を抽出してその大きさを推定することは不可能である．第 4 に，気候や地質ですら時間とともに変化する．とくに白亜紀の大量絶滅が起きたときのような大規模な地質の変動があると，対立遺伝子に対する自然淘汰の向きが変化してしまうことすらある．

このような理由から，自然淘汰はしばしば生物の生息環境への適合性から推測された．この場合には，対立遺伝子の置換にはたらいた淘汰係数を計測したりすることはできないが，ある対立遺伝子が他の対立遺伝子よりも有利であることを推測することはできる．ただしどんな進化のストーリーもあとから簡単に創作することができるので，誤った推測をしてしまう危険がつねにつきまとう．したがって，適応進化だけでなく非適応進化の可能性も考えることが重要である．

知性，利他主義，攻撃性のような複合形質に関与する遺伝子やそれらの相互作用を同定することは難しい．そのためジョージ・ウィリアムズ（George C. Williams）やリチャード・ドーキンス（Richard Dawkins）は，これらの形質の進化は自然淘汰のみによって起こり，突然変異，遺伝子重複，遺伝的浮動，エピジェネティクスといったランダムな要素を含む因子の影響は受けないという仮定のもと，さまざまな魅力的な進化のストーリーを創作した（Williams 1966; Dawkins 1976）．これらのストーリーは確固たる集団遺伝学や分子生物学の理論に基づいているわけではないので科学的に検証することができない．だが実際には性決定程度の複合形質の進化でさえも，遺伝的浮動，ゲノム浮動，エピジェネティクスなどの影響を強く受けることを示唆する証拠が数多く報告されている．

新ダーウィン主義の時代には，集団の進化の研究には表現形質を制御する多型的な対立遺伝子が用いられていたが，対立遺伝子の分子レベルでの違いまでは知られていなかった．現在では，対立遺伝子の分子レベルでの違いには，単独の塩基置換，挿入/欠失，Rh 型を決定するような複合遺伝子座におけるハプロタイプの違いなどがあることが知られているが，新ダーウィン主義の時代には突然変異の過程はブラックボックスだった．また種間で相同な遺伝子を同定することができなかったため，進化研究の対象はおもに種内の遺伝的変異に限られた．

そのため新ダーウィン主義の時代に最も重要とされた課題の 1 つが，種内の遺伝的変異の維持機構を理解することだった．これに関する仮説は，テオドシウス・ドブジャンスキー（Theodosius Dobzhansky）によって大きく古典説と平衡説に分類された（Dobzhansky 1955）．古典説はおもにモーガンやハーマン・マラー（Hermann J. Muller）に支持され，種内の遺伝的変異の大部分は弱有害突然変異と純化淘汰の平衡によって維持されると考えられた．一方，平衡説はドブジャンスキー，E・B・フォード（Edmund B. Ford），リチャード・ルウィントン（Richard C. Lewontin）らに支持され，種内の遺伝的変異は超優性淘汰すなわちヘテロ接合体が有利であることによって維持されると考えられた（Dobzhansky 1951; Ford 1964, 1975; Lewontin 1974）．当時は遺伝子座がホモ接合かヘテロ接合かを区別することが困難だったため論争が絶えなかった．この問題を実験的に検証できるようになったのは，1960 年代に電気泳動技術が開発され酵素の多型を検出できるようになってからである．多くの酵素遺伝子座における多型データがさまざまな生物種で産生されるようになると，アミノ酸置換速度から酵素遺伝子座における平均突然変異速度を推定できるようになった．これらのデータは集団サイズのデータとともに分子進化の中立説を検定するために用いられた（Kimura 1968b）．

また興味深いことに，ヘテロ接合度の観測値は平衡説から得られる期待値よりもはるかに低いことが明らかになった．実際のところ，タンパク質の多型に関するさまざまな統計研究において，多型のパターンは中立説に適合していた．ちなみに分子進化の中立説はタンパク質の長期的進化の研究から提唱されたものである．これらの結果が報告されると，遺伝的多型の平衡説はしだいに多くの進化学者から否定されるようになり，中立説が広く受け入れられていった（Kimura 1983; Nei 1983）．

フィッシャー，ライト，ホールデンは，数学的手法によって新ダーウィン主義の理論的基盤を構築した（Fisher 1930; Wright 1931, 1932; Haldane 1932）．同様に，集団遺伝学も数学的手法によって構築された（たとえば Malecot 1948; Wright 1968; Crow and Kimura 1970）．数学理論は実験進化学者にも利用されたが（たとえば Dobzhansky 1937, 1951; Simpson 1944, 1953; Stebbins 1950; Mayr 1963），おもにその概念だけが用いられ，特定の形質や系統の進化に関する実際のデータを解析するために用いられることはまれだった．このことからエルンスト・マイヤー（Ernst Mayr）は，進化研究における数学理論の有用性に対して疑問を呈した（Mayr 1963）．マイヤーは，数学理論では複雑な生化学的過程を経て発生する形態形質の進化を説明できないと主張した．表現形質の進化を理解するためには，まずはその形質の発生学的な分子基盤を知る必要がある．マイヤーの問題を解決できるようになるまでにはおよそ30年もの時間を要した．

タンパク質やDNAを用いた進化の研究は，1960年代のはじめに少数のタンパク質化学者によって始められた（たとえば Ingram 1961; Zuckerkandl and Pauling 1962; Margoliash 1963）．これらの研究者はまず，多様な生物種から得られたヘモグロビンやチトクロムcといったタンパク質のアミノ酸配列を比較することにより，生物種間で観察されるアミノ酸置換数はおおまかにそれらの生物種が分岐してからの時間に比例することを明らかにした．これが分子時計の最初の発見である．これらの研究者はまた，アミノ酸置換はタンパク質の機能的に重要な領域よりも重要でない領域でより頻繁に起こることをみいだした．その後の研究でこれらの結論は他の多くのタンパク質にもあてはまることが示され，これをもとに，木村 資生，ジャック・キング（Jack L. King），トム・ジュークス（Thomas H. Jukes）は分子進化の中立説を提唱した．中立説ではタンパク質の進化において自然淘汰が果たす役割は小さく，アミノ酸置換速度は突然変異速度におおよそ比例すると考える．

当初中立説は，ほぼいかなる遺伝的な変化も環境の変化に依存して自然淘汰によって起こると主張していた新ダーウィン主義に反すると考えられ，多くの新ダーウィン主義者に批判された．しかしながら中立説を支持するデータが蓄積されていくにつれ，新ダーウィン主義者もあまり批判的でなくなっていった．いまでは新ダーウィン主義者の多くが中立説を受け入れているようであるが，中立な変化は表現型に影響を与えないため生物学的に面白くないという理由でいまだに批判している者もいる．ただし最近の研究によって，遺伝子やゲノムに生じる中立な変化がしばしば表現型に影響を与えることや，表現型の進化がつねに自然淘汰によって起こるわけではないことが示されている．

進化を分子レベルで研究することによって，遺伝子に突然変異が生じる過程と自然淘汰がはたらく過程を分離して考えることが可能になり，分子を用いた進化研究という新たな時代が始まった．分子進化学の初期の頃には，遺伝子に生じる突然変異はその遺伝子にコードされるタンパク質に生じるアミノ酸の変異として検出された．変異型タンパク質が野生型タンパク質よりも淘汰上有利であればその突然変異は集団中に広がっていくと考えられるが，機能的に同等であってもランダムな遺伝的浮動によって集団に固定しうる．ここでは自然淘汰は，進化の過程で有益な突然変異を保持して有害な突然変異を排除するためのふるいでしかない．

分子進化学のさらなる発展により，集団では毎世代大量の突然変異が生じているものの多くは純化淘汰や遺伝的浮動によって排除されてしまうことや，集団に固定する突然変異の大部分はおおむね中立でほんの一部だけが有益であることが明らかになった．集団に固定する突然変異の大部分がおおむね中立だということは，タンパク質の進化も中立だということを意味する．以上が分子進化の中立説の本質である．

純化淘汰の強さはタンパク質によって大きく異なる．たとえばヒストンやユビキチンは機能的制約が強く保存性が高いが，嗅覚受容体や主要組織適合遺伝子複合体分子は保存性が低く進化速度も速い．まれにタンパク質の機能的制約が系統によって強まったり弱まったりしてアミノ酸置換速度が変化することもある．たとえばテンジクネズミとその近縁種では他の哺乳類と比較してインスリンのアミノ酸置換速度が数倍速まっている．脊椎動物の系統では原生生物の系統と比較してヒストンのアミノ酸置換速度がかなり遅くなっている．したがってこれらのタンパク質では分子時計が成り立たない．

分子時計は突然変異の速度が変わることによっても成り立たなくなる．ブクネラなどの寄生性細菌ではしばしば自由生活性細菌よりもアミノ酸置換速度が速い．多くの寄生性細菌ではDNA修復酵素が消失しているため突然変異速度が上昇しており，どの遺伝子についても分子時計が成り立たない．進化速度が系統によって極端に異なる例の1つがマンテマ属の植物種のミトコンドリア遺伝子で，一部の種でRNA編集機構が欠損しているために同義置換速度が種間で大きく異なる．ただしアミノ酸置換速度や塩基置換速度が系統ごとに極端に異なることはまれで，何千もの遺伝子で進化速度はだいたい一定である．

分子進化研究は，1977年に新たな塩基配列決定技術が開発されるとともに飛躍的に発展した（Maxam and Gilbert 1977; Sanger et al. 1977）．塩基配列にはタンパク質コード領域だけでなく非コード領域も含まれ，非コード領域にはmRNAの転写や翻訳を制御する配列が含まれる．そのため進化研究において塩基配列はアミノ酸配列よりもはるかに有用である．また塩基配列を用いることで，同義置換の速度と非同義置換の速度を求めることもできる．アミノ酸を変えない同義置換の速度（r_S）を中立な塩基置換の速度とみなし，アミノ酸を変える非同義置換の速度（r_N）を正の自然淘汰や負の自然淘汰がはたらいた塩基置換の速度とみなすことにより，r_S と r_N の比較から自然淘汰を検出できる．

いまでは，$w = \dfrac{r_N}{r_S}$ $\left(\text{第4章では } \dfrac{d_N}{d_S}\right)$ の値はしばしば遺伝子座にはたらく自然淘汰の強さの指標として用いられ，$w > 1$，$w = 1$，$w < 1$ はそれぞれ正の自然淘汰，中立，負の自然淘汰を表すと考えられている．大部分の遺伝子で w の値は1より小さいことが示されており，ほとんどのタンパク質に純化淘汰がはたらいていることがわかる．これはタンパク質が適切に機能するためにはそれぞれ特有の立体構造を形成する必要があり，構造を変化させるような突然変異は排除されるためである．ほとんどすべての遺伝子はこのような機能的制約のもとで進化しているため，非同義置換速度（r_N）は同義置換速度（r_S）よりも遅くなり $w < 1$ が成り立つのだ．たとえば転写因子の多くには強い機能的制約がはたらいていることが知られているが，これは転写因子がDNAや他の多くのタンパク質と相互作用する必要があるためである．

上の結果は，20世紀なかばに論争の的となっていた遺伝的変異の維持機構として，平衡説は適切でなく古典説が適切であることも示唆する．大部分の遺伝子が機能的制約のもとで進化しているときには多くの突然変異が有害になり，そのような突然変異による遺伝的変異はおもに突然変異-自然淘汰平衡によって維持されると考えられる．まれに有益な突然変異によって一時的に多型が生じることもあるが，遺伝的変異が大量に産生されることはない．むしろ分子進化研究によってアミノ酸置換の大部分は中立であることが示されたことから，集団内には中立な多型も多く含まれていると考えられるようになった．これらの多型の大部分は形態形質の変異としては観察されず，電気泳動技術の開発によって初めてタンパク質中のアミノ酸変異として検出されるようになったものである．電気泳動によって検出されたタンパク質の変異の統計的研究により，それらの大部分は中立であることが明らかになった．以上から，タンパク質の多型と長期的な進化におけるアミノ酸の置換は同じ原理に従って生じていることがわかった．さらに塩基配列データの解析から，塩基多型の大部分も中立であることが示された．

ここで，中立な進化や多型はおもにタンパク質や遺伝子の配列の中でも機能的に重要でないアミノ酸座位や塩基座位に生じる突然変異に起因することに注意する必要がある．どの遺伝子にも一定の割合で機能的に重要な塩基座位が含まれており，そのような座位では突然変異が生じても純化淘汰によって排除されてしまうため塩基置換速度は中立な速度よりもずっと遅くなる．ほとんどすべての遺伝子は機能的制約のもとで進化しており，中立進化は制約を受けていない塩基座位でのみ観察される．

ただし少数ながら種内多型が非常に大きい遺伝子も存在する．たとえば脊椎動物の MHC をはじめとする免疫システム遺伝子や植物の自家不和合性遺伝子などが挙げられる．とくに MHC 遺伝子座における塩基多型は高いことが知られており，1 つの分集団に 20 以上の対立遺伝子が存在することもまれではない．この観察結果は遺伝的多型の維持機構としてドブジャンスキーの平衡説（Dobzhansky 1955）が正しいことを支持する．したがって古典説も平衡説も対象とする遺伝子によっては正しいといえる．MHC 遺伝子座や自家不和合性遺伝子座では多くの対立遺伝子が維持されるが，これらの遺伝子座ではほとんどすべての個体がヘテロ接合であるため，ホモ接合体とヘテロ接合体の適応度の違いに起因する淘汰はあまりはたらかず，遺伝的荷重は大きくならない．

またこれらの遺伝子座においても，ヘテロ接合度が高いのはさまざまな非自己抗原（MHC 遺伝子の場合）やリガンド（自家不和合性遺伝子の場合）と相互作用する一部のアミノ酸座位だけであって，他のアミノ酸座位は構造的制約や機能的制約のためにヘテロ接合度は高くならないことに注意する必要がある．つまり高度に多型な遺伝子といえども機能的制約のもとで進化しているのである．いかなる遺伝子も他の多くの遺伝子と相互作用するという意味では，実質的にすべての遺伝子が機能的制約を受けているといえる．進化の過程でまれに相互作用する遺伝子が変化することもあるが，その場合には構造的制約や機能的制約も変化する．

進化における遺伝子重複の重要性は20世紀はじめには知られていたものの，遺伝子重複が遺伝的変異を産生するための重要な突然変異のメカニズムであることは，およそ10年前にゲノム配列が解読されるようになるまで知られていなかった．いまでは単純な生物から複雑な生物に進化するにつれて，ゲノムではタンパク質コード領域だけでなく非コード領域も劇的に増加することがわかっている．非コード領域にはタンパク質の合成を制御するために必要なRNA分子などがコードされており，複雑な生物の進化にはタンパク質コード領域だけでなく非コード領域も増加させることが重要だと考えられる．遺伝子数を増加させるメカニズムとしてはゲノムの重複や倍数化が最も影響力が大きいが，縦列遺伝子重複やゲノムの部分重複も重要である．

ゲノムの重複や倍数化のあとには遺伝子や非コード領域の減少が起こることがある．その理由は新しく産生された遺伝子が冗長なためであり，また発生過程に完全には適合しないためである．個体が形成されるためには発生の過程で遺伝子が複雑に相互作用する必要があり，このときにはゲノム中のすべての遺伝子が互いに適合していなければならない．すなわち遺伝子が機能性のタンパク質をコードするためには特定の塩基配列でなければならないように，ゲノムが生存可能な個体を形成するためには特定の組合せの遺伝子をコードしていなければならない．ゲノムのこのような機能的制約は，ゲノム制約 genetic constraint またはゲノム保存 genetic conservation とよばれる．したがって，ゲノムの倍数化によって産生される任意の遺伝子の組合せは有害であると考えられる．新たに産生された倍数体で調和のとれたゲノムを構築する過程では遺伝子を整理する必要があり，いくつかの遺伝子は排除される．

正常な個体を形成するためにはたらくゲノム制約は，遺伝子の配列にはたらく制約ほど厳格でない．実験データによると，ゲノム構造が多少異なっていても同等に生存可能な個体が形成されるので，集団内には異なるゲノム構造が共存できると考えられる．よい例としてヒト集団における嗅覚受容体遺伝子のコピー数変異が挙げられる．ヒトの個体間での嗅覚受容体遺伝子数の違いは最大で60個にもなるが，これだけの違いがあっても個体の適応度に大きな差はないようである（第5章を参照）．いまではゲノム中の多くの遺伝子でコピー数変異が存在することがよく知られており，コピー数変異はタンパク質におけるアミノ酸配列の変異と同様に，表現型の種内変異を産生するための重要なメカニズムと考えられている．

このように種内ではゲノム制約はきわめて緩いが異種のゲノムは一般に生殖不適合で，種間雑種はたとえ親が近縁種同士であっても通常生殖不能または生存不能である．遠縁種間であれば交配さえも不能でゲノムの適合性も非常に低いと考えられる．

複雑な生物では単純な生物よりも遺伝子数が多いため，ゲノム制約はあまり厳格でないと考えられる．したがって多重遺伝子族あたりの遺伝子コピー数も，複雑な生物では単純な生物よりも大きく変動する．遺伝子コピー数の変動は化学受容体遺伝子や免疫システム遺伝子でしばしば観察され，特定の生息様式や環境への適応に関与する．そのため遺伝子コピー数の種内変異は進化に重要と考えられるが，種内の変異と種間の相違の関係は不明瞭である．いずれにしても遺伝子コピー数進化における最も重要な原動力は，突然変異の一種である遺伝子重複と欠失である．

遺伝子重複のもう1つの重要な役割は，多重遺伝子族を形成して複数の多重遺伝子族からなる複雑な遺伝システムの構築に寄与することである．遺伝システムの例としては，脊椎動物の獲得免疫システム（adaptive immune system: AIS）や植物の開花システムが挙げられる．AISを構成する重要な多重遺伝子族は，免疫グロブリン，MHC，T細胞受容体などである．これらの多重遺伝子族は，はじめはそれぞれ独自の機能をもち独立に進化したが，その後協調的に相互作用するようになりAISを進化させたと考えられる．すなわちこれらの多重遺伝子族は，AISという機能的に統合化された遺伝システムを構築するために再利用 recruitment または転用 co-option されたのである（第5章を参照）．植物の開花システムも同様の進化プロセスをたどって構築されたと考えられる．進化はしばしば利用可能な遺伝子を必要に応じて再配置することによって起こる．フランソワ・ジャコブ（Francois Jacob）らはこのような進化を，「鋳掛進化 evolution by tinkering」とよんだ（Jacob 1977）．またこのような進化は，複数の遺伝子や多重遺伝子族を巻き込んだ「転用進化 evolution by co-option」ともよばれる．

ただし，このような場合でも進化は一般に保存的である．MHCや免疫グロブリンの非自己ペプチドとの結合座位には正の自然淘汰がはたらくためアミノ酸置換速度が速いが，これらの分子の基本的な構造は不変であり，構造的，機能的にはこれらの遺伝子も保存されているといえる．遺伝子や遺伝システムの保存性が解除されるのは構造に劇的な変化が生じたときに限られる．AIS や開花システムの基本的な機能は何億年間にもわたって保存されてきた．しかしながら軽鎖のない免疫グロブリンやウサギ免疫グロブリン重鎖の可変領域で異常に長い期間（約 5000 万年間）維持されてきた多型のように，制約突破進化 constraint-breaking evolution もまれに起こる．減数分裂や体細胞分裂などの多くの遺伝システムは高度に保存されており，制約突破突然変異または革新的突然変異は非常にまれにしか起こらない．制約突破進化という考え方は，アミノ酸配列や塩基配列の進化についても適用できる．

遺伝子の転用進化は，新たな遺伝システムの構築以外でも起こる．興味深い例として，ある機能遺伝子がまったく別の用途に流用されるというものがある．脊椎動物では，さまざまな組織で触媒として機能している一部の酵素が眼の水晶体の形成のために流用されている．このような転用進化は，1つの遺伝子が2つの機能を担うことから「遺伝子共有 gene sharing」または「遺伝子掛持 moonlighting」ともよばれ，多くのタンパク質が多機能性であるために起こると考えられている（Piatigorsky 2007）．転用進化のその他の例として，南極海の硬骨魚でトリプシノーゲン分解酵素が構造的な修飾を受けて不凍タンパク質として用いられているというものがある．植物では葉緑体遺伝子の多くが宿主の核ゲノムに移行しており，そのうちの約半数が宿主固有の生化学的機能を担っている．

生物進化のその他の重要なメカニズムとして，遺伝子発現パターンの変化が挙げられる．ゲノムの塩基配列は発生の過程で適切に発現制御され，さまざまな表現形質の形成に役立てられない限り意味をなさない．形態形成の分子基盤の研究はおよそ 30 年前に始まったばかりで，多くの重要な問題が未解決のままである．しかしながらいまでは発生生物学の基本原理や，それを用いてどのように表現型の進化を研究すればよいかがわかってきている．表現型の進化における遺伝子制御の重要性は，ミツバチにおける女王バチと働きバチの形態の相違をみれば明らかである．女王バチも働きバチもメスだが，女王バチは働きバチよりも体が大きくたくさんの子を産む．一方，働きバチは不妊で女王バチの世話をし，その子を育てる．メスが女王バチになるか働きバチになるかは胚発生の期間に与えられるロイヤルゼリーの量によって決まり，量が多ければ女王バチ，少なければ働きバチになる．最近の研究により，ロイヤルゼリーにはロイヤラクチンというタンパク質が含まれ，このタンパク質にはエピジェネティックな効果があって女王バチへの発生を促進させることが明らかになった．つまりこのタンパク質の有無で胚が女王バチと働きバチのどちらに発生するかが決まるのである．いまでは特定のタンパク質の有無で表現型に大きな相違が生じる例が数多く知られている．表現型の相違はタンパク質非コード領域の相違によっても生じうる．

一般にタンパク質の発現量は，転写因子などの他のタンパク質，タンパク質非コード領域（たとえばシス調節領域），タンパク質非コード領域にコードされるRNA分子などによって調節される．RNA分子には，マイクロRNA（miRNA），核内低分子RNA，レトロトランスポゾンなどが含まれ重要な制御機能を担うが，詳細は不明である．さらに表現形質はさまざまな生化学経路，遺伝子制御ネットワーク，タンパク質間相互作用などによって制御される．エピジェネティックな発生の制御も非常に重要だがまだあまりよくわかっていない．イントロンの選択的スプライシングも１つの遺伝子座から複数の種類のタンパク質（スプライスバリアント）を発現させるための重要な役割を担い，それによるタンパク質の有無が昆虫における性決定の場合のように発生経路の決定に用いられることもある．

前章までで，突然変異と自然淘汰によって起こるさまざまな進化について概観してきたが，結論をまとめると以下のとおりである．

(1)突然変異はあらゆる進化のもととなる遺伝的変異を産生する．突然変異はゲノム構造の変化であり，塩基置換，挿入/欠失，ゲノム部分重複，ゲノム重複，遺伝子転移，遺伝子水平伝播などを含む．

(2)自然淘汰は有益な突然変異を保存し有害な突然変異を排除する．ある突然変異が有益かどうかはその突然変異の性質に依存するため，自然淘汰は突然変異が生じることで自動的に引き起こされる進化過程といえる．自然淘汰には一部の研究者が主張しているような創造力はない．ある突然変異が有益かどうかは他の遺伝子や環境にも依存し，とくに環境は世代ごとに変化するため野生集団において自然淘汰の強さを測定することは非常に難しい．

(3)進化は生物の複雑性が増減することによって，種間で表現型が多様化していく過程である．進化には自然淘汰だけでなく遺伝子重複や遺伝子転用といったランダムなプロセスも関与する．進化の過程では必ずしも適応度（個体あたりの子の数）が上昇するとは限らない．

(4)遺伝子はヌクレオチドがランダムでなく特異的な順番で並んだものであり，生化学的な機能をもつタンパク質やRNAをコードする．このような機能的制約のため，遺伝子に生じる突然変異の大部分は有害で純化淘汰によって排除される．

(5)遺伝子が新たな機能を獲得する際には，制約突破突然変異が生じて新たな遺伝子や遺伝システムが形成される．制約突破突然変異は機能的に重要な座位に低頻度で生じる．遺伝子は他の遺伝子と相互作用することによって機能するため，制約突破突然変異は多くの遺伝子に影響を及ぼす．

(6)ゲノムは正常な個体を形成するための統合化された遺伝子の集合であり保存的に進化する．表現形質の革新的な変化は，ゲノムに制約突破突然変異が生じることによって起こる．ゲノム制約にはかなりの柔軟性があり，たとえば二倍体の生物種では，個体は2組の異なるゲノムセットをもちながらも問題なく生存して生殖する．このような柔軟性のため，種内では表現形質に大量の中立変異が生じる．しかしながら複数の集団が長い時間隔離されている場合には，雑種はゲノム不適合によって生存不能または生殖不能になる．このような雑種弱勢は，それぞれの集団でゲノムが独立に進化することで集団間での遺伝子の適合性がしだいに減少することによって生じるものであり，雑種不稔性の確立には正の自然淘汰は必要とされない．

(7)どの生物種にも生態学的な制約がはたらくが，それは一般にあまり強くない．それぞれの生物種は多様なニッチからなる生態学的生息域で生存可能であるため，新たな地域に移住しても比較的容易に繁殖できる．

(8)進化は生存競争ではなく制約突破突然変異によって起こる．生物種が新たな環境（たとえば海から陸）に移住すると，純化淘汰が緩和し新たな環境への適応的な突然変異が生じて適応放散が起こることがある．

これらの結論は，おもに近年の分子を用いた進化研究から導きだされたものである．以前は突然変異の過程はブラックボックスで，ある遺伝子座における対立遺伝子間の相違が単独の突然変異に由来するのか複数の突然変異に由来するのか不明だった．また表現形質は多数の遺伝子によって制御されるため，表現形質の相違の分子基盤もよくわからなかった．しかしながら現在では興味のある表現形質の発現に最も大きく寄与する遺伝子座を特定し，対立遺伝子間の相違を分子レベルで研究できる．たとえばヒトとチンパンジーではいずれもPTCの苦味受容に関する多型は1対の対立遺伝子によって制御されているが，以前はそれらの対立遺伝子はヒトとチンパンジーの分岐前に確立し，超優性淘汰によって長い間維持され異種共有多型を形成してきたと推測されていた．しかしながら近年の分子を用いた研究により，それらの対立遺伝子はヒトとチンパンジーのそれぞれで独立に確立したことが明らかになり，超優性淘汰仮説は否定された．

この例から，突然変異の分子的性状を明らかにすることが自然淘汰の研究において重要であることがわかる．また野生集団で自然淘汰の研究を行うことは非常に難しく（第3章と第8章），これまでに導きだされた結論も多かれ少なかれ憶測に基づくものである．しかしながら，そもそも研究者が最も興味を引かれるのは自然淘汰ではなく，遺伝子型間や生物種間の遺伝的な相違である．ヒトとチンパンジーはなぜこんなにも表現型が異なるのか？　トゲウオにおける腹鰭（びれ）の有無の分子基盤はどのようなものなのか？　現在では分子技術が発達したため，これらの疑問にも答えられるはずである．

本書では進化における突然変異の重要性が強調されているが，自然淘汰の重要性が否定されているわけではない．ここでダーウィンの進化論でも突然変異と自然淘汰は両方とも重要視されているという理由で，本書で提唱された進化論は本質的にダーウィンの進化論と同じだと考える読者もいるかもしれない．たしかにダーウィンも突然変異と自然淘汰の重要性を認識していた．しかしながらダーウィンは新たな変異がどのように生じるのかを知らなかったため自然淘汰の重要性を過剰に強調した．そのためダーウィンの進化論はいまでは自然淘汰説として広く知られている．事実ダーウィンは新ダーウィン進化論者と同様に，自然集団にはあらゆる遺伝的変異が含まれているため進化に必要とされるのは自然淘汰だけだと考えていた．

新ダーウィン主義の考え方はいまでも大多数の進化生物学者に支持されている（たとえばFutuyma 2005; Ayala 2007; Bell et al. 2009）．本書では新ダーウィン主義の考え方とは異なり，突然変異の分子的性状や有益性の分子メカニズムを理解することの重要性が強調されている．これまでに多くの研究者が，自分が興味のある形質の進化に重要な役割を果たした遺伝子を特定することを目的として，遺伝子にはたらく自然淘汰を統計的方法によって検出しようとしてきた．たとえばヒトとチンパンジーの形態にみられる相違の要因を理解することを目的としてこれまでに何千ものそのような研究が行われ，何千もの候補遺伝子が報告されてきた．いまではヒトとチンパンジーのゲノム配列が完全に解読されているので，このような統計的研究をさまざまな仮定のもとですべてのタンパク質コード遺伝子を対象に行うことも難しくない．しかしながらこのような研究をしてもヒトとチンパンジーの表現型にみられる相違の要因についての理解はほとんど得られない．

新突然変異主義または突然変異主導進化論は，遺伝子に起こる変化だけでなくゲノム重複などのゲノムに起こるあらゆる変化を突然変異としてとらえる点で古典的な突然変異主義と異なる．突然変異主導進化論においては新たに生じる突然変異の有益性だけでなく，その突然変異の分子的性状も重要視される．したがって，突然変異主導進化論においては突然変異の原因はもはやブラックボックスとして取り扱われることはなく，古典的な突然変異主義よりも格段に広範な生命現象について説明可能となるが，同時にそれらを説明するためにはより高度な分子生物学的手法が必要となる．

本書では，表現型進化の研究に発生学的手法を用いることの重要性が強調されている．発生学的手法は統計的手法よりも手間がかかるが，これによって表現型進化の問題に対する究極の解答が得られる．もちろんこの考え方はすでに多くの発生生物学者によって提示されている．しかしながら進化生物学者は自然淘汰が重要だという考え方にとらわれてしまっており，また発生学的手法は統計的手法よりも手間がかかることからなかなかそれを取り入れようとしてこなかった．

ヒトの一生は集団の長期的な進化を観察するには短すぎるため，進化生物学の議論には昔から多くの憶測が含まれた．とくに行動を制御する遺伝子を特定することは難しく，行動の進化に関する議論には憶測が含まれることが多かった．しかしながら近年の発生生物学の発展によって状況は一変した．膜翅目のミツバチでは女王バチの発生をコントロールする遺伝子が特定され，アリの一種オオズアリ *Pheidole* では女王アリ，兵隊アリ，働きアリの発生メカニズムが明らかにされた．現在まだ謎につつまれている膜翅目昆虫におけるカースト制の進化機構についても間もなく解明されるだろう．

脊椎動物にはさまざまな性決定機構が存在する．有胎盤哺乳類と一部の硬骨魚類はXY（オス）/XX（メス）型であり，鳥類はZW（メス）/ZZ（オス）型である．爬虫類の一部の種では，性は孵化期間における温度によって決定され，魚類の多くの種では性染色体がなく，性は少数の遺伝子によって決定される．カエルにはXY/XX型とZW/ZZ型が多型として共存している種もある．性は染色体よりも分子によって決定されると考えるほうがより本質的であり，性の進化をより簡単に説明することができる．ここに分子生物学の威力を垣間みることができる．動物の眼についても，形態よりも分子から考えるほうがその進化をずっと簡単に説明することができる．分子に着目した表現型の進化の研究はまだ始まったばかりである．現在は哺乳類の脳はおろか一部の哺乳類でみられる子育てのようなより単純な形質の進化でさえもほとんど理解されていないが，これらの形質の進化も最終的には分子レベルで解明されるだろう．

以前には生物進化の一般則を発見することを目的として多くの数学的研究が行われた．フィッシャーの自然淘汰の基本定理はその代表例である．しかしながら生物学は，物理学のような学問とは根本的に異なる．物理学ではニュートン（Isaac Newton）の運動の法則と万有引力の法則を用いて宇宙のすべての天体や地球上のすべての物体の運動を数式で表すことができる．一方，生物学では代謝と生殖が基本的なプロセスであり，これらのプロセスは生化学と分子生物学の原理に従う．このことは，生物学において数学的手法が必要ないことを意味するわけではない．実際，数学的手法や統計的手法は設定される問題や仮定されるモデルが生物学的に意味のある場合にはしばしば有用である．このことはさまざまな生物種や多重遺伝子族を対象とした系統樹解析が近年成功をおさめていることからも明らかである（たとえば Swofford et al. 1996; Nei and Kumar 2000; Felsenstein 2004）．ただし，遺伝子データを用いない数学的研究に対してはとくに注意する必要がある．

表現型の進化を研究するにあたっては，ゲノムにはたらく２種類の進化圧を考慮することが重要である．第１の進化圧は，個体発生における遺伝子間の適合性や生物種または集団の生殖体としての単一性を維持するためのゲノム保存圧である．これは正常な個体が形成されるためには多くの遺伝子が適切に相互作用しなければならず，また集団の生殖体としての単一性を維持するためにはすべての個体が互いに交配できなければならないことに起因する．

第２の進化圧は，種間におけるゲノム多様化圧である．これは制約突破突然変異の多くが種特異的で種間の多様化に寄与することに起因する．ゲノム多様化圧はニッチ獲得進化を促進すると考えられる．だがもちろん異なる種が同じような環境で生息する場合には収斂進化が起こる可能性も考えられる．たとえば多くの肉食動物や吸血コウモリはともに甘味受容体遺伝子を喪失したことが知られている（Jiang et al. 2012; Zhao et al. 2012）．

しかしながら一般に収斂進化はまれにしか起こらず，あらゆる生物界でゲノム多様化圧により豊富な多様性が形成されてきた．またゲノムの多様化に伴いしばしば新たな生態的ニッチも産生されるため，生物種数は指数関数的に増加してきた．ゲノムの多様化は，保存的なゲノムにさまざまな突然変異が生じることによって起こる．したがってゲノムの保存性と制約突破突然変異こそが，すべての生物学上の革新とこの世界に豊富に存在する生物多様性の究極の要因である．このように進化をとらえるとき，目的論的な要因など考える必要はないのである．

付録　数学的注釈

A. 自然淘汰による対立遺伝子頻度の変化

決定論的モデルによる対立遺伝子頻度の変化

任意交配している二倍体生物の大集団において，ある遺伝子座に対立遺伝子 A_1，A_2 がそれぞれ頻度 x，y $(=1-x)$ で存在しているとする．また遺伝子型 A_1A_1，A_1A_2，A_2A_2 の適応度を以下に示すようにそれぞれ w_{11}，w_{12}，w_{22} とする．

遺伝子型	A_1A_1	A_1A_2	A_2A_2
頻　度	x^2	$2xy$	y^2
適応度	w_{11}	w_{12}	w_{22}

このとき，次世代における A_1 の頻度（x'）は次式で与えられる．

$$x' = \frac{x^2 w_{11} + \frac{1}{2} \times 2xyw_{12}}{\overline{w}}$$
$$= \frac{x(xw_{11} + yw_{12})}{\overline{w}}$$

ここで，$\overline{w} = x^2 w_{11} + 2xyw_{12} + y^2 w_{22}$ は集団の平均適応度を表す．したがって，世代あたりの x 変化量（Δx）は次式で与えられる．

$$\Delta x = x' - x$$
$$= \frac{x(1-x)[x(w_{11} - w_{12}) + (1-x)(w_{12} - w_{22})]}{\overline{w}} \quad \text{(A1)}$$

A_1 の性質ごとに，Δx を考える．

⑴半優性で有利な対立遺伝子（$w_{11} = 1$, $w_{12} = 1 - s$, $w_{22} = 1 - 2s$）

$$\Delta x = \frac{sx(1-x)}{1-2s(1-x)} \tag{A2}$$

⑵優性で有利な対立遺伝子（$w_{11} = w_{12} = 1$, $w_{22} = 1 - s$）

$$\Delta x = \frac{sx(1-x)^2}{1-s(1-x)^2} \tag{A3}$$

⑶劣性で有利な対立遺伝子（$w_{11} = 1$, $w_{12} = w_{22} = 1 - s$）

$$\Delta x = \frac{sx^2(1-x)}{1-s(1-x^2)} \tag{A4}$$

⑷超優性対立遺伝子（$w_{11} = 1 - s$, $w_{12} = 1$, $w_{22} = 1 - t$）

$$\Delta x = \frac{x(1-x)[t-(s+t)x]}{1-sx^2-t(1-x)^2} \tag{A5}$$

突然変異と自然淘汰による平衡頻度

式（A2）から式（A4）のもとでは，対立遺伝子頻度xは初期頻度にかかわらずつねに増加し，最終的に1に到達する．しかしながら実際には，対立遺伝子A_2の頻度が小さくなるにつれて$A_1 \rightarrow A_2$の突然変異が増大するので，A_2は集団から完全に消失せず低頻度で維持される．A_2の平衡頻度は，yの自然淘汰による減少と突然変異による増加のつり合いによってもたらされる．

適応度が$w_{11} = w_{12} = 1$, $w_{22} = 1 - s$で表される劣性で有害な対立遺伝子（A_2）を考える．A_2の頻度（y）は，式（A3）より毎世代$\Delta y = -\Delta x = \frac{-sy^2(1-y)}{1-sy^2}$または$y$が小さいためおよそ$-sy^2$だけ減少するが，同時に突然変異によって$u(1-y) \approx u$だけ増加するため，総変化量は$u - sy^2$となる．平衡状態ではこれが0になるので，$A_2$の平衡頻度（$\hat{y}$）は次式で与えられる．

$$\hat{y} = \sqrt{\frac{u}{s}} \tag{A6}$$

この式は，ヒト集団において劣性の遺伝病の原因となる突然変異の速度を推定するために広く用いられている．

A_2 が優性で有害な対立遺伝子の場合には，y が非常に小さくなるため A_2A_2 の頻度は無視してよく，自然淘汰はおもにヘテロ接合体にはたらく．$s \gg h \gg 0$ として，A_1A_1，A_1A_2，A_2A_2 の適応度と頻度は以下のようになる．

遺伝子型	A_1A_1	A_1A_2	A_2A_2
適応度	1	$1-h$	$1-s$
頻　度	$1-2y$	$2y$	—

A_2A_2 の頻度は実質的に 0 なので，自然淘汰による y の変化量はおよそ $-hy$ となる．平衡状態ではこれが突然変異による増加量 $u(1-y) \approx u$ とつり合い，$u = hy$ が成り立つ．したがって，y の平衡頻度は次式で与えられる．

$$\hat{y} = \frac{u}{h} \tag{A7}$$

A_2 が超優性対立遺伝子の場合には，式（A5）より A_2 の頻度（y）は s と t の値に依存して増減するが，最終的に以下の式で与えられる平衡値に達する．

$$\hat{y} = \frac{t}{s+t} \tag{A8}$$

B．無限座位モデルのもとでの対立遺伝子頻度分布

ゲノムのタンパク質コード領域や非コード領域における塩基配列レベルでの変異量の指標として，変異型対立遺伝子の集団内頻度がある値（x）である多型座位の数または相対頻度を考えることができる．ここでは，n 塩基座位からなるゲノム領域を考え，突然変異は不可逆的で（無限座位モデル），祖先型塩基（たとえばA）から変異型塩基へ塩基座位あたり世代あたり μ の速度で起こると仮定する．ゲノム領域全体での突然変異速度（v）は $n\mu$ なので，Nを有効集団サイズとすると，集団で毎世代生じる突然変異の総数は $2Nn\mu = 2Nv$ となる．

変異型塩基の頻度が x である塩基座位の相対頻度の分布 $\Phi(x)$ は以下の式で与えられる．

$$\Phi(x) = \frac{2v}{V_{\delta x} G(x)} \frac{\int_x^1 G(z)dz}{\int_0^1 G(z)dz} \tag{B1}$$

ただし

$$G(x) = \exp\left[-\int \frac{2M_{\delta x}}{V_{\delta x}} dx\right]$$

ここで，$M_{\delta x}$ と $V_{\delta x}$ はそれぞれ拡散近似における世代あたりの x の変化量の期待値と分散を表す．この式は木村 資生によって導出されたが（Kimura 1964），根井正利が初等的導出法を記している（Nei 1975, pp. 119–121）．とくに突然変異がすべて中立な場合には以下の式が得られる（Wright 1938a）．

$$\Phi(x) = \frac{4Nv}{x} \tag{B2}$$

$\Phi(x)$ の解析解を求めることが難しい場合には，数値積分によって値を求めることができる．図 2.5 は数値積分の結果である．

C．淘汰係数の時間変動

淘汰係数の時間変動による影響を研究するには，2 通りの数学的アプローチが可能である．第 1 が，アヴェリー（Peter J. Avery）による時間が離散的で淘汰係数が世代ごとにランダムに変化すると仮定するアプローチであり（Avery 1977），第 2 が，マザー（Kenneth Mather）や根井による平均適応度 $\overline{w}$ が毎世代 1 の競争淘汰のもとで淘汰係数がゆらぐと仮定するアプローチである（Mather 1969; Nei 1971; Nei and Yokoyama 1976; Takahata and Kimura 1979；競争淘汰のもとでは，環境収容力が限られ成体の集団サイズが毎世代一定と仮定される）．

第 1 のアプローチでは，対立遺伝子 A_1，A_2 からなる遺伝子型 A_1A_1，A_1A_2，A_2A_2 の適応度はそれぞれ $1+s$，1，$1-s$ で，s は期待値 $\overline{s}$，分散 V_s で世代ごとにランダムにゆらぐと仮定される．そして集団内の成体 N 個体が大量の子を産生し，産生された子に対して自然淘汰が決定論的にはたらき，その後 N 個体がランダムに抽出されて次世代の成体集団が形成されると想定される．すると対立遺伝子頻度の変化の離散時間確率過程は，変化量の期待値と分散によって拡散近似される（Crow and Kimura 1970; Nei 1975; Ewens 2004）．

任意交配しているN個体の成体集団における対立遺伝子A_1の頻度をxとするとき，自然淘汰によるxの変化量は次式で与えられる．

$$\Delta x = \frac{sx(1-x)}{1-s(1-2x)} \tag{C1}$$

この式は，sが小さいとき次式で近似される．

$$\Delta x \approx sx(1-x) + s^2x(1-x)(1-2x) \tag{C2}$$

これより，Δxの期待値は次式で与えられる．

$$M_{\delta x} = E(\Delta x) = \bar{s}x(1-x) + V_s x(1-2x) \tag{C3}$$

ここで，$\bar{s}$とV_sはそれぞれsの期待値と分散を表す（Avery 1977; Gillespie 1991）．また，Δxの分散は次式で近似される．

$$V_{\delta x} = E[(\Delta x)^2] = V_s x^2(1-x)^2 + \frac{x(1-x)}{2N} \tag{C4}$$

ここで，$\frac{x(1-x)}{2N}$は標本誤差である（Avery 1977）．式（C3）や式（C4）は，集団における対立遺伝子頻度分布や変異型対立遺伝子の固定確率などの研究に用いられる（Crow and Kimura 1970），

$\bar{s}=0$のとき生物学的には方向性淘汰ははたらかないはずだが，$M_{\delta x}$は式（C3）より$M_{\delta x} = V_s x(1-2x)$で，$x < 0.5$のとき正，$x > 0.5$のとき負となる．したがって$\bar{s}=0$にもかかわらず，$s$のランダムなゆらぎによって超優性淘汰に類似した安定化淘汰がつくりだされることがわかる．これは，ヘテロ接合体の適応度が一定であるのに対してホモ接合体の淘汰係数がゆらぐと仮定されていることに起因する．またこれは，セウォル・ライト（Sewall Wright）や木村が用いた$M_{\delta x}=0$という式（Wright 1948a; Kimura 1954）が誤りであることを意味すると理解されてきたが，自然淘汰のモデルを少し変えるだけで異なる式が得られることから，数学的なアーティファクトであることがわかる．すなわち，A_1A_1，A_1A_2，A_2A_2の適応度

をそれぞれ $1+2s$，$1+s$，1 と表すと，$\bar{s}=0$ のとき $M_{\delta x}=-2V_s x^2(1-x)$ となって A_1 は有害であるかのようにふるまう（Nei and Yokoyama 1976）．

逆に，A_1A_1，A_1A_2，A_2A_2 の適応度をそれぞれ 1，$1-s$，$1-2s$ と表すと，$\bar{s}=0$ のとき $M_{\delta x}=2V_s x(1-x)^2$ となって A_1 は有益であるかのようにふるまう．これらのモデルではいずれも $\bar{s}=0$ のとき 3 種類の遺伝子型の平均適応度はそれぞれ 1 になるので，得られた結果は妥当でない．またこれらの結果は，s のゆらぎは対立遺伝子頻度のゆらぎの原因になるというライトの考え方（Wright 1948a）とも相容れない．

これらのモデルでは何がいけないのだろうか？　1 つの問題は，$\overline{w}$ は対立遺伝子頻度（x）と淘汰係数（s）にしか依存しないため，自然淘汰がはたらいたあとの集団サイズはさまざまな値になりうるが，実際には環境収容力が限られるため，成体の集団サイズは自然淘汰がはたらいた後でもほとんど変わらないということである．すなわち，自然淘汰は競争淘汰として起こるのである．

第 2 のアプローチである競争淘汰に基づく数理モデルは，マザーや根井によって構築された（Mather 1969; Nei 1971）．このモデルでは $\overline{w}$ がつねに 1 であり，世代あたりの対立遺伝子頻度の変化量は次式で与えられる．

$$\Delta x=\bar{s}x(1-x) \tag{C5}$$

したがって，拡散近似における Δx の期待値と分散は以下で表される（Nei and Yokoyama 1976）．

$$M_{\delta x}=\bar{s}x(1-x) \tag{C6}$$

$$V_{\delta x}=V_s x^2(1-x)^2+\frac{x(1-x)}{2N} \tag{C7}$$

このモデルは競争淘汰モデルとよばれ，式（C3）や式（C4）の導出に用いられたモデルは安定化淘汰モデルとよばれる．

D．量的形質に対する人為淘汰

量的形質は通常，正規分布に従う（図 2.10 を参照）．量的形質の分散は遺伝分散（V_G）と環境分散（V_E）から構成され，$\dfrac{V_G}{V_G+V_E}$ は遺伝率（h^2）とよばれる．たとえば，キイロショウジョウバエ *Drosophila melanogaster* で量的形質である腹部剛毛数を多数の成体で計測し，上位5%のオスとメスを交配させて次世代を形成させるとする．交配に用いられる個体の剛毛数の平均値とすべての個体の剛毛数の平均値の差は淘汰差（S）とよばれる（図2.10を参照）．遺伝率が高ければ，淘汰に対する応答すなわち遺伝的獲得量（ΔG）も次式に従って大きくなる（Falconer 1960を参照）．

$$\Delta G = h^2 S \tag{D1}$$

たとえば親集団の剛毛数の平均値が30，交配に用いられる個体の剛毛数の平均値が40，h^2 が0.5ならば ΔG は5，すなわち子の世代の剛毛数の平均値は35になると予測される．表現型の変異に遺伝的な要素がなければ，$h^2 = 0$ で ΔG も0になる．人為淘汰を続けると，世代を経るに従って V_G がしだいに減少するため ΔG もたいてい減少するが，第2章で述べたように新たに生じる突然変異により後の世代でもしばしば淘汰は有効である．

E. 遺 伝 的 荷 重

対立遺伝子対 A_1 と A_2 による多型が変異-淘汰平衡や超優性淘汰によって維持される際には，適応度の低い遺伝子型は他の遺伝子型よりも低い確率でしか生存や生殖をしないという具合に，一定量の遺伝的な死が必要とされる．必要とされる遺伝的な死の量は自然淘汰の種類によっては大きくなり，多型を維持するためにはJ・B・S・ホールデン（John B. S. Haldane）の自然淘汰のコストのときと同様に余剰生殖力が高くなければならない．自然淘汰によってもたらされる遺伝的な死の量は遺伝的荷重とよばれる（Muller 1950）．特定の遺伝子座に起因する遺伝的荷重 L は以下の式で定義される．

$$L = \frac{w_{\max} - \overline{w}}{w_{\max}} \tag{E1}$$

ここで，$w_{\max}$ は遺伝子型の適応度の中で最大のもの，$\overline{w}$ は集団の平均適応度を表す（Crow and Kimura 1970）．以下では，変異-淘汰平衡や超優性淘汰によって多型が維持される場合の遺伝的荷重，すなわち突然変異による荷重や分離による荷重について考察する．

突然変異による荷重

$w_{11} = w_{12} = 1$, $w_{22} = 1 - s$ になるような，劣性で有害な対立遺伝子を生じる突然変異による荷重を考える．この場合には，$w_{\max} = 1$, $\overline{w} = 1 - s\hat{y}^2$ となり，$\hat{y}^2 = \dfrac{u}{s}$ なので（式（A6）を参照），突然変異による荷重は次式で与えられる．

$$L = s\hat{y}^2 = u \tag{E2}$$

同様に，突然変異が優性で有害な対立遺伝子を生じる場合には，$\overline{w} = 1 - 2h\hat{y}$, $\hat{y} = \dfrac{u}{h}$ なので（式（A7）を参照），突然変異による荷重は以下のとおりとなる．

$$L = 2h\hat{y} = 2u \tag{E3}$$

有害な対立遺伝子の優性度（h）はさまざまだが，シモンズ（Michael J. Simmons）とジェームズ・クロー（James F. Crow）によると突然変異で生じる対立遺伝子の大部分は弱有害で，h は 0.05 程度である（Simmons and Crow 1977）．この場合，突然変異による荷重は遺伝子座あたりおよそ $2u$ なので，有害な対立遺伝子が n 遺伝子座で独立に生じるとすると，全体の遺伝的荷重は，u_i を i 番目の遺伝子座における突然変異速度として $L = \sum_{i=1}^{n} 2u_i$ となり，集団の平均適応度は次式で与えられる．

$$\begin{aligned}\overline{w} &= \textstyle\prod_{i=1}^{n}(1 - 2u_i)\\ &\approx e^{-\sum_i 2u_i}\\ &= e^{-L}\end{aligned} \tag{E4}$$

$u_i = 10^{-5}$, $n = 30000$ のときには $L = 0.6$, $\overline{w} = 0.55$ となり，集団サイズを一定に保つためには，平均生殖力が最低でも $\dfrac{1}{\overline{w}} = 1.8$ でなければならない．

分離による荷重

対立遺伝子対 A_1, A_2 が存在し，A_1A_1, A_1A_2, A_2A_2 の適応度がそれぞれ $1 - s$, 1, $1 - t$ のとき，A_1, A_2 の平衡頻度はそれぞれ $\hat{x} = \dfrac{t}{s+t}$, $\hat{y} = \dfrac{s}{s+t}$ である（式（2.9）を参照）．したがって，$w_{\max} = 1$, $\overline{w} = \hat{x}^2(1 - s) + 2\hat{x}\hat{y} +$

$\hat{y}^2(1-t)=1-s\hat{x}^2-t\hat{y}^2=1-\dfrac{st}{s+t}$ より，分離による荷重は以下のとおりとなる．

$$L=\frac{w_{\max}-\overline{w}}{w_{\max}}=\frac{st}{s+t} \tag{E5}$$

ライトとテオドシウス・ドブジャンスキー（Theodosius Dobzhansky）は，ウスグロショウジョウバエ *Drosophila pseudoobscura* の実験室（飼育箱）集団において逆位染色体である *Standard*（*ST*）と *Chiricahua*（*CH*）の世代ごとの頻度の変化から以下のように遺伝子型の適応度を推定し，式（2.9）より *ST* 染色体の平衡頻度を $\dfrac{0.7}{0.3+0.7}=0.7$ と推定した（Wright and Dobzhansky 1946）．

遺伝子型	*ST/ST*	*ST/CH*	*CH/CH*
適応度	$1-0.3$	1	$1-0.7$

この多型による遺伝的荷重は 0.21 となり（式（E5）を参照），飼育箱集団の個体のうち最低でも 21%は多型を維持するためだけに死ぬと考えられた．

集団に m 種類の多型的な対立遺伝子が存在する場合には，遺伝的荷重はどうなるだろうか？　この問題に対する数式化は少々複雑になる（Crow and Kimura 1970）．単純な場合として，すべてのヘテロ接合体 A_iA_j の適応度を 1，すべてのホモ接合体 A_iA_i の適応度を $1-s_i$ とすると，遺伝的荷重は次式で与えられる．

$$L=\frac{1}{\sum_{i=1}^{m}\frac{1}{s_i}}=\frac{\tilde{s}}{m} \tag{E6}$$

ここで，$\tilde{s}$ は s_i の調和平均を表す．とくに s_i の値が i によらずすべて同一で s のときには，$L=\dfrac{s}{m}$ となる．このことから一般に，L は m が増加するに従って減少することがわかる．ヒト集団では HLA（MHC）の多型は超優性淘汰によって維持されていると考えられており，s は平均 0.01 と推定されている（Satta et al. 1994）．とくに *HLA B* 遺伝子座には多くのヒト集団でそれぞれおよそ 25 種類の対立遺伝子が存在し（Roychoudhury and Nei 1988），多型を維持するための遺伝的荷重は遺伝子座あたり $\frac{0.01}{25} = 0.0004$ と推定される．この値は，上で述べた逆位染色体多型によってもたらされる遺伝的荷重の値と比較してきわめて小さい．これは，m が大きいときには大部分の個体がヘテロ接合となり，自然淘汰があまりはたらかないからである．

F．正の自然淘汰を受けたコドンを検出するためのベイズ法

この方法は，正の自然淘汰が繰り返しはたらいたコドン座位を同定することを目的として開発された．自然淘汰はコドンを単位としてはたらくと考え，それぞれのコドン座位において非同義置換速度（r_N）の同義置換速度（r_S）に対する比（w）を推定する．ベイズ法による w の推定（PAML というソフトウェアでは codeml）ではコドン置換モデルが用いられる．n コドン長の相同な配列セットがあるとし，コドン j の相対頻度を π_j とする．それぞれのコドン座位におけるコドン i からコドン j（$i \neq j$）への瞬間置換速度（q_{ij}）を以下のように仮定する．

$$q_{ij} = \begin{bmatrix} 0 & \text{塩基置換が 2 ヵ所以上で起こる場合} \\ \pi_j & \text{転換型同義置換} \\ k\pi_j & \text{転位型同義置換} \\ w\pi_j & \text{転換型非同義置換} \\ wk\pi_j & \text{転位型非同義置換} \end{bmatrix} \tag{F1}$$

ここで，k は転位型塩基置換速度/転換型塩基置換速度の比を表し，転位型塩基置換速度を α，転換型塩基置換速度を β とすると，α/β で与えられる．転位型塩基置換とはＡとＧの間またはＴとＣの間の置換であり，転換型塩基置換とはＡまたはＧとＴまたはＣの間の置換である．k はすべてのコドン座位で進化の過程を通して一定と仮定される．

コドン置換モデルにおいては，同義置換速度（r_S）を中立置換速度と仮定し，$w < 1$，$w = 1$，$w > 1$ はそれぞれ非同義置換にはたらく純化淘汰，淘汰なし，正の自然淘汰を表すと考える．w はそれぞれのコドン座位では進化の過程を通して一定だが，コドン座位間では異なると仮定し，経験ベイズ法によって w の推定値（$\hat{w}$）が有意に１より大きいコドン座位を検出する（Yang et al. 2005; Zhang et al. 2005

を参照）．この方法では，中立進化（帰無仮説）モデルと自然淘汰モデルのそれぞれで，コドン座位間でのwの分布を仮定する必要がある．通常wは，帰無仮説モデル（M_0）ではすべてまたは一部のコドン座位で一定と仮定され，淘汰モデル（M_S）ではベータ分布などの連続分布や3種類または4種類の値からなる離散分布に従うと仮定される．M_SがM_0よりも統計的に（尤度比検定により）有意にデータに適合すると判定された場合には，それぞれのコドン座位において経験ベイズ法によって$\widehat{w}$が推定され，$\widehat{w}$が有意に1より大きいコドン座位に正の自然淘汰がはたらいたと推測される．

ベイズ法は，$\widehat{w}$が有意に1より大きいという結果を頻繁に産生するため，多くの生物学者に好んで使用されている．しかしながらその一方で，多くの研究者によってベイズ法にはいくつかの問題があることが指摘されており，信頼性が疑問視されている（たとえばSuzuki and Nei 2004; Yokoyama et al. 2008; Nei et al. 2010）．第1の問題は，コドン置換モデルはタンパク質コード領域の進化モデルとして現実的でないことである．表4.3にはタンパク質の機能の進化が少数のアミノ酸置換によってもたらされた例が多数示されているが，このような場合にはタンパク質の特定のアミノ酸座位に特定のアミノ酸が配置されることで革新的な機能の進化が起こり，さらなる機能の進化が起こるまでアミノ酸は変化しなくなる．したがって少数のアミノ酸置換がタンパク質の進化に重要である場合には，wの値は小さくなると予想される．典型的な例として，脊椎動物の赤色覚オプシンと緑色覚オプシン（色覚タンパク質）における277番目と285番目のアミノ酸座位の進化が挙げられる．オプシンは，277番目と285番目のアミノ酸座位がそれぞれチロシン（Y）とトレオニン（T）であれば赤色覚，フェニルアラニン（F）とアラニン（A）であれば緑色覚になる．この性質はこれまでに解析されたすべての脊椎動物のオプシンに共通しているため（Yokoyama 2008），これらのアミノ酸座位はオプシンの進化に非常に重要であるにもかかわらず，対応するコドン座位におけるwは小さい（または0）．

第2の問題は，実際のデータ解析においてはどのようなモデルがM_0やM_Sとして適切なのかわからないことである．これらのモデルは直観に基づいて設定されるため，尤度比検定の結果の信頼性は低い．事実，コンピュータ・シミュレーションにおいてパラメータの値をベイズ法を用いて推定すると，大概真の値とはかけはなれた値が得られる．たとえばwの真の値を1に設定したときでさえも，wの推定値はしばしば∞で統計的に有意に1より大きくなる（Nozawa et al. 2009a）．すべての配列で変異が観察されないコドン座位において，wの推定値が有意に1より大きくなることすらある（Suzuki and Nei 2004）．

第3の問題は，コンピュータ・シミュレーションにおいて配列を生成するときと解析するときで同一のモデルを用いた場合には，偽陽性率（P値）は理論的には一様分布に従うはずであるが，実際の分布はU字型になることである（Nozawa et al. 2009a）．ましてや直観的にM_0やM_Sを設定して実際のデータを解析する場合には，もはや統計検定の信頼性など知るよしもない．

これらの問題を回避するためには，実験的に祖先タンパク質を再構築して分子機能を解析することにより，正の自然淘汰がはたらいたコドン座位を特定すればよいと考えられる（たとえばJermann et al. 1995; Zhang and Rosenberg 2002; Yokoyama 2008）．これまでに行われたそのような実験からは，ベイズ法の有用性を支持する結果は得られていない（図4.10を参照）．

参考文献

Abbot P, Abe J, Alcock J, Alizon S, Alpedrinha JA et al. 2011. Inclusive fitness theory and eusociality. Nature 471: E1-4; author reply E9-10.

Abzhanov A, Kuo WP, Hartmann C, Grant BR, Grant PR et al. 2006. The calmodulin pathway and evolution of elongated beak morphology in Darwin's finches. Nature 442: 563-7.

Abzhanov A, Protas M, Grant BR, Grant PR, and Tabin CJ. 2004. Bmp4 and morphological variation of beaks in Darwin's finches. Science 305: 1462-5.

Adams KL, and Wendel JF. 2005. Polyploidy and genome evolution in plants. Curr Opin Plant Biol 8: 135-41.

Akey JM. 2009. Constructing genomic maps of positive selection in humans: where do we go from here? Genome Res 19: 711-22.

Akey JM, Zhang G, Zhang K, Jin L, and Shriver MD. 2002. Interrogating a high-density SNP map for signatures of natural selection. Genome Res 12: 1805-14.

Alekseyenko AA, Peng S, Larschan E, Gorchakov AA, Lee OK et al. 2008. A sequence motif within chromatin entry sites directs MSL establishment on the *Drosophila* X chromosome. Cell 134: 599-609.

Allen E, Xie Z, Gustafson AM, Sung GH, Spatafora JW et al. 2004. Evolution of microRNA genes by inverted duplication of target gene sequences in *Arabidopsis thaliana*. Nat Genet 36: 1282-90.

Allen GE. 1969. Hugo de Vries and the reception of the "mutation theory." J Hist Biol 2: 55-87.

Allen GE. 1978. Thomas Hunt Morgan: the man and his science. Princeton University Press, Princeton.

Allison AC. 1954. Protection afforded by sickle-cell trait against subtertian malarial infection. Br Med J 1: 290-4.

Ambros V, and Horvitz HR. 1984. Heterochronic mutants of the nematode *Caenorhabditis elegans*. Science 226: 409-16.

Amores A, Suzuki T, Yan YL, Pomeroy J, Singer A et al. 2004. Developmental roles of pufferfish Hox clusters and genome evolution in ray-fin fish. Genome Res 14: 1-10.

Anfinsen CB. 1959. Some approaches to the study of active centers. J Cell Comp Physiol 54: 215-20.

Arnheim N. 1983. Concerted evolution of multigene families. In M. Nei, and R. K. Koehn, eds. Evolution of genes and proteins, pp. 39-61. Sinauer Assoc, Sunderland, MA.

Arthur W. 2011. Evolution: a developmental approach. Wiley-Blackwell, Oxford.

Avery PJ. 1977. The effect of random selection coefficients on populations of finite size — some particular models. Genet Res 29: 97-112.

Avise JC, and Selander RK. 1972. Evolutionary genetics of cave-dwelling fishes of the genus *Astyanax*. Evolution 26: 1-20.

Axtell MJ, and Bowman JL. 2008. Evolution of plant micro-RNAs and their targets. Trends Plant Sci 13: 343-9.

Ayala FJ. 1986. On the virtues and pitfalls of the molecular evolutionary clock. J Hered 77: 226-35.

Ayala FJ. 2007. Darwin's greatest discovery: design without designer. Proc Natl Acad Sci USA 104 Suppl 1: 8567-73.

Ayala FJ, Powell JR, and Dobzhansky T. 1971. Polymorphisms in continental and island populations of *Drosophila willistoni*. Proc Natl Acad Sci USA 68: 2480-3.

Badaeva ED, Dedkova OS, Gay G, Pukhalskyi VA, Zelenin AV et al. 2007. Chromosomal rearrangements in wheat: their types and distribution. Genome 50: 907-26.

Bajaj M, Blundell TL, Horuk R, Pitts JE, Wood SP et al. 1986. Coypu insulin. Primary structure, conformation and biological properties of a hystricomorph rodent insulin. Biochem J 238: 345-51.

Bakermans-Kranenburg MJ, and van IJzendoorn MH. 2006. Gene-environment interaction of the dopamine D4 receptor (DRD4) and observed maternal insensitivity predicting externalizing behavior in preschoolers. Dev

Psychobiol 48: 406-9.

Baker HG, and Stebbins GL (eds). 1965. The genetics of colonizing species. Academic Press, New York.

Barreiro LB, Laval G, Quach H, Patin E, and Quintana-Murci L. 2008. Natural selection has driven population differentiation in modern humans. Nat Genet 40: 340-5.

Bartel DP. 2009. MicroRNAs: target recognition and regulatory functions. Cell 136: 215-33.

Barton NH, and Charlesworth B. 1984. Genetic revolutions, founder effects, and speciation. Annu Rev Ecol Syst 15: 133-64.

Bastow R, Mylne JS, Lister C, Lippman Z, Martienssen RA et al. 2004. Vernalization requires epigenetic silencing of FLC by histone methylation. Nature 427: 164-7.

Bateson W. 1894. Materials for the study of variation. Macmillan, London.

Bateson W. 1902. Mendel's principles of heredity: a defence. Cambridge University Press, Cambridge.

Bateson W. 1909. Heredity and variation in modern lights. Cambridge University Press, Cambridge.

Baurle I, and Dean C. 2006. The timing of developmental transitions in plants. Cell 125: 655-64.

Bayes JJ, and Malik HS. 2009. Altered heterochromatin binding by a hybrid sterility protein in *Drosophila* sibling species. Science 326: 1538-41.

Beadle GW, and Tatum EL. 1941. Genetic control of biochemical reactions in *Neurospora*. Proc Natl Acad Sci USA 27: 499-506.

Begun DJ, Holloway AK, Stevens K, Hillier LW, Poh YP et al. 2007. Population genomics: whole-genome analysis of polymorphism and divergence in *Drosophila simulans*. PLoS Biol 5: e310.

Bell G. 2010. Fluctuating selection: the perpetual renewal of adaptation in variable environments. Philos Trans R Soc Lond B Biol Sci 365: 87-97.

Bell MA, Futuyma DJ, Eanes WF, and Levinton JS, eds. 2009. Evolution since Darwin: the first 150 years. Sinauer Associates, Sunderland, MA.

Bennett DC, and Lamoreux ML. 2003. The color loci of mice — a genetic century. Pigment Cell Res 16: 333-44.

Benton MJ, Donoghue PCJ, and Asher RJ. 2009. Calibrating and constraining molecular clocks. In S. B. Hedges, and S. Kumar, eds. The timetree of life, pp. 35-86. Oxford University Press, New York.

Benzer S. 1967. Behavioral mutants of *Drosophila* isolated by countercurrent distribution. Proc Natl Acad Sci USA 58: 1112-19.

Berezikov E, Thuemmler F, van Laake LW, Kondova I, Bontrop R et al. 2006. Diversity of microRNAs in human and chimpanzee brains. Nat Genet 38: 1375-7.

Bergero R, and Charlesworth D. 2009. The evolution of restricted recombination in sex chromosomes. Trends Ecol Evol 24: 94-102.

Beye M. 2004. The dice of fate: the csd gene and how its allelic composition regulates sexual development in the honey bee, *Apis mellifera*. Bioessays 26: 1131-9.

Bikard D, Patel D, Le Mette C, Giorgi V, Camilleri C et al. 2009. Divergent evolution of duplicate genes leads to genetic incompatibilities within *A. thaliana*. Science 323: 623-6.

Birky CW, Jr., and Skavaril RV. 1976. Maintenance of genetic homogeneity in systems with multiple genomes. Genet Res 27: 249-65.

Bodmer WF, and Parsons PA. 1962. Linkage and recombination in evolution. Adv Genet 11: 1-100. Borges RM. 2008. The objection is sustained: A defence of the defense of beanbag genetics. Int J Epidemiol 37: 451-4.

Borrello ME. 2005. The rise, fall and resurrection of group selection. Endeavour 29: 43-7.

Boss PK, Bastow RM, Mylne JS, and Dean C. 2004. Multiple pathways in the decision to flower: enabling, promoting, and resetting. Plant Cell 16 Suppl: S18-31.

Bourke AFG. 2011. Principles of social evolution. Oxford University Press, New York.

Bowler PJ. 1983. Eclipse of Darwinism: Anti-Darwinian evolution theories in the decade around 1900. Johns Hopkins University, Baltimore.

Boycott AE, and Diver C. 1923. On the inheritance of sinistrality in *Limnaea peregra*. Proc R Soc Lond B Biol Sci 95: 207-13.

Brakefield PM, Gates J, Keys D, Kesbeke F, Wijngaarden PJ et al. 1996. Development, plasticity and evolution of butterfly eyespot patterns. Nature 384: 236–42.

Breitbart RE, Andreadis A, and Nadal-Ginard B. 1987. Alternative splicing: a ubiquitous mechanism for the generation of multiple protein isoforms from single genes. Annu Rev Biochem 56: 467–95.

Brideau NJ, Flores HA, Wang J, Maheshwari S, Wang X et al. 2006. Two Dobzhansky-Muller genes interact to cause hybrid lethality in *Drosophila*. Science 314: 1292–5.

Bridges CB. 1935. Salivary chromosome MAPS: with a key to the banding of the chromosomes of *Drosophila melanogaster*. J Hered 26: 60–4.

Brouha B, Schustak J, Badge RM, Lutz-Prigge S, Farley AH et al. 2003. Hot L1s account for the bulk of retrotransposition in the human population. Proc Natl Acad Sci USA 100: 5280–5.

Brown DD, and Sugimoto K. 1974. The structure and evolution of ribosomal and 5S DNAs in *Xenopus laevis* and *Xenopus mulleri*. Cold Spring Harb Symp Quant Biol 38: 501–5.

Brown DD, Wensink PC, and Jordan E. 1972. A comparison of the ribosomal DNAs of *Xenopus laevis* and *Xenopus mulleri*: the evolution of tandem genes. J Mol Biol 63: 57–73.

Brown JD, and O'Neill RJ. 2010. Chromosomes, conflict, and epigenetics: chromosomal speciation revisited. Annu Rev Genomics Hum Genet 11: 291–316.

Brownell E, Krystal M, and Arnheim N. 1983. Structure and evolution of human and African ape rDNA pseudogenes. Mol Biol Evol 1: 29–37.

Brues AM. 1969. Genetic load and its varieties. Science 164: 1130–6.

Bryson V, and Vogel HJ. 1965. Evolving genes and proteins. Academic Press, New York.

Buck L, and Axel R. 1991. A novel multigene family may encode odorant receptors: a molecular basis for odor recognition. Cell 65: 175–87.

Bull JJ. 1983. Evolution of sex determining mechanisms. Benjamin/Cummings, Menlo Park, CA.

Bulmer M. 2004. Did Jenkin's swamping argument invalidate Darwin's theory of natural selection? Brit Soc Histor Sci 37: 281–97.

Bulmer MG, and Bull JJ. 1982. Models of polygenic sex determination and sex ratio control. Evolution 36: 13–26.

Burglin TR. 1997. Analysis of TALE superclass homeobox genes (MEIS, PBC, KNOX, Iroquois, TGIF) reveals a novel domain conserved between plants and animals.Nucleic Acids Res 25: 4173–80.

Burke GR, and Moran NA. 2011. Massive genomic decay in *Serratia symbiotica*, a recently evolved symbiont of aphids. Genome Biol Evol 3: 195–208.

Caicedo AL, Williamson SH, Hernandez RD, Boyko A, Fledel-Alon A et al. 2007. Genome-wide patterns of nucleotide polymorphism in domesticated rice. PLoS Genet 3: 1745–56.

Cain AJ, Cook LM, and Currey JD. 1990. Population size and morph frequency in a long term study of *Cepaea nemoralis*. P Roy Soc B-Biol Sci 240: 231–50.

Cain AJ, and Sheppard PM. 1950. Selection in the polymorphic land snail *Cepaea nemoralis*. Heredity 4: 275–94.

Cain AJ, and Sheppard PM. 1954. Natural selection in *Cepaea*. Genetics 39: 89–116.

Carlson CS, Thomas DJ, Eberle MA, Swanson JE, Livingston RJ et al. 2005. Genomic regions exhibiting positive selection identified from dense genotype data. Genome Res 15: 1553–65.

Carroll SB. 2005a. Endless forms most beautiful. Norton, New York.

Carroll SB. 2005b. Evolution at two levels: on genes and form. PLoS Biol 3: e245.

Carroll SB. 2008. Evo-devo and an expanding evolutionary synthesis: a genetic theory of morphological evolution. Cell 134: 25–36.

Carroll SB, Grenier J, and Weatherbee SD. 2005. From DNA to diversity: molecular genetics and the evolution of animal design. Blackwell Publishing, Malden, MA.

Carson HL. 1971. Speciation and the founder principle. Stadler Symp 3: 51–70.

Castle WE. 1903. Mendel's law of heredity. Science 18: 396–406.

Caudy AA, and Pikaard CS. 2002. Xenopus ribosomal RNA gene intergenic spacer elements conferring transcriptional enhancement and nuclear dominance-like competition in oocytes. J Biol Chem 277: 31577–84.

Cavalli-Sforza LL, and Bodmer WF. 1971. The genetics of human populations. W. H. Freeman, San Francisco.

Chakraborty R, Fuerst PA, and Nei M. 1980. Statistical studies on protein polymorphism in natural populations. III.

Distribution of allele frequencies and the number of alleles per locus. Genetics 94: 1039-63.

Chakraborty R, and Nei M. 1974. Dynamics of gene differentiation between incompletely isolated populations of unequal sizes. Theor Popul Biol 5: 460-9.

Chakraborty R, and Nei M. 1977. Bottleneck effects on average heterozygosity and genetic distance with the stepwise mutation model. Evol 31: 347-56.

Chandrasekaran S, Ament SA, Eddy JA, Rodriguez-Zas SL, Schatz BR et al. 2011. Behavior-specific changes in transcriptional modules lead to distinct and predictable neurogenomic states. Proc Natl Acad Sci USA 108: 18020-5.

Charlesworth B. 1978. Model for evolution of Y chromosomes and dosage compensation. Proc Natl Acad Sci USA 75: 5618-22.

Charlesworth B. 1991. The evolution of sex chromosomes. Science 251: 1030-3.

Charlesworth B, and Charlesworth D. 2000. The degeneration of Y chromosomes. Philos Trans R Soc Lond B Biol Sci 355: 1563-72.

Charlesworth B, and Charlesworth D. 2010. Elements of evolutionary genetics. Roberts & Company Publishers.

Chen J, Ding J, Ouyang Y, Du H, Yang J et al. 2008. A triallelic system of S5 is a major regulator of the reproductive barrier and compatibility of indica-japonica hybrids in rice. Proc Natl Acad Sci USA 105: 11436-41.

Chen L, DeVries AL, and Cheng CH. 1997. Evolution of antifreeze glycoprotein gene from a trypsinogen gene in Antarctic notothenioid fish. Proc Natl Acad Sci USA 94: 3811-16.

Chen X. 2005. MicroRNA biogenesis and function in plants. FEBS Lett 579: 5923-31.

Cheng CHC, and Chen LB. 1999. Evolution of an antifreeze glycoprotein. Nature 401: 443-4.

Chester M, Gallagher JP, Symonds VV, Cruz da Silva AV, Mavrodiev EV et al. 2012. Extensive chromosomal variation in a recently formed natural allopolyploid species, *Tragopogon miscellus* (Asteraceae). Proc Natl Acad Sci USA 109: 1176-81.

Chou JY, Hung YS, Lin KH, Lee HY, and Leu JY. 2010. Multiple molecular mechanisms cause reproductive isolation between three yeast species. PLoS Biol 8: e1000432.

Christiansen FB, and Frydenberg O. 1973. Selection component analysis of natural polymorphisms using population samples including mother-offspring combinations. Theor Popul Biol 4: 425-45.

Clark JB, Maddison WP, and Kidwell MG. 1994. Phylogenetic analysis supports horizontal transfer of P transposable elements. Mol Biol Evol 11: 40-50.

Clark MA, Moran NA, and Baumann P. 1999. Sequence evolution in bacterial endosymbionts having extreme base compositions. Mol Biol Evol 16: 1586-98.

Clarke B. 1971. Darwinian evolution of proteins. Science 168: 1009-11.

Clarke CA, Clarke FMM, and Owen DF. 1991. Natural selection and the scarlet tiger moth, *Panaxia dominula*: inconsistencies in the scoring of the heterozygote, *f. medionigra*. Proc Roy Soc B-Biol Sci 244: 203-5.

Clarke CA, and Sheppard PM. 1966. A local survey of the distribution of the industrial melanic forms in the moth *Biston betularia* and estimates of the selective values of these in an industrial environment. Proc Roy Soc B-Biol Sci 165: 424-39.

Clayton GA, and Robertson A. 1955. Mutation and quantitative variation. Amer Nat 89: 151-8.

Cleland RE. 1923. Chromosome arrangements during meiosis in certain *Oenotherae*. Am Nat 57: 562-6.

Cleland RE. 1972. *Oenothera*: cytogenetics and evolution. Academic Press, New York. Committee on DNA forensic science: update-National Research Council. 1996. The evaluation of forensic DNA evidence. National Academy Press, Washington, DC.

Cook LM, and Jones DA. 1996. The *medionigra* gene in the moth *Panaxia dominula*: the case for selection. Philos Trans R Soc Lond B Biol Sci 351: 1623-34.

Cordaux R, and Batzer MA. 2009. The impact of retrotransposons on human genome evolution. Nat Rev Genet 10: 691-703.

Costa FF. 2007. Non-coding RNAs: lost in translation? Gene 386: 1-10.

Cox EC, and Yanofsky C. 1967. Altered base ratios in the DNA of an *Escherichia coli* mutator strain. Proc Natl Acad Sci USA 58: 1895-902.

Coyne JA, Barton NH, and Turelli M. 1997. Perspective: A critique of Sewall Wright's shifting balance theory of evolution. Evolution 51: 643-71.

Coyne JA, Barton NH, and Turelli M. 2000. Is Wright's shifting balance process important in evolution? Evolution 54: 306-17.

Coyne JA, and Orr HA. 2004. Speciation. Sinauer Associates, Sunderland, MA.

Crow JF. 1957. Genetics of insect resistance to chemicals. Ann Rev Ent 2: 227-46.

Crow JF. 1968. The cost of evolution and genetic load. In K R Dronamraju, ed. Haldane and modern biology. John Hopkins Press, Baltimore.

Crow JF. 1970. Genetic loads and the cost of natural selection. In K I Kojima, ed. Mathematical topics in population genetics, pp. 128-77. Springer-Verlag, Berlin.

Crow JF. 1999. Hardy, Weinberg and language impediments. Genetics 152: 821-5.

Crow JF. 2008. Commentary: Haldane and beanbag genetics. Int J Epidemiol 37: 442-5.

Crow JF, and Kimura M. 1970. An introduction to population genetics theory. Harper & Row, New York.

Crow JF, and Morton NE. 1955. Measurement of gene frequency drift in small populations. Evolution 9: 202-14.

Crow JF, and Temin RG. 1964. Evidence for the partial dominance of recessive lethal genes in natural populations of *Drosophila*. Am Nat 98: 21-33.

Crozier RH, and Pamilo P. 1996. Evolution of social insect colonies. Sex allocation and kin selection. Oxford University Press, Oxford, UK.

Crumpacker DW, and Williams JS. 1973. Density, dispersion, and population structure in *Drosophila pseudoobscura*. Evol Monogr 43: 499-538.

Daniels GR, and Deininger PL. 1985. Repeat sequence families derived from mammalian tRNA genes. Nature 317: 819-822.

Darwin C. 1859. On the origin of species by means of natural selection, or the preservation of favoured races in the struggle for life. Murray, London.（渡辺政隆 訳『種の起源』（上・下）光文社古典新訳文庫 2009；ほか）

Darwin C. 1868. The variation of plants and animals under domestication. Murray, London.

Darwin C. 1871. The descent of man. Murray, London.（長谷川眞理子 訳『人間の由来』（上・下）講談社学術文庫 2016；ほか）

Darwin C. 1872. The origin of species, 6th ed. Murray, London.

Das S, Nikolaidis N, and Nei M. 2009. Genomic organization and evolution of immunoglobulin kappa gene enhancers and kappa deleting element in mammals. Mol Immunol 46: 3171-7.

Das S, Nozawa M, Klein J, and Nei M. 2008. Evolutionary dynamics of the immunoglobulin heavy chain variable region genes in vertebrates. Immunogenetics 60: 47-55.

Davidson EH. 2006. The regulatory genome: Gene regulatory networks in development and evolution. Academic Press, London.

Davidson EH, and Erwin DH. 2006. Gene regulatory networks and the evolution of animal body plans. Science 311: 796-800.

Davis BM. 1912. Genetical studies on *Oenothera* III. Further hybrids of *Oenothera biennis* and *O. grandiflora* that resemble *O. lamarckiana*. Am Nat 46: 377-427.

Davis BM. 1943. An amphidiploid in the F1 generation from the cross *Oenothera franciscana* x *Oenothera biennis*, and its progeny. Genetics 28: 275-85.

Davis NM, Kurpios NA, Sun X, Gros J, Martin JF et al. 2008. The chirality of gut rotation derives from left-right asymmetric changes in the architecture of the dorsal mesentery. Dev Cell 15: 134-45.

Davuluri RV, Suzuki Y, Sugano S, Plass C, and Huang TH. 2008. The functional consequences of alternative promoter use in mammalian genomes. Trends Genet 24: 167-77.

Dawkins R. 1976. The selfish gene. Oxford University Press, New York.（日高敏隆ほか訳『利己的な遺伝子』紀伊國屋書店，2018）

Dawkins R. 1982. The extended phenotype: the gene as the unit of selection. Oxford University Press, San Francisco.

Dawkins R. 1987. The blind watchmaker. Norton, New York.

Dawkins R. 1997. Human chauvinism: a review of S. J. Gould's Full House. Evolution 51: 1015-20.

Dayhoff MO. 1969. Atlas of protein sequence and structure, Volume 4. National Biomedical Research Foundation, Silver Springs, MD.

Dayhoff MO. 1972. Atlas of protein sequence and structure, Volume 5. National Biomedical Research Foundation, Silver Springs, MD.

De Bodt S, Maere S, and Van de Peer Y. 2005. Genome duplication and the origin of angiosperms. Trends Ecol Evol 20: 591-7.

de Meaux J, Goebel U, Pop A, and Mitchell-Olds T. 2005. Allele-specific assay reveals functional variation in the *chalcone synthase* promoter of *Arabidopsis thaliana* that is compatible with neutral evolution. Plant Cell 17: 676-90.

de Meaux J, Pop A, and Mitchell-Olds T. 2006. *Cis*-regulatory evolution of *chalcone-synthase* expression in the genus *Arabidopsis*. Genetics 174: 2181-202.

de Vries H. 1901-1903. Die mutationstheorie. Vol. I and II. Von Veit, Leipzig.

de Vries H. 1909. The mutation theory: experiments and observations on the origin of species in the vegetable kingdom. Vol. I. The origin of species by mutation. English translation by Farmer, JB and Darbishire, AD. Open Court Publishing Company, Chicago.

de Vries H. 1910. The mutation theory: experiments and observations on the origin of species in the vegetable kingdom. Vol. II. The origin of varieties by mutation. English translation by Farmer, JB and Darbishire, AD. Open Court Publishing Company, Chicago.

de Vries H. 1912. Species and varieties: their origin by mutation. In D. T. MacDougal, ed. Genes, cells and organisms: great books in experimental biology. Open Court Publishing Company, Chicago.

De Winter W. 1997. The beanbag genetics controversy: towards a synthesis of opposing views of natural selection. Biol Philos 12: 149-84.

Delneri D, Colson I, Grammenoudi S, Roberts IN, Louis EJ et al. 2003. Engineering evolution to study speciation in yeasts. Nature 422: 68-72.

Desiderio UV, Zhu X, and Evans JP. 2010. ADAM2 interactions with mouse eggs and cell lines expressing alpha4/alpha9 (ITGA4/ITGA9) integrins: implications for integrinbased adhesion and fertilization. PLoS One 5: e13744.

Dickerson RE. 1971. The structures of cytochrome c and the rates of molecular evolution. J Mol Evol 1: 26-45.

Dobzhansky T. 1937. Genetics and the origin of species. Columbia University Press, New York.

Dobzhansky T. 1951. Genetics and the origin of species, 2nd ed. Columbia University Press, New York.（駒井卓・高橋隆平 訳『遺伝学と種の起原』培風館，1953）

Dobzhansky T. 1955. A review of some fundamental concepts and problems of population genetics. Cold Spring Harb Symp Quant Biol 20: 1-15.

Dobzhansky T. 1970. Genetics of the evolutionary process. Columbia University Press, New York.

Dobzhansky T, and Spassky B. 1968. Genetics of natural populations. XL. Heterotic and deleterious effects of recessive lethals in populations of *Drosophila pseudoobscura*. Genetics 59: 411-25.

Doherty PC, and Zinkernagel RM. 1975. Enhanced immunological surveillance in mice heterozygous at the H-2 gene complex. Nature 256: 50-2.

Doolittle RF, and Blombaeck B. 1964. Amino-acid sequence investigations of fibrinopeptides from various mammals: Evolutionary implications. Nature 202: 147-52.

Doolittle WF. 1999. Phylogenetic classification and the universal tree. Science 284: 2124-28.

Dowdeswell WH, Fisher RA, and Ford EB. 1940. The quantitative study of populations in the Lepidoptera *I. Polyommatus icarus* Rott. Ann Eugenic 10: 123-36.

Doyle JJ, Flagel LE, Paterson AH, Rapp RA, Soltis DE et al. 2008. Evolutionary genetics of genome merger and doubling in plants. Annu Rev Genet 42: 443-61.

Dulac C, and Axel R. 1995. A novel family of genes encoding putative pheromone receptors in mammals. Cell 83: 195-206.

Dunning Hotopp JC, Clark ME, Oliveira DCSG, Foster JM, Fischer P et al. 2007. Widespread lateral gene transfer from intracellular bacteria to multicellular eukaryotes. Science 317: 1753-6.

East EM. 1910. Notes on an experiment concerning the nature of unit characters. Science 32: 93-5.

Easteal S, Collet C, and Betty D. 1995. The mammalian molecular clock. Springer-Verlag, New York.

Edwards AC, Rollmann SM, Morgan TJ, and Mackay TF. 2006. Quantitative genomics of aggressive behavior in *Drosophila melanogaster*. PLoS Genet 2: e154.

Eickbush TH, and Eickbush DG. 2007. Finely orchestrated movements: evolution of the ribosomal RNA genes. Genetics 175: 477-85.

Eirin-Lopez JM, Gonzalez-Tizon AM, Martinez A, and Mendez J. 2004. Birth-and-death evolution with strong purifying selection in the histone H1 multigene family and the origin of orphon H1 genes. Mol Biol Evol 21: 1992-2003.

Eizirik E, Yuhki N, Johnson WE, Menotti-Raymond M, Hannah SS et al. 2003. Molecular genetics and evolution of melanism in the cat family. Curr Biol 13: 448-53.

Emerson RA, and East EM. 1913. The inheritance of quantitative characters in maize. Bull Agric Exp Stn Nebr 2: 1-120.

Emerson S. 1939. A preliminary survey of the *Oenothera organensis* population. Genetics 24: 524-37.

ENCODE Project Consortium. 2007. Identification and analysis of functional elements in 1% of the human genome by the ENCODE pilot project. Nature 447: 799-816.

ENCODE Project Consortium. 2012. An integrated encyclopedia of DNA elements in the human genome. Nature 489: 57-74.

Endler JA. 1986. Natural selection in the wild. Princeton University Press, Princeton.

Esteves PJ, Lanning D, Ferrand N, Knight KL, Zhai SK et al. 2004. Allelic variation at the VHa locus in natural populations of rabbit (*Oryctolagus cuniculus*, L.). J Immunol 172: 1044-53.

Evans JP, and Florman HM. 2002. The state of the union: the cell biology of fertilization. Nat Cell Biol 4 Suppl: s57-63.

Ewens WJ. 1967. A note on the mathematical theory of the evolution of dominance. Am Nat 101: 35-40.

Ewens WJ. 1970. Remarks on the substitutional load. Theor Popul Biol 1: 129-39.

Ewens WJ. 1972. The sampling theory of selectively neutral alleles. Theor Popul Biol 3: 87-112.

Ewens WJ. 1989. An interpretation and proof of the fundamental theorem of natural selection. Theor Popul Biol 36: 167-80.

Ewens WJ. 1993. Beanbag genetics and after. In P P Majumder, ed. Human population genetics, pp. 7-28. Plenum Press, New York.

Ewens WJ. 2000. A hundred years of population genetics theory. J Epidemiol Biostat 5: 17-23.

Ewens WJ. 2004. Mathematical population genetics. Springer, New York.

Falconer DS. 1960. Introduction to quantitative genetics. Oliver and Boyd, Edinburgh.

Fares MA, Moya A, Escarmis C, Baranowski E, Domingo E et al. 2001. Evidence for positive selection in the capsid protein-coding region of the foot-and-mouth disease virus (FMDV) subjected to experimental passage regimens. Mol Biol Evol 18: 10-21.

Fay JC, Wyckoff GJ, and Wu CI. 2002. Testing the neutral theory of molecular evolution with genomic data from *Drosophila*. Nature 415: 1024-6.

Feder JN, Penny DM, Irrinki A, Lee VK, Lebron JA et al. 1998. The hemochromatosis gene product complexes with the transferrin receptor and lowers its affinity for ligand binding. Proc Natl Acad Sci USA 95: 1472-7.

Feldman M, and Levy AA. 2012. Genome evolution due to allopolyploidization in wheat. Genetics 192: 763-74.

Feldman MW. 1972. Selection for linkage modification. I. Random mating populations. Theor Popul Biol 3: 324-46.

Felsenstein J. 1971. On the biological significance of the cost of gene substitution. Am Nat 105: 1-11.

Felsenstein J. 1974. The evolutionary advantage of recombination. Genetics 78: 737-56.

Felsenstein J. 2004. Inferring phylogenies. Sinauer Associates,Sunderland, MA.

Ferree PM, and Barbash DA. 2009. Species-specific heterochromatin prevents mitotic chromosome segregation to cause hybrid lethality in *Drosophila*. PLoS Biol 7: e1000234.

Figueroa F, Gunther E, and Klein J. 1988. MHC polymorphism pre-dating speciation. Nature 335: 265-7.

Filipowicz W, Bhattacharyya SN, and Sonenberg N. 2008. Mechanisms of post-transcriptional regulation by microRNAs: are the answers in sight? Nat Rev Genet 9: 102-14.

Filmore[J4] D. 2004. It's a GPCR world. Modern Drug Discovery 7: 24-8.

Fisher RA. 1918. The correlation between relatives on the supposition of Mendelian inheritance. P Roy Soc Edinburgh 52: 399-433.

Fisher RA. 1922. On the dominance ratio. P Roy Soc Edinburgh 42: 321-41.

Fisher RA. 1928. The possible modifications of the wild type to recurrent mutations. Am Nat 62: 115-26.

Fisher RA. 1930. The genetical theory of natural selection. Clarendon, Oxford.

Fisher, RA. 1931. The evolution of dominance. Biol Rev 6: 345-68.

Fisher RA. 1935. The sheltering of lethals. Am Nat 69: 446-55.

Fisher RA. 1941. Average excess and average effect of a gene substitution. Ann Eugenic 11: 53-63.

Fisher RA. 1958. The genetical theory of natural selection, 2nd Ed. Dover Press, New York.

Fisher RA, and Ford EB. 1947. The spread of a gene in natural conditions in a colony of the moth *Panaxia dominula L.* Heredity 1: 143-74.

Fisher RA, and Ford EB. 1950. The Sewall Wright effect. Heredity 4: 117-9.

Fisher RA, Ford EB, and Huxley J. 1939. Taste-testing the Anthropoid Apes. Nature 144: 750.

Fitch WM, Bush RM, Bender CA, and Cox NJ. 1997. Long term trends in the evolution of H(3) HA1 human influenza type A. Proc Natl Acad Sci USA 94: 7712-18.

Flagel LE, and Wendel JF. 2009. Gene duplication and evolutionary novelty in plants. New Phytol 183: 557-64.

Ford EB. 1964. Ecological genetics, Methuen, London.

Ford EB. 1975. Ecological genetics, 4th ed. Chapman and Hall, London.

Frank SA. 1991. Divergence of meiotic drive-suppression systems as an explanation for sex-biased hybrid sterility and inviability. Evolution 45: 262-7.

Frank SA. 1998. Foundations of social evolution. Princeton University Press, Princeton, New Jersey.

Franklin I, and Lewontin RC. 1970. Is the gene the unit of selection? Genetics 65: 707-34.

Freese E. 1962. On the evolution of base composition of DNA. J Theor Biol 3: 82-101.

Freese E, and Yoshida A. 1965. The role of mutations in evolution. In V Bryson, and H J Vogel, eds. Evolving Genes and Proteins, pp. 341-55. Academic, New York.

Furuya EY, and Lowy FD. 2006. Antimicrobial-resistant bacteria in the community setting. Nat Rev Microbiol 4: 36-45.

Futuyma DJ. 2005. Evolution. Sinauer, Sunderland, MA.

Galindo BE, Vacquier VD, and Swanson WJ. 2003. Positive selection in the egg receptor for abalone sperm lysin. Proc Natl Acad Sci USA 100: 4639-43.

Gates RR. 1908. The chromosomes of *Oenothera*. Science 27: 193-5.

Gayon J. 1998. Darwinism's struggle for survival: Heredity and the hypothesis of natural selection. Cambridge University Press, Cambridge.

Gehring WJ. 1998. Master control genes in development and evolution: The homebox story. Yale University Press, New Haven.

Gehring WJ. 2005. New perspectives on eye development and the evolution of eyes and photoreceptors. J Hered 96: 171-84.

Gehring WJ. 2011. Chance and necessity in eye evolution. Genome Biol Evol 3: 1053-66.

Gehring WJ, and Ikeo K. 1999. Pax 6: mastering eye morphogenesis and eye evolution. Trends Genet 15: 371-7.

Gehring WJ, Kloter U, and Suga H. 2009. Evolution of the Hox gene complex from an evolutionary ground state. Curr Top Dev Biol 88: 35-61.

Gempe T, and Beye M. 2010. Function and evolution of sex determination mechanisms, genes and pathways in insects. Bioessays 33: 52-60.

Gerhart J, and Kirschner MW. 1997. Cells, embryos, and evolution. Blackwell Science, Malden, MA.

Gerstein MB, Bruce C, Rozowsky JS, Zheng D, Du J et al. 2007. What is a gene, post-ENCODE? History and updated definition. Genome Res 17: 669-81.

Gibbs R A, Rogers J, Katze MG, Bumgarner R, Weinstock GM, et al. 2007. Evolutionary and biomedical insights from the rhesus macaque genome. Science 316: 222-34.

Gilbert S. 2006. Developmental biology. Sinauer Assoc, Sunderland, MA.

Gilbert W. 1978. Why genes in pieces? Nature 271: 501.

Gilbert W. 1986. Origin of life: the RNA world. Nature 319: 618.

Gillespie JH. 1973. Natural selection with varying selection coefficients — a haploid model. Genet Res 21: 115-120.

Gillespie JH. 1980. Protein polymorphism and the SASCFF model. Genetics 94: 1089-90.

Gillespie JH. 1991. The causes of molecular evolution. Oxford University Press, Oxford.

Gimelbrant AA, Skaletsky H, and Chess A. 2004. Selective pressures on the olfactory receptor repertoire since the human-chimpanzee divergence. Proc Natl Acad Sci USA 101: 9019-22.

Glusman G, Yanai I, Rubin I, and Lancet D. 2001. The complete human olfactory subgenome. Genome Res 11: 685-702.

Go Y, and Niimura Y. 2008. Similar numbers but different repertoires of olfactory receptor genes in humans and chimpanzees. Mol Biol Evol 25: 1897-907.

Gojobori T, and Nei M. 1984. Concerted evolution of the immunoglobulin VH gene family. Mol Biol Evol 1: 195-212.

Goldman N, and Yang Z. 1994. A codon-based model of nucleotide substitution for protein-coding DNA sequences. Mol Biol Evol 11: 725-36.

Gonzalez E, Kulkarni H, Bolivar H, Mangano A, Sanchez R et al. 2005. The influence of CCL3L1 gene-containing segmental duplications on HIV-1/AIDS susceptibility. Science 307: 1434-40.

Gonzalez IL, and Sylvester JE. 2001. Human rDNA: evolutionary patterns within the genes and tandem arrays derived from multiple chromosomes. Genomics 73: 255-63.

Gould SJ. 1980. The panda's thumb: more reflections in natural history. Norton, New York.

Gould SJ. 2002. The structure of evolutionary theory. Harvard University Press, Cambridge, MA.

Gould SJ, and Lewontin RC. 1979. The spandrels of San Marco and the Panglossian paradigm: a critique of the adaptationist programme. P Roy Soc B-Biol Sci 205: 581-98.

Grande C, and Patel NH. 2009. Nodal signaling is involved in left-right asymmetry in snails. Nature 457: 1007-11.

Grant BS, Owen DF, and Clarke CA. 1996. Parallel rise and fal of melanic peppered moths in America and Britain. J Hered 87: 351-7.

Grant V. 1981. Plant speciation, 2nd ed. Columbia University Press, New York.

Graur D. 1985. Gene diversity in Hymenoptera. Evolution 39: 190-9.

Graves JAM. 2008. Weird animal genomes and the evolution of vertebrate sex and sex chromosomes. Ann Rev Genet 42: 565-86.

Grus WE, Shi P, Zhang YP, and Zhang J. 2005. Dramatic variation of the vomeronasal pheromone receptor gene repertoire among five orders of placental and marsupial mammals. Proc Natl Acad Sci USA 102: 5767-72.

Grus WE, and Zhang J. 2009. Origin of the genetic components of the vomeronasal system in the common ancestor of all extant vertebrates. Mol Biol Evol 26: 407-19.

Gu X, and Nei M. 1999. Locus specificity of polymorphic alleles and evolution by a birth-and-death process in mammalian MHC genes. Mol Biol Evol 16: 147-56.

Haigh J. 1978. The accumulation of deleterious genes in a population — Muller's Ratchet. Theor Popul Biol 14: 251-67.

Haldane JBS. 1922. Sex ratio and unisexual sterility in hybrid animals. Journal of Genetics 12: 101-9.

Haldane JBS. 1924. The mathematical theory of natural and artificial selection. Part I. Trans Cambridge Philos Soc 23: 19-41.

Haldane JBS. 1927. The mathematical theory of natural and artificial selection. Part V. P Camb Philol Soc 23: 838-44.

Haldane JBS. 1932. The causes of evolution. Longmans and Green, London.

Haldane JBS. 1933. The part played by recurrent mutation in evolution. Am Nat 67: 5-19.

Haldane JBS. 1955. Population genetics. Penguin New Biol 18: 34-51.

Haldane JBS. 1957. The cost of natural selection. J Genet 55: 511-24.

Haldane JBS. 1964. A defense of beanbag genetics. Perspect Biol Med 7: 343-59.

Hall C, Brachat S, and Dietrich FS. 2005. Contribution of horizontal gene transfer to the evolution of *Saccharomyces cerevisiae*. Eukaryot Cell 4: 1102-15.

Hamada H, Meno C, Watanabe D, and Saijoh Y. 2002. Establishment of vertebrate left-right asymmetry. Nat Rev Genet 3: 103-13.

Hamers-Casterman C, Atarhouch T, Muyldermans S, Robinson G, Hamers C et al. 1993. Naturally occurring antibodies devoid of light chains. Nature 363: 446-8.

Hamilton AJ, and Baulcombe DC. 1999. A species of small antisense RNA in posttranscriptional gene silencing in plants. Science 286: 950-2.

Hamilton WD. 1964. The genetical evolution of social behavior, I and II. J Theor Biol 7: 1-52.

Hanzawa Y, Money T, and Bradley D. 2005. A single amino acid converts a repressor to an activator of flowering. Proc Natl Acad Sci USA 102: 7748-53.

Hao L, and Nei M. 2004. Genomic organization and evolutionary analysis of Ly49 genes encoding the rodent natural killer cell receptors: rapid evolution by repeated gene duplication. Immunogenetics 56: 343-54.

Hao L, and Nei M. 2005. Rapid expansion of killer cell immunoglobulin-like receptor genes in primates and their coevolution with MHC Class I genes. Gene 347: 149-59.

Hardy GH. 1908. Mendelian proportions in a mixed population. Science 28: 49-50.

Harris H. 1966. Enzyme polymorphisms in man. P Roy Soc B-Biol Sci 164: 298-310.

Hartl DL. 1969. Dysfunctional sperm production in *Drosophila melanogaster* males homozygous for the segregation distorter elements. Proc Natl Acad Sci USA 63: 782-9.

Hartl DL, and Taubes CH. 1998. Towards a theory of evolutionary adaptation. Genetica 102-103: 525-33.

Hawks J, Wang ET, Cochran GM, Harpending HC, and Moyzis RK. 2007. Recent acceleration of human adaptive evolution. Proc Natl Acad Sci USA 104: 20753-8.

Hedge PJ, and Spratt BG. 1985. Amino acid substitutions that reduce the affinity of penicillin-binding protein 3 of *Escherichia coli* for cephalexin. Eur J Biochem 151: 111-21.

Hedges SB, and Kumar S. 2009. The timetree of life. Oxford University Press, New York.

Hedrick PW. 2000. Genetics of poulations, 2nd ed. Jones and Barlett Publishers, Sudbury, MA.

Hedrick PW. 2002. Pathogen resistance and genetic variation at MHC loci. Evolution 56: 1902-8.

Heimberg AM, Sempere LF, Moy VN, Donoghue PC, and Peterson KJ. 2008. MicroRNAs and the advent of vertebrate morphological complexity. Proc Natl Acad Sci USA 105: 2946-50.

Henikoff S, and Malik HS. 2002. Centromeres: selfish drivers. Nature 417: 227.

Hentschel CC, and Birnstiel ML. 1981. The organization and expression of histone gene families. Cell 25: 301-13.

Hermisson J. 2009. Who believes in whole-genome scans for selection? Heredity 103: 283-4.

Hill WG. 1982. Rates of change in quantitative traits from fixation of new mutations. Proc Natl Acad Sci USA 79: 142-5.

Hill WG, and Robertson A. 1966. The effect of linkage on limits to artificial selection. Genet Res 8: 269-94.

Hillis DM, and Green DM. 1990. Evolutionary changes of heterogametic sex in the phylogenetic history of amphibians. J Evol Biol 3: 49-64.

Hirschberg J, and McIntosh L. 1983. Molecular basis of herbicid resistance in *Amaranthus hybridus*. Science 222: 1346-9.

Hoegg S, and Meyer A. 2005. Hox clusters as models for vertebrate genome evolution. Trends Genet 21: 421-4.

Hoekstra HE, and Coyne JA. 2007. The locus of evolution: evo devo and the genetics of adaptation. Evolution 61: 995-1016.

Hoekstra HE, Hirschmann RJ, Bundey RA, Insel PA, and Crossland JP. 2006. A single amino acid mutation contributes to adaptive beach mouse color pattern. Science 313: 101-4.

Hollox EJ, Huffmeier U, Zeeuwen PL, Palla R, Lascorz J et al. 2008. Psoriasis is associated with increased betadefensin genomic copy number. Nat Genet 40: 23-5.

Holt CA, and Childs G. 1984. A new family of tandem repetitive early histone genes in the sea urchin *Lytechinus pictus*: evidence for concerted evolution within tandem arrays. Nucleic Acids Res 12: 6455-71.

Hood L, Campbell JH, and Elgin SC. 1975. The organization, expression, and evolution of antibody genes and other multigene families. Annu Rev Genet 9: 305-53.

Hood L, Kronenberg M, and Hunkapiller T. 1985. T cell antigen receptors and the immunoglobulin supergene family. Cell 40: 225-9.

Horuk R, Goodwin P, O'Connor K, Neville RW, Lazarus NR et al. 1979. Evolutionary change in the insulin receptors of hystricomorph rodents. Nature 279: 439-40.

Hudson RR, Kreitman M, and Aguade M. 1987. A test of neutral molecular evolution based on nucleotide data. Genetics 116: 153-9.

Hughes AL. 1999a. Phylogenies of developmentally important proteins do not support the hypothesis of two rounds of genome duplication early in vertebrate history. J Mol Evol 48: 565-76.

Hughes AL. 1999b. Adaptive evolution of genes and genomes. Oxford University Press, New York.

Hughes AL. 2002. Evolution of the human killer cell inhibitory receptor family. Mol Phylogenet Evol 25: 330-40.

Hughes AL. 2008. Near neutrality leading edge of the neutral theory of molecular evolution. Ann N Y Acad Sci 1133: 162-79.

Hughes AL, and Friedman R. 2008. Codon-based tests of positive selection, branch lengths, and the evolution of mammalian immune system genes. Immunogenetics 60: 495-506.

Hughes AL, and Nei M. 1988. Pattern of nucleotide substitution at major histocompatibility complex class I loci reveals overdominant selection. Nature 335: 167-70.

Hughes AL, and Nei M. 1989. Nucleotide substitution at major histocompatibility complex class II loci: evidence for overdominant selection. Proc Natl Acad Sci USA 86: 958-62.

Hughes AL, and Nei M. 1990. Evolutionary relationships of class II major-histocompatibility-complex genes in mammals. Mol Biol Evol 7: 491-514.

Hughes AL, and Nei M. 1993. Evolutionary relationships of the classes of major histocompatibility complex genes. Immunogenetics 37: 337-46.

Hughes AL, Packer B, Welch R, Bergen AW, Chanock SJ et al. 2003. Widespread purifying selection at polymorphic sites in human protein-coding loci. Proc Natl Acad Sci USA 100: 15754-7.

Hughes AL, and Yeager M. 1998. Natural selection at major histocompatibility complex loci of vertebrates. Annu Rev Genet 32: 415-35.

Hunt BG, Ometto L, Wurm Y, Shoemaker D, Yi SV et al. 2011. Relaxed selection is a precursor to the evolution of phenotypic plasticity. Proc Natl Acad Sci USA 108: 15936-41.

Hurst LD, and Pomiankowski A. 1991. Causes of sex ratio bias may account for unisexual sterility in hybrids: a new explanation of Haldane's rule and related phenomena. Genetics 128: 841-58.

Huxley JS. 1942. Evolution: the modern synthesis. Allen and Unwin, London.

Imaizumi Y, Nei M, and Furusho T. 1970. Variability and heritability of human fertility. Ann Hum Genet 33: 251-9.

Ina Y, and Gojobori T. 1994. Statistical analysis of nucleotide sequences of the hemagglutinin gene of human influenza A viruses. Proc Natl Acad Sci USA 91: 8388-92.

Ingram VM. 1961. Gene evolution and the haemoglobins. Nature 189: 704-8.

Ingram VM. 1963. The hemoglobins in genetics and evolution. Columbia University Press, New York.

International HapMap Consortium. 2005. A haplotype map of the human genome. Nature 437: 1299-320.

International HapMap 3 Consortium, Altshuler DM, Gibbs RA, Peltonen L, Altshuler DM et al. 2010. Integrating common and rare genetic variation in diverse human populations. Nature 467: 52-8.

International HapMap Consortium, Frazer KA, Ballinger DG, Cox DR, Hinds DA et al. 2007. A second generation human haplotype map of over 3.1 million SNPs. Nature 449: 851-61.

International Human Genome Sequencing Consortium. 2001. Initial sequencing and analysis of the human genome. Nature 409: 860-921.

International Human Genome Sequencing Consortium. 2004. Initial sequencing and analysis of the human genome. Nature 409: 860-921.

Itoh T, Martin W, and Nei M. 2002. Acceleration of genomic evolution caused by enhanced mutation rate in endocellular symbionts. Proc Natl Acad Sci USA 99: 12944-8.

Jacob F. 1977. Evolution and tinkering. Science 196: 1161-6.

Jacob F, and Monod J. 1961. Genetic regulatory mechanisms in the synthesis of proteins. J Mol Biol 3: 318-56.

Jacobs EE, and Sanadi DR. 1960. The reversible removal of cytochrome c from mitochondria. J Biol Chem 235: 531-4.

Jaenike J. 2001. Sex chromosome meiotic drive. Annu Rev Ecol Syst 32: 25-49.

Javaux EJ, Knoll AH, and Walter MR. 2001. Morphological and ecological complexity in early eukaryotic ecosystems. Nature 412: 66-9.

Jeffery CJ. 2003. Moonlighting proteins: old proteins learning new tricks. Trends Genet 19: 415-17.

Jeffery WR. 2009. Regressive evolution in *Astyanax* cavefish. Annu Rev Genet 43: 25-47.

Jeffreys AJ. 1979. DNA sequence variants in the G gamma-, A gamma-, delta- and beta-globin genes of man. Cell 18: 1-10.

Jeffreys AJ. 2005. Genetic fingerprinting. Nat Med 11: 1035-1039.

Jenkin F. 1867. (Review of) "The origin of species." N Brit Rev 46: 277-318.

Jensen L. 1973. Random selective advantages of genes and their probabilities of fixation. Genet Res 21: 215-19.

Jermann TM, Opitz JG, Stackhouse J, and Benner SA. 1995. Reconstructing the evolutionary history of the artiodactyl ribonuclease superfamily. Nature 374: 57-9.

Jessen TH, Weber RE, Fermi G, Tame J, Braunitzer G. 1991. Adaptation of bird hemoglobins to high altitudes: Demonstration of molecular mechanism by protein engineering. Proc Natl Acad Sci USA 88: 6519-22.

Jiang PH, Josue J, Li X, Glaser D, Li WH et al. 2012. Major taste loss in carnivorous mammals. Proc Natl Acad Sci USA 109: 4956-61.

Jiao Y, Wang Y, Xue D, Wang J, Yan M et al. 2010. Regulation of *OsSPL14* by OsmiR156 defines ideal plant architecture in rice. Nat Genet 42: 541-4.

Jiao Y, Wickett NJ, Ayyampalayam S, Chanderbali AS, Landherr L et al. 2011. Ancestral polyploidy in seed plants and angiosperms. Nature 473: 97-100.

Johannsen W. 1909. Elemente der exakten Erblichkeitslehre. Gustav Fischer, Jena.

Jolles P, Schoentgen F, Jolles J, Dobson DE, Prager EM et al. 1984. Stomach lysozymes of ruminants. II. Amino acid sequence of cow lysozyme 2 and immunological comparisons with other lysozymes. J Biol Chem 259: 11617-25.

Jones FC, Grabherr MG, Chan YF, Russell P, Mauceli E et al. 2012. The genomic basis of adaptive evolution in threespine sticklebacks. Nature 484: 55-61.

Jones JS, Bryant SH, Lewontin RC, Moore JA, and Prout T. 1981. Gene flow and the geographical distribution of a molecular polymorphism in *Drosophila pseudoobscura*. Genetics 98: 157-78.

Joyce GF. 2002. The antiquity of RNA-based evolution. Nature 418: 214-21.

Joyce GF. 2004. Directed evolution of nucleic acid enzymes. Annu Rev Biochem 73: 791-836.

Just W, Rau W, Vogel W, Akhverdian M, Fredga K et al. 1995. Absence of Sry in species of the vole *Ellobius*. Nat Genet 11: 117-18.

Kajikawa M, and Okada N. 2002. LINEs mobilize SINEs in the eel through a shared 3' sequence. Cell 111: 433-444.

Kamakura M. 2011. Royalactin induces queen differentiation in honeybees. Nature 473: 478-83.

Kamei N, and Glabe CG. 2003. The species-specific egg receptor for sea urchin sperm adhesion is EBR1, a novel ADAMTS protein. Genes Dev 17: 2502-7.

Kasahara M, Hayashi M, Tanaka K, Inoko H, Sugaya K et al. 1996. Chromosomal localization of the proteasome Z subunit gene reveals an ancient chromosomal duplication involving the major histocompatibility complex. Proc Natl Acad Sci USA 93: 9096-101.

Kasahara M, Suzuki T, and Pasquier LD. 2004. On the origins of the adaptive immune system: novel insights from invertebrates and cold-blooded vertebrates. Trends Immunol 25: 105-11.

Kato Y, Kobayashi K, Watanabe H, and Iguchi T. 2011. Environmental sex determination in the branchiopod crustacean *Daphnia magna*: deep conservation of a Doublesex gene in the sex-determining pathway. PLoS Genet 7: e1001345.

Katz LA, Bornstein JG, Lasek-Nesselquist E, and Muse SV. 2004. Dramatic diversity of ciliate histone H4 genes revealed by comparisons of patterns of substitutions and paralog divergences among eukaryotes. Mol Biol Evol 21: 555-62.

Kawaguti S, and Yamasu T. 1965. Electron microscopy on the symbiosis between an elysioid gastropod and chloroplasts from a green alga. J Biol Okayama Univ. II: 57–64.

Kawai A, Ishijima J, Nishida C, Kosaka A, Ota H et al. 2009. The ZW sex chromosomes of *Gekko hokouensis* (Gekkonidae, Squamata) represent highly conserved homology with those of avian species. Chromosoma 118: 43–51.

Kedes LH. 1979. Histone genes and histone messengers. Annu Rev Biochem 48: 837–70.

Keeling PJ, and Palmer JD. 2008. Horizontal gene transfer in eukaryotic evolution. Nat Rev Genet 9: 605–18.

Keightley PD. 2012. Rates and fitness consequences of new mutations in humans. Genetics 190: 295–304.

Keightley PD, Lercher MJ, and Eyre-Walker A. 2005. Evidence for widespread degradation of gene control regions in hominid genomes. PLoS Biol 3: e42.

Keller A, Zhuang H, Chi Q, Vosshall LB, and Matsunami H. 2007. Genetic variation in a human odorant receptor alters odour perception. Nature 449: 468–72.

Kelley J, Walter L, and Trowsdale J. 2005. Comparative genomics of natural killer cell receptor gene clusters. PLoS Genet 1: 129–39.

Kelley JL, Madeoy J, Calhoun JC, Swanson W, and Akey JM. 2006. Genomic signatures of positive selection in humans and the limits of outlier approaches. Genome Res 16: 980–9.

Kellis M, Birren BW, and Lander ES. 2004. Proof and evolutionary analysis of ancient genome duplication in the yeast *Saccharomyces cerevisiae*. Nature 428: 617–24.

Kettlewell HBD. 1955. Recognition of appropriate backgrounds by the pale and black phases of Lepidoptera. Nature 175: 943–4.

Kettlewell HBD. 1973. The Evolution of Melanism: a study of recurring necessity; with special reference to industrial melanism in the Lepidoptera. Clarenden Press, Oxford.

Khaitovich P, Enard W, Lachmann M, and Paabo S. 2006. Evolution of primate gene expression. Nat Rev Genet 7: 693–702.

Khakoo SI, Rajalingam R, Shum BP, Weidenbach K, Flodin L et al. 2000. Rapid evolution of NK cell receptor systems demonstrated by comparison of chimpanzees and humans. Immunity 12: 687–98.

Kikkawa H. 1937. Spontaneous crossing over in the male of *Drosophila ananassae*. Zool Magaz (Tokyo) 49: 159–60.

Kim DH, Doyle MR, Sung S, and Amasino RM. 2009. Vernalization: winter and the timing of flowering in plants. Annu Rev Cell Dev Biol 25: 277–99.

Kim HN, and Yamazaki T. 2004. Nonconcerted evolution of histone 3 genes in a liverwort, *Conocephalum conicum*. Genes Genet Syst 79: 331–44.

Kimura M. 1954. Process leading to quasi-fixation of genes in natural populations due to random fluctuation of selection intensities. Genetics 39: 280–95.

Kimura M. 1956. A model of a genetic system which tends to closer linkage by natural selection. Evolution 10: 278–87.

Kimura M. 1957. Some problems of stochastic processes in genetics. Ann Math Stat 28: 882–901.

Kimura M. 1958. On the change of population fitness by natural selection. Heredity 12: 145–67.

Kimura M. 1962. On the probability of fixation of mutant genes in a population. Genetics 47: 713–19.

Kimura M. 1964. Diffusion models in population genetics. J. Appl. Prob. 1: 177–232.

Kimura M. 1968a. Evolutionary rate at the molecular level. Nature 217: 624–6.

Kimura M. 1968b. Genetic variability maintained in a finite population due to mutational production of neutral and nearly neutral isoalleles. Genet Res 11: 247–69.

Kimura M. 1969. The rate of molecular evolution considered from the standpoint of population genetics. Proc Natl Acad Sci USA 63: 1181–8.

Kimura M. 1977. Preponderance of synonymous changes as evidence for the neutral theory of molecular evolution. Nature 267: 275–6.

Kimura M. 1983. The neutral theory of molecular evolution. Cambridge University Press, Cambridge.

Kimura M, and Crow JF. 1964. The number of alleles that can be maintained in a finite population. Genetics 49: 725–38.

Kimura M, and Maruyama T. 1969. The substitutional load in a finite population. Heredity 24: 101-14.

Kimura M, and Ohta T. 1971. Theoretical aspects of population genetics. Princeton Univ Press, Princeton, NJ. King JL. 1967. Continuously distributed factors affecting fitness. Genetics 55: 483-92.

King JL, and Jukes TH. 1969. Non-Darwinian evolution. Science 164: 788-98.

King MC, and Wilson AC. 1975. Evolution at two levels in humans and chimpanzees. Science 188: 107-16.

Kirschner MW, and Gerhart JC. 2005. The plausibility of life. Yale University Press, New Haven, CT.

Klein J, and Figueroa F. 1986. Evolution of the major histocompatibility complex. CRC Crit Rev Immunol 6: 295-386.

Klein J, and Horejsi V. 1997. Immunology. Blackwell Science, Oxford.

Klein J, and Nikolaidis N. 2005. The descent of the antibody-based immune system by gradual evolution. Proc Natl Acad Sci USA 102: 169-74.

Klein J, Sato A, and Nikolaidis N. 2007. MHC, TSP, and the origin of species: from immunogenetics to evolutionary genetics. Annu Rev Genet 41: 281-304.

Klein J, and Takahata N. 2002. Where do we come from? The molecular evidence for human descent. Springer-Verlag, Berlin.

Kohne DE. 1970. Evolution of higher-organism DNA. Q Rev Biophys 3: 327-75.

Kondrashov AS. 1995. Contamination of the genome by very slightly deleterious mutations: why have we not died 100 times over? J Theor Biol 175: 583-94.

Koopman P, Munsterberg A, Capel B, Vivian N, and Lovell-Badge R. 1990. Expression of a candidate sexdetermining gene during mouse testis differentiation. Nature 348: 450-2.

Kosakovsky Pond SL, Frost SD, and Muse SV. 2005. HyPhy: hypothesis testing using phylogenies. Bioinformatics 21: 676-9.

Kriener K, O'HUigin C, and Klein J. 2000a. Conversion or convergence? Introns of primate DRB genes tell the true story. In M. Kasahara, eds. Major histocompatibility complex; evolution, structure, and function. Spring-Verlag, Tokyo.

Kriener K, O'HUigin C, Tichy H, and Klein J. 2000b. Convergent evolution of major histocompatibility complex molecules in humans and New World monkeys. Immunogenetics 51: 169-78.

Kubo K, Entani T, Takara A, Wang N, Fields AM et al. 2010. Collaborative non-self recognition system in S-RNasebased self-incompatibility. Science 330: 796-9.

Kulski JK, Shiina T, Anzai T, Kohara S, and Inoko H. 2002. Comparative genomic analysis of the MHC: the evolution of class I duplication blocks, diversity and complexity from shark to man. Immunol Rev 190: 95-122.

Kuroda R, Endo B, Abe M, and Shimizu M. 2009. Chiral blastomere arrangement dictates zygotic left-right asymmetry pathway in snails. Nature 462: 790-4.

Kuroiwa A, Handa S, Nishiyama C, Chiba E, Yamada F et al. 2011. Additional copies of CBX2 in the genomes of males of mammals lacking SRY, the Amami spiny rat (*Tokudaia osimensis*) and the Tokunoshima spiny rat (*Tokudaia tokunoshimensis*). Chromosome Res 19: 635-44.

Kuroiwa A, Ishiguchi Y, Yamada F, Shintaro A, and Matsuda Y. 2010. The process of a Y-loss event in an XO/XO mammal, the Ryukyu spiny rat. Chromosoma 119: 519-26.

Kusano A, Staber C, Chan HY, and Ganetzky B. 2003. Closing the (Ran) GAP on segregation distortion in *Drosophila*. Bioessays 25: 108-15.

Laird CD, McConaughy BL, and McCarthy BJ. 1969. Rate of fixation of nucleotide substitutions in evolution. Nature 224: 149-54.

Lamarck JB. 1809. Philosophie Zoologique. Dentu, Paris.

Lamotte M. 1951. Research on the genetic structure of natural populations of *Cepaea nemoralis*. Annee Biol 55: 39-49.

Lamotte M. 1959. Polymorphism of natural populations of *Cepaea nemoralis*. Cold Spring Harb Symp Quant Biol 24: 65-86.

Lance VA. 2009. Is regulation of aromatase expression in reptiles the key to understanding temperaturedependent sex determination? J Exp Zool A Ecol Genet Physiol 311: 314-22.

Lander ES, Linton LM, Birren B, Nusbaum C, Zody MC et al. 2001. Initial sequencing and analysis of the human genome. Nature 409: 860-921.

Langley CH, and Fitch WM. 1974. An examination of the constancy of the rate of molecular evolution. J Mol Evol 3: 161-77.

Lawlor DA, Ward FE, Ennis PD, Jackson AP, and Parham P. 1988. HLA-A and B polymorphisms predate the divergence of humans and chimpanzees. Nature 335: 268-71.

Lederberg J, and Lederberg EM. 1952. Replica plating and indirect selection of bacterial mutants. J Bacteriol 63: 399-406.

Lee AP, Koh EG, Tay A, Brenner S, and Venkatesh B. 2006. Highly conserved syntenic blocks at the vertebrate Hox loci and conserved regulatory elements within and outside Hox gene clusters. Proc Natl Acad Sci USA 103: 6994-9.

Lee HY, Chou JY, Cheong L, Chang NH, Yang SY et al. 2008. Incompatibility of nuclear and mitochondrial genomes causes hybrid sterility between two yeast species. Cell 135: 1065-73.

Lee RC, Feinbaum RL, and Ambros V. 1993. The C. elegans heterochronic gene *lin-4* encodes small RNAs with antisense complementarity to *lin-14*. Cell 75: 843-54.

Lessard S. 1997. Fisher's fundamental theorem of natural selection revisited. Theor Popul Biol 52: 119-36.

Levene H. 1953. Genetic equilibrium when more than one ecological niche is available. Amer Nat 87: 131-3.

Lewis EB. 1951. Pseudoallelism and gene evolution. Cold Spring Harbor Symposium on Quantitative Biology 16: 159-74.

Lewontin RC. 1974. The genetic basis of evolutionary change. Columbia University Press, New York.

Lewontin RC. 1978. Adaptation. Sci Am 239: 212-22.

Lewontin RC, and Hubby JL. 1966. A molecular approach to the study of genic heterozygosity in natural populations. II. Amount of variation and degree of heterozygosity in natural populations of *Drosophila pseudoobscura*. Genetics 54: 595-609.

Lewontin RC, and Kojima KI. 1960. The evolutionary dynamics of complex polymorphisms. Evolution 14: 458-78.

Lewontin RC, and Krakauer J. 1973. Distribution of gene frequency as a test of the theory of the selective neutrality of polymorphisms. Genetics 74: 175-95.

Lewontin RC, and Krakauer J. 1975. Testing the heterogeneity of F values. Genetics 80: 397-8.

Lewontin RC, Rose S, and Kamin LJ. 1984. Not in our genes. Pantheon Books, New York.

Lewontin RC, and White MJD. 1960. Interaction between inversion polymorphisms of two chromosome pairs in the grasshopper, *Moraba scurra*. Evolution 14: 116-29.

Li WH, Gojobori T, and Nei M. 1981. Pseudogenes as a paradigm of neutral evolution. Nature 292: 237-9.

Li WH, and Nei M. 1977. Persistence of common alleles in two related populations or species. Genetics 86: 901-14.

Li WH, Tanimura M, and Sharp PM. 1987. An evaluation of the molecular clock hypothesis using mammalian DNA sequences. J Mol Evol 25: 330-42.

Liao BY, Weng MP, and Zhang J. 2010. Contrasting genetic paths to morphological and physiological evolution. Proc Natl Acad Sci USA 107: 7353-8.

Liao D, Pavelitz T, and Weiner AM. 1998. Characterization of a novel class of interspersed LTR elements in primate genomes: structure, genomic distribution, and evolution. J Mol Evol 46: 649-60.

Lin F, Xing K, Zhang J, and He X. 2012. Expression reduction in mammalian X chromosome evolution refutes Ohno's hypothesis of dosage compensation. Proc Natl Acad Sci USA. 109: 11752-7.

Lin Z, Kong H, Nei M, and Ma H. 2006. Origins and evolution of the recA/RAD51 gene family: evidence for ancient gene duplication and endosymbiotic gene transfer. Proc Natl Acad Sci USA 103: 10328-33.

Lin Z, Nei M, and Ma H. 2007. The origins and early evolution of DNA mismatch repair genes — multiple horizontal gene transfers and co-evolution. Nucleic Acids Res 35: 7591-603.

Long Y, Zhao L, Niu B, Su J, Wu H et al. 2008. Hybrid male sterility in rice controlled by interaction between divergent alleles of two adjacent genes. Proc Natl Acad Sci USA 105: 18871-6.

Lopez de Castro JA, Strominger JL, Strong DM, and Orr HT. 1982. Structure of crossreactive human histocompatibility antigens HLA-A28 and HLA-A2: possible implications for the generation of HLA polymorphism. Proc Natl Acad Sci USA 79: 3813-17.

Lu J, Shen Y, Wu Q, Kumar S, He B et al. 2008. The birth and death of microRNA genes in *Drosophila*. Nat Genet 40: 351-5.

Lucchesi JC, Kelly WG, and Panning B. 2005. Chromatin remodeling in dosage compensation. Annu Rev Genet 39: 615-51.

Ludwig MZ, Patel NH, and Kreitman M. 1998. Functional analysis of *eve* stripe 2 enhancer evolution in *Drosophila*: rules governing conservation and change. Development 125: 949-58.

Luria SE, and Delbruck M. 1943. Mutations of bacteria from virus sensitivity to virus resistance. Genetics 28: 491-511.

Lutz AM. 1907. A preliminary note on the chromosomes of *Oenothera lamarckiana* and one of its mutants, *O. gigas*. Science 26: 151-2.

Lynch M. 1987. The consequences of fluctuating selection for isozyme polymorphisms in *Daphnia*. Genetics 115: 657-669.

Lynch M. 1996. Mutation accumulation in transfer RNAs: molecular evidence for Muller's ratchet in mitochondrial genomes. Mol Biol Evol 13: 209-20.

Lynch M. 1997. Mutation accumulation in nuclear, organelle, and prokaryotic transfer RNA genes. Mol Biol Evol 14: 914-25.

Lynch M. 2007. The origins of genome architecture. Sinauer, Sunderland, MA.

Lynch M, and Force AG. 2000. The origin of interspecific genomic incompatibility via gene duplication. Am Nat 156: 590-605.

Lynch M, Sung W, Morris K, Coffey N, Landry CR et al. 2008. A genome-wide view of the spectrum of spontaneous mutations in yeast. Proc Natl Acad Sci USA 105: 9272-7.

Lynch M, and Walsh B. 1998. Genetics and analysis of quantitative traits. Sinauer Associates, Sunderland, MA. Lyttle TW. 1991. Segregation distorters. Annu Rev Genet 25: 511-57.

Ma H. 2012. Endosymbiosis and photosynthetic animals. Molecular Evolution Forum: 9 May 2012. http://molecularevolutionforum.blogspot.co.uk/2012/05/endosymbiosis-and-photosynthetic.html.

Ma H, and dePamphilis C. 2000. The ABCs of floral evolution. Cell 101: 5-8.

Macdowell EC. 1917. Bristle inheritance in *Drosophila*. II Selection. J Exp Zool 23: 109-46.

Mackay TFC. 2010. Mutations and quantitative genetic variation: lessons from *Drosophila*. Philos T Roy Soc B 365: 1229-39.

Mackay TFC, Lyman RF, and Lawrence F. 2005. Polygenic mutation in *Drosophila melanogaster*: mapping spontaneous mutations affecting sensory bristle number. Genetics 170: 1723-35.

Magni GE. 1969. Spontaneous mutations. Proc Int Cong Genet 12 (3): 247-59. Tokyo.

Maheshwari S, Wang J, and Barbash DA. 2008. Recurrent positive selection of the *Drosophila* hybrid incompatibility gene Hmr. Mol Biol Evol 25: 2421-30.

Makalowski W. 2001. Are we polyploids? A brief history of one hypothesis. Genome Res 11: 667-670.

Malecot G. 1948. Les mathematiques de l'heredite. Masson et Cie., Paris.

Malecot G. 1969. The mathematics of heredity. (Translated by D. M. Yermanos from "Les mathematiques de l'heredite"). Freeman, San Francisco.

Malnic B, Hirono J, Sato T, and Buck LB. 1999. Combinatorial receptor codes for odors. Cell 96: 713-23.

Mandl B, Brandt WF, Superti-Furga G, Graninger PG, Birnstiel ML et al. 1997. The five cleavage-stage (CS) histones of the sea urchin are encoded by a maternally expressed family of replacement histone genes: functional equivalence of the CS H1 and frog H1M (B4) proteins. Mol Cell Biol 17: 1189-200.

Mank JE. 2009. The W, X, Y and Z of sex-chromosome dosage compensation. Trends Genet 25: 226-33.

Margoliash E. 1963. Primary structure and evolution of cytochrome C. Proc Natl Acad Sci USA 50: 672-9.

Margoliash E, and Smith EL. 1965. Structural and functional aspects of cytochrome c in relation to evolution. In V Bryson, and H J Bogel, eds. Evolving genes and proteins. Academic Press, New York.

Martin W, Rujan T, Richly E, Hansen A, Cornelsen S et al. 2002. Evolutionary analysis of *Arabidopsis*, cyanobacterial, and chloroplast genomes reveals plastid phylogeny and thousands of cyanobacterial genes in the nucleus. Proc Natl Acad Sci USA 99: 12246-51.

Maruyama T, and Crow JF. 1975. Heterozygous effects of x-ray induced mutations on viability of *Drosophila melanogaster*. Mutat Res 27: 241-8.
Maruyama T, and Kimura M. 1980. Genetic variability and effective population size when local extinction and recolonization of subpopulations are frequent. Proc Natl Acad Sci USA 77: 6710-14.
Maruyama T, and Nei M. 1981. Genetic variability maintained by mutation and overdominant selection in finite populations. Genetics 98: 441-59.
Masly JP, Jones CD, Noor MA, Locke J, and Orr HA. 2006. Gene transposition as a cause of hybrid sterility in *Drosophila*. Science 313: 1448-50.
Masternak K, Peyraud N, Krawczyk M, Barras E, and Reith W. 2003. Chromatin remodeling and extragenic transcription at the MHC class II locus control region. Nat Immunol 4: 132-7.
Mather K. 1948. Biometrical genetics. Methuen, London.
Mather K. 1969. Selection through competition. Heredity 24: 529-40.
Matsuda F, Ishii K, Bourvagnet P, Kuma K, Hayashida H et al. 1998. The complete nucleotide sequence of the human immunoglobulin heavy chain variable region locus. J Exp Med 188: 2151-62.
Matsui A, Go Y, and Niimura Y. 2010. Degeneration of olfactory receptor gene repertories in primates: no direct link to full trichromatic vision. Mol Biol Evol 27: 1192-200.
Matsuo Y, and Yamazaki T. 1989. tRNA derived insertion element in histone gene repeating unit of *Drosophila melanogaster*. Nucleic Acids Res 17: 225-38.
Mattick JS. 2011. The central role of RNA in human development and cognition. FEBS Lett 585: 1600-16.
Maxam AM, and Gilbert W. 1977. A new method for sequencing DNA. Proc Natl Acad Sci USA 74: 560-4.
Maxson R, Cohn R, Kedes L, and Mohun T. 1983. Expression and organization of histone genes. Annu Rev Genet 17: 239-77.
Mayer WE, Jonker M, Klein D, Ivanyi P, van Seventer G et al. 1988. Nucleotide sequences of chimpanzee MHC class I alleles: evidence for trans-species mode of evolution. EMBO J 7: 2765-74.
Maynard Smith J. 1964. Group selection and kin selection. Nature 201: 1145-7.
Maynard Smith J. 1968. "Haldane's dilemma" and the rate of evolution. Nature 219: 1114-16.
Maynard Smith J. 1978. The evolution of sex. Cambridge University Press, New York.
Maynard Smith J. 1989. Evolutionary genetics. Oxford University Press, New York.
Mayr E. 1942. Systematics and the origin of species. Columbia University Press, New York.
Mayr E. 1954. Change of genetic environment and evolution. In J. Huxley, A. C. Hardy, and E. B. Ford, eds. Evolution as a process. Allen and Unwin, London.
Mayr E. 1959. Where are we? Cold Spring Harb Symp Quant Biol 24: 1-24.
Mayr E. 1963. Animal species and evolution. Harvard University Press, Cambridge, MA.
Mayr E. 1965. Discussion. In V Bryson, and H J Vogel, eds. Evolving Genes and Proteins, pp. 293-4. Academic Press, New York.
Mayr E. 1970. Populations, species, and evolution. Harvard University Press, Cambridge, MA.
Mayr E. 1982. The growth of biological thought. Harvard University Press, Cambridge, MA.
Mayr E. 1997. The objects of selection. Proc Natl Acad Sci USA 94: 2091-4.
McCarthy EM, Asmussen MA, and Anderson WW. 1995. A theoretical assessment of recombinational speciation. Heredity 74: 502-9.
McConnell TJ, Talbot WS, McIndoe RA, and Wakeland EK. 1988. The origin of MHC class II gene polymorphism within the genus *Mus*. Nature 332: 651-4.
McDonald JH, and Kreitman M. 1991. Adaptive protein evolution at the *Adh* locus in *Drosophila*. Nature 351: 652-4.
McGowen MR, Clark C, and Gatesy J. 2008. The vestigial olfactory receptor subgenome of odontocete whales: phylogenetic congruence between gene-tree reconciliation and supermatrix methods. Syst Biol 57: 574-90.
McKusick VA. 1986. Mendelian inheritance in man: catalogs of autosomal dominant, autosomal recessive, and X-linked phenotypes. John Hopkins University Press, Baltimore.
Mellor AL, Weiss EH, Ramachandran K, and Flavell RA. 1983. A potential donor gene for the bm1 gene conversion event in the C57BL mouse. Nature 306: 792-5.

Mendel G. 1866. Versuche uber Pflanzenhybriden. Verh Naturforsch Ver Brunn 4: 3-47.

Meyer BJ. 2005. X-Chromosome dosage compensation. WormBook 1: 1-14.

Meyer BJ. 2010. Targeting X chromosomes for repression. Curr Opin Genet Dev 20: 179-89.

Michaut L, Flister S, Neeb M, White KP, Certa U et al. 2003. Analysis of the eye developmental pathway in *Drosophila* using DNA microarrays. Proc Natl Acad Sci USA 100: 4024-9.

Michelmore RW, and Meyers BC. 1998. Clusters of resistance genes in plants evolve by divergent selection and a birth-and-death process. Genome Res 8: 1113-30.

Milkman RD. 1967. Heterosis as a major cause of heterozygosity in nature. Genetics 55: 493-5.

Miura F, Tsukamoto K, Mehta RB, Naruse K, Magtoon W et al. 2010a. Transspecies dimorphic allelic lineages of the proteasome subunit beta-type 8 gene (PSMB8) in the teleost genus *Oryzias*. Proc Natl Acad Sci USA 107: 21599-604.

Miura I, Ohtani H, Nakamura M, Ichikawa Y, and Saitoh K. 1998. The origin and differentiation of the heteromorphic sex chromosomes Z, W, X, and Y in the frog *Rana rugosa*, inferred from the sequences of a sex-linked gene, ADP/ ATP translocase. Mol Biol Evol 15: 1612-19.

Miura I, Ohtani H, and Ogata M. 2012. Independent degeneration of W and Y sex chromosomes in frog *Rana rugosa*. Chromosome Res 20: 47-55.

Miura K, Ikeda M, Matsubara A, Song XJ, Ito M et al. 2010b. *OsSPL14* promotes panicle branching and higher grain productivity in rice. Nat Genet 42: 545-9.

Miura S, Zhang Z, and Nei M. 2013. Random fluctuation of selection coefficients and the extent of nucleotide variation in human populations. Proc Natl Acad Sci USA 110: 10676-81.

Miyashita NT. 2001. DNA variation in the 5′ upstream region of the *Adh* locus of the wild plants *Arabidopsis thaliana* and *Arabis gemmifera*. Mol Biol Evol 18: 164-71.

Miyata T, and Yasunaga T. 1981. Rapidly evolving mouse alpha-globin-related pseudo gene and its evolutionary history. Proc Natl Acad Sci USA 78: 450-3.

Mizuta Y, Harushima Y, and Kurata N. 2010. Rice pollen hybrid incompatibility caused by reciprocal gene loss of duplicated genes. Proc Natl Acad Sci USA 107: 20417-22.

Moran NA. 1996. Accelerated evolution and Muller's ratchet in endosymbiotic bacteria. Proc Natl Acad Sci USA 93: 2873-8.

Moran NA, and Degnan PH. 2006. Functional genomics of Buchnera and the ecology of aphid hosts. Mol Ecol 15: 1251-61.

Moran NA, and Jarvik T. 2010. Lateral transfer of genes from fungi underlies carotenoid production in aphids. Science 328: 624-7.

Moran NA, Munson MA, Baumann P, and Ishikawa H. 1993. A molecular clock in endosymbiotic bacteria is calibrated using the insect hosts. P Roy Soc B-Biol Sci 253: 167-71.

Morar M, and Wright GD. 2010. The genomic enzymology of antibiotic resistance. Annu Rev Genet 44: 25-51.

Morgan TH. 1903. Evolution and adaptation. Macmillan, New York.

Morgan TH. 1916. A critique of the theory of evolution. Princeton University Press, Princeton.

Morgan TH. 1925. Evolution and genetics. Princeton University Press, Princeton.

Morgan TH. 1932. The scientific basis of evolution. W. W. Norton, New York.

Morgan TH, Sturtevant AH, Muller HJ, and Bridges CB. 1915. The mechanism of Mendelian heredity. Henry Holt and Company, New York.

Moriwaki D. 1940. Enhanced crossing over in the second chromosome of *Drosophila ananassae*. Japan J Genet 16: 37-48.

Mortiz A. 2010. The origin of life. http://www.talkorigins.org/faqs/abioprob/originoflife.html.

Motulsky AG. 1964. Hereditary red cell traits and malaria. Am J Trop Med Hyg 13: Suppl147-58.

Mower JP, Touzet P, Gummow JS, Delph LF, and Palmer JD. 2007. Extensive variation in synonymous substitution rates in mitochondrial genes of seed plants. BMC Evol Biol 7: 135.

Mukai T, and Burdick AB. 1959. Single gene heterosis associated with a second chromosome recessive lethal in *Drosophila melanogaster*. Genetics 44: 211-32.

Mukai T, Chigusa SI, Mettler LE, and Crow JF. 1972. Mutation rate and dominance of genes affecting viability in *Drosophila melanogaster*. Genetics 72: 335-5.
Muller HJ. 1914. A gene for the fourth chromosome of *Drosophila*. J Exp Zool 17: 325-36.
Muller HJ. 1925. Why polyploidy is rarer in animals than in plants. Am Nat 59: 346-53.
Muller HJ. 1929. The gene as the basis of life. Proc Internat'l Congr Plant Sciences 1: 897-921.
Muller HJ. 1932. Some genetic aspects of sex. Am Nat 68: 118-38.
Muller HJ. 1936. Bar duplication. Science 83: 528-30.
Muller HJ. 1940. Bearing of the *Drosophila* work on systematics. Clarendon Press, Oxford.
Muller HJ. 1942. Isolating mechanisms, evolution and temperature. Biol Sympos 6: 71-125.
Muller HJ. 1950. Our load of mutations. Am J Hum Genet 2: 111-76.
Muller HJ. 1959. Advances in radiation mutagenesis through studies on *Drosophila*. In Progress in nuclear energy, pp. 146-60. Pergamon Press, New York.
Muller HJ. 1964. The relation of recombination to mutational advance. Mutat Res 106: 2-9.
Muller HJ. 1967. The gene material as the initiator and the organizing basis of life. In A Brink, ed. Heritage from Mendel, pp. 419-48. The University of Wisconsin Press,Madison, WI.
Muller HJ, and Altenburg E. 1919. The rate of change of hereditary factors in *Drosophila*. Proc Soc Exp Biol Med 17: 10-14.
Muse SV, and Gaut BS. 1994. A likelihood approach for comparing synonymous and nonsynonymous nucleotide substitution rates, with application to the chloroplast genome. Mol Biol Evol 11: 715-24.
Myles S, Tang K, Somel M, Green RE, Kelso J et al. 2008. Identification and analysis of genomic regions with large between-population differentiation in humans. Ann Hum Genet 72: 99-110.
Nachman MW. 2005. The genetic basis of adaptation: lessons from concealing coloration in pocket mice. Genetica 123: 125-36.
Nachman MW, Hoekstra HE, and D'Agostino SL. 2003. The genetic basis of adaptive melanism in pocket mice. Proc Natl Acad Sci USA 100: 5268-73.
Nagylaki T, and Petes TD. 1982. Intrachromosomal gene conversion and the maintenance of sequence homogeneity among repeated genes. Genetics 100: 315-37.
Nam J, dePamphilis CW, Ma H, and Nei M. 2003. Antiquity and evolution of the MADS-box gene family controlling flower development in plants. Mol Biol Evol 20: 1435-47.
Nam J, Dong P, Tarpine R, Istrail S, and Davidson EH. 2010. Functional *cis*-regulatory genomics for systems biology. Proc Natl Acad Sci USA 107: 3930-5.
Nam J, Kim J, Lee S, An G, Ma H et al. 2004. Type I MADSbox genes have experienced faster birth-and-death evolution than type II MADS-box genes in angiosperms. Proc Natl Acad Sci USA 101: 1910-15.
Nam J, and Nei M. 2005. Evolutionary change of the numbers of homeobox genes in bilateral animals. Mol Biol Evol 22: 2386-94.
Nandi H. 1936. The chromosome morphology, secondary association and origin of cultivated rice. J Genet 33: 315-36.
Nathans J, Thomas D, and Hogness DS. 1986. Molecular genetics of human color vision: the genes encoding blue, green, and red pigments. Science 232: 193-202.
Near TJ, Dornburg A, Kuhn KL, Eastman JT, Pennington JN et al. 2012. Ancient climate change, antifreeze, and the evolutionary diversification of Antarctic fishes. Proc Natl Acad Sci USA 109: 3434-9.
Nei M. 1964. Effects of linkage and epistasis on the equilibrium frequencies of lethal genes. II. Numerical solutions. Jpn J Genet 39: 7-25.
Nei M. 1967. Modification of linkage intensity by natural selection. Genetics 57: 625-641.
Nei M. 1968. Evolutionary change of linkage intensity. Nature 218: 1160-1.
Nei M. 1969a. Gene duplication and nucleotide substitution in evolution. Nature 221: 40-2.
Nei M. 1969b. Linkage modifications and sex difference in recombination. Genetics 63: 681-99.
Nei M. 1970. Accumulation of nonfunctional genes on sheltered chromosomes. Am Nat 104: 311-22.
Nei M. 1971. Fertility excess necessary for gene substitution in regulated populations. Genetics 68: 169-84.
Nei M. 1972. Genetic distance between populations. Am Nat 106: 283-92.

Nei M. 1975. Molecular population genetics and evolution. American Elsevier Publishing Company, Inc., New York.
Nei M. 1976. Mathematical models of speciation and genetic distance. In S Karlin, and E Nevo, eds. Population Genetics and Ecology, pp. 723–65. Academic Press, New York.
Nei M. 1980a. Protein polymorphism and the SAS-CFF model. Genetics 94: 1085–7.
Nei M. 1980b. Stochastic theory of population genetics and evolution., In C Barigozzi, ed. Vito Volterra Symposium of Mathematical Models in Biology, pp. 17–47. Springer-Verlag, Berlin.
Nei M. 1983. Genetic polymorphism and the role of mutation in evolution. In M Nei, and R K Koehn, eds. Evolution of genes and proteins, pp. 165–90. Sinauer Assoc., Sunderland.
Nei M. 1984. Genetic polymorphism and neomutationism. In G S Mani, ed. Evolutionary dynamics of genetic diversity, pp. 214–41. Springer-Verlag, Heidelberg.
Nei M. 1987. Molecular evolutionary genetics. Columbia University Press, New York.（五條堀孝・斎藤成也 訳『分子進化遺伝学』培風館, 1990）
Nei M. 2005. Selectionism and neutralism in molecular evolution. Mol Biol Evol 22: 2318–42.
Nei M. 2007. The new mutation theory of phenotypic evolution. Proc Natl Acad Sci USA 104: 12235–42.
Nei M. 2012. Soldier ants and caste evolution. Molecular Evolution Forum: 11 April 2012. http://molecularevolutionforum.blogspot.co.uk/2012/04/soldier-ants-andcaste-evolution.html.
Nei M, Fuerst PA, and Chakraborty R. 1976. Testing the neutral mutation hypothesis by distribution of single locus heterozygosity. Nature 262: 491–3.
Nei M, and Graur D. 1984. Extent of protein polymorphism and the neutral mutation theory. Evol Biol 17: 73–118.
Nei M, Gu X, and Sitnikova T. 1997. Evolution by the birthand-death process in multigene families of the vertebrate immune system. Proc Natl Acad Sci USA 94: 7799–806.
Nei M, and Hughes AL. 1992. Balanced polymorphism and evolution by the birth-and-death process in the MHC loci. In K Tsuji, M Aizawa, and T Sasazuki, eds. Proceedings of the 11th Histocompatibility Workshop and Conference, pp. 27–38. Oxford University Press, Oxford.
Nei M, Kojima KI, and Schaffer HE. 1967. Frequency changes of new inversions in populations under mutation-selection equilibria. Genetics 57: 741–50.
Nei M, and Kumar S. 2000. Molecular evolution and phylogenetics. Oxford University Press, Oxford.
Nei M, and Maruyama T. 1975. Lewontin-Krakauer test for neutral genes. Genetics 80: 395.
Nei M, Maruyama T, and Chakraborty R. 1975. The bottleneck effect and genetic variability in populations. Evolution 29: 1–10.
Nei M, Maruyama T, and Wu CI. 1983. Models of evolution of reproductive isolation. Genetics 103: 557–79.
Nei M, Niimura Y, and Nozawa M. 2008. The evolution of animal chemosensory receptor gene repertoires: roles of chance and necessity. Nat Rev Genet 9: 951–63.
Nei M, and Nozawa M. 2011. Roles of mutation and selection in speciation: from Hugo de Vries to the modern genomic era. Genome Biol Evol 3: 812–29.
Nei M, Rogozin IB, and Piontkivska H. 2000. Purifying selection and birth-and-death evolution in the ubiquitin gene family. Proc Natl Acad Sci USA 97: 10866–71.
Nei M, and Rooney AP. 2005. Concerted and birth-anddeath evolution of multigene families. Annu Rev Genet 39: 121–52.
Nei M, and Roychoudhury AK. 1972. Gene differences between Caucasian, Negro, and Japanese populations. Science 177: 434–6.
Nei M, and Roychoudhury AK. 1973. Probability of fixation of nonfunctional genes at duplicate loci. Am Nat 107: 362–72.
Nei M, Suzuki Y, and Nozawa M. 2010. The neutral theory of molecular evolution in the genomic era. Annu Rev Genom Hum G 11: 265–89.
Nei M, and Yokoyama S. 1976. Effects of random fluctuation of selection intensity on genetic variability in a finite population. Jpn J Genet 51: 355–69.
Nei M, and Zhang J. 1998. Molecular origin of species. Science 282: 1428–9.
Nenoi M, Mita K, Ichimura S, and Kawano A. 1998. Higher frequency of concerted evolutionary events in rodents

than in man at the polyubiquitin gene VNTR locus. Genetics 148: 867-76.
Nguyen DK, and Disteche CM. 2006. Dosage compensation of the active X chromosome in mammals. Nat Genet 38: 47-53.
Nielsen R, Hellmann I, Hubisz M, Bustamante C, and Clark AG. 2007. Recent and ongoing selection in the human genome. Nat Rev Genet 8: 857-68.
Niimura Y, and Nei M. 2005. Evolutionary dynamics of olfactory receptor genes in fishes and tetrapods. Proc Natl Acad Sci USA 102: 6039-44.
Nikaido M, Rooney AP, and Okada N. 1999. Phylogenetic relationships among cetartiodactyls based on insertions of short and long interpersed elements: hippopotamuses are the closest extant relatives of whales. Proc Natl Acad Sci USA 96: 10261-6.
Nikolaidis N, Makalowska I, Chalkia D, Makalowski W, Klein J et al. 2005. Origin and evolution of the chicken leukocyte receptor complex. Proc Natl Acad Sci USA 102: 4057-62.
Nilsson-Ehle H. 1909. Kreuzungsuntersuchungen an Hafer und Weizen. Lunds Universitets Arsskrift. 5: 1-122. Novick A, and Szilard L. 1950. Experiments with the chemostat on spontaneous mutations of bacteria. Proc Natl Acad Sci USA 36: 708-19.
Nowak MA, Tarnita CE, and Wilson EO. 2010. The evolution of eusociality. Nature 466: 1057-62.
Nowak MA, Tarnita CE, and Wilson EO. 2011. Nowak et al. reply. Nature 471: E9-10.
Nozawa M, Kawahara Y, and Nei M. 2007. Genomic drift and copy number variation of sensory receptor genes in humans. Proc Natl Acad Sci USA 104: 20421-6.
Nozawa M, Miura S, and Nei M. 2010. Origins and evolution of microRNA genes in *Drosophila* species. Genome Biol Evol 2: 180-9.
Nozawa M, Suzuki Y, and Nei M. 2009a. Response to Yang et al.: Problems with Bayesian methods of detecting positive selection at the DNA sequence level. Proc Natl Acad Sci USA 106 e96.
Nozawa M, Suzuki Y, and Nei M. 2009b. Reliabilities of identifying positive selection by the branch-site and the site-prediction methods. Proc Natl Acad Sci USA 106 (16): 6700-5.
O'Hara RB. 2005. Comparing the effects of genetic drift and fluctuating selection on genotype frequency changes in the scarlet tiger moth. P Roy Soc B-Biol Sci 272: 211-17.
Ochiai K, Yamanaka T, Kuimura K, and Sawada O. 1959. Inheritance of drug resistance (and its transfer) between *Shigella* strains and between *Shigella* and *E. coli* strains (in Japanese). Hihon Iji Shimpor 1861: 34.
Oetting WS, Garrett SS, Brott M, and King RA. 2005. P gene mutations associated with oculocutaneous albinism type II (OCA2). Hum Mutat 25: 323.
Ohno S. 1967. Sex chromosomes and sex-linked genes. Springer-Verlag, New York.
Ohno S. 1970. Evolution by gene duplication. Springer, Berlin.
Ohno S. 1972a. So much "junk" DNA in our genome. Brookhaven Symp Biol 23: 366-70.
Ohno S. 1972b. An argument for the genetic simplicity of man and other mammals. J Human Evol 1: 651-62.
Ohno S. 1998. The notion of the Cambrian pananimalia genome and a genomic difference that separated vertebrates from invertebrates. Prog Mol Subcell Biol 21: 97-117.
Ohta T. 1971. Associative overdominance caused by linked detrimental mutations. Genet Res 18: 277-86.
Ohta T. 1972. Fixation probability of a mutant influenced by random fluctuation of selection intensity. Genet Res 19: 33-8.
Ohta T. 1973. Slightly deleterious mutant substitutions in evolution. Nature 246: 96-8.
Ohta T. 1974. Mutational pressure as the main cause of molecular evolution and polymorphism. Nature 252: 351-4.
Ohta T. 1982. Allelic and nonallelic homology of a supergene family. Proc Natl Acad Sci USA 79: 3251-4.
Ohta T. 1983. On the evolution of multigene families. Theor Popul Biol 23: 216-40.
Ohta T. 1992. The nearly neutral theory of molecular evolution. Annu Rev Ecol Syst 23: 263-86.
Ohta T. 2002. Near-neutrality in evolution of genes and gene regulation. Proc Natl Acad Sci USA 99: 16134-7.
Oka HI. 1953. The mechanisms of sterility in the intervarietal hybrids. Phylogenetic differentiation of cultivated rice. VI. (In Japanese with English summary.) Japan J Breed 2: 217-24.
Oka HI. 1957. Genic analysis for the sterility of hybrids between distantly related varieties of cultivated rice. J Genet

55: 397-409.

Oka HI. 1974. Analysis of genes controlling f(1) sterility in rice by the use of isogenic lines. Genetics 77: 521-34.

Oliver PL, Goodstadt L, Bayes JJ, Birtle Z, Roach KC et al. 2009a. Accelerated evolution of the Prdm9 speciation gene across diverse metazoan taxa. PLoS Genet 5: e1000753.

Oliver SN, Finnegan EJ, Dennis ES, Peacock WJ, and Trevaskis B. 2009b. Vernalization-induced flowering in cereals is associated with changes in histone methylation at the VERNALIZATION1 gene. Proc Natl Acad Sci USA 106: 8386-91.

Oliveri P, Tu Q, and Davidson EH. 2008. Global regulatory logic for specification of an embryonic cell lineage. Proc Natl Acad Sci USA 105: 5955-62.

Opazo JC, Palma RE, Melo F, and Lessa EP. 2005. Adaptive evolution of the insulin gene in caviomorph rodents. Mol Biol Evol 22: 1290-8.

Orgel LE. 2004. Prebiotic chemistry and the origin of the RNA world. Crit Rev Biochem Mol Biol 39: 99-123.

Orr HA. 1995. The population genetics of speciation: the evolution of hybrid incompatibilities. Genetics 139: 1805-13.

Orr HA. 1996. Dobzhansky, Bateson, and the genetics of speciation. Genetics 144: 1331-5.

Orr HA, and Kim Y. 1998. An adaptive hypothesis for the evolution of the Y chromosome. Genetics 150: 1693-8.

Ossowski S, Schneeberger K, Lucas-Lledo JI, Warthmann N, Clark RM et al. 2010. The rate and molecular spectrum of spontaneous mutations in *Arabidopsis thaliana*. Science 327: 92-4.

Ota T, and Nei M. 1994. Divergent evolution and evolution by the birth-and-death process in the immunoglobulin VH gene family. Mol Biol Evol 11: 469-82.

Pal C, and Hurst LD. 2003. Evidence for co-evolution of gene order and recombination rate. Nat Genet 33: 392-5.

Palmer JD, and Logsdon JM, Jr. 1991. The recent origins of introns. Curr Opin Genet Dev 1: 470-7.

Pamilo P, Nei M, and Li WH. 1987. Accumulation of mutations in sexual and asexual populations. Genet Res 49: 135-46.

Park Y, and Kuroda MI. 2001. Epigenetic aspects of X-chromosome dosage compensation. Science 293: 1083-5.

Pavelitz T, Rusche L, Matera AG, Scharf JM, and Weiner AM. 1995. Concerted evolution of the tandem array encoding primate U2 snRNA occurs in situ, without changing the cytological context of the RNU2 locus. EMBO J 14: 169-77.

Payer B, and Lee JT. 2008. X chromosome dosage compensation: how mammals keep the balance. Annu Rev Genet 42: 733-72.

Payne F. 1918. The effect of artificial selection on bristle number in *Drosophila ampelophila* and its interpretation. Proc Natl Acad Sci USA 4: 55-8.

Perutz MF. 1983. Species adaptation in a protein molecule. Mol Biol Evol 1: 1-28.

Perutz MF, Bauer C, Gros G, Leclercq F, Vandecasserie C et al. 1981. Allosteric regulation of crocodilian haemoglobin. Nature 291: 682-4.

Peter IS, and Davidson EH. 2011. Evolution of gene regulatory networks controlling body plan development. Cell 144: 970-85.

Petschow D, Wurdinger I, Baumann R, Duhm J, Braunitzer G et al. 1977. Causes of high blood O2 affinity of animals living at high altitude. J Appl Physiol 42: 139-43.

Pettigrew JD. 1999. Electroreception in monotremes. J Exp Biol 202: 1447-54.

Phadnis N, and Orr HA. 2009. A single gene causes both male sterility and segregation distortion in *Drosophila* hybrids. Science 323: 376-9.

Piatigorsky J. 2007. Gene sharing and evolution: the diversity of protein functions. Harvard University Press, Cambridge, MA.

Piatigorsky J, O'Brien WE, Norman BL, Kalumuck K, Wistow GJ et al. 1988. Gene sharing by delta-crystallin and argininosuccinate lyase. Proc Natl Acad Sci USA 85: 3479-83.

Piccinini M, Kleinschmidt T, Jurgens KD, and Braunitzer G. 1990. Primary structure and oxygen-binding properties of the hemoglobin from guanaco (*Lama guanacoe*, Tylopoda). Biol Chem Hoppe Seyler 371: 641-8.

Piontkivska H, Rooney AP, and Nei M. 2002. Purifying selection and birth-and-death evolution in the histone H4 gene family. Mol Biol Evol 19: 689-97.

Podlaha O, and Zhang J. 2010. Pseudogenes and their evolution. In Encyclopedia of Life Sciences (eLS). John Wiley & Sons, Ltd., Chichester.
Ponicsan SL, Kugel JF, and Goodrich JA. 2010. Genomic gems: SINE RNAs regulate mRNA production. Curr Opin Genet Dev 20: 149-55.
Pouteau S, Carre I, Gaudin V, Ferret V, Lefebvre D et al. 2008. Diversification of photoperiodic response patterns in a collection of early-flowering mutants of *Arabidopsis*. Plant Physiol 148: 1465-73.
Presgraves DC. 2008. Sex chromosomes and speciation in *Drosophila*. Trends Genet 24: 336-43.
Presgraves DC, Balagopalan L, Abmayr SM, and Orr HA. 2003. Adaptive evolution drives divergence of a hybrid inviability gene between two species of *Drosophila*. Nature 423: 715-19.
Presgraves DC, and Stephan W. 2007. Pervasive adaptive evolution among interactors of the *Drosophila* hybrid inviability gene, *Nup96*. Mol Biol Evol 24: 306-14.
Price GR. 1972. Fisher's "fundamental theorem" made clear. Ann Hum Genet 36: 129-40.
Protas M, Conrad M, Gross JB, Tabin C, and Borowsky R. 2007. Regressive evolution in the Mexican cave tetra, *Astyanax mexicanus*. Curr Biol 17: 452-4.
Provine WB. 1971. The origins of theoretical population genetics. University Chicago Press, Chicago.
Provine WB. 1980. Genetics. In E Mayr and W B Provine, eds. The evolutionary synthesis, pp. 51-8. Harvard University Press, Cambridge, MA.
Provine WB. 1986. Sewall Wright and evolutionary biology. University Chicago Press, Chicago.
Provine WB. 2004. Ernst Mayr: Genetics and speciation. Genetics 167: 1041-6.
Purugganan MD. 2000. The molecular population genetics of regulatory genes. Mol Ecol 9: 1451-61.
Rajakumar R, San Mauro D, Dijkstra MB, Huang MH, Wheeler DE et al. 2012. Ancestral developmental potential facilitates parallel evolution in ants. Science 335: 79-82.
Rajalingam R, Parham P, and Abi-Rached L. 2004. Domain shuffling has been the main mechanism forming new hominoid killer cell Ig-like receptors. J Immunol 172: 356-69.
Ramsey M, and Crews D. 2009. Steroid signaling and temperature-dependent sex determination — Reviewing the evidence for early action of estrogen during ovarian determination in turtles. Semin Cell Dev Biol 20: 283-92.
Raymond CS, Shamu CE, Shen MM, Seifert KJ, Hirsch B et al. 1998. Evidence for evolutionary conservation of sex-determining genes. Nature 391: 691-5.
Redon R, Ishikawa S, Fitch KR, Feuk L, Perry GH et al. 2006. Global variation in copy number in the human genome. Nature 444: 444-54.
Rees JL. 2003. Genetics of hair and skin color. Annu Rev Genet 37: 67-90.
Reid JB, and Ross JJ. 2011. Mendel's genes: toward a full molecular characterization. Genetics 189: 3-10.
Renner O. 1917. Versuche uber die gametische Konstitution der Oenotheren. Zeitchr ind Abst — u Vererb 18: 121-294.
Rensing SA, Lang D, Zimmer AD, Terry A, Salamov A et al. 2008. The *Physcomitrella* genome reveals evolutionary insights into the conquest of land by plants. Science 319: 64-9.
Rice WR. 1984. Sex-chromosomes and the evolution of sexual dimorphism. Evolution 38: 735-2.
Rice WR. 1996. Evolution of the Y sex chromosome in animals. BioScience 46: 331-43.
Ridley M. 2003. Evolution, 3rd ed. Wiley-Blackwell.
Rieseberg LH. 1997. Hybrid origins of plant species. Annual Review of Ecology and Systematics 28: 359-89.
Rieseberg LH. 2001. Chromosomal rearrangements and speciation. Trends Ecol Evol 16: 351-8.
Rieseberg LH, and Willis JH. 2007. Plant speciation. Science 317: 910-14.
Robertson A. 1967. The nature of quantitative genetics. In R A Brink, eds. Heritage from Mendel, pp. 265-80. University of Wisconsin Press, Madison, WI.
Robertson A. 1975a. Gene frequency distributions as a test of selective neutrality. Genetics 81: 775-85.
Robertson A. 1975b. Letters to the editors: Remarks on the Lewontin-Krakauer test. Genetics 80: 396.
Robinett CC, O'Connor A, and Dunaway M. 1997. The repeat organizer, a specialized insulator element within the intergenic spacer of the Xenopus rRNA genes. Mol Cell Biol 17: 2866-75.
Robinson GE, Grozinger CM, and Whitfield CW. 2005. Sociogenomics: social life in molecular terms. Nat Rev Genet 6:

257-70.

Roelofs WL, and Rooney AP. 2003. Molecular genetics and evolution of pheromone biosynthesis in Lepidoptera. Proc Natl Acad Sci USA 100: 14599.

Rokas A. 2008. The origins of multicellularity and the early history of the genetic toolkit for animal development. Annu Rev Genet 42: 235-51.

Ronshaugen M, Biemar F, Piel J, Levine M, and Lai EC. 2005. The *Drosophila* microRNA iab-4 causes a dominant homeotic transformation of halteres to wings. Genes Dev 19: 2947-52.

Rooney AP. 2009. Evolution of moth sex pheromone desaturases. Ann N Y Acad Sci 1170: 506-10.

Rooney AP, Piontkivska H, and Nei M. 2002. Molecular evolution of the nontandemly repeated genes of the histone 3 multigene family. Mol Biol Evol 19: 68-75.

Rouse GW, Goffredi SK, and Vrijenhoek RC. 2004. *Osedax*: bone-eating marine worms with dwarf males. Science 305: 668-71.

Roychoudhury AK, and Nei M. 1988. Human polymorphic genes. Oxford University Press, New York.

Rumpho ME, Pelletreau KN, Moustafa A, and Bhattacharya D. 2011. The making of a photosynthetic animal. J Exp Biol 214: 303-11.

Rutter M. 2006. Genes and behavior: nature-nurture interplay explained. Blackwell Publishing.

Sabeti PC, Reich DE, Higgins JM, Levine HZ, Richter DJ et al. 2002. Detecting recent positive selection in the human genome from haplotype structure. Nature 419: 832-7.

Sabeti PC, Schaffner SF, Fry B, Lohmueller J, Varilly P et al. 2006. Positive natural selection in the human lineage. Science 312: 1614-20.

Sabeti PC, Varilly P, Fry B, Lohmueller J, Hostetter E et al. 2007. Genome-wide detection and characterization of positive selection in human populations. Nature 449: 913-18.

Sakai K. 1935. Chromosome study of *Oryza sativa L*. I. The secondary association of the meiotic chromosomes. Japan J Genet 44: 149-56.

Sakamoto K, and Okada N. 1985. Rodent type 2 Alu family, rat identifier sequence, rabbit C family, and bovine or goat 73-bp repeat may have evolved from tRNA genes. J Mol Evol 22: 134-140.

Salvini-Plawen L, and Mayr E. 1961. On the evolution of photoreceptors and eyes. Evol Biol 10: 207-63.

Sandler L, Hiraizumi Y, and Sandler I. 1959. Meiotic drive in natural populations of *Drosophila melanogaster*. I. The cytogenetic basis of segregation-distortion. Genetics 44: 233-50.

Sandmann T, Girardot C, Brehme M, Tongprasit W, Stolc V et al. 2007. A core transcriptional network for early mesoderm development in *Drosophila melanogaster*. Genes Dev 21: 436-49.

Sanger F, Nicklen S, and Coulson AR. 1977. DNA sequencing with chain-terminating inhibitors. Proc Natl Acad Sci USA 74: 5463-7.

Santiago E, Albornoz J, Dominguez A, Toro MA, and Lopez-Fanjul C. 1992. The distribution of spontaneous mutations on quantitative traits and fitness in *Drosophila melanogaster*. Genetics 132: 771-81.

Sarre SD, Ezaz T, and Georges A. 2011. Transitions between sex-determining systems in reptiles and amphibians. Annu Rev Genom Hum G 12: 391-406.

Sasaki T, Nishihara H, Hirakawa M, Fujimura K, Tanaka M et al. 2008. Possible involvement of SINEs in mammalian- specific brain formation. Proc Natl Acad Sci USA 105: 4220-4225.

Sato A, Tichy H, O'HUigin C, Grant PR, Grant BR et al. 2001. On the origin of Darwin's finches. Mol Biol Evol 18: 299-311.

Satta Y, O'HUigin C, Takahata N, and Klein J. 1994. Intensity of natural selection at the major histocompatibility complex loci. Proc Natl Acad Sci USA 91: 7184-8.

Sawamura K, Yamamoto MT, and Watanabe TK. 1993. Hybrid lethal systems in the *Drosophila melanogaster* species complex. II. The Zygotic hybrid rescue (*Zhr*) gene of *D. melanogaster*. Genetics 133: 307-13.

Sawyer LA, Hennessy JM, Peixoto AA, Rosato E, Parkinson H et al. 1997. Natural variation in a *Drosophila* clock gene and temperature compensation. Science 278: 2117-20.

Sawyer SA, Parsch J, Zhang Z, and Hartl DL. 2007. Prevalence of positive selection among nearly neutral amino acid replacements in *Drosophila*. Proc Natl Acad Sci USA 104: 6504-10.

Scannell DR, Byrne KP, Gordon JL, Wong S, and Wolfe KH. 2006. Multiple rounds of speciation associated with reciprocal gene loss in polyploid yeasts. Nature 440: 341-5.

Scannell DR, Frank AC, Conant GC, Byrne KP, Woolfit M et al. 2007. Independent sorting-out of thousands of duplicated gene pairs in two yeast species descended from a whole-genome duplication. Proc Natl Acad Sci USA 104: 8397-402.

Schartl M. 2004. A comparative view on sex determination in medaka. Mech Dev 121: 639-45.

Sebat J, Lakshmi B, Troge J, Alexander J, Young J et al. 2004. Large-scale copy number polymorphism in the human genome. Science 305: 525-8.

Sella G, Petrov DA, Przeworski M, and Andolfatto P. 2009. Pervasive natural selection in the *Drosophila* genome? PLoS Genet 5: e1000495.

Shapiro JA, Huang W, Zhang C, Hubisz MJ, Lu J et al. 2007. Adaptive genic evolution in the *Drosophila* genomes. Proc Natl Acad Sci USA 104: 2271-76.

Shapiro MD, Marks ME, Peichel CL, Blackman BK, Nereng KS et al. 2004. Genetic and developmental basis of evolutionary pelvic reduction in threespine sticklebacks. Nature 428: 717-23.

Sharp PM, and Li WH. 1987. The codon Adaptation Index — a measure of directional synonymous codon usage bias, and its potential applications. Nucleic Acids Res 15: 1281-95.

Shaw A, Fortes PA, Stout CD, and Vacquier VD. 1995. Crystal structure and subunit dynamics of the abalone sperm lysin dimer: egg envelopes dissociate dimers, the monomer is the active species. J Cell Biol 130: 1117-25.

Shaw CR. 1965. Electrophoretic variation in enzymes. Science 149: 936-43.

Shepherd GM. 2004. The human sense of smell: are we better than we think? PLoS Biol 2: E146.

Sheppard PM, and Cook LM. 1962. The manifold effects of the *medionigra* gene of the moth *Panaxia dominula* and the maintenance of a polymorphism. Heredity 17: 415-26.

Shoemaker CM, and Crews D. 2009. Analyzing the coordinated gene network underlying temperature-dependent sex determination in reptiles. Semin Cell Dev Biol 20: 293-303.

Shoemaker-Daly CM, Jackson K, Yatsu R, Matsumoto Y, and Crews D. 2010. Genetic network underlying temperature-dependent sex determination is endogenously regulated by temperature in isolated cultured *Trachemys scripta* gonads. Dev Dyn 239: 1061-75.

Simmons MJ, and Crow JF. 1977. Mutations affecting fitness in *Drosophila* populations. Annu Rev Genet 11: 49-78.

Simpson GG. 1944. Tempo and mode in evolution. Columbia University Press, New York.

Simpson GG. 1949. The meaning of evolution. Yale University Press, New Haven.

Simpson GG. 1953. The major features of evolution. Yale University Press, New Haven.

Simpson GG. 1964. Organisms and molecules in evolution. Science 146: 1535-8.

Simpson GG, Gendall AR, and Dean C. 1999. When to switch to flowering. Annu Rev Cell Dev Biol 15: 519-50.

Sims GE, and Kim SH. 2011. Whole-genome phylogeny of *Escherichia coli/Shigella* group by feature frequency profiles (FFPs). Proc Natl Acad Sci USA 108: 8329-34.

Sinclair AH, Berta P, Palmer MS, Hawkins JR, Griffiths BL et al. 1990. A gene from the human sex-determining region encodes a protein with homology to a conserved DNA-binding motif. Nature 346: 240-4.

Singer MF. 1982. SINEs and LINEs: highly repeated short and long interspersed sequences in mammalian genomes. Cell 28: 433-434.

Skibinski DOF, and Ward RD. 1981. Relationships between allozyme heterozygosity and rates of divergence. Genet Res 38: 71-92.

Slightom JL, Blechl AE, and Smithies O. 1980. Human fetal G gamma- and A gamma-globin genes: complete nucleotide sequences suggest that DNA can be exchanged between these duplicated genes. Cell 21: 627-38.

Sloan DB, MacQueen AH, Alverson AJ, Palmer JD, and Taylor DR. 2010. Extensive loss of RNA editing sites in rapidly evolving *Silene* mitochondrial genomes: selection vs retroprocessing as the driving force. Genetics 185: 1369-80.

Smith CA, Roeszler KN, Ohnesorg T, Cummins DM, Farlie PG et al. 2009. The avian Z-linked gene DMRT1 is required for male sex determination in the chicken. Nature 461: 267-71.

Smith GP. 1976. Evolution of repeated DNA sequences by unequal crossover. Science 191: 528-35.

Smith NG, and Eyre-Walker A. 2002. Adaptive protein evolution in *Drosophila*. Nature 415: 1022-4.

Sokolowski MB. 1998. Genes for normal behavioral variation: recent clues from flies and worms. Neuron 21: 463-6.

Stark A, Lin MF, Kheradpour P, Pedersen JS, Parts L et al. 2007. Discovery of functional elements in 12 *Drosophila* genomes using evolutionary signatures. Nature 450: 219-32.

Stearns S, and Hoekstra R. 2005. Evolution: an introduction, 2nd ed. Oxford University Press, Oxford.

Stebbins GL. 1950. Variation and evolution in plants. Columbia University Press, New York.

Stebbins GL. 1966. Processes of organic evolution. Prentice-Hall, Englewood Cliffs, New Jersey.

Stefani G, and Slack FJ. 2008. Small non-coding RNAs in animal development. Nat Rev Mol Cell Biol 9: 219-30.

Stephens SG. 1951. Possible significance of duplication in evolution. Adv Genet 4: 247-65.

Stern C. 1962. William Weinberg. Genetics 47: 1-5.

Stoltzfus A. 2006. Mutationism and the dual causation of evolutionary change. Evol Dev 8: 304-17.

Storset AK, Slettedal IO, Williams JL, Law A, and Dissen E. 2003. Natural killer cell receptors in cattle: a bovine killer cell immunoglobulin-like receptor multigene family contains members with divergent signaling motifs. Eur J Immunol 33: 980-90.

Strickberger MW. 1996. Evolution, 2nd ed. Jones & Bartlett, Sudbury, MA.

Sturtevant AH. 1923. Inheritance of direction of coiling in *Limnaea*. Science 58: 269-70.

Sturtevant AH. 1925. The effects of unequal crossing over at the Bar locus in *Drosophila*. Genetics 10: 117-47.

Sturtevant AH, and Dobzhansky T. 1936. Inversions in the third chromosome of wild races of *Drosophila pseudoobscura*, and their use in the study of the history of the species. Proc Natl Acad Sci USA 22: 448-50.

Su C, and Nei M. 1999. Fifty-million-year-old polymorphism at an immunoglobulin variable region gene locus in the rabbit evolutionary lineage. Proc Natl Acad Sci USA 96: 9710-15.

Su C, and Nei M. 2001. Evolutionary dynamics of the T-cell receptor VB gene family as inferred from the human and mouse genomic sequences. Mol Biol Evol 18: 503-13.

Sueoka N. 1962. On the genetic basis of variation and heterogeneity of DNA base composition. Proc Natl Acad Sci USA 48: 582-92.

Sun S, Ting CT, and Wu CI. 2004. The normal function of a speciation gene, *Odysseus*, and its hybrid sterility effect. Science 305: 81-3.

Sunyaev S, Ramensky V, Koch I, Lathe W, III, Kondrashov AS et al. 2001. Prediction of deleterious human alleles. Hum Mol Genet 10: 591-7.

Sutou S, Mitsui Y, and Tsuchiya K. 2001. Sex determination without the Y chromosome in two Japanese rodents *Tokudaia osimensis osimensis* and *Tokudaia osimensis spp*. Mamm Genome 12: 17-21.

Suzuki Y, and Gojobori T. 1999. A method for detecting positive selection at single amino acid sites. Mol Biol Evol 16: 1315-28.

Suzuki Y, and Nei M. 2002. Simulation study of the reliability and robustness of the statistical methods for detecting positive selection at single amino acid sites. Mol Biol Evol 19: 1865-9.

Suzuki Y, and Nei M. 2004. False-positive selection identified by ML-based methods: examples from the *Sig1* gene of the diatom *Thalassiosira weissflogii* and the tax gene of a human T-cell lymphotropic virus. Mol Biol Evol 21: 914-21.

Sved JA. 1968. Possible rates of gene substitution in evolution. Am Nat 102: 283-93.

Sved JA, Reed TE, and Bodmer WF. 1967. The number of balanced polymorphisms that can be maintained in a natural population. Genetics 55: 469-81.

Swofford DL, Olsen GJ, Waddell PJ, and Hillis DM. 1996. Phylogenetic inferences. In D. M. Hillis, C. Mortiz, and B. K. Mable, eds. Molecular systematics, 2nd ed, pp. 407-514. Sinauer Associates, Sunderland, MA.

Sykes R. 2010. The 2009 Garrod lecture: the evolution of antimicrobial resistance: a Darwinian perspective. J Antimicrob Chemoth 65: 1842-52.

Syvanen M. 1985. Cross-species gene-transfer — implications for a new theory of evolution. J Theor Biol 112: 333-43.

Taft RJ, Pheasant M, and Mattick JS. 2007. The relationship between non-protein-coding DNA and eukaryotic complexity. Bioessays 29: 288-99.

Tajima F. 1989. Statistical method for testing the neutral mutation hypothesis by DNA polymorphism. Genetics 123: 585-95.

Takahata N. 1982. Sexual recombination under the joint effects of mutation, selection, and random sampling drift. Theor Popul Biol 22: 258-77.

Takahata N, and Kimura M. 1979. Genetic variability maintained in a finite population under mutation and autocorrelated random fluctuation of selection intensity. Proc Natl Acad Sci USA 76: 5813-17.

Takahata N, and Nei M. 1990. Allelic genealogy under overdominant and frequency-dependent selection and polymorphism of major histocompatibility complex loci. Genetics 124: 967-78.

Takezaki N, and Nei M. 2009. Genomic drift and evolution of microsatellite DNAs in human populations. Mol Biol Evol 26: 1835-1840.

Takezaki N, Nei M, and Tamura K. 2010. POPTREE2: Software for constructing population trees from allele frequency data and computing other population statistics with Windows interface. Mol Biol Evol 27: 747-752.

Tanabe Y, Hasebe M, Sekimoto H, Nishiyama T, Kitani M et al. 2005. Characterization of MADS-box genes in charophycean green algae and its implication for the evolution of MADS-box genes. Proc Natl Acad Sci USA 102: 2436-41.

Tanaka T, and Nei M. 1989. Positive Darwinian selection observed at the variable-region genes of immunoglobulins. Mol Biol Evol 6: 447-59.

Tang S, and Presgraves DC. 2009. Evolution of the *Drosophila* nuclear pore complex results in multiple hybrid incompatibilities. Science 323: 779-82.

Tanzer A, Amemiya CT, Kim CB, and Stadler PF. 2005. Evolution of microRNAs located within Hox gene clusters. J Exp Zoolog B Mol Dev Evol 304: 75-85.

Tanzer A, and Stadler PF. 2004. Molecular evolution of a microRNA cluster. J Mol Biol 339: 327-35.

Tao Y, Hartl DL, and Laurie CC. 2001. Sex-ratio segregation distortion associated with reproductive isolation in *Drosophila*. Proc Natl Acad Sci USA 98: 13183-8.

Tauber CA, and Tauber MJ. 1977. Sympatric speciation based on allelic changes at three loci: evidence from natural populations in two habitats. Science 197: 1298-9.

Taylor JS, and Raes J. 2004. Duplication and divergence: the evolution of new genes and old ideas. Annu Rev Genet 38: 615-43.

Templeton AR. 1980. The theory of speciation via the founder principle. Genetics 94: 1011-38.

Templeton AR. 2008. The reality and importance of founder speciation in evolution. Bioessays 30: 470-9.

Theissen G. 2001. Development of floral organ identity: stories from the MADS house. Curr Opin Plant Biol 4: 75-85.

Tindall BJ, Grimont PA, Garrity GM, and Euzeby JP. 2005. Nomenclature and taxonomy of the genus *Salmonella*. Int J Syst Evol Microbiol 55: 521-24.

Ting CT, Tsaur SC, Wu ML, and Wu CI. 1998. A rapidly evolving homeobox at the site of a hybrid sterility gene. Science 282: 1501-4.

Tonegawa S. 1983. Somatic generation of antibody diversity. Nature 302: 575-81.

Torrents D, Suyama M, Zdobnov E, and Bork P. 2003. A genome-wide survey of human pseudogenes. Genome Res 13: 2559-67.

Trevaskis B, Hemming MN, Dennis ES, and Peacock WJ. 2007. The molecular basis of vernalization-induced flowering in cereals. Trends Plant Sci 12: 352-7.

Trowsdale J, Barten R, Haude A, Stewart CA, Beck S et al. 2001. The genomic context of natural killer receptor extended gene families. Immunol Rev 181: 20-38.

True JR, and Carroll SB. 2002. Gene co-option in physiological and morphological evolution. Annu Rev Cell Dev Bi 18: 53-80.

Tsantes C, and Steiper ME. 2009. Age at first reproduction explains rate variation in the strepsirrhine molecular clock. Proc Natl Acad Sci USA 106: 18165-70.

Tsong AE, Tuch BB, Li H, and Johnson AD. 2006. Evolution of alternative transcriptional circuits with identical logic. Nature 443: 415-20.

Uddin M, Goodman M, Erez O, Romero R, Liu G et al. 2008. Distinct genomic signatures of adaptation in pre- and postnatal environments during human evolution. Proc Natl Acad Sci USA 105: 3215-20.

Ullu E, and Tschudi C. 1984. Alu sequences are processed 7SL RNA genes. Nature 312: 171-172.

van den Berg TK, Yoder JA, and Litman GW. 2004. On the origins of adaptive immunity: innate immune receptors join the tale. Trends Immunol 25: 11-16.

van't Hof AE, Edmonds N, Dalikova M, Marec F, Saccheri IJ. 2011. Industrial melanism in British peppered moths has a singular and recent mutational origin. Science 332: 958-60.

Velasco R, Zharkikh A, Affourtit J, Dhingra A, Cestaro A et al. 2010. The genome of the domesticated apple (*Malus* x *domestica* Borkh.). Nat Genet 42: 833-9.

Verhulst EC, Beukeboom LW, and van de Zande L. 2010a. Maternal control of haplodiploid sex determination in the wasp *Nasonia*. Science 328: 620-3.

Verhulst EC, van de Zande L, and Beukeboom LW. 2010b. Insect sex determination: it all evolves around transformer. Curr Opin Genet Dev 20: 376-83.

Vogel C, and Chothia C. 2006. Protein family expansions and biological complexity. PLoS Comput Biol 2: e48.

Voight BF, Kudaravalli S, Wen X, and Pritchard JK. 2006. A map of recent positive selection in the human genome. PLoS Biol 4: e72.

Wade MJ, and Goodnight CJ. 1991. Wright's shifting balance theory: an experimental study. Science 253: 1015-18.

Wagner A. 2008. Neutralism and selectionism: a networkbased reconciliation. Nat Rev Genet 9: 965-74.

Wallace AG, Detweiler D, and Schaeffer SW. 2011. Evolutionary history of the third chromosome gene arrangements of *Drosophila pseudoobscura* inferred from inversion breakpoints. Mol Biol Evol 28: 2219-29.

Wallace AR. 1889. Darwinism. An exposition of the theory of natural selection. Macmillian, London.

Wallace B. 1966. Natural and radiation-induced chromosomal polymorphism in *Drosophila*. Mutat Res 3: 194-200.

Wang ET, Kodama G, Baldi P, and Moyzis RK. 2006. Global landscape of recent inferred Darwinian selection for *Homo sapiens*. Proc Natl Acad Sci USA 103: 135-40.

Wang Z, and Zhang J. 2011. Impact of gene expression noise on organismal fitness and the efficacy of natural selection. Proc Natl Acad Sci USA 108: E67-76.

Watanabe T. 1963. Episome-mediated transfer of drug resistance in Enterobacteriaceae. VI. High-frequency resistance transfer system in *Escherichia coli*. J Bacteriol 85: 788-94.

Waterston RH, Lindblad-Toh K, Birney E, Rogers J, Abril JF, et al. 2002. Initial sequencing and comparative analysis of the mouse genome. Nature 420: 520-62.

Watson JD, and Crick FH. 1953a. Genetical implications of the structure of deoxyribonucleic acid. Nature 171: 964-7.

Watson JD, and Crick FH. 1953b. The structure of DNA. Cold Spring Harb Symp Quant Biol 18: 123-31.

Weigel D, and Meyerowitz EM. 1994. The ABCs of floral homeotic genes. Cell 78: 203-9.

Weinberg W. 1908. Uber den Nachweis der Vererbung beim Menschen. Jahresh Verein f Vaterl Naturk Wuerttemb 64: 368-82.

Weinberg W. 1910. Weitere Beitrage zur Theorie der Verebung. (Translated into English by K. Meyer). Arch Rassen Ges Biol 7: 35-49.

Weinberg W. 1963. On the demonstration of heredity in man. (Translated from "Uber den Nachweis der Vererbung beim Menschen"). In S H Boyer, ed. Papers on human genetics, pp. 4-15. Prentice-Hall, Englewood Cliffs, NJ.

Weinberg W. 1984. Further contributions to the theory of inheritance. (Translated by K. Meyer from "Weitere Beitrage zur Theorie der Verebung"). In W. G. Hill, eds. Quantitative genetics. Part I: Explanation and analysis of continous variation, pp. 42-57. Van Nostrand Reinhold, New York.

Weiner AM. 2000. Do all SINEs lead to LINEs? Nat Genet 24: 332-333.

Weiss EH, Mellor A, Golden L, Fahrner K, Simpson E et al. 1983. The structure of a mutant H-2 gene suggests that the generation of polymorphism in H-2 genes may occur by gene conversion-like events. Nature 301: 671-4.

Wen YZ, Zheng LL, Liao JY, Wang MH, Wei Y et al. 2011. Pseudogene-derived small interference RNAs regulate gene expression in African *Trypanosoma brucei*. Proc Natl Acad Sci USA 108: 8345-50.

Wendel JF. 2000. Genome evolution in polyploids. Plant Mol Biol 42: 225-49.

Wernegreen JJ, and Moran NA. 1999. Evidence for genetic drift in endosymbionts (*Buchnera*): analyses of protein-

coding genes. Mol Biol Evol 16: 83-97.
Werth CR, and Windham MD. 1991. A model for divergent, allopatric speciation of polyploid pteridophytes resulting from silencing of duplicate-gene expression. Am Nat 137: 515-26.
West-Eberhard MJ. 2003. Developmental plasticity and evolution. Oxford University Press, New York.
White MJD. 1969. Chromosomal rearrangements and speciation in animals. Annu Rev Genet 3: 75.
Wightman B, Ha I, and Ruvkun G. 1993. Posttranscriptional regulation of the heterochronic gene *lin-14* by *lin-4* mediates temporal pattern formation in *C. elegans*. Cell 75: 855-62.
Wilkens SA. 2002. The evolution of developmental pathways. Sinauer Assoc, Sunderland, MA.
Wilkins AS. 1995. Moving up the hierarchy: a hypothesis on the evolution of a genetic sex determination pathway. Bioessays 17: 71-7.
Williams GC. 1966. Adaptation and natural selection: a critique of some current evolutionary thought. Princeton University Press, Princeton, N.J.
Wills C. 1981. Genetic variability. Oxford University Press, Oxford.
Wilson AC, Carlson SS, and White TJ. 1977. Biochemical evolution. Annu Rev Biochem 46: 573-639.
Wilson DS, and Szostak JW. 1999. In vitro selection of functional nucleic acids. Annu Rev Biochem 68: 611-47.
Wilson DS, and Wilson EO. 2007. Rethinking the theoretical foundation of sociobiology. Q Rev Biol 82: 327-48.
Wilson EO. 1975. Sociobiology: the new synthesis. The Belknap Press of Harvard University Press, Cambridge, MA.
Wilson EO. 1978. On human nature. Harvard University Press, Cambridge, MA.
Wilson EO. 2008. One giant leap: how insects achieved altruism and colonial life. BioScience 58: 17-25.
Winge O. 1927. The location of eighteen genes in *Lebistes reticulatus*. J Genet 18: 1-43.
Woese CR. 1983. The primary lines of descent and the universal ancestor In D S Bendell, ed. Evolution: From molecules to men, pp. 209-33. Cambridge University Press, Cambridge.
Wolfe KH, Li WH, and Sharp PM. 1987. Rates of nucleotide substitution vary greatly among plant mitochondrial, chloroplast, and nuclear DNAs. Proc Natl Acad Sci USA 84: 9054-8.
Wolfe KH, and Shields DC. 1997. Molecular evidence for an ancient duplication of the entire yeast genome. Nature 387: 708-13.
Wood TE, Takebayashi N, Barker MS, Mayrose I, Greenspoon PB et al. 2009. The frequency of polyploid speciation in vascular plants. Proc Natl Acad Sci USA 106: 13875-9.
Wooding S, Bufe B, Grassi C, Howard MT, Stone AC et al. 2006. Independent evolution of bitter-taste sensitivity in humans and chimpanzees. Nature 440: 930-4.
Wray GA. 2007. The evolutionary significance of *cis*-regulatory mutations. Nature 8: 206-16.
Wright S. 1916. An intensive study of the inheritance of color and other coat characters in guinea pigs with special reference to graded variation. Carnegie Inst Washington, Publ 241: 59-160.
Wright S. 1921. Systems of Mating. I. The biometric relations between parent and offspring. Genetics 6: 111-23.
Wright S. 1927. The effects in combination of the major color-factors of the guinea pig. Genetics 12: 530-69.
Wright S. 1929a. Fisher's theory of dominance. Am Nat 63: 274-9.
Wright S. 1929b. The evolution of dominance: Comment on Dr. Fisher's reply. Am Nat 63: 556-61.
Wright S. 1931. Evolution in Mendelian populations. Genetics 16: 97-159.
Wright S. 1932. The roles of mutation, inbreeding, crossbreeding, and selection in evolution. Proc 6th Int Cong Genet 1: 356-66.
Wright S. 1937. The distribution of gene frequencies in populations. Proc Natl Acad Sci USA 23: 307-20.
Wright S. 1938a. Size of population and breeding structure in relation to evolution. Science 87: 430-1.
Wright S. 1938b. The distribution of gene frequencies under irreversible mutation. Proc Natl Acad Sci USA 24: 253-9.
Wright S. 1939. The distribution of self-sterility alleles in populations. Genetics 24: 538-52.
Wright S. 1941. On the probability of fixation of reciprocal translocations. Am Nat 75: 513-22.
Wright S. 1948a. Genetics of populations. Encyclopedia Britannica 10: 111-12.
Wright S. 1948b. On the roles of directed and random changes in gene frequency in the genetics of populations. Evolution 2: 279-94.

Wright S. 1951. Fisher and Ford on "The Sewall Wright effect". Am Sci 39: 452-8.

Wright S. 1960. "Genetics and twentieth century Darwinism"— A review and discussion. Am J Hum Genet 12: 365-72.

Wright S. 1968. Evolution and the genetics of populations. University of Chicago Press, Chicago.

Wright S. 1969. Evolution and the genetics of populations. Vol. II: The theory of gene frequencies. University of Chicago Press, Chicago.

Wright S. 1977. Evolution and the genetics of populations. Vol. III: Experimental results and evolutionary deductions. University of Chicago Press, Chicago.

Wright S, and Dobzhansky T. 1946. Genetics of natural populations. Xii. Experimental reproduction of some of the changes caused by natural selection in certain populations of *Drosophila pseudoobscura*. Genetics 31: 125-56.

Wu CI, and Hammer M. 1991. Molecular evolution of ultraselfish genes of meiotic drive systems. In Selander PK, Clark AG, and Whittam TS, eds. Evolution at the molecular level. Sinauer Associates, Sunderland, MA.

Wu CI, and Li WH. 1985. Evidence for higher rates of nucleotide substitution in rodents than in man. Proc Natl Acad Sci USA 82: 1741-5.

Wu CI, Lyttle TW, Wu ML, and Lin GF. 1988. Association between a satellite DNA sequence and the responder of segregation distorter in *D. melanogaster*. Cell 54: 179-89.

Wu CI, and Ting CT. 2004. Genes and speciation. Nat Rev Genet 5: 114-22.

Wyman AR, and White R. 1980. A highly polymorphic locus in human DNA. Proc Natl Acad Sci USA 77: 6754-6758.

Xiao S, Emerson B, Ratanasut K, Patrick E, O'Neill C et al. 2004. Origin and maintenance of a broad-spectrum disease resistance locus in *Arabidopsis*. Mol Biol Evol 21: 1661-72.

Xu G, Guo C, Shan H, and Kong H. 2012. Divergence of duplicate genes in exon-intron structure. Proc Natl Acad Sci USA 109: 1187-92.

Xu G, Ma H, Nei M, and Kong H. 2009. Evolution of F-box genes in plants: different modes of sequence divergence and their relationships with functional diversification. Proc Natl Acad Sci USA 106: 835-40.

Yamagata Y, Yamamoto E, Aya K, Win KT, Doi K et al. 2010. Mitochondrial gene in the nuclear genome induces reproductive barrier in rice. Proc Natl Acad Sci USA 107: 1494-9.

Yamamoto F, and Hakomori S. 1990. Sugar-nucleotide donor specificity of histo-blood group A and B transferases is based on amino acid substitutions. J Biol Chem 265: 19257-62.

Yamamoto Y, Stock DW, and Jeffery WR. 2004. Hedgehog signaling controls eye degeneration in blind cavefish. Nature 431: 844-7.

Yamazaki T. 1971. Measurement of fitness at the esterase-5 locus in *Drosophila pseudoobscura*. Genetics 67: 579-603.

Yamazaki T, and Maruyama T. 1972. Evidence for the neutral hypothesis of protein polymorphism. Science 178: 56-8.

Yan L, Fu D, Li C, Blechl A, Tranquilli G et al. 2006. The wheat and barley vernalization gene *VRN3* is an orthologue of *FT*. Proc Natl Acad Sci USA 103: 19581-6.

Yang Z. 2007. PAML 4: phylogenetic analysis by maximum likelihood. Mol Biol Evol 24: 1586-91.

Yang Z, and dos Reis M. 2011. Statistical properties of the branch-site test of positive selection. Mol Biol Evol 28: 1217-28.

Yang Z, Wong WS, and Nielsen R. 2005. Bayes empirical Bayes inference of amino acid sites under positive selection. Mol Biol Evol 22: 1107-18.

Yokoyama R, and Yokoyama S. 1990. Convergent evolution of the red- and green-like visual pigment genes in fish, *Astyanax fasciatus*, and human. Proc Natl Acad Sci USA 87: 9315-18.

Yokoyama S. 2008. Evolution of dim-light and color vision pigments. Annu Rev Genom Hum G 9: 259-82.

Yokoyama S, and Nei M. 1979. Population dynamics of sex-determining alleles in honeybees and self-incompatibility alleles in plants. Genetics 91: 609-26.

Yokoyama S, and Radlwimmer FB. 2001. The molecular genetics and evolution of red and green color vision in vertebrates. Genetics 158: 1697-710.

Yokoyama S, Tada T, Zhang H, and Britt L. 2008. Elucidation of phenotypic adaptations: molecular analyses of dim-light vision proteins in vertebrates. Proc Natl Acad Sci USA 105: 13480-5.

Yoshida S, Maruyama S, Nozaki H, and Shirasu K. 2010. Horizontal gene transfer by the parasitic plant *Striga hermonthica*. Science 328: 1128.

Yoshimoto S, Okada E, Umemoto H, Tamura K, Uno Y et al. 2008. A W-linked DM-domain gene, *DM-W*, participates in primary ovary development in *Xenopus laevis*. Proc Natl Acad Sci USA 105: 2469-74.

Young JM, Friedman C, Williams EM, Ross JA, Tonnes-Priddy L et al. 2002. Different evolutionary processes shaped the mouse and human olfactory receptor gene families. Hum Mol Genet 11: 535-46.

Yu Q, Colot HV, Kyriacou CP, Hall JC, and Rosbash M. 1987. Behaviour modification by in vitro mutagenesis of a variable region within the period gene of *Drosophila*. Nature 326: 765-9.

Yuan YX, Wu J, Sun RF, Zhang XW, Xu DH et al. 2009. A naturally occurring splicing site mutation in the *Brassica rapa FLC1* gene is associated with variation in flowering time. J Exp Bot 60: 1299-308.

Zhang J. 2000. Protein-length distributions for the three domains of life. Trends Genet 16: 107-9.

Zhang J. 2006. Parallel adaptive origins of digestive RNases in Asian and African leaf monkeys. Nat Genet 38: 819-23.

Zhang J, Dyer KD, and Rosenberg HF. 2000. Evolution of the rodent eosinophil-associated RNase gene family by rapid gene sorting and positive selection. Proc Natl Acad Sci USA 97: 4701-6.

Zhang J, and Nei M. 1996. Evolution of Antennapediaclass homeobox genes. Genetics 142: 295-303.

Zhang J, Nielsen R, and Yang Z. 2005. Evaluation of an improved branch-site likelihood method for detecting positive selection at the molecular level. Mol Biol Evol 22: 2472-9.

Zhang J, and Rosenberg HF. 2002. Complementary advantageous substitutions in the evolution of an antiviral RNase of higher primates. Proc Natl Acad Sci USA 99: 5486-91.

Zhang J, Rosenberg HF, and Nei M. 1998. Positive Darwinian selection after gene duplication in primate ribonuclease genes. Proc Natl Acad Sci USA 95: 3708-13.

Zhang X, and Firestein S. 2002. The olfactory receptor gene superfamily of the mouse. Nat Neurosci 5: 124-33.

Zhao HB, Xu D, Zhang SY, and Zhang JZ. 2012. Genomic and genetic evidence for the loss of umami taste in bats. Genome Biol Evol 4: 73-9.

Zhuang H, Chien MS, and Matsunami H. 2010. Dynamic functional evolution of an odorant receptor for sexsteroid-derived odors in primates. Proc Natl Acad Sci USA 106: 21247-51.

Zimmer EA, Martin SL, Beverley SM, Kan YW, and Wilson AC. 1980. Rapid duplication and loss of genes coding for the alpha chains of hemoglobin. Proc Natl Acad Sci USA 77: 2158-62.

Zimmerman EC. 1960. Possible evidence of rapid evolution in Hawaiian moths. Evol 14: 137-8.

Zuckerkandl E, and Pauling L. 1962. Molecular disease, evolution, and genetic heterogeneity. In M. Kasha, and B. Pullman, eds. Horizons in Biochemistry, pp. 189-225. Academic Press, New York.

Zuckerkandl E, and Pauling L. 1965. Evolutionary divergence and convergence in proteins. In V Bryson, and H J Vogel, eds, pp. 97-166. Evolving genes and proteins Academic Press, New York.

人名索引

■さ

■た

■ま

■や

■ら

■わ

事　項　索　引

訳者あとがき

訳者の鈴木善幸は2000年7月から2002年1月まで，野澤昌文は2006年4月から2011年3月までペンシルバニア州立大学でポスドク（博士研究員）として根井正利先生の研究室で学んだ．また，鈴木は2006年，2007年，2009年の夏にも根井研究室に滞在し，根井先生との共同研究を行った．この間，根井先生は自身の研究の集大成ともいえる本書の英語版を執筆されており，鈴木も野澤も根井先生の執筆への並々ならぬ熱意を肌で感じていた．その後2013年の初夏に英語版が出版されると，根井先生が鈴木と野澤に翻訳を任せてくださり，二人での翻訳作業が始まった．根井先生の研究室出身の日本人でご活躍されている数多くの諸先輩方がいるなかで，本当に我々が翻訳していいのかと戸惑ったことを思い出す．おもに鈴木が序文，第1～4，10章，付録を，野澤が第5～9章を担当した．その後，お互いが訳したものを読みあい，意見交換と修正をしつつ用語を統一して完成させた．

振り返ってみると，英語版が出版されてから5年以上の歳月が経過してしまった．これは訳者の怠慢によるところが大きい．しかしながら，本書は根井先生の進化哲学ともよべる考えが集約されたものであり，5年以上が経過した現在でも根井先生の考えは色褪せていない．また，前著『分子進化遺伝学』（1990年，培風館）および『分子進化と分子系統学』（2006年，培風館）同様，根井先生が我々の翻訳全体に目を通されており，翻訳版であると同時に最新改訂版ともよべるものとなっている．

本書の出版にあたっては，基礎生物学研究所の中山潤一教授，アブドラ国王科学技術大学（KAUST）の五條堀孝教授，国立遺伝学研究所の斎藤成也教授，首都大学東京の田村浩一郎教授，香川大学の竹崎直子教授，総合研究大学院大学の大田竜也准教授，東京大学の新村芳人准教授からさまざまなご協力とご助言をいただいた．また，丸善出版の米田裕美氏は遅々として進まない我々の作業に根気よくお付き合いくださり，丁寧な校正やアドバイスをしてくださった．この場を借りてこれらの方々に深く御礼申し上げたい．

進化生物学はいまや思考するだけの学問ではなく実証可能な研究分野となった．60年以上にわたって進化生物学をまさに牽引してきた根井先生の考えやメッセージが，少しでも読者，特に研究者を目指す若者に伝わればうれしく思う．

2019年3月　　　　　　　　　　　　　　　　　　訳 者 一 同

著訳者紹介

■ 著・監訳・改訂

根井正利（Masatoshi Nei）

テンプル大学ゲノム進化医学研究所特別教授．1931 年生まれ．京都大学大学院農学研究科修了，農学博士．九州大学にて理学博士取得．放射線医学総合研究所集団遺伝学研究室長，ブラウン大学教授，テキサス大学ヒューストン校教授，ペンシルバニア州立大学特別教授，同大学分子進化遺伝学研究所所長，Society for Molecular Biology and Evolution 共創設，同会長，American Genetic Association 会長などを歴任し，2015 年より現職．米国科学アカデミー会員．2002 年国際生物学賞，2013 年京都賞など受賞多数．著書に『分子進化遺伝学』，『分子進化と分子系統学』（いずれも培風館）などがある．

■ 翻　訳

鈴木善幸（すずき・よしゆき）

名古屋市立大学大学院システム自然科学研究科教授．1970 年生まれ．秋田大学大学院医学研究科修了，博士（医学）・博士（理学）．日本学術振興会特別研究員（PD），ペンシルバニア州立大学研究員・客員研究員，国立遺伝学研究所助教を経て 2010 年より現職．2006 年日本進化学会研究奨励賞・日本遺伝学会奨励賞受賞．共監訳書に『生命情報学キーノート』（丸善出版）がある．

野澤昌文（のざわ・まさふみ）

首都大学東京理学研究科助教．1977 年生まれ．東京都立大学大学院理学研究科修了，博士（理学）．ペンシルバニア州立大学博士研究員，日本学術振興会海外特別研究員，基礎生物学研究所博士研究員，国立遺伝学研究所助教を経て 2016 年より現職．2015 年日本進化学会研究奨励賞受賞．

突然変異主導進化論

―進化論の歴史と新たな枠組み―

平成31年4月30日　発　　行
令和2年4月10日　第3刷発行

監訳者　根井正利

訳　者　鈴木善幸
　　　　野澤昌文

発行者　池田和博

発行所　丸善出版株式会社
〒101-0051 東京都千代田区神田神保町二丁目17番
編集：電話(03)3512-3261／FAX(03)3512-3272
営業：電話(03)3512-3256／FAX(03)3512-3270
https://www.maruzen-publishing.co.jp

© Masatoshi Nei, Yoshiyuki Suzuki, Masafumi Nozawa, 2019

組版／創栄図書印刷株式会社
印刷・製本／大日本印刷株式会社

ISBN 978-4-621-30385-6　C 3045　　Printed in Japan

本書の無断複写は著作権法上での例外を除き禁じられています.